Java和Android开发学习指南

（第2版）

[加] Budi Kurniawan 著

李强 译

人民邮电出版社

北京

图书在版编目（CIP）数据

Java和Android开发学习指南：第2版 /（加）克尼亚万（Kurniawan, B.）著；李强译. -- 北京：人民邮电出版社，2016.3（2023.9重印）
ISBN 978-7-115-41753-4

Ⅰ. ①J… Ⅱ. ①克… ②李… Ⅲ. ①JAVA语言－程序设计②移动终端－应用程序－程序设计 Ⅳ. ①TP312②TN929.53

中国版本图书馆CIP数据核字(2016)第032311号

版权声明

Simplified Chinese translation copyright ©2016 by Posts and Telecommunications Press
ALL RIGHTS RESERVED
Java for Android, Second Edition，by Budi Kurniawan
Copyright © 2015 by Brainy Software Inc.

本书中文简体版由作者 Paul Deck 授权人民邮电出版社出版。未经出版者书面许可，对本书的任何部分不得以任何方式或任何手段复制和传播。
版权所有，侵权必究。

- ◆ 著　　　　[加] Budi Kurniawan
  译　　　　李　强
  责任编辑　陈冀康
  责任印制　张佳莹　焦志炜
- ◆ 人民邮电出版社出版发行　北京市丰台区成寿寺路 11 号
  邮编 100164　电子邮件 315@ptpress.com.cn
  网址 http://www.ptpress.com.cn
  北京天宇星印刷厂印刷
- ◆ 开本：787×1092　1/16
  印张：32.5　　　　　　　　　　2016 年 3 月第 1 版
  字数：1047 千字　　　　　　　　2023 年 9 月北京第 13 次印刷

著作权合同登记号　图字：01-2015-7997 号

定价：89.80 元
读者服务热线：(010)81055410　印装质量热线：(010)81055316
反盗版热线：(010)81055315

内 容 提 要

本书是 Java 语言学习指南,特别针对使用 Java 进行 Android 应用程序开发展开了详细介绍。

全书共 50 章。分为两大部分。第 1 部分(第 1 章到第 22 章)主要介绍 Java 语言基础知识及其功能特性。第 2 部分(第 23 章到第 50 章)主要介绍如何有效地构建 Android 应用程序。

本书适合任何想要学习 Java 语言的读者阅读,特别适合想要成为 Android 应用程序开发人员的读者学习参考。

前　言

欢迎阅读本书。

本书是针对那些想要学习 Java 语言，特别是想要进行 Android 应用程序开发的人编写的。本书包含两个部分，第 1 部分主要介绍 Java，第 2 部分介绍如何有效地构建 Android 应用程序。

本书中关于 Java 的内容并非每一项 Java 技术都讲到（在一本书里，无论如何也不可能涵盖所有的内容，这也是为什么大多数 Java 图书都专注于一项技术）。但是，本书介绍了最重要的 Java 编程主题，这些主题是你自学其他技术所必须掌握的。特别是第 1 部分介绍了一名专业的 Java 程序员所必须掌握的 3 个主题：

- Java 编程语言。
- 使用 Java 的面向对象编程（OOP）。
- Java 核心库。

构建一门高效的 Java 课程的难点在于，这 3 个部分是彼此独立的。一方面，Java 是一门 OOP 语言，因此，如果你了解 OOP 的话，其语法很容易学习。另一方面，像继承、多态和数据封装这样的 OOP 功能，最好是和现实世界的例子一起来讲解。遗憾的是，理解现实世界的 Java 编程需要具备 Java 核心库的知识。

由于这种相关性，这 3 个主题并没有分为 3 个独立的部分。相反，介绍一个主题的章节和另一个主题的章节是相互交织的。例如，在介绍多态之前，本书确保你熟悉某些 Java 类，以便可以给出现实世界的例子。此外，如果不能全面理解某种类的话，是不能有效地讲解诸如泛型这样的语言特性的，因此，本书在讨论了支持类之后才介绍泛型。

还有一些情况是，可能会在一个或多个地方找到一个主题。例如，for 语句是一种基本的语言功能，应该在较早的章节中介绍，同时 for 也可以用于遍历一个集合对象，只能在教授了集合框架之后才能介绍这种功能。因此，for 是在第 3 章中初次介绍的，在第 14 章再次介绍。

本书第 2 部分介绍了 Android 框架，以及一个 Java 程序员开发 App 所需要掌握的工具。然后，介绍了进行 Android 编程的基本话题，包括 Android 用户界面、位图和图形处理、动画、音频/视频录制，以及任务同步。

下面的内容从一个较高的高度介绍了 Java，介绍了 OOP 并且简单描述了本书中每章的内容。

Java 语言及其技术

Java 不仅是一种面向对象编程语言，也是一组技术，它使得软件开发更加快速，并且使得应用程序更加健壮和安全。多年来，Java 已经是一种技术选择，因为它提供了如下的一些优点：

- 平台无关性。
- 易于使用。
- 内容丰富的库，加快了应用程序开发。
- 安全性。
- 可伸缩性。
- 广泛的工业支持。

Sun Microsystems 公司于 1995 年引入了 Java，并且 Java 已经成为了通用性的语言，而它最初为人们所熟知，还是作为一种编写 applet 这种较小的、在 Web 浏览器中运行并为静态 Web 添加交互的语言。对于 Java 早期的成功，互联网的发展功不可没。

正如我们所说，applet 并不是使 Java 发光的唯一因素，Java 吸引人的另一个因素是平台无关性的承诺，由此而产生的口号是"一次编写，处处运行"。这意味着，你编写的完全一样的程序，将会在 Windows、UNIX、Mac、Linux 以及其他的操作系统上运行。而这是其他一些编程语言所无法做到的。那个时候，C 和 C++还是开发应用程序最常用的语言。Java 一诞生，就抢了它们的风头。

这就是 Java#1.0 版。

1997 年，Java 1.1 发布了，添加了更好的事件模型、Java Beans 以及国际化等重要的功能。

1998 年 12 月，Java 1.2 发布了。在其发布 3 天之后，版本号改为 2，这标志着一次巨大的市场活动的开始，从 1999 年开始，Java 作为"下一代"技术而发售。Java 2 有 4 个版本销售，分别为标准版（J2SE）、企业版（J2EE）、Micro 版（J2ME）和 Java Card（在其品牌名中没有出现 2）。

2000 年发布的下一个版本是 1.3，也就是 J2SE 1.3。两年以后出现版本 1.4，即 J2SE 1.4。2004 年发布了 J2SE 1.5 版。然而，Java 2 的 1.5 版本的名字改为了 Java 5。

2006 年 11 月 13 日，在 Java 6 正式发布前的 1 个月，Sun Microsystems 公司宣布将 Java 开源。Java SE 6 是 Sun 公司邀请外部开发者设计代码并帮助修复 bug 的第一个版本。Sun 公司之前确实也接受非雇员设计的代码，例如 Doug Lea 对于多线程方面的工作，但是，这是 Sun 公司第一次发出公开的邀请。Sun 公司承认自己的资源有限，而外界的贡献者能够帮助他们更快地完成开发任务。

2007 年 5 月，Sun 公司将 Java 源代码作为免费软件开放给了 OpenJDK 社群。随后，IBM 公司、Oracle 公司和 Apple 公司加入了 OpenJDK 社群。

2010 年，Oracle 公司收购了 Sun 公司。

2011 年 7 月发布了 Java 7。2014 年 3 月发布了 Java 8，这都是通过 OpenJDK 进行开源协作的结果。

Java 何以做到平台无关

你可能听到过术语"平台无关性"或"跨平台"，这意味着你的程序可以在多种操作系统上运行。这是对 Java 的流行贡献最大的功能。但是，是什么使得 Java 能够与平台无关呢？

在传统的编程中，源代码编译为可执行的代码。可执行代码只能在它所针对的平台上运行。换句话说，针对 Windows 编写和编译的代码，只能够在 Windows 上运行，针对 Linux 编写的代码，只能够在 Linux 上运行，以此类推，如图 I.1 所示。

图 I.1　传统编程范型

Java 程序则编译为字节码。字节码本身不能运行，因为它不是原生代码。字节码只能够在 Java 虚拟机（JVM）上运行。JVM 是一个原生应用程序，它负责解释字节码。通过使用 JVM 可用在众多的平台上，Sun 公司将 Java 变为了跨平台的语言。如图 I.2 所示，完全相同的字节码，可以在已经开发了 JVM 的任何操作系统上运行。

图 I.2　Java 编程模型

当前，JVM 对于 Windows、UNIX、Linux、Free BSD，以及世界上主流操作系统均可用。

JDK、JRE 和 JVM 有何区别

前面提到 Java 程序必须要编译。实际上，任何编程语言都需要编译才可用。编译器是将程序源代码转换为一种可执行格式（字节码、本地代码或者其他形式）的程序。在开始用 Java 编程之前，你需要下载一个 Java 编译器。Java 编译器是名为 javac 的程序，是 Java compiler 的缩写。

尽管 javac 可以把 Java 源代码编译为字节码，但是要运行字节码，你需要一个 Java 虚拟机。此外，由于要使用 Java 核心库中的各种类，还需要下载这些库。Java 运行时环境（Java Runtime Environment，JRE）包含了一个 JVM 和类库。你可能猜到了，针对 Windows 的 JRE 和针对 Linux 的 JRE 是不同的，和针对其他操作系统的 JRE 也不同。

Java 软件以两种形式可用：
- JRE，包括一个 JVM 和核心库。适于运行字节码。
- JDK，包括 JRE 加上一个编译器和其他的工具。这是编译 Java 程序以及运行字节码所需要的软件。

概括起来，JVM 是运行字节码的本地应用程序。JRE 是包含了 JVM 和 Java 类库的环境。JDK 包括 JRE 以及其他工具，包括一个 Java 编译器。

JDK 的第 1 个版本是 1.0。其后的版本是 1.1、1.1、1.2、1.3、1.4、1.5、1.6、1.7 和 1.8。对于较小的发布，在版本号的后面再添加另外一个数字。例如，1.8.1 是 1.8 版本的第一个较小的升级。

JDK 1.8 比 JDK 8 更为知名。包含在一个 JDK 中的 JRE，其版本和 JDK 的版本相同。因此，JDK 1.8 包含了 JRE 1.8。这个 JDK 通常也叫作 SDK（软件开发工具箱）。

除了 JDK，Java 程序员还需要下载说明了核心库中的类、接口和枚举类型的 Java 文档。你可以从提供 JRE 和 JDK 的相同的 URL 来下载文档。

Java 2、J2SE、J2EE、J2ME、Java 8 分别是什么？

Sun Microsystems 公司对于推动 Java 做了很好的工作。其市场策略的一部分是，创造了 Java 2 这个名字，而实际上它是基于 JDK 1.2 的。Java 2 有 3 个版本。
- Java 2 Platform，Standard Edition（J2SE）。J2SE 基本上就是 JDK。它还作为 J2EE 中定义的技术的基础。
- Java 2 Platform，Enterprise Edition（J2EE）。它定义了开发基于组件的多端企业应用程序的标准。功能包括 Web 服务支持和开发工具。
- Java 2 Platform，Micro Edition（J2ME）。它针对在消费设备（例如手机和 TV 机顶盒）上运行的应用程序提供了一个环境。J2ME 包括一个 JVM 和一组有限的类库。

第 5 版中的名称变了。J2SE 变成了 Java Platform，Standard Edition 5（Java SE 5）。此外，J2EE 和 J2ME 中的 2 已经去掉了。企业版当前的版本是 Java Platform，Enterprise Edition 7（Java EE 7）。J2ME 现在叫作 Java Platform，Micro Edition（Java ME，不带版本号）。在本书中，Java 8 通常写作 Java SE 8。

和 Sun 公司作为产品推出的第一个 Java 版本 J2SE 1.4 不同，Java SE 5 及其后的 Java 版本都是一组规范，定义了需要实现的功能。这个软件自身叫作一个参考实现。Oracle、IBM 和其他的公司与 OpenJDK 一起工作，提供了 Java SE 8 参考实现，以及 Java 的下一个版本的参考实现。

Java EE 6 和 Java EE 7 也是一组规范，包括了 servlets、JavaServer Pages、JavaServer Faces、Java Messaging Service 等技术。要开发并运行 Java EE 应用程序，需要一个 Java EE 应用程序服务器。任何人都可以实现一个 Java EE 应用程序服务器，这就解释了为什么市场上有各种应用程序服务器可供使用，包括很多开源的产品。如下是 Java EE 6 和 Java EE 7 应用程序服务器的示例：

- Oracle WebLogic
- IBM WebSphere
- GlassFish
- Jboss
- WildFly
- Apache Geronimo
- Apache TomEE

在如下网址中可以找到完整的列表。

http://www.oracle.com/technetwork/java/javaee/overview/compatibility-jsp-136984.html

JBoss、GlassFish、WildFly、Geronimo 和 TomEE 都是开源的 Java EE 服务器。它们有各自不同的许可，因此，在决定使用该产品之前要确保先阅读其许可。

JCP 程序

Java 持续成为占有统治地位的技术，这和 Sun 公司的很多策略有关，Sun 公司纳入了其他产业的从事者来确定 Java 的未来。通过这种方式，很多人感到他们拥有 Java。很多大型的公司，例如 IBM、Oracle、Google、Fujitsu 等，都在 Java 中投资颇多，因为它们都可以提出一种技术的规范，并且推动 Java 技术的下一个版本成为它们想要看到的样子。协作的努力采取了 JCP 程序的形式。其 Web 站点的 URL 是 http://www.jcp.org。

JCP 程序所产生的规范，叫作 Java Specification Requests（JSR）。例如，JSR 337 指定了 Java SE 8。

面向对象编程概览

面向对象编程（object-oriented programming，OOP）通过基于现实世界的对象来建模应用程序而起作用。OOP 的 3 大原理是封装、继承和多态。

OOP 的好处是实实在在的。这也是大多数现代编程语言（包括 Java），都采用面向对象范型的原因。我甚至可以引用语言变迁中的两个知名的例子来说明 OOP 所得到的支持：C 语言演变为 C++，而 Visual Basic 升级为 Visual Basic.NET。

下面介绍 OOP 的好处，并且介绍学习 OOP 的容易之处和难处。

OOP 的好处

OOP 的好处包括代码易于维护、代码复用以及扩展能力。下面更为详细地介绍这些好处。

1．易于维护。现代软件应用程序倾向于变得很大。一个较大的系统可能曾包含数千行的代码。而现在，即便是那些数百万行代码的程序，也不能算是大程序了。C++之父 Bjarne Stroustrup 曾经说过，当系统变得越来越大的时候，就会给开发者带来问题。无论如何，一个较小的程序可以用任何语言编写。即便不是很容易的话，最终也可以让它工作。但是一个较大的程序则完全不同。如果你没有使用良好的编程技术，你刚修改完旧的错误，就会出现新的错误。

之所以出现这种情况，是因为较大的程序中存在相互依赖的情况。当修改了程序中的一部分的内容时，你可能不会意识到这个修改会影响到其他的部分。OOP 很容易让应用程序模块化，并且模块化会降低维护的难度。模块化是 OOP 内在的特性，因为作为对象的模板，一个类自身就是模块化的。好的设计应该允许一个类包含类似的功能和相关的数据。OOP 中经常使用的一个重要的术语是耦合（coupling），它表示两个模块之间相互作用的程度。各个部分之间的松耦合，使得代码更容易复用，而代码复用正是 OOP 的另一个好处。

2. 复用性。复用性表示之前编写的代码，可以由代码的作者或其他需要使用最初代码所提供的相同功能的人重复使用。这并不会令人吃惊，因为 OOP 语言常常带有一组准备好的库。在 Java 中，该语言带有数百个类库或应用程序接口（application programming interfaces，API），都经过了仔细的设计和测试。编写和发布你自己的库也很容易。在编程平台中，支持可复用性是非常吸引人的，因为它缩短了开发时间。

类的可复用性的主要的挑战之一是要为类库创建好的文档。一个程序员有多快才能找到他想要的功能的类？查找这样一个类更快，还是从头开始编写一个新的类更快？好在 Java 核心 API 和扩展 API 带有详尽的文档。

可复用性并不只是适用在编码阶段复用类或其他的类型，当设计一个 OO 系统的应用程序的时候，OO 设计问题的解决方案也可以复用。这些解决方案叫作设计模式（design pattern）。为了使得引用每个解决方案更加容易，需要给每个模式一个名称。可复用的设计模式的最早的目录，可以在 Erich Gamma、Richard Helm、Ralph Johnson 和 John Vlissides 所编写的经典图书《Design Patterns: Elements of Reusable Object-Oriented Software》中找到。

3. 可扩展性。每个应用程序都是独特的，它有自己的需求和规范。就可复用性而言，有时候，你不会发现一个已有的类提供了你的应用程序所需的确切功能。然而，你可能会发现有一两个类提供了部分功能。可扩展性意味着，你仍然可以通过扩展它们以满足你的需求，从而使用这些类。你仍然可以节省时间，因为你不必从头开始编写代码。

在 OOP 中，可扩展性是通过继承来实现的。你可以扩展一个已有的类，为其添加一些方法或数据，或者修改你不喜欢的方法的行为。如果你知道一些基本功能在很多情况下都要使用，但是你不想自己的类提供非常具体的功能，你可以提供一个泛型类，随后可以扩展这个类来为应用程序提供具体的功能。

OOP 难吗

Java 程序员需要掌握 OOP。然而，如果你曾经使用一种过程式语言，如 C 或 Pascal 的话，那么，掌握 OOP 很有意义。在这一点上，有坏消息，也有好消息。

先来看坏消息吧。

研究者已经争论过在学校教授 OOP 的最好的方法，一些人认为最好是在介绍 OOP 之前教授过程式编程。在很多课程中，当学生接近其大学时期的最后一年的时候，才教授 OOP 课程。

然而，最近的研究表明，一些具备过程式编程技能的人，其思考范型与那些 OOP 程序员的视角以及解决问题的方式非常不同。当这类人学习 OOP 的时候，他们所面临的最大的挑战是，必须经过范型迁移。也就是说，要花 6～18 个月的时间将思维方式从过程式范型过渡到面向对象范型。另一项研究表明，那些没有学习过过程式编程的学生，则不会认为 OOP 有那么难。

现在来看好消息。

Java 可以算得上最容易学习的 OOP 语言了。例如，你不需要担心指针，不必花费宝贵的时间来解决由于没有成功销毁未使用的对象而导致的内存泄露问题等。最后，Java 带有非常充足的类库，在其早期的版本中，这些类库的 bug 也很少。一旦你了解了 OOP 的边边角角的知识，使用 Java 编程真的很容易。

本书简介

下面我们来看看本书中每一章的内容。

第 1 部分　Java

第 1 章介绍了如何下载和安装一个 JDK，其目标是让你对使用 Java 有一些感觉。此部分内容包括编写一个简单的 Java 程序，使用 javac 工具来编译它，以及使用 java 程序运行它。此外，对于编码惯例给出了一些建议，还介绍了集成开发环境。

第 2 章介绍了 Java 语言的语法。你将会了解诸如字符集、基本类型、变量以及操作符等主题。

第 3 章介绍了 Java 语句，包括 for、while、do-while、if、if-else、switch、break 和 continue 等。

第 4 章是本书中的 OOP 内容的开始。首先介绍了 Java 对象是什么，以及如何存储在内存中。然后，继续讨论类、类成员以及两个 OOP 概念（抽象和封装）。

第 5 章介绍了 Java 核心库中的重要的类，包括 java.lang.Object、java.lang.String、java.lang.StringBuffer、java.lang.StringBuilder、包装类和 java.util.Scanner。这是很重要的一章，因为本章所介绍的这些类是 Java 中最常用的类。

第 6 章讨论了数组，这是 Java 的一种特殊的语言功能，得到了广泛的使用。本章还介绍了操作数组的工具类。

第 7 章讨论了支持代码扩展的 OOP 特性。本章教你扩展一个类、影响子类的可见性、覆盖方法等。

第 8 章介绍了错误处理机制。毫无疑问，错误处理在任何语言中都是一项重要的功能。作为一门成熟的语言，Java 有非常强大的错误处理机制，可以帮助预防 bug。

第 9 章介绍了操作数字时的 3 个问题：解析、格式化和操作。本章介绍了能够帮助你完成这些任务的 Java 类。

第 10 章介绍了接口，它不仅仅是没有实现的类。接口定义了服务提供者和客户之间的一个协议。本章介绍了如何使用接口和抽象类。

第 11 章介绍了多态，并且给出了有用的示例。多态是 OOP 的主要支柱之一。当一个对象的类型在编译的时候还不知道，多态就特别有用。

第 12 章介绍了枚举类型，这是从 Java 5 之后增加的一种类型。

第 13 章介绍了如何使用 Java 8 新添加的日期和时间 API，以及在老的 Java 版本中使用的旧 API。

第 14 章介绍了如何使用 java.util 包的成员来组织对象并操作它们。

第 15 章详细地介绍了泛型，它是 Java 中非常重要的一项功能。

第 16 章介绍了流的概念，并且介绍了如何使用 Java IO API 中的 4 种类型的流来执行输入/输出操作。此外，还介绍了对象序列化和反序列化。

第 17 章介绍了注解，讲解了 JDK 所带有的标准注解、通用注解、元注解和定制注解。

第 18 章介绍了如何在另一个类中编写一个类，以及为什么 OOP 功能很有用。

第 19 章介绍了 Java 中的多线程编程，这不只是专家程序员才能使用的技术了。线程是操作系统分配处理器时间的一个基本处理单位，并且在进程中也可以有多个线程来执行代码。

第 20 章是讨论多线程编程的另外一章，介绍了使得编写多线程程序更加容易的接口和类。

第 21 章介绍了 Java 程序员所能够使用的技术。如今，能够在不同的国家和地区部署的软件应用程序已经很常见了。这样的应用程序需要在设计的时候就牢记国际化。

第 22 章介绍了在网络编程中使用的类。给出了一个示例的 Web 服务器应用程序，以说明如何使用这些类。

第 2 部分　Android

第 23 章介绍了 Android 框架。

第 24 章包含了下载和安装开发 App 的工具的说明。

第 25 章介绍了活动及其生命周期。活动是 Android 编程中的最重要的概念之一。

第 26 章介绍了最为重要的 UI 组件，包括微件、Toast 和 AlertDialog。

第 27 章介绍了如何在 Android 应用程序中布局 UI 组件，以及使用 Android 中可用的内建布局。

第 28 章介绍了如何创建一个监听器以处理事件。

第 29 章介绍了如何向操作栏添加项，以及如何使用它驱动应用程序导航。

第 30 章详细介绍了 Android 菜单。菜单是很多图形化用户界面（GUI）系统中常见的功能，其主要角色是提供某些操作的快捷方式。

第 31 章介绍了 ListView，它会显示可以滚动的列表项并且从一个 ListAdapter 获取其数据源的一个视图。

第 32 章介绍了 GridView 微件，这是和 ListView 类似的一个视图。和 ListView 不同的是，GridView 在栅格中显示其项。

第 33 章介绍了两个重要的主题，它们直接关系到 App 的视觉体验。

第 34 章教你如何操作位图图像。即便你不能编写一个图像编辑器应用程序，本章所介绍的技术也很有用。

第 35 章介绍了如何创建一个定制视图以及在画布上绘制形状。Android SDK 带有很广泛的视图，可以在应用程序中使用它们。如果这些都不符合你的需要，你可以创建一个定制视图并且在其上绘制。

第 36 章介绍了片段，这是可以添加到活动中的组件。片段有自己的生命周期，当其进入生命周期的某个阶段的时候，会调用的相应方法。

第 37 章介绍了如何针对不同的屏幕大小使用不同的布局，例如，手机和平板电脑。

第 38 章介绍了 Android 中最新的动画 API 属性动画，并给出了示例。

第 39 章介绍了如何使用 Preference API 来存储应用程序设置并将其读回。

第 40 章介绍了如何使用 Android 应用程序中的 Java File API。

第 41 章介绍了 Android Database API，可以使用它来连接 SQLite 数据库。SQLite 是每一个 Android 设备所附带的默认的关系数据库。

第 42 章介绍了如何使用内建的 Camera 和 Camera API 来获取静态的图像。

第 43 章介绍了两种方法来为应用程序提供拍摄视频的功能，分别是使用内建的意图和使用 MediaRecorder 类。

第 44 章介绍了如何记录音频。

第 45 章介绍了 Handler 类，可以使用它来调度将来要执行的一个 Runnable。

第 46 章介绍了如何在 Android 中处理异步任务。

第 47 章介绍了如何创建后台服务，即便当启动它们的应用程序已经结束了，它们还会运行。

第 48 章介绍了用于接收广播的另一种 Android 组件。

第 49 章介绍了如何使用 AlarmManager 来调度任务。

第 50 章介绍了另一个应用程序组件类型，它用来封装数据并且跨应用程序共享。

附录

附录 A、附录 B 和附录 C 分别介绍了 javac、java 和 jar 工具。

附录 D 和附录 E 分别给出了 NetBeans 和 Eclipse 的简短教程。

下载程序示例

可以通过如下的链接，从出版商的站点下载本书的配套程序示例。

http://books.brainysoftware.com

可以下载为单个的 ZIP 文件，或者将其作为一个 Git 项目导入。

作者简介

Budi 编写计算机编程图书有 15 年的经验，以清晰的写作风格著称。他编写的一本 Java 教程，最近被德国斯图加特传媒学院的一组计算机科学教授选作该大学的主教材，他们是在把 Budi 的书与其他类似图书进行比较后做此决定的。

Budi 有 20 年担任软件架构师和开发者的经历，这为他的写作提供了支撑。他为世界各地的很多企业提供咨询服务，包括芬兰的手机厂商、英国的投资银行以及美国和加拿大的创业企业。

Budi 编写过诸如基于 Web 的文档管理软件 CreateData，这是一款商业软件，目前在撰写 Java 虚拟机的一篇研究文章。他编写的图书还包括《How Tomcat Works》《Servlet & JSP: A Tutorial and Struts 2 Design and Programming》等。

目录

第 1 章 Java 基础 ················· 1
- 1.1 下载和安装 Java ················ 1
  - 1.1.1 在 Windows 上的安装 ········ 1
  - 1.1.2 在 Linux 系统上的安装 ······· 2
  - 1.1.3 在 Mac OS X 系统上的安装 ··· 2
  - 1.1.4 设置系统环境变量 ··········· 2
  - 1.1.5 测试安装 ··················· 3
  - 1.1.6 下载 Java API 文档 ·········· 3
- 1.2 第一个 Java 程序 ··············· 3
  - 1.2.1 编写 Java 程序 ············· 3
  - 1.2.2 编译 Java 程序 ············· 4
  - 1.2.3 运行 Java 程序 ············· 4
- 1.3 Java 编码惯例 ·················· 5
- 1.4 集成开发环境 ··················· 5
- 1.5 本章小结 ······················· 6

第 2 章 语言基础 ················· 7
- 2.1 ASCII 和 Unicode ················ 7
- 2.2 分隔符 ························· 8
- 2.3 基本类型 ······················· 8
- 2.4 变量 ··························· 9
- 2.5 常量 ··························· 11
- 2.6 字面值 ························· 11
  - 2.6.1 整数字面值 ················· 11
  - 2.6.2 浮点数字面值 ··············· 12
  - 2.6.3 布尔字面值 ················· 13
  - 2.6.4 字符字面值 ················· 13
- 2.7 基本类型转换 ··················· 14
  - 2.7.1 加宽转换 ··················· 14
  - 2.7.2 收窄转换 ··················· 14
- 2.8 操作符 ························· 15
  - 2.8.1 一元操作符 ················· 16
  - 2.8.2 算术操作符 ················· 17
  - 2.8.3 相等操作符 ················· 18
  - 2.8.4 关系操作符 ················· 18
  - 2.8.5 条件操作符 ················· 19
  - 2.8.6 位移操作符 ················· 19
  - 2.8.7 赋值操作符 ················· 20
  - 2.8.8 整数按位操作符&|^ ·········· 20
  - 2.8.9 逻辑操作符 &|^ ············· 21
  - 2.8.10 操作符优先级 ·············· 21
  - 2.8.11 提升 ······················ 22
- 2.9 注释 ··························· 22
- 2.10 本章小结 ······················ 23

第 3 章 语句 ····················· 24
- 3.1 概览 ··························· 24
- 3.2 if 语句 ························· 25
- 3.3 while 语句 ······················ 26
- 3.4 do-while 循环 ··················· 28
- 3.5 for 语句 ························ 28
- 3.6 break 语句 ······················ 31
- 3.7 continue 语句 ··················· 32
- 3.8 switch 语句 ····················· 32
- 3.9 本章小结 ························ 33

第 4 章 对象和类 ················· 34
- 4.1 什么是对象 ······················ 34
- 4.2 Java 类 ························· 34
  - 4.2.1 字段 ······················· 36
  - 4.2.2 方法 ······················· 36
  - 4.2.3 Main 方法 ·················· 36
  - 4.2.4 构造方法 ··················· 37
  - 4.2.5 Varargs ···················· 37
  - 4.2.6 UML 类图中的类成员 ········ 38
- 4.3 创建对象 ······················· 38
- 4.4 null 关键字 ····················· 38
- 4.5 对象的内存分配 ················· 39
- 4.6 Java 包 ························· 40
- 4.7 封装和访问控制 ················· 41
  - 4.7.1 类访问控制修饰符 ··········· 41
  - 4.7.2 类成员访问控制修饰符 ······· 42
- 4.8 this 关键字 ····················· 44
- 4.9 使用其他的类 ··················· 45
- 4.10 final 变量 ····················· 46
- 4.11 静态成员 ······················ 47
- 4.12 静态 final 变量 ················ 49
- 4.13 静态导入 ······················ 50
- 4.14 变量作用域 ···················· 50
- 4.15 方法重载 ······················ 51
- 4.16 静态工厂方法 ·················· 52
- 4.17 传值或传引用 ·················· 53
- 4.18 加载、连接和初始化 ············ 53

4.18.1　加载 54
　　　4.18.2　连接 54
　　　4.18.3　初始化 54
　4.19　对象创建初始化 55
　4.20　垃圾收集 57
　4.21　本章小结 57

第 5 章　核心类 58
　5.1　java.lang.Object 58
　5.2　java.lang.String 59
　　　5.2.1　比较两个字符串 59
　　　5.2.2　字符串字面值 60
　　　5.2.3　转义特定字符 60
　　　5.2.4　字符串上的 switch 61
　　　5.2.5　String 类的构造方法 61
　　　5.2.6　String 类的方法 62
　5.3　java.lang.StringBuffer 和
　　　　java.lang.StringBuilder 64
　　　5.3.1　StringBuilder 类的构造方法 64
　　　5.3.2　StringBuilder 类的方法 64
　5.4　基本类型包装器 65
　　　5.4.1　java.lang.Boolean 66
　　　5.4.2　java.lang.Character 66
　5.5　java.lang.Class 66
　5.6　java.lang.System 67
　5.7　java.util.Scanner 70
　5.8　本章小结 70

第 6 章　数组 71
　6.1　概览 71
　6.2　遍历数组 72
　6.3　java.util.Arrays 类 73
　6.4　修改数组的大小 73
　6.5　查找一个数组 74
　6.6　给 main 方法传入一个字符串数组 75
　6.7　多维数组 76
　6.8　本章小结 76

第 7 章　继承 77
　7.1　概览 77
　　　7.1.1　extends 关键字 77
　　　7.1.2　is-a 关系 78
　7.2　可访问性 79
　7.3　方法覆盖 80
　7.4　调用超类的构造方法 81
　7.5　调用超类的隐藏方法 82
　7.6　类型强制转换 83
　7.7　final 类 83
　7.8　instanceof 操作符 84
　7.9　本章小结 84

第 8 章　错误处理 85
　8.1　捕获异常 85
　8.2　没有 catch 的 try 86
　8.3　捕获多个异常 87
　8.4　try-with-resource 语句 87
　8.5　java.lang.Exception 类 88
　8.6　从方法中抛出一个异常 89
　8.7　用户定义的异常 90
　8.8　异常处理的注意事项 91
　8.9　本章小结 91

第 9 章　操作数字 92
　9.1　装箱和拆箱 92
　9.2　数字解析 92
　9.3　数字格式化 93
　9.4　使用 java.text.NumberFormat 进行
　　　　数字解析 94
　9.5　java.lang.Math 类 94
　9.6　计算货币 95
　9.7　生成随机数 95
　9.8　本章小结 96

第 10 章　接口和抽象类 97
　10.1　接口的概念 97
　10.2　技术上的接口 98
　　　10.2.1　接口中的字段 99
　　　10.2.2　抽象方法 99
　　　10.2.3　扩展一个接口 99
　10.3　默认方法 100
　10.4　静态方法 100
　10.5　基类 100
　10.6　抽象类 102
　10.7　本章小结 102

第 11 章　多态 103
　11.1　概览 103
　11.2　多态的应用 105
　11.3　多态和反射 106
　11.4　本章小结 107

第 12 章 枚举 ·············· 108

- 12.1 概览 ·············· 108
- 12.2 类中的 enum ·············· 109
- 12.3 java.lang.Enum 类 ·············· 109
- 12.4 遍历枚举值 ·············· 110
- 12.5 enum 上的 switch ·············· 110
- 12.6 枚举成员 ·············· 110
- 12.7 本章小结 ·············· 112

第 13 章 操作日期和时间 ·············· 113

- 13.1 概述 ·············· 113
- 13.2 Instant 类 ·············· 113
- 13.3 LocalDate ·············· 114
- 13.4 Period ·············· 116
- 13.5 LocalDateTime ·············· 117
- 13.6 时区 ·············· 118
- 13.7 ZonedDateTime ·············· 119
- 13.8 Duration ·············· 120
- 13.9 格式化日期时间 ·············· 123
- 13.10 解析一个日期时间 ·············· 124
- 13.11 使用旧的日期和时间 API ·············· 125
  - 13.11.1 java.util.Date 类 ·············· 125
  - 13.11.2 java.util.Calendar 类 ·············· 125
  - 13.11.3 使用 DateFormat 解析和格式化 ·············· 126
- 13.12 本章小结 ·············· 128

第 14 章 集合框架 ·············· 129

- 14.1 集合框架概览 ·············· 129
- 14.2 Collection 接口 ·············· 130
- 14.3 List 和 ArrayList ·············· 130
- 14.4 使用 Iterator 和 for 遍历一个集合 ·············· 132
- 14.5 Set 和 HashSet ·············· 133
- 14.6 Queue 和 LinkedList ·············· 133
- 14.7 集合转换 ·············· 134
- 14.8 Map 和 HashMap ·············· 135
- 14.9 使得对象可比较和可排序 ·············· 136
  - 14.9.1 使用 java.lang.Comparable ·············· 136
  - 14.9.2 使用 Comparator ·············· 138
- 14.10 本章小结 ·············· 141

第 15 章 泛型 ·············· 142

- 15.1 没有泛型的日子 ·············· 142
- 15.2 泛型类型 ·············· 142
- 15.3 使用不带类型参数的泛型类型 ·············· 145
- 15.4 使用?通配符 ·············· 145
- 15.5 在方法中使用界限通配符 ·············· 147
- 15.6 泛型方法 ·············· 148
- 15.7 编写泛型类型 ·············· 148
- 15.8 本章小结 ·············· 149

第 16 章 输入/输出 ·············· 150

- 16.1 文件系统和路径 ·············· 150
- 16.2 文件和目录的处理和操作 ·············· 152
  - 16.2.1 创建和删除文件和目录 ·············· 152
  - 16.2.2 获取一个目录对象 ·············· 152
  - 16.2.3 复制和移动文件 ·············· 153
  - 16.2.4 从文件读取和写入到文件 ·············· 153
- 16.3 输入/输出流 ·············· 155
- 16.4 读二进制数据 ·············· 155
- 16.5 写二进制数据 ·············· 158
- 16.6 写文本（字符） ·············· 161
  - 16.6.1 Writer ·············· 161
  - 16.6.2 OutputStreamWriter ·············· 162
  - 16.6.3 PrintWriter ·············· 163
- 16.7 读文本（字符） ·············· 164
  - 16.7.1 Reader ·············· 164
  - 16.7.2 InputStreamReader ·············· 165
  - 16.7.3 BufferedReader ·············· 166
- 16.8 使用 PrintStream 记录日志 ·············· 167
- 16.9 随机访问文件 ·············· 168
- 16.10 对象序列化 ·············· 171
- 16.11 本章小结 ·············· 173

第 17 章 注解 ·············· 174

- 17.1 概览 ·············· 174
  - 17.1.1 注解和注解类型 ·············· 174
  - 17.1.2 注解语法 ·············· 174
  - 17.1.3 Annotation 接口 ·············· 175
- 17.2 标准注解 ·············· 175
  - 17.2.1 Override ·············· 175
  - 17.2.2 Deprecated ·············· 176
  - 17.2.3 SuppressWarnings ·············· 177
- 17.3 常用注解 ·············· 178
- 17.4 标准元-注解 ·············· 178
  - 17.4.1 Documented ·············· 178
  - 17.4.2 Retention ·············· 179
  - 17.4.3 Retention ·············· 179
  - 17.4.4 Target ·············· 179

17.5	定制注解类型	179
	17.5.1 编写自己的定制注解类型	180
	17.5.2 使用定制注解类型	180
	17.5.3 使用反射来查询注解	180
17.6	本章小结	181

第 18 章 嵌套类和内部类 ... 182

18.1	嵌套类概览	182
18.2	静态嵌套类	183
18.3	成员内部类	184
18.4	局部内部类	185
18.5	匿名内部类	187
18.6	嵌套类和内部类的背后	188
18.7	本章小结	189

第 19 章 线程 ... 190

19.1	Java 线程简介	190
19.2	创建一个线程	190
	19.2.1 扩展线程	191
	19.2.2 实现 Runnable	192
19.3	使用多线程	193
19.4	线程优先级	194
19.5	停止线程	196
19.6	同步	198
	19.6.1 线程干扰	198
	19.6.2 原子操作	199
	19.6.3 方法同步	199
	19.6.4 块同步	200
19.7	可见性	200
19.8	线程协调	202
19.9	使用定时器	206
19.10	本章小结	208

第 20 章 并发工具 ... 209

20.1	原子变量	209
20.2	Executor 和 ExecutorService	210
20.3	Callable 和 Future	213
20.4	锁	216
20.5	本章小结	217

第 21 章 国际化 ... 218

21.1	本地化	218
21.2	国际化应用程序	219
	21.2.1 将文本性部分隔离到属性文件中	220
	21.2.2 使用 ResourceBundle 读取属性文件	221
21.3	一个国际化的 Swing 应用程序	221
21.4	本章小结	223

第 22 章 网络 ... 224

22.1	网络概览	224
22.2	超文本传输协议（HTTP）	224
	22.2.1 HTTP 请求	225
	22.2.2 HTTP 响应	225
22.3	java.net.URL	226
	22.3.1 解析 URL	227
	22.3.2 读取 Web 资源	227
22.4	java.net.URLConnection	228
	22.4.1 读 Web 资源	229
	22.4.2 写到一个 Web 服务器	230
22.5	java.net.Socket	231
22.6	java.net.ServerSocket	232
22.7	一个 Web 服务器应用程序	233
	22.7.1 HttpServer 类	233
	22.7.2 Request 类	236
	22.7.3 Response 类	238
	22.7.4 运行应用程序	239
22.8	本章小结	240

第 23 章 Android 简介 ... 241

23.1	概览	241
23.2	应用程序开发简介	241
23.3	Android 版本	243
23.4	在线资源	244
23.5	应该使用哪个版本的 Java	244

第 24 章 初识 Android ... 245

24.1	下载和安装 Android Studio	245
	24.1.1 在 Windows 系统上安装	245
	24.1.2 在 Mac OS X 系统上安装	249
	24.1.3 在 Linux 系统上安装	250
24.2	创建应用程序	250
24.3	在模拟器上运行应用程序	253
24.4	应用程序结构	254
	24.4.1 Android 清单	255
	24.4.2 apk 文件	256
24.5	调试应用程序	256
	24.5.1 日志	256
	24.5.2 设置断点	257

24.6	Android SDK Manager	258
24.7	创建一个 Android 虚拟设备	258
24.8	在物理设备上运行应用程序	261
24.9	在 Android Studio 中打开一个项目	261
24.10	使用 Java 8	262
24.11	删除支持的库	262
24.12	本章小结	263

第 25 章 活动 … 264

25.1	活动的生命周期	264
25.2	ActivityDemo 示例	265
25.3	修改应用程序图标	267
25.4	使用 Android 资源	268
25.5	启动另一个活动	268
25.6	活动相关的意图	271
25.7	本章小结	273

第 26 章 UI 组件 … 274

26.1	概览	274
26.2	使用 Android Studio UI 工具	274
26.3	使用基本组件	275
26.4	Toast	278
26.5	通知	280
26.6	本章小结	284

第 27 章 布局 … 285

27.1	概览	285
27.2	LinearLayout	285
27.3	RelativeLayout	287
27.4	FrameLayout	290
27.5	TableLayout	291
27.6	GridLayout	292
27.7	通过编程来创建布局	293
27.8	本章小结	294

第 28 章 监听器 … 295

28.1	概览	295
28.2	使用 onClick 属性	296
28.3	实现一个监听器	299
28.4	本章小结	303

第 29 章 操作栏 … 304

29.1	概览	304
29.2	添加操作项	305
29.3	添加下拉式导航	308
29.4	回退一步	311
29.5	本章小结	311

第 30 章 菜单 … 312

30.1	概览	312
30.2	菜单文件	312
30.3	选项菜单	313
30.4	上下文菜单	315
30.5	弹出式菜单	318
30.6	本章小结	320

第 31 章 ListView … 321

31.1	概览	321
31.2	创建一个 ListAdapter	322
31.3	使用一个 ListView	323
31.4	扩展 ListActivity 并编写一个定制的适配器	325
31.5	样式化选取的项	328
31.6	本章小结	330

第 32 章 GridView … 331

32.1	概览	331
32.2	使用 GridView	331
32.3	本章小结	335

第 33 章 样式和主题 … 336

33.1	概览	336
33.2	使用样式	337
33.3	使用主题	339
33.4	本章小结	340

第 34 章 位图处理 … 341

34.1	概览	341
34.2	位图处理	342
34.3	本章小结	346

第 35 章 图形和定制视图 … 347

35.1	概览	347
35.2	硬件加速	347
35.3	创建一个定制视图	348
35.4	绘制基本形状	348
35.5	绘制文本	349
35.6	透明度	349

35.7	Shader	350
35.8	裁剪	350
35.9	使用路径	351
35.10	CanvasDemo 应用程序	352
35.11	本章小结	355

第 36 章 片段 ········ 356

36.1	片段的生命周期	356
36.2	片段管理	358
36.3	使用片段	358
36.4	扩展 ListFragment 并使用 FragmentManager	363
36.5	本章小结	366

第 37 章 多面板布局 ········ 367

37.1	概览	367
37.2	多面板示例	369
37.2.1	布局和活动	371
37.2.2	片段类	373
37.2.3	运行应用程序	377
37.3	本章小结	377

第 38 章 动画 ········ 378

38.1	概览	378
38.2	属性动画	378
38.2.1	Animator	378
38.2.2	ValueAnimator	378
38.2.3	ObjectAnimator	379
38.2.4	AnimatorSet	379
38.3	动画项目	380
38.4	本章小结	383

第 39 章 偏好 ········ 384

39.1	SharedPreference	384
39.2	Preference API	384
39.3	使用 Preference	385
39.4	本章小结	389

第 40 章 操作文件 ········ 390

40.1	概览	390
40.1.1	内部存储	390
40.1.2	外部存储	391
40.2	创建一个 Notes 应用程序	392
40.3	访问公共存储	397
40.4	本章小结	400

第 41 章 操作数据库 ········ 401

41.1	概览	401
41.2	Database API	401
41.2.1	SQLiteOpenHelper 类	401
41.2.2	SQLiteDatabase 类	402
41.2.3	Cursor 接口	403
41.3	示例	403
41.4	本章小结	410

第 42 章 获取图片 ········ 411

42.1	概览	411
42.2	使用相机	412
42.3	Camera API	415
42.3.1	管理相机	415
42.3.2	管理 SurfaceHolder	416
42.4	使用 Camera API	417
42.5	本章小结	421

第 43 章 制作视频 ········ 422

43.1	使用内建意图	422
43.2	MediaRecorder	426
43.3	使用 MediaRecorder	427
43.4	本章小结	430

第 44 章 声音录制 ········ 431

44.1	MediaRecorder 类	431
44.2	示例	431
44.3	本章小结	435

第 45 章 处理 Handler ········ 436

45.1	概览	436
45.2	示例	436
45.3	本章小结	439

第 46 章 异步工具 ········ 440

46.1	概览	440
46.2	示例	440
46.3	本章小结	444

第 47 章 服务 ········ 445

47.1	概览	445
47.2	服务 API	445
47.3	声明服务	446
47.4	服务示例	446

47.5 本章小结	451	

第 48 章　广播接收器 … 452

- 48.1 概览 … 452
- 48.2 基于时钟的广播接收器 … 452
- 48.3 取消通知 … 454
- 48.4 本章小结 … 457

第 49 章　闹钟服务 … 458

- 49.1 概览 … 458
- 49.2 示例 … 459
- 49.3 本章小结 … 463

第 50 章　内容提供者 … 464

- 50.1 概览 … 464
- 50.2 ContentProvider 类 … 465
  - 50.2.1 query 方法 … 465
  - 50.2.2 insert 方法 … 465
  - 50.2.3 update 方法 … 465
  - 50.2.4 delete 方法 … 466
- 50.3 创建一个内容提供者 … 466
- 50.4 消费内容提供者 … 475
- 50.5 本章小结 … 476

附录 A　javac … 477

- A.1 选项 … 477
  - A.1.1 标准选项 … 477
  - A.1.2 非标准选项 … 479
  - A.1.3 -J 选项 … 480
- A.2 命令行参数文件 … 480

附录 B　java … 481

- B.1 选项 … 481
  - B.1.1 标准选项 … 481
  - B.1.2 非标准选项 … 483

附录 C　jar … 485

- C.1 语法 … 485
- C.2 选项 … 486
- C.3 示例 … 487
  - C.3.1 创建 … 487
  - C.3.2 更新 … 487
  - C.3.3 列出 … 487
  - C.3.4 提取 … 487
  - C.3.5 索引 … 487
- C.4 设置应用程序入口点 … 488

附录 D　NetBeans … 489

- D.1 下载和安装 … 489
- D.2 创建一个项目 … 489
- D.3 创建一个类 … 491
- D.4 运行一个 Java 类 … 491
- D.5 添加库 … 491
- D.6 调试代码 … 492

附录 E　Eclipse … 493

- E.1 下载和安装 … 493
- E.2 添加一个 JRE … 494
- E.3 创建一个 Java 项目 … 495
- E.4 创建一个类 … 496
- E.5 运行一个 Java 类 … 497
- E.6 添加库 … 497
- E.7 调试代码 … 497
- E.8 有用的快捷方式 … 498

第 1 章 Java 基础

要使用 Java 编程，需要 Java SE 开发工具包（Java SE Development Kit，JDK）。因此，本章的第 1 节将介绍如何下载和安装 JDK。开发 Java 程序，涉及编写代码，将其编译为字节码，以及运行字节码。在 Java 程序员的职业生涯中，这是一个一次又一次重复的过程，并且，它对于你适应这个职业至关重要。因此，本章的主要目标是让你体验用 Java 进行软件开发的过程。

编写的代码不仅要能够工作，还要容易阅读又便于维护，这一点很重要，因此本章将向你介绍 Java 编码惯例。聪明的开发者总是使用集成开发环境（integrated development environment，IDE），因此，本章的最后一部分将针对 Java IDE 给出建议。

1.1 下载和安装 Java

在开始编译和运行 Java 程序之前，需要下载和安装 JDK，并且配置一些系统环境变量。你可以从 Oracle 的 Web 站点，下载针对 Windows、Linux 和 Mac OS X 的 JRE 和 JDK：

http://www.oracle.com/technetwork/java/javase/downloads/index.html

如果单击页面上的 Download 链接，将会转到一个页面，允许你针对自己的平台（Windows、Linux、Solaris 或 Mac OS X）选择一个安装程序。相同的链接还提供了 JRE。然而，要进行开发，不能只有 JRE，还要有 JDK，JRE 只是帮助运行编译后的 Java 类。JDK 包含了 JRE。

下载了 JDK 之后，需要安装它。在各个操作系统上的安装是不同的。以下各节详细地介绍了安装过程。

1.1.1 在 Windows 上的安装

在 Windows 上的安装很容易。在 Windows 资源管理器中找到已下载的文件，双击可执行文件，并且按照指示进行安装。图 1.1 展示了安装向导的第一个对话框。

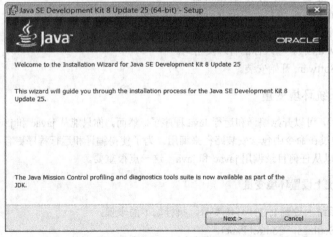

图 1.1　在 Windows 上安装 JDK 8

1.1.2 在 Linux 系统上的安装

在 Linux 平台上，JDK 有两种安装格式。
- RPM，针对支持 RPM 包管理系统的 Linux 平台，例如 Red Hat 和 SuSE。
- 自解压包。这是一个压缩文件，其中包含了要安装的软件包。

如果你使用 RPM，按照如下步骤进行：
1. 使用 su 命令成为 root 用户。
2. 解压缩下载的文件。
3. 将目录更改为下载文件所在的位置，并且输入：

```
chmod a+x rpmFile
```

其中，rpmFile 是 RPM 文件。

4. 运行 RPM 文件：

```
./rpmFile
```

如果使用自解压的二进制安装程序，按照如下步骤进行：
1. 解压缩下载的文件。
2. 使用 chmod 来赋予文件执行许可：

```
chmod a+x binFile
```

这里，binFile 是针对你的平台下载的 bin 文件。

3. 把目录修改为想要安装文件的位置。
4. 运行自解压的二进制文件。执行下载的文件，在其前面带上路径。例如，如果文件在当前文件夹中，在其前面加上"./"：

```
./binFile
```

1.1.3 在 Mac OS X 系统上的安装

要在 Mac OS X 系统上安装 JDK 8，需要一台基于 Intel 的计算机，运行 OS X 10.8（Mountain Lion）或以后的版本。你还需要管理员的权限。安装很简单：
1. 在所下载的.dmg 文件上双击。
2. 在出现的 Finder 窗口中，双击该包的图标。
3. 在出现的第一个窗口上，单击 Continue。
4. 出现 Installation Type 窗口。单击 Install。
5. 将会出现一个窗口显示"Installer is trying to install new software. Type your password to allow this."。输入你的管理员密码。
6. 单击 Install Software 开始安装。

1.1.4 设置系统环境变量

安装了 JDK 之后，可以开始编译和运行 Java 程序了。然而，你只能从 javac 和 java 程序的位置调用编译器和 JRE，或者通过在命令中包含安装路径来调用。为了使得编译和运行程序更容易，在计算机上设置 PATH 环境变量便可以从任何目录调用 javac 和 java，这一点很重要。

在 Windows 系统上设置环境变量

要在 Windows 系统上设置 PATH 环境变量，执行如下的步骤：
1. 单击 Start，Settings，Control Panel。
2. 双击 System。

3. 选择 Advanced 标签并且单击 Environment Variables。

4. 在 User Variables 或 System Variables 面板中，找到 Path 环境变量。Path 的值是分号隔开的一系列的目录。现在，到 Java 安装目录的 bin 目录下的完整路径，将其添加到已有的 Path 值的末尾。该目录看上去如下所示：

```
C:\Program Files\Java\jdk1.8.0_<version>\bin
```

5. 单击 Set，OK 或 Apply。

在 UNIX 系统和 Linux 系统上设置路径

在这些操作系统上设置路径变量，取决于你所使用的 shell。对于 C shell，在~/.cshrc 文件的末尾添加如下内容：

```
set path=(path/to/jdk/bin $path)
```

而 path/to/jdk/bin 是你的 JDK 安装目录下的 bin 目录。对于 Bourne Again shell，在~/.bashrc 或 ~/.bash_profile 文件的末尾添加如下这一行：

```
export PATH=/path/to/jdk/bin:$PATH
```

这里，path/to/jdk/bin 是 JDK 安装目录下的 bin 目录。

1.1.5 测试安装

要想确认是否已经正确地安装了 JDK，在你的计算机的任何目录下，在命令行上输入 javac。如果看到这条指令正确地运行 javac，那么，你就成功地安装了它。相反，如果只能够从 JDK 安装目录的 bin 目录下运行 javac，说明没有正确地配置 PATH 环境变量。

1.1.6 下载 Java API 文档

在使用 Java 编程的时候，你总是要使用来自核心库的类。即使是资深程序员，在编码的时候，也需要查看这些库的文档。因此，应该从如下地址下载这个文档。

http://www.oracle.com/technetwork/java/javase/downloads/index.html

（你需要向下滚动，直到看到"Java SE 8 Documentation."）

API 文档也可以通过下面的网址在线查阅：

http://download.oracle.com/javase/8/docs/api

1.2 第一个 Java 程序

本小节将强调 Java 开发中的步骤，即编写程序，将其编译为字节码以及运行字节码。

1.2.1 编写 Java 程序

可以使用任何文本编辑器来编写 Java 程序。打开一个文本编辑器，并且输入代码清单 1.1 中的代码。或者，如果你已经下载了本书配套的程序示例，只要将它复制到你的文本编辑器中就可以了。

代码下载

如果你还没有下载代码，现在就可以从异步社区的 Web 站点下载示例。在前言的最后部分中，给出了下载地址。

代码清单 1.1　一个简单的 Java 程序

```
class MyFirstProgram {
    public static void main(String[] args) {
        System.out.println("Java rocks.");
    }
}
```

现在应该可以讲，Java 代码必须驻留在一个类中。此外，确保你将代码清单 1.1 中的代码保存为 MyFirstProgram.java 文件。所有的 Java 源代码文件，其扩展名必须为.java。

1.2.2　编译 Java 程序

我们使用了 JDK 安装目录中的 bin 目录下的 javac 程序来编译 Java 程序。假设你在计算机中已经编辑过了 PATH 环境变量（如果还没有的，参见前面的 1.1 节），应该能够从任何的目录调用 javac。要编译代码清单 1.1 中的 MyFirstProgram 类，按照如下的步骤进行：

1. 打开一个终端或命令提示符，并且将目录修改为保存 MyFirstProgram.java 文件的目录。
2. 输入如下的命令：

```
javac MyFirstProgram.java
```

如果一切在正常，javac 将会在你的工作目录中创建一个名为 MyFirstProgram.class 的文件。

注　意

javac 工具有很多的功能，可以通过传递选项来使用它们。例如，可以告诉它你想要在哪里创建所生成的类文件。附录 A 更清楚详细地介绍了 javac。

1.2.3　运行 Java 程序

要运行 Java 程序，使用作为 JDK 的一部分的 java 程序。或者，如果添加了 PATH 环境变量，你应该能够从任何目录调用 java。从你的工作目录中，输入如下命令并按下 Enter 键。

```
java MyFirstProgram
```

注意，在运行 Java 程序的时候，不要包含 class 扩展名。你将会在控制台看到如下内容。

```
Java rocks
```

恭喜你。你已经成功地编写了第一个 Java 程序。由于本章的目的是让你熟悉编写代码和编译的过程，我将不会解释程序是如何工作的。

你也可以给一个 Java 程序传递参数。例如，如果有一个名为 Calculator 的类，并且想要传递两个参数给它，可以像下面这样做：

```
java Calculator arg-1 arg-2
```

这里，arg-1 是第 1 个参数，arg-2 是第 2 个参数。你可以传递任意多个参数。Java 程序将会让这些参数作为字符串的数组来供 Java 程序使用。我们将会在第 6 章学习如何处理参数。

注　意

java 工具是一个高级程序，你可以通过传递选项来配置。例如，可以设置其进行内存分配的数量。附录 B 会介绍这些选项。

注　意

java 工具也被用来运行打包到一个.jar 文件中的 Java 类。请阅读附录 C 的 C.4 节。

1.3 Java 编码惯例

编写能够运行正确的 Java 程序是很重要的。然而，编写易于阅读和维护的程序也很重要。据统计，一款软件的 80%的生命周期都花在了维护上。此外，程序员的变动率很高，很有可能是由其他的人在你的代码的生命周期内来维护它。那些继承你的代码的人，会因为清晰而易于阅读的程序源代码而对你感激涕零。

使用一致的编码惯例，是使得你的代码易于阅读的一种方法（其他的方式包括，良好的代码组织和充分的注释）。代码惯例包括文件名、文件组织、缩进、注释、声明语句、空格和命名惯例。

类声明以关键字 class 开头，后面跟着一个类名和开始花括号 {。你可以将开始花括号放在类名的同一行，如代码清单 1.1 所示，或者，可以将花括号放在下一行，如代码清单 1.2 所示。

代码清单 1.2 使用不同编码惯例编写的 MyFirstProgram

```java
class MyFirstProgram
{
    public static void main(String[] args)
    {
        System.out.println("Java rocks.");
    }
}
```

代码清单 1.2 中的代码，和代码清单 1.1 中的代码都很好。只不过它采用了不同的惯例来编写类。你应该针对所有的编程元素采用一种一致的样式。如何定义你自己的代码惯例，取决于你自己，但是，Sun Microsystems 公司发布了一个文档，总结了其雇员应该遵守的标准。可以通过如下链接查看该文档（当然，这个文档现在也是 Oracle.com 的一部分）。

http://www.oracle.com/technetwork/java/codeconvtoc-136057.html

本书中的程序示例都遵守这个文档所推荐的惯例。我还想鼓励你在自己职业生涯的第一天就养成遵守这些惯例的习惯，以便在以后的日子里，能够自然而然地编写出清晰的代码。

关于风格的第一堂课，就是缩进。缩进的单位必须是 4 个空格。如果使用制表符来代替空格，每个制表符必须设置为 8 个空格（而不是 4 个）。

1.4 集成开发环境

你可以使用一个文本编辑器来编写 Java 程序。然而，使用集成开发环境（Integrated Development Environment，IDE）将会更有帮助。IDE 不仅会检查代码的语法错误，还可以自动提示代码、调试和跟踪程序。此外，当你录入的时候，编译会自动进行，并且，运行一个 Java 程序也只需要单击一下按钮。最终，你将用更短的时间进行开发。

可用的 Java IDE 曾经有数十种之多，但是如今，只剩下 3 种常用的。好在，前两种完全是免费的：

- NetBeans（免费且开源）。
- Eclipse（免费且开源）。
- IntelliJ IDEA（提供免费版和付费版）。

最流行的两种 Java IDE 是 NetBeans 和 Eclipse，在过去的几年中，你曾经看到二者之间争夺不断，都想要成为老大。NetBeans 和 Eclipse 都是开源项目，背后有强大的支持者。Sun Microsystems 公司在 2000 年收购了捷克公司 Netbeans Ceska Republika，随后就发布了 NetBeans。Eclipse 是由 IBM 发起的，是 NetBans 的竞争者。

关于哪一个 IDE 更好这个问题，不同的人有不同的答案，但是，它们都很流行，因此，也使得其他的软件厂商都放弃了自己的 IDE。即便是 Microsoft 公司，其.NET 技术是 Java 最强有力的竞争者，也随波逐流，不在为其 Visual Studio.NET 的 Express Editions 收费。

本书的附录 D 和附录 E 分别提供了 NetBeans 和 Eclipse 的简短教程。请考虑使用 IDE，因为它用途很大。

1.5 本章小结

本章介绍了如何下载和安装 JDK，并帮助你编写第一个 Java 程序。你会使用一个文本编辑器来编写程序，使用 javac 来将其编译为一个类文件，并且使用 java 工具来运行类文件。

随着程序变得更加复杂，且项目变得更大，IDE 将会帮助你加快应用程序的开发。

第 2 章 语 言 基 础

Java 是一种面向对象编程语言,因此,理解 OOP 非常重要。第 4 章是本书的第一个关于 OOP 内容的一章。然而,在了解 OOP 功能和技术之前,应该先学习 Java 语言的基础知识。

2.1 ASCII 和 Unicode

传统上,英语国家的计算机只使用美国信息交换标准代码(American Standard Code for Information Interchange,ASCII)字符来表示字母和数字字符。ASCII 中的每个字符都用 7 位来表示。因此,这个字符集中有 128 个字符。其中包括小写和大写的拉丁字母、数字和标点符号。

ASCII 字符集后来扩展了,包括了另外的 128 个字符,例如,德语字符 ä、ö、ü 和英国货币符号 £。这个字符集叫作扩展了的 ASCII,并且每个字符使用 8 位来表示。

ASCII 和扩展的 ASCII 只是可用的众多字符集中的两个。另一个流行的字符集由国际标准化组织(International Standards Organization,ISO)标准化了,即 ISO-8859-1,也称之为 Latin-1。ISO-8859-1 中的每一个字符也用 8 位来表示。这个字符集包含了很多西方语言(如德语、丹麦语、荷兰语、法语、意大利语、西班牙语、葡萄牙语,当然也包括英语)编写文本所需的所有字符。每个字符占 8 位的字符集便于使用,因为一个字节也是 8 位的长度。因此,用一个 8 位的字符集来存储和传输文本,也更有效率。

然而,并不是每种语言都使用 Latin 字母。中文和日文是使用不同的字符集的两个例子。例如,中文中的每个字符表示一个字,而不是一个字母。这样的字符有数千个,8 位不足以表示字符集中的所有字符。日文也使用一种不同字符集。全部算起来,全世界的语言中,有数以百计的不同的字符集。为了统一所有字符集,创建了一个叫作 Unicode 的计算标准。

Unicode 是由一个叫作 Unicode 联盟(Unicode Consortium,www.unicode.org)的非营利的组织开发的。这个实体试图将全世界所有语言的所有字符,都包含到一个单个的字符集中。Unicode 中的一个唯一的编号,只表示 1 个字符。Unicode 当前的版本 8,用于 Java、XML、ECMAScript 和 LDAP 等。

一开始,一个 Unicode 字符用 16 位来表示,这足够表示 65 000 多个不同的字符。65 000 字符足以表示世界上主要语言中的大多数字符了。然而,Unicode 联盟计划支持 100 万个以上的字符编码。根据这个数量,可能还需要另外的 16 位才能表示每个字符。实际上,32 位系统被认为是存储 Unicode 字符的一种方便的方式。

现在,你已经看到了一个问题。尽管 Unicode 为所有语言中的所有字符提供了足够的空间,但是,存储和传输 Unicode 文本并不像存储和传输 ASCII 或 Latin-1 字符那样高效。在互联网世界中,这是一个大问题。想象一下,你要传输的数据是 ASCII 文本的 4 倍那么多。

好在字符编码可以使得存储和传输 Unicode 文本更加高效。你可以把字符编码看作是和数据压缩类似。并且,如今有很多类型的字符编码可用。Unicode 联盟支持如下 3 种:

- UTF-8。这在 HTML 中很流行,并且用作将 Unicode 字符转换为不同长度的字节编码的协议。它利用了一个优点,即 Unicode 字符与人们熟悉的 ASCII 具有相同的字节值。转换为 UTF-8 的 Unicode 字符可以用于很多已有的软件。大多数浏览器都支持 UTF-8 字符编码。
- UTF-16。在这一字节编码中,所有较为常用的字符都放入到单个的 16 位的编码单元中,其他较少用到的字符,通过一对 16 位的编码单元来访问。
- UTF-32。这个字节编码为单个的字符使用 32 位。这显然不是 Internet 应用程序的选择,至少目前还不是。

ASCII 字符仍然在软件编程中扮演主要的角色。Java 对于几乎所有的输入元素都使用 ASCII,除了注释、标识符以及字符和字符串内容之外。对于后者，Java 支持 Unicode 字符。这意味着，你可以用英语以外的语言来编写注释、标识符和字符串。

2.2 分隔符

Java 使用某些字符作为分隔符。这些特殊的字符见表 2.1。熟悉这些符号和名称很重要，但是，如果你现在还不理解"说明"栏中的术语，也不要担心。

表 2.1　　　　　　　　　　　　Java 分隔符

符号	名称	说明
()	圆括号	用于：1. 在方法签名中，用来包含参数列表；2. 在表达式中，用来提高操作符优先级；3. 窄转换；4. 在循环中，用来包含要求值的表达式
{}	花括号	用于：1. 类型声明；2. 语句块；3. 数组初始化
[]	方括号	用于：1. 数组声明；2. 数组值解引用
<>	尖括号	用于向参数化类型传递参数
;	分号	用于结束语句，以及在 for 语句中，用于将初始化代码、表达式和更新代码分隔开来
:	冒号	在 for 语句中，用来遍历一个数组或一个集合
,	逗号	用于将方法声明中的参数分隔开
.	句点	用于将包名和子包、数据类型分隔开来，并且用于将文件或方法和一个引用变量区分开来

2.3 基本类型

当我们编写一个面向对象应用程序的时候，就会创建和现实世界相似的对象模型。例如，一个工资支付应用程序有 Employee 对象、Tax 对象、Company 对象等。然而，在 Java 中，对象并非唯一的数据类型。还有另一种叫作基本类型的数据类型。Java 中有 8 种基本类型，其中每一种都有特定的格式和大小。表 2.2 列出了 Java 的基本类型。

前 6 种基本类型（byte、short、int、long、float 和 double）表示数字。每一种都有不同的大小。例如，byte 可以包含-128 到 127 之间的任意整数。要搞清楚一个整数类型所包含的在最小数字和最大数字，可以看一下位数。一个 byte 是 8 位的长度，因此，有 2^8 即 256 个可能的值。前 128 个值是从-128～-1，0 还要占一个位置，剩下了 127 个正值。因此，一个 byte 的范围是-128～127。

如果你需要一个占位符来存储数字 1 000 000，那么，需要使用一个 int 类型。long 甚至会更大，你可能会问，如果 long 可以包含比 byte 和 int 更大的一组数字，为何不总是使用 long 呢？这是因为，long 占了 64 位，比 byte 和 int 消耗更多的内存。因此，为了节省空间，总是要使用数据大小尽可能小的基本类型。

表 2.2　　　　　　　　　　　　Java 基本类型

基本类型	说明	范围
byte	字节长度的整数（8 位）	从-128 (-2^7) 到 127 (2^7-1)
short	短整数（16 位）	从-32 768 (-2^{15}) 到 32 767 ($2^{15}-1$)
int	整数（32 位）	从-2 147 483 648 (-2^{31}) 到 2 147 483 647 ($2^{31}-1$)
long	长整数（64 位）	从-9 223 372 036 854 775 808 (-2^{63}) 到 9 223 372 036 854 775 807 ($2^{63}-1$)
float	单精度浮点数（32 位）	最小的非零正值：$14e^{-45}$ 最大的非零正值：$3.4028234e^{38}$
double	双精度浮点数（64 位）	最小的非零正值：$4.9e^{-324}$ 最大的非零正值：$1.7976931348623157e^{308}$

续表

基本类型	说明	范围
char	Unicode 字符	参见 Unicode 6 规范
boolean	布尔值	true 或 false

基本类型 byte、short、int 和 long 只能够保存整数，对于小数来说，你需要使用 float 或者 double 类型。float 是 32 位的值，遵守 IEEE 标准 754。double 是一个 64 位的值，也遵从相同的标准。

char 可以包含单个的 Unicode 字符，例如 "a"、"9" 或 "&"。使用 Unicode，允许 char 包含那些在英语字母中不存在的字符。一个 boolean 类型包含两个可能的状态（false 或 true）之一。

注　意

Java 不将一切内容都表示为对象，是考虑到速度的原因。和基本类型相比，创建和操作对象的代价更加昂贵。在编程语言中，如果一项操作对资源需求很大，并且要占用很多的 CPU 周期才能完成，我们就说该操作很昂贵。

既然了解了 Java 中的两种数据类型（基本类型和对象），让我们来继续学习如何使用基本类型。我们从变量开始。

2.4　变量

变量是数据占位符。Java 是一种强类型的语言，因此，每个变量必须有一个声明的类型。Java 中有两种数据类型：

- 引用类型 一个引用类型的变量，提供对一个对象的引用。
- 基本类型 一个基本类型的变量，保存一个基本类型。

Java 如何存储整数值

你一定听说过计算机使用二进制数字，即只包含 0 和 1 的数字。本节对此提供了一个概要，当你学习操作符的时候可能用的上。

一个字节占 8 个位，这表示要分配 8 个位来存储一个字节。最左边的位是一个符号位。0 表示正值，1 表示负值。0000 0000 是 0 的字节表示，0000 0001 表示 1，0000 00010 表示 2，0000 0011 表示 3，并且 0111 1111 表示 127，127 是 byte 所能保存的最大的正值。

那么，如何得到一个负数的二进制表示呢？很简单。先获取其对应的正数的二进制表示，然后将所有的位都取反，并且加上 1。例如，要得到 -3 的二进制表示，首先从 3 开始，它是 0000 0011。将所有的位都取反，得到

1111 1100

加 1 以后，得到

1111 1101

这就是 -3 的二进制表示。

对于 int 类型，规则是相同的。例如，最左边的是符号位。唯一的区别是，一个 int 类型占 32 位。要表示一个 int 类型中的 -1 的二进制形式，我们从 1 开始，它是

0000 0000 0000 0000 0000 0000 0000 0001

将所有的位都取反后，得到：

1111 1111 1111 1111 1111 1111 1111 1110

加 1 以后，得到了想要的数字（-1）。

1111 1111 1111 1111 1111 1111 1111 1111

除了数据类型，Java 变量还有名称和标识符。在选择标识符的时候，有如下几条规则：
1. 标识符是 Java 字母和数字的一个长度没有限制的序列。标识符必须以一个 Java 字母开头。
2. 标识符必须不是 Java 关键字（表 2.3 中给出），不能是一个布尔字面值，也不能是空字面值。
3. 标识符必须在其作用域内是唯一的。第 4 章将会介绍作用域。

表 2.3　　　　　　　　　　　　　　　　　　Java 关键字

abstract	continue	for	new	switch
assert	default	if	package	synchronized
boolean	do	goto	private	this
break	double	implements	protected	throw
byte	else	import	public	throws
case	enum	instanceof	return	transient
catch	extends	int	short	try
char	final	interface	static	void
class	finally	long	strictfp	volatile
const	float	native	super	while

Java 字母和 Java 数字

　　Java 字母包括大写的和小写的 ASCII Latin 字母 A 到 Z（\u0041-\u005a，注意，\u 表示一个 Unicode 字符）和 a 到 z（\u0061-\u007a），由于历史的原因，还包括 ASCII 下划线（_或\u005f）和美元符号（$或\u0024）。$字符只能在机器生成的源代码中使用，极少数情况下，用来访问遗留系统中已经存在的名称。

　　Java 数字包括 ASCII 数字 0～9（\u0030-\u0039）。
以下是一些合法的标识符：

```
salary
x2
_x3
row_count
```

以下是一些不合法的标识符：

```
2x
java+variable
```

2x 不合法，是因为它以数字开头；java+variable 不合法，是因为它包含加号。
　　还要注意，标识符的名称是区分大小写的。x2 和 X2 是两个不同的标识符。
　　你可以这样声明一个变量：先写类型，后面跟着名称加上一个分号。如下是变量声明的几个例子：

```
byte x;
int rowCount;
char c;
```

在上面的例子中，我们声明了 3 个变量：
- byte 类型的变量 x。
- int 类型的变量 rowCount。
- char 类型的变量 c。

x、rowCount 和 c 是变量名或标识符。
　　还可以在同一行声明具有相同类型的多个变量，两个变量之间用逗号隔开。例如：

```
int a, b;
```

这等同于：

```
int a;
int b;
```

然而，在同一行声明多个变量的做法，我们不推荐，因为这降低了程序的可读性。

最后，可以在声明一个变量的同时给变量赋一个值：

```
byte x = 12;
int rowCount = 1000;
char c = 'x';
```

变量的命名惯例

变量名应该简短而有含义。它们应该是混合大小写的且以小写字母开头。后续的单词都以一个大写的字母开头。变量名不应该使用下划线_或美元符号$开头。例如，如下是与 Sun 的编码惯例一致的几个变量名的例子：userName、count 和 firstTimeLogin。

2.5 常量

在 Java 中，常量是一旦赋值之后，其值不能修改的变量。使用关键字 final 来声明一个常量。按照惯例，常量名都是大写的，单词之间用下划线隔开。

如下是常量或 final 变量的例子：

```
final int ROW_COUNT = 50;
final boolean ALLOW_USER_ACCESS = true;
```

2.6 字面值

很多时候，我们需要给程序中的变量赋值，例如，将数字 2 赋给一个 int 型变量，或者将字符 "c" 赋给一个 char 型变量。为此，需要按照 Java 编译器能够理解的格式来书写值的表示形式。表示一个值的源代码叫作字面值。有 3 种类型的字面值：基本类型的字面值、字符串字面值和空字面值。本章只介绍基本类型的字面值。第 4 章将介绍空字面值，第 5 章将介绍字符串字面值。

基本类型的字面值有 4 种子类型：整数字面值、浮点数字面值、字符字面值和布尔字面值。下面分别介绍这些子类型。

2.6.1 整数字面值

整数字面值可以写为十进制（以 10 为基数，这是我们所习惯使用的）、十六进制（以 16 为基数）和八进制（以 8 为基数）。例如，100 可以表示为 100。如下的整数字面值都是十进制的：

```
2
123456
```

作为另一个示例，如下的代码将 10 赋值给 int 类型变量 x。

```
int x = 10;
```

使用前缀 0x 或 0X 表示十六进制的整数。例如，十六进制的数字 9E 写作 0X9E 或 0x9E。八进制的整数使用数字 0 作为前缀。例如，如下是八进制的数字 567：

```
0567
```

整数字面值用于将值赋给 byte、short、int 和 long 类型的变量。请注意，我们所赋值的值不能超出了一个变量的存储范围。例如，一个 byte 的最大的值是 127。因此，如下的代码将会产生一个编译错误，因为 200 对于 byte 类型来说太大了。

```
byte b = 200;
```

要将一个值赋给 long 类型，在数字的后面带上一个字母 L 或 l 作为后缀。L 是首选，因为它很容易和数字 1 区分开来。一个 long 类型，可以包含的值在 -9223372036854775808L 到 9223372036854775807L (2^{63}) 之间。

Java 初学者常常会问，为什么需要使用后缀 l 或 L，因为即便没有后缀，就像如下的代码一样，程序仍然能够编译。

```
long a = 123;
```

并不完全是这样的。没有后缀 L 或 l 的一个整数字面值，会被看作是 int 类型。因此，如下的代码将会产生一个编译错误，因为 9876543210 超出了一个 int 的存储能力：

```
long a = 9876543210;
```

为了解决这个问题，需要在数字的末尾添加一个 L 或 l，如下所示：

```
long a = 9876543210L;
```

long、int、short 和 byte 也可以表示为二进制形式，只要使用前缀字母 0B 或 0b 就可以了。例如：

```
byte twelve = 0B1100; // = 12
```

如果一个整数字面值太长了，可读性会受到影响。为此，从 Java 7 开始，我们可以在整数字面值中使用下划线来将数字分隔开。例如，如下两条语句具有相同的含义，但是第 2 条显然更容易阅读。

```
int million = 1000000;
int million = 1_000_000;
```

将下划线放在什么位置无关紧要。可以每 3 个数字使用一个下划线，就像上面的例子所示，或者任意多个数字使用一个。如下给出更多的例子：

```
short next = 12_345;
int twelve = 0B_1100;
long multiplier = 12_34_56_78_90_00L;
```

2.6.2 浮点数字面值

像 0.4、1.23、0.5e10 这样的数字都是浮点数。浮点数有如下几个部分：
- 一个整数部分。
- 一个小数点。
- 一个小数部分。
- 一个可选的指数。

以 1.23 为例。对于这个浮点数，整数部分是 1，小数部分是 23，没有可选的指数。在 0.5e10 中，0 是整数部分，5 是小数部分，10 是指数。

在 Java 中，有两种类型的浮点数：
- float。32 位大小。最大的正的 float 是 3.40282347e+38，最小的正的有限非零的 float 是 1.40239846e-45。
- double。64 位大小。最大的正的 double 是 1.79769313486231570e+308。最小的正的有限非零的 double 是 4.94065645841246544e-324。

在 float 和 double 类型中，0 的整数部分是可选的。换句话说，0.5 可以写成 .5。此外，指数部分可以表示为 e 或 E。

要表示浮点数字面值，可以使用如下的格式之一：

Digits . [Digits] [ExponentPart] f_or_F
. Digits [ExponentPart] f_or_F
Digits ExponentPart f_or_F
Digits [ExponentPart] f_or_F

注意，方括号之间的部分是可选的。

f_和 F_部分使得浮点数字面值是 float 类型。如果没有这一部分，该浮点数字面值将是 double 类型。要明确地表示一个 double 类型的字面值，可以加 D 或 d 后缀。要表示一个 double 类型字面值，使用如下的格式之一：

Digits . [Digits] [ExponentPart] [d_or_D]
. Digits [ExponentPart] [d_or_D]
Digits ExponentPart [d_or_D]
Digits [ExponentPart] [d_or_D]

在 float 和 double 类型中，ExponentPart 定义为如下的形式：

ExponentIndicator SignedInteger

其中 ExponentIndicator 是 e 或者 E，而 SignedInteger 是

Sign$_{opt}$ Digits

Sign 是+或者-，加号是可选的。

float 字面值的示例如下：

```
2e1f
8.f
.5f
0f
3.14f
9.0001e+12f
```

如下是 double 字面值的示例：

```
2e1
8.
.5
0.0D
3.14
9e-9d
7e123D
```

2.6.3 布尔字面值

布尔类型有两个值，字面值分别为 true 和 false。例如，如下的代码声明了一个布尔变量 includeSign，并且为其分配了一个 true 值。

```
boolean includeSign = true;
```

2.6.4 字符字面值

字符字面值是一个 Unicode 字符，或者是单引号括起来的一个转义序列。转义序列是无法使用键盘输入的 Unicode 字符或者在 Java 中具有特殊作用的 Unicode 字符的一种表示方法。例如，回车字符和换行字符用于终止一行，并且没有任何可视化的表示。要表示一个换行字符，需要对其转义，即写出其字符表示。此外，单引号字符需要转义，因为单引号用于将字符括起来。

如下是字符字面值的一些示例：

```
'a'
'z'
'0'
'u'
```

如下是作为转义序列的字符字面值:

```
'\b'    回退字符
'\t'    制表字符
'\\'    反斜杠
'\''    单引号
'\"'    双引号
'\n'    换行
'\r'    回车
```

此外，Java 允许我们对一个 Unicode 字符转义，以便能够使用 ASCII 字符的一个序列来表示一个 Unicode 字符。例如，字符 £ 的 Unicode 代码是 00A3。你可以编写如下的字符字面值来表示字符：

```
'£'
```

然而，如果你没有什么办法来使用键盘输入这个字符，可以使用将其转义的方式：

```
'\u00A3'
```

2.7 基本类型转换

在处理不同的数据类型的时候，我们常常需要进行转换。例如，将一个变量的值赋给另一个变量，就涉及转换。如果两个变量具有相同的类型，赋值总是会成功。从一种类型到相同类型的转换，叫作等同转换（identity conversion）。例如，如下的转换保证能够成功：

```
int a = 90;
int b = a;
```

然而，向不同的类型转换则无法保证成功，甚至不一定能够那么做。基本类型转换还有另外两种形式，即加宽转换（widening conversion）和收窄转换（narrowing conversion）。

2.7.1 加宽转换

当从一种基本类型向另一种基本类型转换的时候，如果后者的大小和前者相同或者更大，就会发生加宽转换；例如，从 int（32 位）到 long（64 位）的转换。在如下情况中，进行加宽转换：

- 从 byte 向 short、int、long、float 或 double 转换。
- 从 short 向 int、long、float 或 double 转换。
- 从 char 向 int、long、float 或 double 转换。
- 从 int 向 long、float 或 double 转换。
- 从 float 向 double 转换。

从一种整数类型向另一种整数类型的加宽转换，不会有信息丢失的风险。同样的，从 float 向 double 的转换也会保留所有的信息。然而，从 int 或 long 向 float 的转换，可能会导致精度丢失。

加宽的基本类型转换是隐式地发生的，不需要在代码中做任何事情。例如：

```
int a = 10;
long b = a; // widening conversion
```

2.7.2 收窄转换

收窄转换发生在从一种类型到另一种拥有较小的大小的类型的转换中，例如，从 long（64 位）到 int（32 位）的转换。通常，收窄转换在如下的情况中发生：

- 从 short 向 byte 或 char。
- 从 char 向 byte 或 short。
- 从 long 向 byte、short 或 char。
- 从 float 向 byte、short、char、int 或 long。
- 从 double 向 byte、short、char、int、long 或 float。

和加宽基本类型转换不同，收窄基本类型转换必须是显式的。需要在圆括号中指定目标类型。例如，如下是从 long 向 int 的收窄转换。

```
long a = 10;
int b = (int) a; // narrowing conversion
```

第 2 行中的（int）告诉编译器，应该发生收窄转换。如果被转换的值比目标类型的容量还要大的话，收窄转换可能导致信息丢失。前面的例子并不会导致信息丢失，因为 10 对一个 int 类型来说足够小。然而，在如下的转换中，由于 9876543210L 对一个 int 类型来说太大了，会导致一些信息丢失。

```
long a = 9876543210L;
int b = (int) a; // the value of b is now 1286608618
```

有可能导致信息丢失的收窄转换，在你的程序中将会引入一个缺陷。

2.8 操作符

计算机程序是实现某一功能的操作汇集在一起的一个集合。有很多种类型的操作，包括加法、减法、乘法、除法和位移。在本小节中，我们将学习各种 Java 操作。

一个操作符会对一个、两个或三个操作数执行操作。操作数是操作的目标，而操作符则是表示动作的一个符号。例如，如下是加法操作：

```
x + 4
```

在这个例子中，x 和 4 是操作数，+ 是操作符。

一个操作符可能返回一个结果，也可能不返回结果。

> **注　意**
>
> 操作符和操作数的任何合法的组合，叫作表达式（expression）。例如，x+4 是一个表达式。一个布尔表达式会得到真或假；一个整数表达式会得到一个整数；浮点数表达式的结果是一个浮点数。

只需要一个操作数的操作符叫作一元操作符（unary operator），Java 中有几个一元操作符。二元操作符（binary operator）接受两个操作数，这是 Java 操作符中最常见的类型。还有一个三元操作符（ternary operator）?:，它需要 3 个操作数。

表 2.4 列出了 Java 的操作符。

表 2.4　　　　　　　　　　　Java 操作符

=	>	<	!	~	?	:	instanceof			
==	<=	>=	!=	&&	||	++	--			
+	-	*	/	&	|	^	%	<<	>>	>>>
+=	-=	*=	/=	&=	|=	^=	%=	<<=	>>=	>>>=

在 Java 中，操作符分为 6 类：

- 一元操作符。
- 算术操作符。
- 关系和条件操作符。
- 位移和逻辑操作符。
- 赋值操作符。
- 其他操作符。

下面分别介绍每一种操作符。

2.8.1 一元操作符

一元操作符在一个操作数上起作用。有 6 个一元操作符，本节中将一一介绍。

一元减操作符

一元减操作符返回其操作数的负值。操作数必须是一个数字值，或者是一个数值基本类型的变量。例如，在下面的代码中，y 的值是-4.5：

```
float x = 4.5f;
float y = -x;
```

一元加操作符

一元加操作符返回其操作数的值。操作数必须是一个数值类型，或者是一个数值类型的变量。例如，在如下的代码中，y 的值是 4.5。

```
float x = 4.5f;
float y = +x;
```

这个操作符没有那么重要，因为不使用它也不会有什么差别。

自增操作符++

自增操作符将其操作数增加 1。操作数必须是一个数值基本类型的变量。操作符可以出现在操作数之前或之后。如果操作符出现在操作符之前，它叫作前缀自增操作符。如果它写在操作数之后，叫作后缀自增操作符。

作为例子，下面展示了一个前缀自增操作符：

```
int x = 4;
++x;
```

在++x 之后，x 的值变为 5。前面的代码等同于：

```
int x = 4;
x++;
```

在 x++之后，x 的值为 5。

然而，如果在同一个表达式中，自增操作符的结果需要赋值给另一个变量，那么，前缀操作符和后缀操作符之间就存在差异了。考虑如下的例子：

```
int x = 4;
int y = ++x;
// y = 5, x = 5
```

在赋值之前，使用了前缀自增操作符。x 自增到 5，并且随后将其值复制给 y。

查看一下如下的后缀自增操作符的用法。

```
int x = 4;
int y = x++;
// y = 4, x = 5
```

使用后缀自增操作符,在将操作数(x)的值赋值给另一个变量(y)之后,才将操作数的值加1。

注意,自增操作符对于 int 类型来说是最常用的。它对于其他的数字基本类型(例如 float 和 long)来说,也是适用的。

自减操作符--

自减操作符将操作数的值减去 1。操作数必须是数值基本类型的一个变量。和自增操作符类似,它也有前缀自减操作符和后缀自减操作符。例如,如下的代码将 x 的值自减,并将其赋值给 y。

```
int x = 4;
int y = --x;
// x = 3; y = 3
```

在如下的示例中,使用了后缀自减操作符:

```
int x = 4;
int y = x--;
// x = 3; y = 4
```

逻辑取反操作符!

逻辑取反操作符只适用于一个布尔基本类型或者 java.lang.Boolean 的一个实例。如果操作数是 false,这个操作符的值为 true;如果操作数为 true,这个操作符的值为 false。例如:

```
boolean x = false;
boolean y = !x;
// at this point, y is true and x is false
```

位取反操作符~

位取反操作符的操作数必须是一个整数基本类型或者整数基本类型的一个变量。其结果是对操作数的按位取反。例如:

```
int j = 2;
int k = ~j; // k = -3; j = 2
```

要理解这个操作符是如何工作的,需要将操作数转换为一个二进制数,并且将所有的位都取反。整数 2 的二进制形式是:

```
0000 0000 0000 0000 0000 0000 0000 0010
```

对其按位取反之后,得到

```
1111 1111 1111 1111 1111 1111 1111 1101
```

而这是整数-3 的二进制表示。

2.8.2 算术操作符

有 5 种类型的算术操作符,分别是加法、减法、乘法和除法,以及模除。下面将分别介绍这 5 种操作符。

加法操作符+

加法操作符将两个操作数相加。操作数的类型必须可以转换为一个数值基本类型。例如:

```
byte x = 3;
int y = x + 5; // y = 8
```

要确保接受加法结果的变量有足够的容量。例如,在如下的代码中,k 的值是-294967296 而不是 40 亿。

```
int j = 2000000000; // 2 billion
int k = j + j; // not enough capacity. A bug!!!
```

如下的代码则像预期的那样工作：

```
long j = 2000000000; // 2 billion
long k = j + j; // the value of k is 4 billion
```

减法操作符-

减法操作符在两个操作数之间执行减法。操作数的类型必须可以转换为一个数值类型。例如：

```
int x = 2;
int y = x - 1;        // y = 1
```

乘法操作符*

乘法操作符在两个操作数之间执行乘法。操作数的类型必须能够转换为一种数值基本类型。例如：

```
int x = 4;
int y = x * 4;        // y = 16
```

除法操作符/

除法操作符在两个操作数之间执行除法。左操作数除以右操作数。除数和被除数都必须是能够转换一种数值基本类型的类型。例如：

```
int x = 4;
int y = x / 2;        // y = 2
```

注意，在运行时，如果除数为 0 的话，将会导致一个错误。使用/操作符的除法的结果，总是一个整数。如果除数不能够将被除数除尽，余数将会被忽略。例如：

```
int x = 4;
int y = x / 3;        // y = 1
```

第 5 章将会介绍 java.lang.Math 类，它能够执行更为复杂的除法操作。

模除操作符%

模除操作符执行两个操作数之间的除法，但是返回余数。左操作数是被除数，右操作数是除数。被除数和除数都必须是能够转换为数值基本类型的一种类型。例如，如下操作的结果是 2。

```
8 % 3
```

2.8.3 相等操作符

有两种相等操作符，==（相等）和!=（不相等），它们都可以作用于两个整数、浮点数、字符或布尔类型的操作数。相等操作符的结果也是一个布尔类型。

例如，如下的比较，结果为真。

```
int a = 5;
int b = 5;
boolean c = a == b;
```

又如

```
boolean x = true;
boolean y = true;
boolean z = x != y;
```

比较之后，z 的值为 false，因为 x 等于 y。

2.8.4 关系操作符

一共有 5 种关系操作符：<、>、<=、>=以及 instanceof。前 4 个操作符都将在本节中介绍。第 7 章将会介绍 instanceof。

<、>、<=和>=操作符作用于两个操作数之上,它们的类型必须能够转换为一种数值基本类型。关系操作符返回一个布尔值。<操作符计算左边操作数的值是否小于右边的操作数的值。例如,如下的操作返回假:

```
9 < 6
```

>操作符计算左操作数的值是否大于右操作数的值。例如,如下的操作返回真:

```
9 > 6
```

<=操作符测试左操作数的值是否大于或等于右操作数的值。例如,如下的操作结果为假:

```
9 <= 6
```

>=操作符测试左操作数的值是否大于或等于右操作数的值。例如,如下操作返回真:

```
9 >= 9
```

2.8.5 条件操作符

一共有 3 个条件操作符:AND 操作符&&、OR 操作符||以及?:操作符。下面详细地介绍每一种操作符。

&&操作符

&&操作符接受两个表达式作为操作数,并且这两个表达式都必须返回一个值,而这个值必须能够转换为一个布尔类型。如果两个操作数的结果都为真,那么它返回真。否则,它返回假。如果左操作数为假,右操作数就不必计算了。例如,如下的例子返回假:

```
(5 < 3) && (6 < 9)
```

||操作符

||操作符接受两个表达式作为操作数,并且这两个表达式都必须返回一个值,而这个值必须能够转换为一个布尔类型。如果两个操作数有一个结果为真,那么||返回真。如果左操作数为真,右操作数就不必计算了。例如,如下的例子返回真:

```
(5 < 3) || (6 < 9)
```

?:操作符

?:操作符有 3 个操作数。其语法如下:

expression1 ? expression2 : expression3

这里,expression1 必须返回一个能够转换为布尔类型的值。如果 expression1 的结果为真,返回 expression2,否则的话,返回 expression3。

例如,如下的表达式返回 4。

```
(8 < 4) ? 2 : 4
```

2.8.6 位移操作符

位移操作符接受两个操作数,操作符类型必须能够转换为一个整数基本类型。左操作数是要位移的值,右操作数表示位移的距离。如下是 3 种类型的位移操作符:

- 向左位移操作符<<。
- 向右位移操作符>>。
- 无符号位向右位移操作符>>>。

向左位移操作符<<

向左位移操作符会把一个数字向左位移,右边的位用 0 来补充。n << s 的值是将 n 向左移动 s 位。相当于将操作数乘以 2 的 s 次幂。

例如，将一个值为 1 的 int 向左位移 3 个位置（1<<3），结果是 8。为了搞清楚这一点，需要将操作数转换为一个二进制数。

0000 0000 0000 0000 0000 0000 0000 0001

向左位移 3 位后，得到：

0000 0000 0000 0000 0000 0000 0000 1000

其结果等于 8（等同于 $1*2^3$）。

另一条规则是，如果左操作数是一个 int 类型，只有位移距离的前 5 位会使用。换句话说，位移距离必须在 0~31 之间。如果传递的数字大于 31，只有前 5 位会使用。也就是说，如果 x 是一个 int 类型，x<<32 等同于 x<<0；x<<33 等同于 x<<1。

如果左操作数是 long 类型，位移距离中只有前 6 位会使用。换句话说，实际使用的位移距离的范围在 0~63 之间。

向右位移操作符>>

向右位移操作符>>将左边的操作数向右位移右边操作数所指定的位数。n>>s 是将 n 向右移动 s 位。结果是 $n/2^s$。

例如，16 >> 1 等于 8。为了证实这一点，写出 16 的二进制表示如下。

0000 0000 0000 0000 0000 0000 0001 0000

然后，将其向右移动 1 位，得到：

0000 0000 0000 0000 0000 0000 0000 1000

结果等于 8。

无符号向右位移操作符>>>

n>>>s 的值取决于 n 是正数还是负数。对于一个正数 n，其结果值和 n>>s 相同。

如果 n 是负值，其结果取决于 n 的类型。

如果 n 是一个 int 类型，结果的值是(n>>s)+(2<<~s)。如果 n 是一个 long 类型，结果的值是(n>>s)+(2L<<~s)。

2.8.7 赋值操作符

一共有 12 个赋值操作符，如下所示：

= += -= *= /= %= <<= >>= >>>= &= ^= |=

左操作数必须是一个变量。例如：

int x = 5;

除了赋值操作符=以外，其他的操作符都以相同的方式工作，而且，你应该看到，其中的每一个都由两个操作符组成。例如，+=实际上是+和=。赋值操作符<<=也有两个操作符，分别是<<和=。

由两部分组成的赋值操作符是这样工作的，对两个操作数都应用第一个操作符，然后，将结果赋值给左操作数。例如，x+=5 等同于 x = x + 5。

x -= 5 等同于 x = x - 5

x <<= 5 等同于 x = x << 5

x &= 5 得到的结果和 x = x & 5 相同

2.8.8 整数按位操作符& | ^

位操作符& | ^在两个操作数上执行位操作,操作数的类型必须能够转换为整数。&表示一个 AND 操作，|表示一个 OR 操作，^表示一个异或操作。例如：

```
0xFFFF & 0x0000 = 0x0000
0xF0F0 & 0xFFFF = 0xF0F0
0xFFFF | 0x000F = 0xFFFF
0xFFF0 ^ 0x00FF = 0xFF0F
```

2.8.9 逻辑操作符 &|^

逻辑操作符& | ^在两个操作数上执行逻辑操作,这两个操作数能够转换为布尔类型。&表示一个 AND 操作。|表示一个 OR 操作,^表示一个异或操作。例如:

```
true & true = true
true & false = false
true | false = true
false | false = false
true ^ true = false
false ^ false = false
false ^ true = true
```

2.8.10 操作符优先级

在大多数程序中,一个表达式中常常会出现多个操作符,例如:

```
int a = 1;
int b = 2;
int c = 3;
int d = a + b * c;
```

在代码执行之后,结果是多少?如果你说是 9,那么你错了。实际结果是 7。

乘法操作符*的优先级比加法操作符+的优先级高。因此,乘法将会在加法之前执行。如果你想要先执行加法,可以使用圆括号:

```
int d = (a + b) * c;
```

后者将会把 9 赋值给 d。

表 2.5 按照优先级顺序列出了所有的操作符。同一行中的操作符,具有相同的优先级。

表 2.5   **操作符优先级**

操作符	
postfix operators	[ ] . (params) expr++ expr--
unary operators	++expr --expr +expr -expr ~ !
creation or cast	new (type)expr
multiplicative	* / %
additive	+ -
shift	<< >> >>>
relational	< > <= >= instanceof
equality	== !=
bitwise AND	&
bitwise exclusive OR	^
bitwise inclusive OR	|
logical AND	&&
logical OR	||
conditional	? :
assignment	= += -= *= /= %= &= ^= |= <<= >>= >>>=

注意，圆括号具有最高的优先级。圆括号也可以使得表达式更为清晰。例如，考虑如下的代码：

```
int x = 5;
int y = 5;
boolean z = x * 5 == y + 20;
```

比较之后的 z 值为真。然而，这个表达式还远不够清晰，你可以使用圆括号重新编写最后一行。

```
boolean z = (x * 5) == (y + 20);
```

这并不会改变结果，因为*和+拥有比==更高的优先级，但是，这会使得表达式更为清晰。

2.8.11 提升

一些一元操作符（例如+、-和~）和二元操作符（例如，+、-、*和/），会导致自动提升（automatic promotion），例如，演变为一种更宽的类型，如从 byte 类型到 int 类型。考虑如下的代码：

```
byte x = 5;
byte y = -x; // error
```

第 2 行会莫名其妙地导致一个错误，即便一个 byte 类型可以容纳-5。其原因是，一元操作符-导致-x 的结果提升为 int。要修正这个问题，要么将 y 修改为 int，要么像下面这样执行一次显式的收窄转换：

```
byte x = 5;
byte y = (byte) -x;
```

对于一元操作符来说，如果操作数的类型是 byte、short 或 char，结果提升为 int 类型。
对于二元操作符来说，提升规则如下：
- 如果任何的操作数类型为 byte 或 short，那么，两个操作数都将转换为 int，并且结果会是一个 int。
- 如果任何的操作数的类型为 double，那么，另一个操作数转换为 double，并且结果将会是一个 double。
- 如果任何的操作数的类型为 float，那么，另一个操作数转换为 float，并且结果将会是一个 float。
- 如果任何的操作数的类型是 long，那么，另一个操作数转换为 long，并且结果将会是一个 long。

例如，如下的代码将会导致一个编译错误：

```
short x = 200;
short y = 400;
short z = x + y;
```

可以通过将 z 修改为 int，或者对 x+y 执行一次显式的收窄转换，从而修正这个问题。

```
short z = (short) (x + y);
```

注意，包围 x+y 的圆括号是必须的，否则的话，只有 x 被转换为 int，并且一个 short 和一个 int 相加的结果将会是 int。

2.9 注释

在整个代码中编写注释，充分地说明一个类提供了什么函数，一个方法做些什么，一个字段包含什么等，这是一种好的做法。在 Java 中，有两种类型的注释，它们都和 C 和 C++中的注释有类似的语法。
- 传统注释。传统的注释包含在/*和*/之中。
- 单行注释。使用双斜杠（//），会使得编译器忽略一行中//之后的剩下内容。

例如，这里的一个注释描述了一个方法：

```
/*
 toUpperCase capitalizes the characters of in a String object
*/
public void toUpperCase(String s) {
```

如下是一个单行注释：

```
public int rowCount; //the number of rows from the database
```

传统注释不能嵌套，这意味着

```
/* /* comment 1 */
   comment 2 */
```

是无效的，因为第一个/*之后的第一个*/就结束了该注释。同样，上面的注释多出了一个额外的 comment 2 */，这将会导致编译器错误。

另外，单行注释可以包含任何内容，包括字符/*和*/的序列，如下所示：

```
// /* this comment is okay */
```

2.10 本章小结

本章介绍了 Java 语言的基础知识，包括继续学习高级内容之前应该掌握的基本概念和话题。讨论的话题包括字符集、变量、基本数据类型、字面值、操作符、操作符优先级以及注释。

第 3 章将继续介绍语句，这是 Java 语言的另一个重要的主题。

第 3 章 语 句

计算机程序是语句的指令的集合。Java 中有很多种类型的语句，并且其中的一些，如 if、while、for 和 switch，都是确定程序流程的语句。本章将从一个概览开始讨论 Java 语句，然后提供每种语句的细节。return 语句是退出一个方法的语句，将会在第 4 章中介绍。

3.1 概览

在编程中，语句是做某些事情的指令。语句控制着程序执行的顺序。将一个值赋给一个变量，就是语句的一个例子。

```
x = z + 5;
```

即便一个变量声明，也是一条语句。

```
long secondsElapsed;
```

相反，表达式（*expression*）是操作符和操作数的组合，它会进行计算。例如，z + 5 是一个表达式。在 Java 中，一条语句以一个分号结束，并且多条语句可以写在同一行之中。

```
x = y + 1; z = y + 2;
```

将多条语句写在一行中，这种做法并不推荐，因为它会影响到代码的可读性。

注　意

在 Java 中，空语句是合法的，它什么也不做，如下所示：

```
;
```

一些表达式可以通过用一个分号来结束从而成为语句。例如，x++是一个表达式，然而，下面是一条语句：

```
x++;
```

语句可以组合为一个语句块。根据定义，语句块是位于花括号之中的、由如下的编程元素的一个序列：
- 语句。
- 局部类声明。
- 局部变量声明语句。

语句和语句块可以加标签来标记。标签名遵守和 Java 标识符相同的规则，并且也使用分号来结束。例如，如下的语句的标签是 sectionA。

```
sectionA: x = y + 1;
```

如下是带有标签的语句块的示例：

```
start: {
    // statements
}
```

标记一条语句或一个语句块的目的是，能够在 break 和 continue 语句中引用它。

3.2　if 语句

if 语句是一个条件分支语句。if 语句的语法为如下两种之一：

```
if (booleanExpression) {
    statement(s)
}

if (booleanExpression) {
    statement(s)
} else {
    statement(s)
}
```

如果 booleanExpression 计算为 true，跟在 if 之后的语句块将会执行。如果它计算为 false，if 语句块之后的语句将不会执行。如果 booleanExpression 表达式为 false，并且有一个 else 语句块，那么，将会执行 else 语句块中的语句。

例如，在如下的 if 语句中，如果 x 大于 4，将会执行 if 语句块。

```
if (x > 4) {
    // statements
}
```

在如下的示例中，如果 a 大于 3，将会执行 if 语句块。否则的话，将会执行 else 语句块。

```
if (a > 3) {
    // statements
} else {
    // statements
}
```

注意，将一个语句块中的语句缩进是好的编码风格。

如果你在 if 语句中计算一个布尔表达式，不需要像下面这样使用==操作符：

```
boolean fileExist = ...
if (fileExist == true) {
```

相反，可以直接写作：

```
if (fileExists) {
```

同样，不用写成：

```
if (fileExists == false) {
```

而可以写成：

```
if (!fileExists) {
```

如果需要求值的表达式太长了，无法写在一行之中，推荐你对于后续的行使用 2 个空格的缩进。如下所示：

```
if (numberOfLoginAttempts < numberOfMaximumLoginAttempts
      || numberOfMinimumLoginAttempts > y) {
    y++;
}
```

如果一个 if 或 else 语句块中只有一条语句，那么花括号是可选的。

```
if (a > 3)
```

```
        a++;
    else
        a = 3;
```

然而，这可能会导致所谓的空悬 else（dangling else）问题。考虑如下的示例：

```
if (a > 0 || b < 5)
    if (a > 2)
        System.out.println("a > 2");
    else
        System.out.println("a < 2");
```

else 语句空悬了，因为不清楚这条 else 语句与哪一条 if 语句相关联。else 语句总是和其前面最靠近的 if 语句相关联。使用花括号会使得你的代码更为清晰。

```
if (a > 0 || b < 5) {
    if (a > 2) {
        System.out.println("a > 2");
    } else {
        System.out.println("a < 2");
    }
}
```

如果有多种选择，你也可以使用带有一系列的 else 语句的 if 语句。

```
if (booleanExpression1) {
    // statements
} else if (booleanExpression2) {
    // statements
}
...
else {
    // statements
}
```

例如

```
if (a == 1) {
    System.out.println("one");
} else if (a == 2) {
    System.out.println("two");
} else if (a == 3) {
    System.out.println("three");
} else {
    System.out.println("invalid");
}
```

在这种情况下，else 语句后面紧跟着一条不使用花括号的 if 语句。参见本章后面的 3.8 节中对于 switch 语句的介绍。

3.3　while 语句

在很多情况下，你可能想要多次地执行某一个操作。换句话说，有一个代码块是要重复执行的。直观一点，可以通过重复代码行来做到这一点。例如，使用这行代码可以实现一次蜂鸣：

```
java.awt.Toolkit.getDefaultToolkit().beep();
```

如果要等待半秒钟，可以使用如下这些代码行：

```
try {
```

```
   Thread.currentThread().sleep(500);
} catch (Exception e) {
}
```

因此，要产生 3 次蜂鸣，每两次之间间隔 500 毫秒，可以直接重复相同的代码：

```
java.awt.Toolkit.getDefaultToolkit().beep();
try {
   Thread.currentThread().sleep(500);
} catch (Exception e) {
}
java.awt.Toolkit.getDefaultToolkit().beep();
try {
   Thread.currentThread().sleep(500);
} catch (Exception e) {
}
java.awt.Toolkit.getDefaultToolkit().beep();
```

然而，有些情况下，靠重复代码是不管用的。例如，如下这些情况：

- 重复的次数大于 5 次，这意味着代码的行数要增加 5 倍。如果语句块中有一行代码需要修正，那么，相同的代码行的其他副本也必须修改。
- 如果事先并不知道要重复的次数。

一种更加清晰的方式，是把重复的代码放到一个循环之中。通过这种方式，你只需要编写代码一次，但是，可以让 Java 执行代码任意多次。创建循环的一种方式，就是使用 while 语句，这是本节要介绍的主题。另一种方式是使用 for 语句，我们将在下一节中介绍。

while 语句的语法如下：

```
while (booleanExpression) {
   statement(s)
}
```

这里，只要 *booleanExpression* 的结果为 true，就会执行 *statement(s)*。如果花括号中只有一条语句，也可以省略花括号。然而，为了清晰起见，即便只有一条语句，也应该使用花括号。

作为 while 语句的另一个示例，如下的代码打印出小于 3 的整数。

```
int i = 0;
while (i < 3) {
   System.out.println(i);
   i++;
}
```

注意，循环中的代码的执行依赖于 i 的值，在每次迭代的过程中，i 都会增加，直到其等于 3。

要生成每次间隔 500 毫秒的 3 次蜂鸣，使用如下的代码：

```
int j = 0;
while (j < 3) {
   java.awt.Toolkit.getDefaultToolkit().beep();
   try {
      Thread.currentThread().sleep(500);
   } catch (Exception e) {
   }
   j++;
}
```

有时候，使用总是会求得 true 的一个表达式（例如 boolean 字面值 true），而依赖 break 语句来跳出循环。

```
int k = 0;
while (true) {
   System.out.println(k);
   k++;
```

```
    if (k > 2) {
        break;
    }
}
```

本章后面的 3.6 节，将会介绍 break 语句。

3.4　do-while 循环

do-while 语句和 while 语句相似，只不过和它相关联的语句块至少要执行一次。其语法如下所示：

```
do {
    statement(s)
} while (booleanExpression);
```

使用 do-while 语句，把要执行的语句放在 do 关键字后面。和 while 语句一样，如果花括号中只有一条语句的话，可以省略花括号，但是为了清晰起见，还是应该使用花括号的。

例如，如下是 do-while 语句的一个示例：

```
int i = 0;
do {
    System.out.println(i);
    i++;
} while (i < 3);
```

这会在控制台打印出如下内容：

```
0
1
2
```

如下的 do-while 语句展示了 do 语句块中的代码至少执行一次，即便用 j 的初始值测试表达式 j<3 的时候求得了 false。

```
int j = 4;
do {
    System.out.println(j);
    j++;
} while (j < 3);
```

这会在控制台打印出：

```
4
```

3.5　for 语句

for 语句和 while 语句类似，例如，使用它包含需要执行多次的代码。但是，for 比 while 要复杂一些。

for 语句从一条初始化语句开始，后面跟着在每一次迭代的时候要计算的一个表达式，以及如果表达式计算为 true 的话，将要执行的一条语句。在每次迭代时执行了语句块之后，还要执行一条更新语句。

for 语句的语法如下：

```
for ( init ; booleanExpression ; update ) {
    statement(s)
}
```

这里，init 是一条初始化语句，将会在第一次迭代之前执行。*booleanExpression* 是一个布尔表达式，如果它求得结果为 true 的话，将会导致 *statement(s)* 的执行，update 是在执行了语句块之后才会执行的一条语句。init、*booleanExpression* 和 update 都是可选的。

如果满足如下的条件之一，for 语句将会停止：

- booleanExpression 计算为 false。
- 执行了一条 break 或 continue 语句。
- 一个运行时错误。

在初始化部分，声明一个变量对其赋值，这是很常见的。声明的变量在 *booleanExpression* 和 update 部分是可见的，在语句块中也是可见的。

例如，如下的 for 循环循环 3 次，每次都打印出 i 的值。

```
for (int i = 0; i < 3; i++) {
    System.out.println(i);
}
```

这条 for 语句首先声明了一个名为 i 的 int 类型，并且将 0 赋值给 i：

```
int i = 0;
```

然后，计算表达式 i<3，由于 i=0，这个表达式为 true。结果，将会执行语句块，将 i 的值打印出来。然后执行更新语句 i++，这会将 i 的值增加 1。由此结束了第一轮循环。

for 语句再次计算 i<3 的值。结果再次为 true，因为 i 等于 1。这导致语句块再次执行，将 1 打印到控制台。然后，执行更新语句 i++，将 i 增加为 2。第二次循环结束。

接下来，计算 i<3，由于 i=2，结果为 true。这导致语句块执行，2 被打印到控制台。然后，执行更新语句 i++，将 i 增加为 3。第三次循环结束。

接下来，再次计算表达式 i<3，结果为 false，for 循环停止。

在控制台，将会看到如下内容：

```
0
1
2
```

注意，变量 i 在其他地方都是不可见的，因为它是在 for 循环中声明的。

还要注意，如果 for 循环中的语句块只有一条语句，可以去掉花括号，在这种情况下，上面的 for 语句可以写成：

```
for (int i = 0; i < 3; i++)
    System.out.println(i);
```

然而，即便只有一条语句，使用花括号也会使得代码更加清晰。

如下是 for 语句的另一个示例：

```
for (int i = 0; i < 3; i++) {
    if (i % 2 == 0) {
        System.out.println(i);
    }
}
```

这个循环执行 3 次。对于每次迭代，都测试 i 的值。如果 i 是偶数，打印出其值。这个 for 循环的结果如下所示：

```
0
2
```

如下的 for 循环和前面的例子类似，但是，它使用 i+=2 作为更新语句。结果，它只循环了两次，就是 i=0 和 i=2 的时候。

```
for (int i = 0; i < 3; i += 2) {
    System.out.println(i);
}
```

其结果是：

```
0
2
```

递减一个变量的语句也很常用。考虑如下的 for 循环：

```
for (int i = 3; i > 0; i--) {
    System.out.println(i);
}
```

它打印出：

```
3
2
1
```

for 语句的初始化部分是可选的。在下面的 for 语句中，变量 j 在循环之外声明，因此，潜在来说，在 for 语句块以外的其他代码中，也可以使用 j。

```
int j = 0;
for ( ; j < 3; j++) {
    System.out.println(j);
}
// j is visible here
```

正如前面提到的，更新语句也是可选的。如下的 for 语句将更新语句放到了语句块的末尾。结果是一样的。

```
int k = 0;
for ( ; k < 3; ) {
    System.out.println(k);
    k++;
}
```

理论上讲，甚至可以省略 *booleanExpression* 部分。例如，如下的 for 语句就没有 *booleanExpression* 部分，循环只是通过 break 语句来终止。关于 break 语句，请参见 3.6 节。

```
int m = 0;
for ( ; ; ) {
    System.out.println(m);
    m++;
    if (m > 4) {
        break;
    }
}
```

如果比较 for 和 while，你会发现，总是能够用 for 来替代 while 语句。也就是说：

```
while (expression) {
    ...
}
```

总是能够写成：

```
for ( ; expression; ) {
    ...
}
```

注　意

此外，for 可以遍历一个数组或集合。参见第 6 章和第 14 章对增强的 for 语句的介绍。

3.6　break 语句

break 语句用于从一个封闭的 do、while、for 或 switch 语句中终止。在其他的地方使用 break，将会导致编译错误。

例如，考虑如下的代码：

```
int i = 0;
while (true) {
   System.out.println(i);
   i++;
   if (i > 3) {
      break;
   }
}
```

其结果是：

```
0
1
2
3
```

注意，break 终止循环的时候，不会执行语句块中剩下的语句。

如下是 break 的另一个示例，这次是用于 for 循环中。

```
int m = 0;
for ( ; ; ) {
   System.out.println(m);
   m++;
   if (m > 4) {
      break;
   }
}
```

break 语句后面可以跟着一个标签。当带上标签的时候，将会把控制转换到标签所标识的代码的开始处。例如，考虑如下的代码。

```
start:
for (int i = 0; i < 3; i++) {
   for (int j = 0; j < 4; j++) {
      if (j == 2) {
         break start;
      }
      System.out.println(i + ":" + j);
   }
}
```

使用标签 start 来表示第一个 for 循环。语句 break start；将会终止第一个循环。前面的代码的运行结果如下：

```
0:0
0:1
```

C 或 C++拥有一条 goto 语句，并且标签被当作 goto 的一种形式，但 Java 并不这样做。就像在 C/C++ 中使用 goto 可能会导致代码含糊不清，在 Java 中使用标签也会破坏代码结构。一般的建议是，尽可能地避免使用标签，并且总是很小心地使用它们。

3.7 continue 语句

continue 语句和 break 语句相似，但是，它只是终止当前的迭代的执行，并且导致控制转向下一次迭代的开始处。

例如，如下的代码打印出数字 0~9，但 5 除外。

```
for (int i = 0; i < 10; i++) {
    if (i == 5) {
        continue;
    }
    System.out.println(i);
}
```

当 i 等于 5 的时候，if 语句的表达式结果为 true，将导致 continue 语句执行。结果，下面打印出 i 的值的语句将不会执行，并且控制从下一次循环开始继续，即 i=6。

和 break 一样，continue 后面也可以跟着一个标签，表示从哪一个闭合的循环开始继续。和 break 的标签一样，使用 continue label 的时候也要多加小心，并且尽量避免这么用。

如下是带有标签的 continue 的示例。

```
start:
for (int i = 0; i < 3; i++) {
    for (int j = 0; j < 4; j++) {
        if (j == 2) {
            continue start;
        }
        System.out.println(i + ":" + j);
    }
}
```

这段代码的运行结果如下所示：

```
0:0
0:1
1:0
1:1
2:0
2:1
```

3.8 switch 语句

3.2 节所介绍的一系列的 if 语句，可以使用 switch 语句来替代。switch 语句允许根据一个表达式的值，从代码的集合中选择一个语句块来运行。switch 语句中使用的表达式，必须返回一个 int 类型、一个 String 类型或一个枚举值。

注　意

第 5 章将会介绍 String 类，第 12 章将会介绍枚举值。

switch 语句的语法如下所示。

```
switch(expression) {
case value_1 :
   statement(s);
   break;
case value_2 :
   statement(s);
   break;
   .
   .
   .
case value_n :
   statement(s);
   break;
default:
   statement(s);
}
```

在一个 case 中漏掉了一条 break 语句的话，不会产生一个编译错误，但是可能会有更为严重的后果，因为将会执行下一个 case 的语句。

如下是 switch 语句的一个示例。如果 i 的值是 1，将会打印出 "One player is playing this game."。如果其值为 2，将会打印出 "Two players are playing this game"。如果其值为 3，将会打印出 "Three players are playing this game"。对于其他的值，都会打印出 "You did not enter a valid value."。

```
int i = ...;
switch (i) {
case 1 :
   System.out.println("One player is playing this game.");
   break;
case 2 :
   System.out.println("Two players are playing this game.");
   break;
case 3 :
   System.out.println("Three players are playing this game.");
   break;
default:
   System.out.println("You did not enter a valid value.");
}
```

要了解在一个 String 或枚举值上使用 switch 语句的示例，参见本书第 5 章和第 10 章。

3.9　本章小结

Java 程序的执行顺序是由语句来控制的。在本章中，我们学习了如下的 Java 语句：if、while、do-while、for、break、continue 和 switch。理解这些语句的使用方法，对于编写正确的程序至关重要。

第 4 章 对象和类

面向对象编程（object-oriented programming，OOP）是基于现实世界的对象来建模应用程序而发挥作用的。这也很好地说明了为什么 OOP 能够成为当今的编程范型的选择，以及为什么像 Java 这样的语言很流行。本章将向你介绍对象和类。如果你初次接触 OOP 的话，可能需要仔细地阅读本章。很好地理解 OOP 是编写高质量的程序的关键。

本章首先介绍了对象是什么，以及类由什么组成。然后，教你如何使用 new 关键字创建一个对象，以及如何将对象存储到内存中，如何将类组织到包中，如何使用访问控制来实现封装，Java 虚拟机（Java Virtual Machine，JVM）如何加载和连接对象，Java 如何管理不再使用的对象。此外，还介绍了方法重载和静态类成员。

4.1 什么是对象

当用 OOP 语言开发应用程序的时候，我们就创建了和现实世界的情况相似的一个模型以解决问题。以工资应用程序为例，它计算了一个雇员的收入税和净工资。像这样的应用程序，应该有一个 Company 对象来表示使用该应用程序的公司，有 Employee 对象来表示公司的雇员，有 Tax 对象表示每一个雇员的纳税明细等。然而，在能够开始编写这样的应用程序之前，我们需要理解 Java 对象是什么以及如何创建对象。

我们从现实生活中的对象开始。对象随处可见，包括有生命的（人、宠物等）以及其他无生命的（汽车、房子、街道等）；实体的（图书、电视等）和抽象的（爱、知识、税率、规章制度等）。每个对象都有两个特征：属性以及对象可能执行的动作。例如，汽车的某些属性如下：

- 颜色。
- 门的数目。
- 号码牌的数目。

此外，汽车可以执行动作。

- 开动。
- 刹车。

作为另一个例子，一只狗拥有如下的属性：颜色、年龄、品种和重量等。它可以叫、跑、撒尿、嗅等。

Java 对象也拥有属性和能够执行的动作。在 Java 中，属性叫作字段（field），而动作叫作方法（method）。在其他编程语言中，它们也可能有其他的叫法。例如，方法常常也叫作函数（function）。

字段和方法都是可选的，这意味着一些 Java 对象可能不会有字段，但是有方法；而另一些 Java 对象可能有字段但是没有方法。当然，有些对象既有属性也有方法，而有些对象则二者都没有。

如何创建 Java 对象？就好像是在问，"怎么样制造小汽车呢"？小汽车是很昂贵的东西，需要仔细地设计并考虑很多事情，例如，安全性和性价比。你需要一个很好的蓝图才能够生产出优秀的小轿车。要创建 Java 对象，也需要类似的蓝图，即类（class）。

4.2 Java 类

类是创建相同类型的对象的一个蓝图或模板。如果你有一个 Employee 类，可以创建任意多个 Employee 对象。要创建 Street 对象，需要一个 Street 类。类决定了会得到什么类型的对象。例如，如果创建了一个

Employee 类，它具有 age 和 position 字段，从这个 Employee 类创建出的所有的 Employee 对象都拥有 age 和 position 字段。这些对象不会有比类定义更多的字段，但是也不会缺少字段，类决定了对象。

概括来讲，类是一个 OOP 工具，它允许程序员创建一个问题的抽象。在 OOP 中，抽象是使用编程对象来表示现实世界的对象的一种行为。同样，编程对象并不需要拥有现实世界的对象的细节。例如，如果工资应用程序中的一个 Employee 对象只需要能够工作并接受工资，那么，Employee 类只需要两个方法，work 和 receiveSalary。OOP 抽象忽略了现实世界中的雇员能够做很多其他的事情的事实，包括能够吃饭、跑步、接吻和踢球。

类是 Java 程序的基本构建模块。Java 中的所有的程序元素，必须位于一个类中，即便你要编写一个简单的程序，而它并不需要 Java 的面向对象功能。Java 初学者在编写一个类的时候，需要考虑 3 件事情：

- 类名。
- 字段。
- 方法。

类中还可以有一些其他的内容，我们后面再讨论它们。

类声明必须使用关键字 class，后面跟着一个类名。此外，类的主体放在花括号中。如下是一个类的一般语法：

```
class className {
    [class body]
}
```

例如，代码清单 4.1 展示了一个名为 Employee 的 Java 类，其中，粗体显示的行是类主体。

代码清单 4.1 Employee 类

```
class Employee {
    int age;
    double salary;
}
```

注 意

按照惯例，类名中每一个单词的首字母都要大写。例如，如下是一些符合这一惯例的类名：Employee、Boss、DateUtility、PostOffice 和 RegularRateCalculator。这种类型的命名惯例叫作 Pascal 命名惯例。还有另一种命名惯例，叫作骆驼命名惯例，是将每个单词的首字母大写，除了第一个单词之外。方法和字段名使用骆驼命名惯例。

一个公有类的定义必须保存在一个文件中，这个文件名和类名相同，即便这个限制并不适用于非公有的类。文件名必须是以 java 为扩展名的。

注 意

在 UML 类图中，类用一个矩形表示，这个矩形由 3 个部分组成：最上面的部分是类名，中间的部分是字段的列表，下面的部分是方法的列表（如图 4.1 所示）。字段和方法可能是隐藏的，如果显示它们并不重要的话。

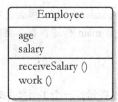

图 4.1 UML 类图表示的 Employee 类

4.2.1 字段

字段是变量。它们可以是基本类型或者是对象的引用。例如，图 4.1 所示的 Employee 类有两个字段，分别是 age 和 salary。在第 2 章中，我们学习了如何声明和初始化基本类型的变量。

一个字段也可以引用另一个对象。例如，一个 Employee 类可能有一个 Address 类型的 address 字段，它是表示一个街道地址的一个类。

```
Address address;
```

换句话说，一个对象可以包含其他的对象，就像前面的那个类包含了一个变量，这个变量引用了后面的那个类。

字段名应该符合骆驼命名惯例。字段中的每个单词首字母大写，除了第一个单词以外。例如，如下是一些"很好"的字段名：age、maxAge、address、validAddress 和 numberOfRows。

4.2.2 方法

方法定义了一个类的对象（或实例）所能够执行的一个动作。方法有一个声明部分和一个主体。声明部分包含一个返回值、方法名和参数的列表。方法的主体部分包含了执行动作的代码。

要声明一个方法，使用如下的语法：

```
returnType methodName (listOfArguments)
```

方法的返回类型可以是一个基本类型，一个对象或者是 void。void 返回类型意味着该方法不返回任何内容。方法的声明部分也叫作方法的签名（signature）。

例如，如下是一个名为 getSalary 的方法，它返回一个 double 类型。

```
double getSalary()
```

getSalary 方法不接受参数。

作为另一个例子，如下是返回一个 Address 对象的一个方法。

```
Address getAddress()
```

如下是接受一个参数的一个方法：

```
int negate(int number)
```

如果一个方法接受一个以上的参数，两个参数之间用逗号隔开。例如，如下的 add 方法接受两个 int 类型变量，并且返回一个 int 类型。

```
int add(int a, int b)
```

4.2.3 Main 方法

有一种叫作 main 的特殊方法，它提供了应用程序的入口点。应用程序通常有很多的类，只有一个类需要有 main 方法。该方法允许包含的类调用它。

main 方法的签名如下：

```
public static void main(String[] args)
```

如果你奇怪为什么 main 之前是 "public static void"，那么在本章的最后将会找到答案。

当使用 java 运行一个类的时候，可以给 main 传递参数。要传递参数，在类名之后输入参数。两个参数之间用空格隔开。

```
java className arg1 arg2 arg3 ...
```

所有的参数必须作为字符串传递。例如，在运行一个 Test 类的时候，要传递两个参数，"1"和"safeMode"，可以像下面这样输入：

```
java Test 1 safeMode
```
第 5 章将会介绍字符串。

4.2.4 构造方法

每个类至少有一个构造方法。否则，无法从类创建出对象，并且类也没有什么用处。实际上，如果你的类没有显式地定义一个构造方法，编译器将会为你添加一个构造方法。

构造方法用于构建一个对象。构造方法看上去就像一个方法，并且有时候称之为构造器方法（constructor method）。然而，和一个方法不同，构造方法不需要有返回值，甚至不需要有 void 类型的返回值。此外，构造方法的名称必须与类名相同。

构造方法的语法如下所示：

```
constructorName (listOfArguments) {
    [constructor body]
}
```

构造方法可能没有参数，在这种情况下，称之为无参数构造方法（no-argument constructor）。构造方法的参数可以用来初始化对象中的字段。

如果类没有包含构造方法，Java 编译器会给类添加一个无参数构造方法，这个添加是隐式的，也就是说，它不会在源文件中显示出来。然而，如果类定义中有一个构造方法，不管它接受多少个参数，编译器都不会再给类添加构造方法了。

作为示例，代码清单 4.2 给代码清单 4.1 中的 Employee 类添加了两个构造方法。

代码清单 4.2　带有构造方法的 Employee 类

```
public class Employee {
    public int age;
    public double salary;
    public Employee() {
    }
    public Employee(int ageValue, double salaryValue) {
        age = ageValue;
        salary = salaryValue;
    }
}
```

第 2 个构造方法特别有用。如果没有它，要赋值给 age 和 salary，就需要额外编写两行代码来初始化这两个字段：

```
employee.age = 20;
employee.salary = 90000.00;
```

有了第 2 个构造方法，可以在创建对象的同时传递值。

```
new Employee(20, 90000.00);
```

我们是第一次见到 new 关键字，我们将在本章后面学习如何使用它。

4.2.5 Varargs

Vararg 是一项 Java 功能，允许方法拥有一个可变长度的参数列表。如下是一个名为 average 的方法的例子，它接受任意多个 int 类型参数并计算其平均值。

```
public double average(int... args)
```

省略号表示有 0 个或者多个这种类型的参数。例如，如下的代码使用两个或 3 个 int 类型参数来调用 average。

```
double avg1 = average(100, 1010);
double avg2 = average(10, 100, 1000);
```

如果参数列表包含了固定的参数（必须有的参数）和可变的参数，那么可变参数必须放在后边。

在学习了第 6 章之后，应该能够实现接受 Vararg 的方法。基本上，将 Vararg 当作一个数组接收。

4.2.6 UML 类图中的类成员

图 4.1 用一个 UML 类图描述了一个类。该图提供了所有字段和方法的一个快速概览。可以用 UML 做更多的事情。UML 允许我们包含字段类型和方法签名。例如，图 4.2 展示了一个 Book 类，它带有 5 个字段和一个方法。

注意，在 UML 图中，一个字段及其类型之间用一个冒号隔开。方法的参数列表放在圆括号之中，其返回类型放在一个冒号之后。

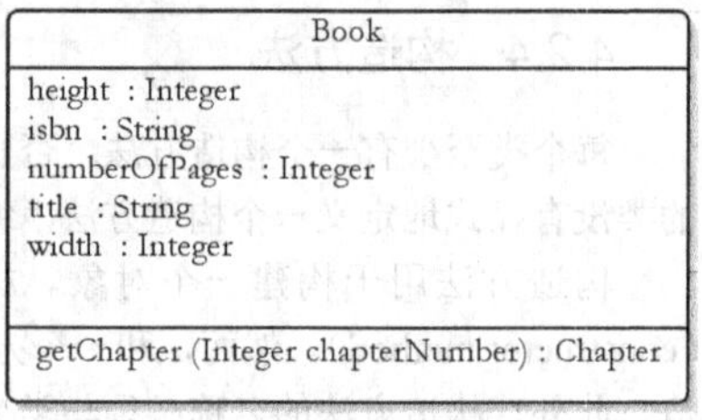

Book
height : Integer
isbn : String
numberOfPages : Integer
title : String
width : Integer
getChapter (Integer chapterNumber) : Chapter

图 4.2　一个类图中包含类成员信息

4.3　创建对象

既然知道了如何编写一个类，现在是时候来学习如何通过类创建一个对象了。对象也叫作实例（instance）。构造（construct）这个词常常和创建相互替换地使用，因此，可以说构造一个 Employee 对象。另一个常用的术语是实例化（instantiate）。实例化 Employee 类和创建 Employee 的一个实例是同一回事儿。

创建一个对象的方法有很多种，但最常见的一种是使用 new 关键字。new 的后面总是跟着要实例化的类的构造方法。例如，要创建一个 Employee 对象，可以这样编写：

```
new Employee();
```

大多数时候，你想要将所创建的对象赋值给一个对象变量（或者一个引用变量），以便稍后可以操作该对象。为了做到这一点，我们需要声明一个和该对象具有相同类型的对象引用。例如：

```
Employee employee = new Employee();
```

这里，employee 是 Employee 类型的一个对象引用。

一旦有了一个对象，可以通过使用赋值了该对象的对象引用来调用其方法并访问其字段。使用一个句点（.）来调用一个方法或访问一个字段。例如：

```
objectReference.methodName
objectReference.fieldName
```

例如，如下的代码，创建了一个 Employee 对象，并且给其 age 和 salary 字段赋值：

```
Employee employee = new Employee();
employee.age = 24;
employee.salary = 50000;
```

4.4　null 关键字

一个引用变量引用一个对象。有的时候，一个引用变量没有值（它没有引用一个对象）。这样的一个引用变量叫作拥有一个空值。例如，如下是一个 Book 类型的类级引用变量，但没有给它赋值：

```
Book book; // book is null
```

如果在方法中声明了一个局部引用变量，但是，没有给其赋值，你将需要给它赋一个 null 以满足编译器的要求：

```
Book book = null;
```

当创建一个实例的时候，将初始化类级的引用变量，因此，你不需要给它们赋值 null。

试图访问一个空的变量引用的字段或方法，将会导致错误，如下面的代码所示：

```
Book book = null;
System.out.println(book.title); // error because book is null
```

可以使用==操作符来测试引用变量是否为 null。例如：

```
if (book == null) {
    book = new Book();
}
System.out.println(book.title);
```

4.5 对象的内存分配

当你在类中声明一个变量的时候，不管是在类级别还是在方法级别，都为将要赋值给该变量的数据分配了内存空间。对于基本类型来说，很容易计算所占用的内存量。例如，声明一个 int 会占用 4 个字节，声明一个 long 会占用 8 个字节。然而，计算引用变量所需的空间则不同。

当一个程序运行的时候，会为数据分配一些内存。这些数据空间从逻辑上分为两类，栈和堆。基本数据类型在栈中分配，而 Java 对象则驻留在堆中。

当你声明了一个基本类型，栈中会分配几个字节。当你声明了一个引用变量，栈中也会分配一些字节，但是，该内存并没有包含对象数据，它包含了对象在堆中的地址。换句话说，当你声明

```
Book book;
```

会留出一些字节用于引用变量 book。book 的初始值是 null，因为还没有为其分配一个对象。当你编写

```
Book book = new Book();
```

你就创建了 Book 的一个实例，它存储在堆中，并且为引用变量 book 的实例分配了地址。Java 引用变量就像是 C++ 的指针一样，只不过，你不能操作一个引用变量。在 Java 中，引用变量用于访问它所引用的对象的成员。因此，如果 Book 类有一个公有的 review 方法，你可以使用如下的语法来调用该方法：

```
book.review();
```

一个对象可以被多个引用变量引用。例如，

```
Book myBook = new Book();
Book yourBook = myBook;
```

第 2 行代码将 myBook 的值复制到了 yourBook。结果，yourBook 现在和 myBook 引用相同 Book 对象。

图 4.3 展示了 myBook 和 yourBook 所引用的一个 Book 对象的内存分配。

另一方面，如下的代码创建了两个不同的 Book 对象：

```
Book myBook = new Book();
Book yourBook = new Book();
```

这段代码的内存分配如图 4.4 所示。

图 4.3　两个变量引用一个对象　　　　　图 4.4　两个变量所引用的两个对象

现在，如果一个对象包含了另一个对象呢？例如，考虑一下代码清单 4.3 中的代码，它展示了包含一个 Address 类的一个 Employee 类。

代码清单 4.3　包含另一个类的一个 Employee 类

```
public class Employee {
    Address address = new Address();
}
```

当你使用如下的代码创建一个 Employee 对象的时候，也创建了一个 Address 对象。

```
Employee employee = new Employee();
```

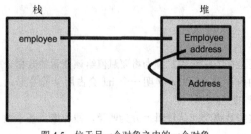

图 4.5　位于另一个对象之中的一个对象

图 4.5 说明了堆中的每一个对象的位置。

实际上，Address 对象并不是真的处于 Employee 对象之中。然而，Employee 对象中的 address 字段，拥有一个 Address 对象的引用，由此也允许 Employee 对象操作该 Address 对象。由于在 Java 中，除了通过被赋值了对象的地址的引用变量之外，没有其他的方法来访问对象，因此，其他人无法访问 Employee 对象之中的 Address 对象。

4.6　Java 包

如果你要开发的一个应用程序是由不同的部分组成的，你可能想要将类组织起来以保持可维护性。在 Java 中，可以将相关的类或者具有相似功能的类分组到包中。例如，标准的 Java 类都位于包中。Java 核心类位于 java.lang 包中等。执行输入和输出操作的所有的类，都是 java.io 包的成员等。如果一个包需要组织得更为细致，可以创建一个包，它和前者的一部分名称相同。例如，Java 类库带有 java.lang.annotation 和 java.lang.reflect 两个包。然而，具有相同部分名的两个包，并不一定具有相关性。java.lang 包和 java.lang.reflect 包是不同的包。

以 java 开头的包名都保留给了核心库。因此，你不能创建以单词 java 开头的包。你可以编写属于这样的一个包的类，但是，你不能运行它们。

此外，以 javax 开头的包名，意味着和核心包相对应的扩展库。你也不应该创建以 javax 开头的包。

除了对类进行组织，包还可以避免命名冲突。例如，应用程序可以使用来自公司 A 的 MathUtil 类和来自另一个公司的同样名称的类，只要这两个类属于不同的包。为此，要遵守包名的命名惯例，名称应该根据你的域名反向命名。因此，Sun 的包的名称都要以 com.sun 开头。我的域名是 brainysoftware.com，因此我的包的名字最好以 com.brainysoftware 开头。例如，我可以将所有的 applet 都放到一个 com.brainysoftware.applet 包中，将 servlet 放到 com.brainysoftware.servlet 中。

包不是一个实际的对象，因此，不需要创建它。要将一个类放入到包中，使用关键字 package 后面跟着包名。例如，如下的 MathUtil 类是 com.brainysoftware.common 包的一部分：

```
package com.brainysoftware.common;
public class MathUtil {
    ...
}
```

Java 还引入了一个术语，即完全限定名称（*fully qualified name*），指的是带有其包名的一个类名。一个类的完全限定名称是其包名后面跟着一个句点，然后是类名。因此，属于包 com.example 的 Launcher 类的完全限定名称是 com.example.Launcher。

没有包定义的类，称之为属于默认的包。例如，代码清单 4.1 中的 Employee 类就属于默认的包。你应该总是使用一个包，因为默认包中的类型，无法供默认包之外的其他类型使用（除非使用一种叫做反射的技术）。因此，没有包的类是糟糕的想法。

即便一个包不是实际的对象，包名对其源文件的实际的位置还是有影响的。包名表示一个目录结果，其中的句点表示子目录。例如，com.brainysoftware.common 中所有的源文件，必须位于 common 目录下，而它也是 brainysoftware 的一个子目录。反过来，brainysoftware 又必须是 com 文件夹的一个子目录。图 4.6 展示了 com.brainysoftware.common.MathUtil 类的文件夹结构。

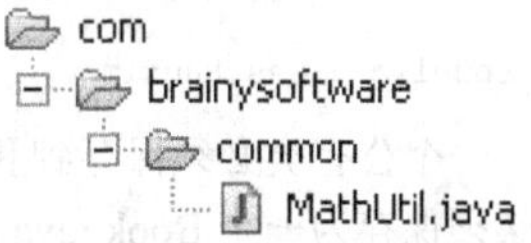

编译非默认的包中的类，对于初学者来说是一个挑战。要编译这样的一个类，需要包含类名，用/代替点符号（.）。例如，要编译 com.brainysoftware.common.MathUtil 类，将目录更改到工作目录（即 com 的父目录的那个目录），并输入：

图 4.6　一个包中的类的实际位置

```
javac com/brainysoftware/common/MathUtil.java
```

默认情况下，javac 会把结果放置到和源文件相同的目录结构中。在这个例子中，将会在 com/brainysoftware/common 目录下创建一个 MathUtil.class 文件。

运行属于一个包的类，需要遵守类似的规则：必须包含包名，用/替代.。例如，要运行 com.brainysoftware.common.MathUtil 类，在你的工作目录下输入如下内容。

```
java com/brainysoftware/common/MathUtil
```

你的类的包还会影响到类的可见性，在下一节中，我们将会看到这一点。

4.7　封装和访问控制

作为 OOP 的一个基本原理，封装（encapsulation）是保护一个对象具有所需要的安全性，并且只暴露那些能够安全暴露的部分。电视机就是封装的一个很好例子。电视机中有数千个电子元器件，它们综合在一起构成了能够接受信号并将信号解码为图像和声音的部分。然而，用户并不能访问这些元器件，因为广大厂商将这些元器件包装到一个很坚硬的金属外壳中，用户无法轻易地打开它。为了让电视机易于使用，它向用户暴露了一些按钮，用户可以通过按钮打开或关闭电视机，放大或缩小音量等。

回到 OOP 封装的概念，让我们来举一个例子，假设一个类能够编码和解码消息。这个类暴露了两个方法，名为 encode 和 decode，类的用户可以访问这两个方法。在内部，有数十个变量用于存储临时值以及执行支持性任务的其他方法。类的编写者将这些变量和其他方法隐藏了，因为如果允许访问它们的话，可能会威胁到编码/解码算法的安全性。此外，暴露太多的事情，会使得这个类很难使用。稍后我们将会看到，封装是一种强大的功能。

Java 通过访问控制来支持封装。访问控制是由访问控制修饰符来管理的。Java 中有 4 种访问控制修饰符：public、protected 和 private，以及默认访问级别。访问控制修饰符应用于类和类成员。后面的小节将会介绍它们。

4.7.1　类访问控制修饰符

在具有很多类的应用程序中，类可能被同一个包或不同的包的成员的另一个类实例化并使用。你可以通过在类声明的开始处，使用一个访问控制修饰符，从而控制你的类能够被哪些包"看到"。

类有一个公有的或默认的访问控制级别。你可以使用 public 访问控制修饰符来使得一个类变为公有的。没有使用访问控制修饰符的类，具有默认的访问级别。公有类在任何地方都是可见的。代码清单 4.4 列出了一个名为 Book 的公有类。

代码清单 4.4　公有类 Book

```
package app04;
public class Book {
    String isbn;
```

```
    String title;
    int width;
    int height;
    int numberOfPages;
}
```

这个 Book 类是 app04 包的一个成员，并且有 5 个字段。由于 Book 是公有的，可以从任何的类实例化它。实际上，Java 核心库中的大部分的类都是公有类。例如，如下是 java.lang.Runtime 类的声明：

```
public class Runtime
```

一个公有类必须保存到和类具有相同名称的一个文件中，其扩展名必须是 java。代码清单 4.4 中的 Book 类必须保存为一个 Book.java 文件。此外，由于 Book 属于包 app04，Book.java 文件必须位于 app04 目录中。

注　意

一个 Java 源文件只能够包含一个 public 类。但是，它可以包含多个不是公有的类。

当一个类声明的前面没有访问控制修饰符的时候，这个类拥有默认的访问级别。例如，代码清单 4.5 展示了拥有默认的访问级别的 Chapter 类。

代码清单 4.5　Chapter 类，具有默认的访问级别

```
package app04;
class Chapter {
    String title;
    int numberOfPages;

    public void review() {
        Page page = new Page();
        int sentenceCount = page.numberOfSentences;
        int pageNumber = page.getPageNumber();
    }
}
```

具有默认访问级别的类，只能够由属于同一个包的类使用。例如，Chapter 类能够在 Book 类中实例化，因为 Book 类和 Chapter 类属于同一个包。然而，对于其他的包来说，Chapter 是不可见的。

例如，你可以在 Book 类中添加如下的 getChapter 方法。

```
Chapter getChapter() {
    return new Chapter();
}
```

另一方面，如果试图给一个并不属于 app04 包的类添加同样的 getChapter 方法，将会引发一个编译器错误。

4.7.2　类成员访问控制修饰符

类成员（方法、字段、构造方法等）可以具备 4 种访问控制级别之一：public、protected、private 和默认访问级别。访问控制修饰符 public 用于使得一个类成员成为公有的，protected 修饰符使得一个类成员成为受保护的，private 修饰符使得一个类成员成为私有的。没有使用访问控制修饰符的话，类成员将会拥有默认的访问级别。

表 4.1 给出了每个访问级别的可见性。

注　意

默认访问级别有时候叫作包私有。为了避免混淆，本书将使用术语默认访问级别。

表 4.1　　　　　　　　　　　　　　　　类成员访问级别

访问级别	从其他包中的类访问	从同一包中的类	从子类	从同一个类
public	可以	可以	可以	可以
protected	不可以	可以	可以	可以
default	不可以	可以	不可以	可以
private	不可以	不可以	不可以	可以

对于一个公有的类成员来说，能够访问包含了该类成员的类的任何类。例如，java.lang.Object 类的 toString 方法是公有的。其方法签名如下：

```
public String toString()
```

一旦构建了一个 Object 对象，可以调用其 toString 方法，因为 toString 是公有的。

```
Object obj = new Object();
obj.toString();
```

还记得吧，要访问一个类成员，使用如下的语法：

referenceVariable.memberName

在前面的代码中，obj 是一个引用变量，它引用 java.lang.Object 的一个实例，而 toString 是 java.lang.Object 类中定义的一个方法。

一个受保护的类成员，拥有更为严格的访问级别。只能从以下的位置访问它：

- 和包含该成员的类处于同一包中的任何类。
- 包含该成员的类的一个子类。

注　　意

子类是扩展了另一个类的一个类。第 7 章将会介绍这一概念。

例如，考虑代码清单 4.6 中的公有类 Page。

程序清单 4.6　Page 类

```
package app04;
public class Page {
    int numberOfSentences = 10;
    private int pageNumber = 5;
    protected int getPageNumber() {
        return pageNumber;
    }
}
```

Page 类有两个字段（numberOfSentences 和 pageNumber）和一个方法（getPageNumber）。首先，由于 Page 类是公有的，可以通过任何的类来实例化它。然而，即便你可以实例化它，还是不能保证你能够访问其成员。这取决于你从哪一个类来访问 Page 类的成员。

getPageNumber 方法是受保护的，因此，可以从属于 app04 的任何类来访问它，Page 类也在这个包中。例如，考虑一下 Chapter 类中的 review 方法（在代码清单 4.5 中给出）：

```
public void review() {
    Page page = new Page();
    int sentenceCount = page.numberOfSentences;
    int pageNumber = page.getPageNumber();
}
```

Chapter 类可以访问 getPageNumber 方法，因为 Chapter 和 Page 类属于同一个包。因此，Chapter 可以访问 Page 类中的所有受保护的成员。

默认访问级别允许同一个包中的类访问类成员。例如，Chapter 类可以访问 Page 类的 numberOfSentences 字段，因为 Page 类和 Chapter 类属于同一个包。然而，如果 Page 的一个子类属于一个不同的包的话，不能够从这个子类来访问 numberOfSentences。受保护的访问级别和默认的访问级别这一点上是不同的，第 7 章还会进一步介绍。

一个类的私有成员只能够从同一个类内部访问。例如，没有办法从 Page 类自身以外的任何地方访问 Page 类的私有字段 pageNumber。然而，看一下 Page 类定义中的如下的代码。

```
private int pageNumber = 5;
protected int getPageNumber() {
    return pageNumber;
}
```

pageNumber 字段是私有的，因此，可以通过 getPageNumber 方法来访问它，该方法定义于同一个类中。getPageNumber 的返回值是 pageNumber，它是私有的。初学者往往会被这类代码搞混。如果 pageNumber 是私有的，为什么使用它作为一个受保护的方法（getPageNumber）的返回值呢？注意，对 pageNumber 的访问仍然是私有的，因此，其他的类无法修改该字段。然而，使用它作为一个非私有方法的返回值则是允许的。

对于构造方法呢？构造方法的访问级别和针对字段和方法的访问级别是相同的。因此，构造方法也可以拥有公有、受保护的、默认的和私有的访问级别。你可以认为所有的构造方法都必须是公有的，因为拥有一个构造方法的意图，就是使得类可实例化。然而，令你感到惊讶的是，实际情况并非如此。一些构造方法声明为私有的，以便不能从其他的类来实例化它。在单体类中，使用私有的构造方法是很正常的事情。如果你对这个话题感兴趣，在互联网上可以很容找到相关的文章。

注　　意

在 UML 类图中，可以包含关于类成员访问级别的信息。在公有成员的前面加上一个+，在受保护的成员前面加上一个#，在私有成员前面加上一个-。没有前缀的成员被当作是具备默认访问级别。图 4.7 展示了 Manager 类及其具有各种访问级别的成员。

图 4.7　在一个 UML 类图中包含类成员访问级别

4.8　this 关键字

在引用当前对象的任何方法或构造方法的时候使用 this 关键字。例如，如果有一个类级别的字段，它和一个局部变量具有相同的名字，可以使用如下的语法来引用前者：

```
this.field
```

在构造方法中，this 的一种常见的用法是，接受用于初始化字段的值。考虑一下代码清单 4.7 中的 Box 类。

代码清单 4.7　Box 类

```
package app04;
public class Box {
    int length;
    int width;
    int height;
    public Box(int length, int width, int height) {
        this.length = length;
        this.width = width;
        this.height = height;
    }
}
```

Box 类有 3 个字段：length、width 和 height。其构造方法接受 3 个参数，用于初始化这些字段。使用 length、width 和 height 作为参数是很方便的，因为它们反映出自身是什么内容。在构造方法中，length 引用 length 参数，而不是 length 字段。this.length 引用了类级别的 length 字段。

当然也可以修改参数的名字，例如：

```
public Box (int lengthArg, int widthArg, int heightArg) {
    length = lengthArg;
    width = widthArg;
    height = heightArg;
}
```

通过这种方式，类级别的字段不会和局部变量的名字重叠，你也不需要使用 this 关键字来引用类级别的字段。但是，使用 this 关键字可以使你不用花时间再为你的方法或构造方法的参数想一个不同的名字。

4.9　使用其他的类

在你所编写的类中使用其他的类，这种做法很常见。使用和你当前的类位于同一个包中的类，默认就是允许的。然而，要使用其他包中的类，必须先导入该包，或者导入你要使用的类。

Java 提供了关键字 import，表示你想要使用一个包或者来自一个包中的类。例如，要在自己的代码中使用 java.util.ArrayList 类，必须使用如下的 import 语句：

```
package app04;
import java.util.ArrayList;

public class Demo {
    ...
}
```

注意，import 语句后面必须放在 package 语句之后，但是，要放在类声明之前。在一个类之中，import 关键字可以出现多次。

```
package app04;
import java.time.Clock;
import java.util.ArrayList;

public class Demo {
    ...
}
```

有时候，需要在同一个包中使用很多的类。可以使用通配符 *，导入同一个包中的所有的类。例如，如下的代码导入了 java.util 包中的所有的类。

```
package app04;
import java.util.*;
public class Demo {
    ...
}
```

现在，你不仅可以使用 java.util.ArrayList 类，还可以使用 java.util 包的其他成员。然而，为了使得你的代码的可读性更好，建议你每次导入一个包成员。换句话说，如果你需要 java.io.PrintWriter 类和 java.io.FileReader 类，像下面这样使用两条 import 语句，比使用*符号更好。

```
import java.io.PrintWriter;
import java.io.FileReader;
```

注　意

java.lang 包的成员自动导入了。因此，要使用 java.lang.String 类的话，不需要显式地导入该类。

要使用属于其他的包的类而又不导入它们，唯一的方法是，在你的代码中使用该类的完全限定名称。例如，如下的代码使用完全限定名称声明了 java.io.File 类。

```
java.io.File file = new java.io.File(filename);
```

如果要导入不同的包中的具有相同名称的类，在声明该类的时候，必须使用完全限定名称。例如，Java 核心库包含了 java.sql.Date 类和 java.util.Date 类。如果二者都导入的话，会让编译器犯难。在这种情况下，在你的类中使用它们的时候，必须写出 java.sql.Date 和 java.util.Date 的完全限定名称。

注　意

Java 类也可能部署在一个 jar 文件中。附录 A 详细介绍了如何编译一个类，而这个类又使用了一个 jar 文件中的其他的类。附录 B 介绍了如何运行一个 jar 文件中的 Java 类。附录 C 介绍了 jar 工具的用法，这是 JDK 所附带的一个程序，用于打包 Java 类和相关的资源。使用另一个类的类，我们也说它"依赖于"后者。图 4.8 中的 UML 图展示了这种依赖性。

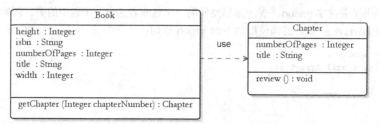

图 4.8　UML 类图中的依赖性

依赖关系用一条带箭头的虚线表示。在图 4.8 中，Book 类依赖于 Chapter 类，因为 getChapter 方法返回一个 Chapter 对象。

4.10　final 变量

Java 并没有保留用来创建常量的关键字。然而，在 Java 中，可以在变量声明的前面使用一个关键字 final，以使得其值成为不可修改的。可以让局部变量或类级字段成为 final 的。

```
final int numberOfMonths = 12;
```

作为另一个例子,在一个执行数学计算的类中,可以声明变量 pi,其值等于 22/7(一个圆的周长除以其半径的结果,在数学中,用希腊字母 π 表示)。

```
final float pi = (float) 22 / 7;
```

一旦赋了一个值,这个值就不能再修改了。若试图修改它,将会导致一个编译器错误。

注意,要将除法的结果修改为 float 类型的,将 22/7 的结果强制转型的(float)是必须的。否则的话,int 类型将会使得 pi 变量的值为 3.0,而不是 3.1428。

还要注意,由于 Java 使用 Unicode 字符,如果不认为输入 π 比输入 pi 更难的话,可以直接将变量 pi 定义为 π。

```
final float π = (float) 22 / 7;
```

注　意

也可以让一个方法成为 final 的,由此阻止在子类中覆盖该方法。这将会在第 7 章中介绍。

4.11 静态成员

我们已经学习了访问一个对象的公有字段或方法的方法,在对象引用的后面使用一个句点就可以做到,例如:

```
// Create an instance of Book
Book book = new Book();
// access the review method
book.review();
```

这意味着,在访问一个对象的成员之前,必须先要创建它。但是,在前面各章中,有的例子使用 System.out.print 把值打印到控制台。你可能注意到了,可以调用 out 字段而不需要构建一个 System 对象。为什么不必像下面这样做呢?

```
System ref = new System();
ref.out;
```

相反,我们在类名的后面使用了一个句点:

```
System.out
```

Java(以及很多 OOP 语言)支持静态成员的表示法,静态成员是类成员,不用先实例化该类就可以调用它们。java.lang.System 中的 out 字段就是静态的,这就解释了为什么我们可以写成 System.out。

静态成员并不一定是类实例。相反,没有实例也可以调用它们。事实上,充当一个类的入口点的 main 方法,就是静态的,因为它必须在创建任何对象之前调用。

要创建一个静态成员,需要在字段或方法声明之前使用关键字 static。如果有一个访问修饰符,static 关键字可以在访问修饰符之前,也可以在其后。如下两种形式都是对的:

```
public static int a;
static public int b;
```

但是,第 1 种形式更为常用。

例如,代码清单 4.8 展示了带有一个静态方法的 MathUtil 类。

代码清单 4.8　MathUtil 类

```
package app04;
public class MathUtil {
```

```
    public static int add(int a, int b) {
        return a + b;
    }
}
```

要使用 add 方法，可以按照如下方式直接调用它：

```
MathUtil.add(a, b);
```

实例方法/字段这些术语用来表示非静态的方法和字段。

从一个静态方法的内部，你不能调用实例方法或实例字段，因为只有在创建了一个对象之后，它们才会存在。然而，从一个静态方法中，可以访问其他的静态方法或静态字段。

初学者经常遇到的一种让其混淆的情况是，当他们从 main 方法中调用实例成员的时候，无法编译自己的类。代码清单 4.9 展示了这样的类。

代码清单 4.9　从一个静态方法中调用非静态成员

```
package app04;
public class StaticDemo {
    public int b = 8;
    public static void main(String[] args) {
        System.out.println(b);
    }
}
```

粗体的代码行导致了一个编译器错误，因为它试图在 main 静态方法中访问非静态的字段 b。针对这一问题，有两个解决方案：

1．让 b 成为静态的。
2．创建该类的一个实例，然后使用对象引用来访问 b。

哪一种解决方案更加合适，取决于具体情况。往往需要多年的 OOP 经验，才能从容地做出更好的选择。

注　意

只能在一个类级别中声明一个静态变量。即便方法是静态的，你也不能声明局部静态变量。

那么，静态引用变量怎么样呢？你可以声明静态引用变量。该变量将包含一个地址，但是，引用的对象是存储在堆中的。例如：

```
static Book book = new Book();
```

静态引用变量提供了一种很好的方法，来暴露需要在不同的对象之间共享的相同的对象。

注　意

在 UML 类图中，静态成员是带有下划线的。例如，图 4.9 展示了带有静态方法 add 的 MathUtil 类。

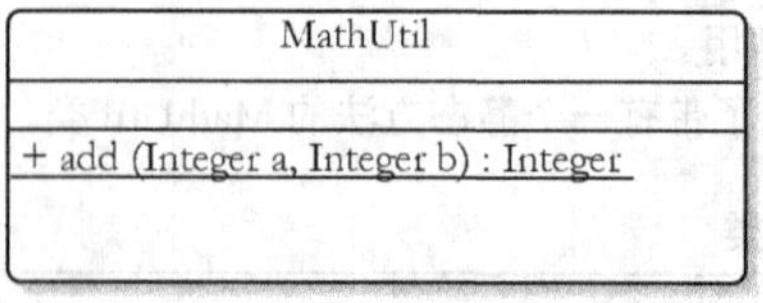

MathUtil
+ add (Integer a, Integer b) : Integer

图 4.9　UML 类图中的静态成员

4.12 静态 final 变量

在 4.10 节中，我们学习了可以使用关键字 final 来创建 final 变量。然而，在程序运行的时候，一个类级别的 final 变量或局部变量总是具有相同的值。如果有带有 final 变量的类的多个对象，那么，那些对象中的 final 变量，都具有相同的值。让一个 final 变量成为 static 的做法更为常见（也更为谨慎一些）。通过这种方法，所有的对象都共享相同的值。

静态 final 变量的命名惯例是，让它们全部大写，并且两个单词之间使用一个下划线隔开。例如：

```
static final int NUMBER_OF_MONTHS = 12;
static final float PI = (float) 22 / 7;
```

static 和 final 的位置是可以互换的，但是使用"static final"比"final static"更为常见。

如果想要让一个静态 final 变量能够从类外访问，也可以使其成为公有的：

```
public static final int NUMBER_OF_MONTHS = 12;
public static final float PI = (float) 22 / 7;
```

为了更好地组织变量，有时候，你想要将所有的静态 final 变量都放到一个类中。这个类往往没有方法或其他的字段，并且也不会实例化。

例如，有时候，我们想要把一个月份表示为 int 类型，因此，一月是 1，二月是 2……依次类推。那么，使用单词 January 而不是数字 1，因为 January 更具有描述性。代码清单 4.10 展示了 Months 类，其中包含了月份的名字及其表示方法。

代码清单 4.10　Months 类

```
package app04;
public class Months {
    public static final int JANUARY = 1;
    public static final int FEBRUARY = 2;
    public static final int MARCH = 3;
    public static final int APRIL = 4;
    public static final int MAY = 5;
    public static final int JUNE = 6;
    public static final int JULY = 7;
    public static final int AUGUST = 8;
    public static final int SEPTEMBER = 9;
    public static final int OCTOBER = 10;
    public static final int NOVEMBER = 11;
    public static final int DECEMBER = 12;
}
```

在你的代码中，可以这样编写代码以获得表示 1 月的值：

```
int thisMonth = Months.JANUARY;
```

类似于 Months 类，在 Java 5 之前非常常见。然而，Java 现在提供了一种新的类型 enum，它可以消除公有静态 final 变量的需要。第 12 章将介绍 enum。

静态 final 引用变量也是可能的。但是要注意，只有该变量是 final 的。这意味着，一旦给它分配了一个实例的地址，就不能把相同类型的另一个变量赋值给它。引用对象自身之中的字段是可以修改的。

在如下的代码行中：

```
public static final Book book = new Book();
```

book 总是引用 Book 类的特定的实例。如果将另一个 Book 对象赋值给它，将会导致一个编译器错误。

```
book = new Book(); // compile error
```

但是，可以修改 Book 对象的字段的值。

```
book.title = "No Excuses";  // assuming the title field is public
```

4.13 静态导入

Java 核心库中有很多的类，它们包括静态 final 字段。其中之一是 java.util.Calendar 类，它拥有表示星期几的一个静态 final 字段（MONDAY、TUESDAY 等）。要使用 Calendar 类中的一个静态 final 字段，必须先导入 Calendar 类。

```
import java.util.Calendar;
```

然后，可以通过使用 *className.staticField* 表示法来使用它。

```
if (today == Calendar.SATURDAY)
```

当然，也可以使用 import static 关键字导入静态字段。例如

```
import static java.util.Calendar.SATURDAY;
```

然后，要使用导入的静态字段，你不需要类名：

```
if (today == SATURDAY)
```

4.14 变量作用域

你已经看到了，可能会在如下几个不同的地方声明变量：
- 在类主体中，声明为类字段。这里声明的变量称为类级别变量。
- 作为方法或构造方法的参数。
- 在方法主体或构造方法主体中。
- 在一个语句块之中，例如，在 while 或 for 语句块中。

现在，是时候来学习变量作用域了。

变量作用域指的是一个变量的可访问性。规则是，在一个语句块中定义的变量，只能够在该语句块中访问。变量的作用域是定义该变量的语句块。例如，考虑如下的 for 语句。

```
for (int x = 0; x < 5; x++) {
    System.out.println(x);
}
```

变量 x 定义于该 for 语句之中。结果，x 只能够在 for 语句块中使用。在其他的地方，x 都是不可访问的或者说不可见的。当 JVM 执行这条 for 语句的时候，它创建 x。当它完成 for 语句块的执行之后，它销毁 x。在 x 销毁之后，我们说 x 已超出了其作用域。

第 2 条规则是，一个被嵌套的语句块，能够访问在其外围语句块中声明的变量。考虑如下的代码。

```
for (int x = 0; x < 5; x++) {
    for (int y = 0; y < 3; y++) {
        System.out.println(x);
        System.out.println(y);
    }
}
```

前面的代码是有效的，因为内部的 for 语句块可以访问 x，而这个 x 是在外部的 for 语句块之中声明的。

按照规则，作为方法参数声明的变量，在方法主体中是可以访问的。此外，类级别的变量，在类中的任何地方都可以访问。

如果一个方法声明了一个局部变量，它和一个类级别的变量具有相同的名字，前者将会"覆盖"后者。要在方法主体内部访问类级别的变量，使用 this 关键字。

4.15 方法重载

方法名很重要，应该反映出方法是做什么的。在很多情况下，你可能因为多个方法有相似的功能，想要对其使用相同的名称。例如，方法 printString 可能接受一个 String 参数并打印出该字符串。然而，相同的类可能还提供了一个方法，它接受两个参数并打印出一个 String 的一部分，这两个参数是要打印的 String 以及开始打印的字符的位置。你也想要调用后面这个 printString 方法，因为它确实也打印一个字符串，但是，它不应该和第一个 printString 方法一样吗？

好在，让多个函数具有相同的名字，在 Java 中是合法的，只要每个方法接受不同类型的一组参数就行了。换句话说，在我们的示例中，让同一个类中拥有下面这两个方法是合法的。

```
public String printString(String string)
public String printString(String string, int offset)
```

这一特性叫作方法重载（method overloading）。

不会去考虑方法的返回值。因此，下面这两个方法不能够存在于同一个类中：

```
public int countRows(int number);
public String countRows(int number);
```

这是因为，不把一个方法的返回值赋值给一个变量的话，也可以调用该方法。在这种情况下，上面的 countRows 方法将会令编译器混淆，因为当你编写如下的代码的时候，它不知道该调用哪一个方法：

```
System.out.println(countRows(3));
```

如下的代码描述了一种比较难以处理的情况，这两个方法的签名很类似。

```
public int printNumber(int i) {
    return i*2;
}

public long printNumber(long l) {
    return l*3;
}
```

在同一个类中拥有这两个方法是合法的。然而，如果调用 printNumber(3)，你可能会问该调用哪一个方法？

关键是要记得，在第 2 章中，一个数值字面值将会转换为一个 int，除非它带有 L 或 l 后缀。因此，printNumber(3)将会调用如下的方法：

```
public int printNumber(int i)
```

要调用第 2 个方法，需要传递一个 long：

```
printNumber(3L);
```

System.out.print()（和 System.out.println()）是方法重载的优秀的例子。你可以给该方法传递任何的基本类型或对象，因为该方法有 9 种重载形式。有一个重载方法接受一个 int 类型，一个重载方法接受一个 long 类型，还有一个接受 String 类型等。

注　意

静态方法也可以重载。

4.16 静态工厂方法

我们已经学习了使用 new 创建一个对象的方法。但是，Java 类库中也有一些类不能以这种方式实例化。例如，你不能使用 new 创建 java.util.LocalDate 的一个实例，因为其构造方法是私有的。相反，可以使用它的一个静态方法，例如 now：

```
Localoate today = LocalDate.now();
```

这样的方法叫作静态工厂方法（static factory method）。

你可以设计自己的类以使用静态工厂方法。代码清单 4.11 展示了一个名为 Discount 的类，它带有一个私有的构造方法。这是一个简单的类，包含了一个 int 类型的值，表示折扣率。这个值是 10（对于小客户）或 12（对于较大的客户）。它有一个 getValue 方法，该方法返回这个折扣值；还有两个静态工厂方法，createSmallCustomerDiscount 和 createBigCustomerDiscount。注意，静态工厂方法可以调用这个私有的构造方法来创建一个对象，因为它们都属于同一个类。还记得吧，在一个类之中，可以访问该类的私有成员。通过这一设计，我们限定了 Discount 对象包含 10 或者 12。其他的值是不可能的。

代码清单 4.11　Discount 类

```java
package app04;
import java.time.LocalDate;

public class Discount {
    private int value;
    private Discount(int value) {
        this.value = value;
    }

    public int getValue() {
        return this.value;
    }

    public static Discount createSmallCustomerDiscount() {
        return new Discount(10);
    }

    public static Discount createBigCustomerDiscount() {
        return new Discount(12);
    }
}
```

可以通过调用静态工厂方法之一来创建一个 Discount 对象，例如：

```
Discount discount = Discount.createBigCustomerDiscount();
System.out.println(discount.getValue());
```

还有的类允许你通过静态工厂方法和构造方法来创建实例。在这种情况下，构造方法必须是公有的。这样的类的例子是 java.lang.Integer 和 java.lang.Boolean。

使用静态工厂方法，你可以控制想要通过类创建什么样的对象，就像在 Discount 中所见到的那样。此外，你可以缓存一个实例，并且在每次需要示例的时候都返回这个相同的实例。此外，和构造方法不同，你可以指定静态工厂方法，以明确想要创建哪一种对象。

4.17 传值或传引用

你可以给一个方法传递基本类型变量或引用变量。基本类型变量是通过传值来传递的,而引用变量是通过传引用来传递的。这意味着,当你传递一个基本类型变量的时候,JVM 将会把传入的变量的值复制到一个新的局部变量中。如果修改了局部变量中的值,这个修改不会影响到所传递的基本类型变量之中的值。

如果你传递一个引用变量,局部变量将会和传递的引用变量引用相同的对象。如果在方法中修改了所引用的对象,那么修改也会反映到调用代码中。代码清单 4.12 中的 ReferencePassingTest 类展示了这一点。

代码清单 4.12 ReferencePassingTest 类

```
package app04;
class Point {
    public int x;
    public int y;
}
public class ReferencePassingTest {
    public static void increment(int x) {
        x++;
    }
    public static void reset(Point point) {
        point.x = 0;
        point.y = 0;
    }
    public static void main(String[] args) {
        int a = 9;
        increment(a);
        System.out.println(a); // prints 9
        Point p = new Point();
        p.x = 400;
        p.y = 600;
        reset(p);
        System.out.println(p.x); // prints 0
    }
}
```

ReferencePassingTest 中有两个方法:increment 和 reset。increment 方法接受一个 int 类型的值并增加它。reset 方法接受一个 Point 对象并重置其 x 和 y 字段。

现在,请留意 main 方法。我们给方法 increment 传递 a(其值为 9)。在调用该方法之后,我们打印出 a 的值并得到 9,这意味着 a 的值并没有变化。

此后,我们创建了一个 Point 对象并将其赋值给 p。然后,初始化其字段并且将其传递给 reset 方法。reset 方法中的修改影响到了 Point 对象,因为对象是按照传引用的方式传递的。结果,当你打印出 p.x 的值的时候,得到了 0。

4.18 加载、连接和初始化

既然学习了如何创建类和对象,让我们来看看当 JVM 执行一个类的时候会发生什么。

可以使用 java 工具来运行一个 Java 程序。例如,使用如下的命令来运行 DemoTest 类。

```
java DemoTest
```

在 JVM 加载到内存之后,它通过调用 DemoTest 类的 main 方法开始其工作。接下来,JVM 将按照特定的顺序来做 3 件事情:加载、连接和初始化。

4.18.1 加载

JVM 把 Java 类（在这个例子中，就是 DemoTest 类）的二进制表示加载到内存中，并且可以将其在内存中缓存，以防止将来再次使用该类。如果没有找到特定的类，将会抛出一个错误，该过程到此结束。

4.18.2 连接

在这个阶段需要做 3 件事情：验证（verification）、准备（preparation）和解析（resolution，这是可选的）。验证意味着，JVM 使用 Java 编程语言和 JVM 的语意要求，来检查所编译的二进制表示。例如，如果你篡改了作为编译结果所创建的类文件，那么，这个类文件可能无法工作。

准备是为执行而准备特定的类。这包括为构造该类的静态变量和其他数据结构分配内存空间。

解析检查特定的类是否引用其他的类/接口，并且是否能够找到并加载其他的类/接口。对于引用的类/接口，检查将会递归地进行。

例如，如果特定的类包含了如下的代码：

```
MathUtil.add(4, 3)
```

在调用静态方法 add 之前，JVM 将会加载、连接和初始化 MathUtil 类。

或者，如果在 DemoTest 类中找到了如下的代码：

```
Book book = new Book();
```

在创建 Book 的实例之前，JVM 将会加载、连接和初始化 Book 类。

注意，一个 JVM 实现可能会选择在稍后的阶段执行解析，例如，当执行代码真正需要使用引用的类/接口的时候。

4.18.3 初始化

在最后一步中，Java 使用赋值或默认值来初始化静态变量，并执行静态初始化程序（static 语句块中的代码）。初始化刚好发生在执行 main 方法之前。然而，在初始化特定的类之前，必须初始化其父类。如果没有加载并连接父类，JVM 将会首先加载并连接父类。同样，当准备初始化父类的时候，也会同样地处理父类的父类。这个过程递归地进行，直到初始化类是继承层级中的最顶级的类。

例如，如果一个类包含了如下的声明：

```
public static int z = 5;
```

变量 z 将会被赋值 5。如果没有找到初始化代码，将会给静态变量一个默认值。表 4.2 列出了 Java 的基本类型和引用变量的默认值。

表 4.2 基本类型和引用类型的默认值

类型	默认值
boolean	false
byte	0
short	0
int	0
long	0L
char	\u0000
float	0.0f
double	0.0d
object reference	null

此外，static 语句块中的代码将会执行。例如，代码清单 4.13 展示了 StaticCodeTest 类，当加载这个类的时候，其静态代码将会执行。和静态成员一样，只能从静态代码之中访问静态成员。

代码清单 4.13　StaticCodeTest

```
package app04;
public class StaticInitializationTest {
    public static int a = 5;
    public static int b = a * 2;
    static {
        System.out.println("static");
        System.out.println(b);
    }
    public static void main(String[] args) {
        System.out.println("main method");
    }
}
```

如果运行该类，将会在控制台看到如下内容：

```
static
10
main method
```

4.19　对象创建初始化

正如本章前面的小节所介绍的，当对象加载的时候，会发生初始化。你也可以编写代码，以便在每次创建类的一个实例的时候执行初始化。

当 JVM 遇到了实例化类的代码的时候，JVM 执行如下的操作：

1. 给一个新的对象分配内存空间，包括类中声明的实例变量的空间，以及其父类中声明的实例变量的空间。
2. 处理调用的构造方法。如果构造方法有参数，JVM 为这些参数创建变量，并将传递给构造方法的值复制给它们。
3. 如果调用的构造方法一开始调用了另一个构造方法（使用 this 关键字），JVM 处理被调用的构造方法。
4. 为该类执行实例初始化和实例变量初始化。没有赋值的实例变量，将会被赋给默认的值（参见表 4.2）。实例初始化适用于花括号中的代码。

```
{
    // code
}
```

5. 执行被调用的构造方法的其他主体。
6. 返回一个引用变量，它引用这个新的对象。

注意，实例初始化和静态初始化有所不同。静态初始化发生在一个类加载的时候，和实例化没有关系。相反，实例初始化在创建一个对象的时候进行。此外，和静态初始化程序不同，实例初始化可以访问实例变量。

例如，代码清单 4.14 展示了一个名为 InitTest1 的类，它有一个实例初始化的部分。也有一些静态初始化代码，让你了解将会运行什么。

代码清单 4.14　InitTest1 类

```
package app04;

public class InitTest1 {
    int x = 3;
```

```
    int y;
    // instance initialization cod
    {
        y = x * 2;
        System.out.println(y);
    }

    // static initialization code
    static {
        System.out.println("Static initialization");
    }
    public static void main(String[] args) {
        InitTest1 test = new InitTest1();
        InitTest1 moreTest = new InitTest1();
    }
}
```

运行的时候,InitTest1 类在控制台打印出如下内容:

```
Static initialization
6
6
```

首先执行静态初始化,这在任何实例化之前进行。这就是 JVM 打印出"Static initialization"消息的地方。然后,InitTest1 类实例化了两次,这就是看到两次"6"的原因。

拥有实例初始化代码的问题是,随着类变得越来越大,很难留意到这里存在初始化代码。

编写初始化代码的另一种方法是在构造方法中。实际上,构造方法中的初始化代码更加引人注意,因此,也更倾向于这种方式。代码清单 4.15 展示了 InitTest2 类,它将初始化代码放到了构造方法中。

代码清单 4.15　InitTest2 类

```
package app04;
public class InitTest2 {
    int x = 3;
    int y;
    // instance initialization code
    public InitTest2() {
        y = x * 2;
        System.out.println(y);
    }
    // static initialization code
    static {
        System.out.println("Static initialization");
    }
    public static void main(String[] args) {
        InitTest2 test = new InitTest2();
        InitTest2 moreTest = new InitTest2();
    }
}
```

这么做的问题是,当你有多个构造方法的时候,其中每一个都必须调用相同的代码。解决方案是,将初始化代码包装到一个方法中,并且允许构造方法调用该方法。代码清单 4.16 展示了这一做法。

代码清单 4.16　InitTest3 类

```
package app04;

public class InitTest3 {
    int x = 3;
    int y;
    // instance initialization code
```

```java
    public InitTest3() {
        init();
    }
    public InitTest3(int x) {
        this.x = x;
        init();
    }
    private void init() {
        y = x * 2;
        System.out.println(y);
    }
    // static initialization code
    static {
        System.out.println("Static initialization");
    }
    public static void main(String[] args) {
        InitTest3 test = new InitTest3();
        InitTest3 moreTest = new InitTest3();
    }
}
```

注意，InitTest3 类是可取的做法，因为从构造方法调用 init 方法，和将其放到初始化语句块中相比，要更加明显一些。

4.20 垃圾收集

到目前为止的几个例子中，我已经介绍了如何使用 new 关键字创建对象，但是，还没有见到代码显式地销毁不再使用的对象以释放内存空间。如果你是一名 C++程序员，你可能会认为我给出的代码有缺陷，因为在 C++中，在使用对象之后必须销毁它。

Java 带有一个垃圾收集程序，它会销毁不再使用的对象并释放内存。不再使用的对象定义为那些不再被引用的对象，或者其引用已经超出作用域的对象。

有了这一功能，Java 变得比 C++容易很多，因为 Java 程序员不需要关心回收内存空间的问题。然而，这并不是说你可以创建尽可能多的对象，因为内存仍然是有限的，并且启动垃圾收集程序也需要花费时间。没错，你还是有可能会耗尽内存。

4.21 本章小结

OOP 基于现实世界的对象来建模应用程序。由于 Java 是一种 OOP 语言，对象在 Java 编程中扮演核心角色。可以基于一个叫作类的模板来创建对象。在本章中，我们学习了如何编写一个类和类的成员。有很多种类成员，包括本章所介绍的 3 种：字段、方法和构造方法。还有其他类型的 Java 成员，如 enum 和内部类，这些将在本书的其他章节介绍。

在本章中，我们还学习了两种强大的 OOP 功能，抽象和封装。OOP 中的抽象是使用编程对象来表示现实世界的对象的行为。封装是一种机制，可以保护对象的那些需要安全性的部分，而只是暴露那些不影响安全性的部分。本章所介绍的另一种特性叫作方法重载。方法重载允许一个类拥有相同名称的多个方法，只要它们的签名足够不同。

Java 还带有一个垃圾收集程序，它可以使你不必手动销毁不再使用的对象。当对象超出了作用域或者不再被引用的时候，它们就会被垃圾回收。

第 5 章 核 心 类

在介绍 OOP 的其他特性之前，我们先来介绍 Java 中常用的几个重要的类。这些类包含在 JDK 所附带的 Java 核心库中。掌握它们将会帮助你理解接下来的关于 OOP 的几章中的示例。

所有的类中最重要的类肯定是 java.lang.Object。但是，如果不先介绍继承的概念，也很难介绍这个类。因此，本章只能简单地介绍 java.lang.Object。现在，我们将关注可以在你的程序中使用的类。我将从 java.lang.String 以及其他的字符串类型开始，包括 java.lang.StringBuffer 和 java.lang.StringBuilder。然后，我们将介绍 java.lang.System 类。本章还将介绍 java.util.Scanner 类，因为它提供了一种方便的方式来接受用户输入。

注 意

当介绍 Java 类中的一个方法的时候，给出方法签名总是有帮助的。方法作为参数而接收的对象，常常和方法的类属于不同的包。或者，方法可以返回与其类所在的包不同的包中的一个类型。为了更加清楚，对于不同的包中的类，将使用全称限定名称。例如，如下是 java.lang.Object 的 toString 方法的签名：

```
public String toString()
```

并不需要对返回类型使用完全限定名称，因为返回类型 String 和 java.lang.Object 属于同一个包。另一方面，java.util.Scanner 中的 toString 方法的签名使用了完全限定名称，是因为 Scanner 类属于一个不同的包（java.util）。

```
public java.lang.String toString()
```

5.1 java.lang.Object

java.lang.Object 类表示一个 Java 对象。实际上，所有的类都直接或间接地派生自这个类。由于我们还没有学习继承（将会在第 7 章介绍），你可能还不了解派生这个词的意义。因此，我们将简单介绍这个类中的方法，在第 7 章的时候再次介绍这个类。

表 5.1 给出了 Object 类中方法。

表 5.1　　　　　　　　　　　　java.lang.Object 方法

方法	说明
clone	创建并返回该对象的一个副本。实现了这个方法的一个类，将支持对象的复制
equals	将该对象和传入的对象进行比较。类必须实现这个方法，才能提供一种方法比较其实例的内容
finalize	当一个对象将要被垃圾收集的时候，由垃圾收集程序在对象上调用该方法。理论上讲，一个子类可以覆盖这个方法，以处理系统资源或者执行其他的清理工作。然而，执行上述操作应该在其他的地方进行，而不应改动这个方法
getClass	返回该对象的一个 java.lang.Class 对象。参见 5.5 节了解关于 Class 类的更多信息
hashCode	返回该对象的一个哈希码值
toString	返回该对象的说明
wait, notify, notifyAll	在 Java 5 以前，在多线程程序中使用。在 Java 5 及其以后的版本中，不应该直接使用。相反，应该使用 Java 并发工具

5.2 java.lang.String

我们还没有看到过一个正规的 Java 程序不使用 java.lang.String 类的情况。它是最常使用的一个类，并且绝对也是最重要的类之一。

String 对象表示一个字符串，例如，一段文本。你也可以把 String 当作是 Unicode 字符的一个序列。String 对象可以包含任意多个字符。拥有 0 个字符的 String，叫作空 String。一个 String 对象是常量。一旦创建了，不能修改其值。因此，我们也说 String 实例是不可变的。并且，由于 String 的不可变性，共享它们也是很安全的。

也可以使用 new 关键字来构建一个 String 对象，但是，这并不是创建 String 的常用方式。更为常见的是，我们将一个字符串字面值赋值给一个 String 引用变量。如下面的例子所示：

```
String s = "Java is cool";
```

这会得到一个包含了 "Java is cool" 的 String 对象，并且将其引用赋值给 s。上述代码与下面的代码是等同的：

```
String message = new String("Java is cool");
```

然而，将字符串字面值赋值给一个引用变量，和使用 new 关键字的工作方式不同。如果使用 new 关键字，JVM 会创建 String 的一个新的实例。使用字符串字面值的时候，你会得到一个相同的 String 对象，但是，这个对象并不总是新的。如果字符串 "Java is cool" 之前已经创建了，该对象可能来自于一个池。

因此，使用字符串字面值要更好，因为 JVM 节省了一些本来需要用来构建新的实例的 CPU 周期。因此，在创建一个 String 对象的时候，很少使用 new 关键字。如果有特定的需要的话，也可以使用 String 类的构造方法，例如将一个字符数组转换为一个 String 类型。

5.2.1 比较两个字符串

字符串比较是 Java 编程中最有用的操作之一。考虑如下的代码：

```
String s1 = "Java";
String s2 = "Java";
if (s1 == s2) {
    ...
}
```

这里，(s1 == s2) 计算为 true，因为 s1 和 s2 引用相同的字符串。另一方面，在如下的代码中，(s1 == s2) 计算为 false，因为 s1 和 s2 引用不同的实例：

```
String s1 = new String("Java");
String s2 = new String("Java");
if (s1 == s2) {
    ...
}
```

这展示了编写一个字符串字面值和使用 new 关键字创建 String 对象的不同之处。

使用==操作符比较两个 String 对象很少见，因为你比较的是两个变量所引用的地址。大多数时候，当比较两个 String 对象的时候，我们想要知道两个对象的值是否是相同的。在这种情况下，需要使用 String 类的 equals 方法。

```
String s1 = "Java";
if (s1.equals("Java")) // returns true.
```

并且，有时候你会看到如下所示的代码：

```
if ("Java".equals(s1)
```

在(s1.equals("Java"))中，调用了 s1 的 equals 方法。如果 s1 为空，该表达式将会导致一个运行时错误。为了安全起见，必须确保 s1 不为空，即先检查该引用变量是否为空。

```
if (s1 != null && s1.equals("Java"))
```

如果 s1 为空，if 语句将会返回 false 而不会计算第 2 个表达式，因为如果左边的操作数值为 false 的话，AND 操作符&&不会再计算右边的操作数。

在("Java".equals(s1))中，JVM 创建或从池中获取一个包含了"Java"的 String 对象，并且调用其 equals 方法。这里不需要进行非空检查，因为"Java"显然不为空。如果 s1 为空，该表达式直接返回 false。因此，如下这两行代码具有相同的效果。

```
if (s1 != null && s1.equals("Java"))
if ("Java".equals(s1))
```

5.2.2 字符串字面值

由于你总是使用 String 对象，理解操作字符串字面值的规则就很重要。

首先，字符串字面值以一个双引号（"）开头和结束。其次，在结束双引号之前换行，将会导致编译器错误。例如，如下的代码段将会导致一个编译错误。

```
String s2 = "This is an important
      point to note";
```

可以使用加号把两个字符串字面值连接起来，从而组合成一个较长的字符串字面值。

```
String s1 = "Java strings " + "are important";
String s2 = "This is an important " +
      "point to note";
```

可以将一个 String 和一个基本数据类型或其他的对象连接起来。例如，如下这行代码将一个 String 和一个整数连接起来。

```
String s3 = "String number " + 3;
```

如果连接一个对象和一个 String，将会调用前者的 toString 方法，并且将该方法的结果用于连接操作。

5.2.3 转义特定字符

有时候，需要在字符串中使用特殊字符，例如回车（CR）和换行（LF）。在另一些情况下，你可能想要在字符串中使用双引号。在这种情况下，不可能输入 CR 和 LF 这些字符，因为按下 Enter 键会导致换行。包含特殊字符的一种方式是，将它们转义，例如，使用一些字符来替代它们。

如下是一些转义序列：

```
      \u        /* a Unicode character
      \b        /* \u0008: backspace BS */
      \t        /* \u0009: horizontal tab HT */
      \n        /* \u000a: linefeed LF */
      \f        /* \u000c: form feed FF */
      \r        /* \u000d: carriage return CR */
      \"        /* \u0022: double quote " */
      \'        /* \u0027: single quote ' */
      \\        /* \u005c: backslash \ */
```

例如，如下的代码在字符串的末尾包含了 Unicode 字符 0122。

```
String s = "Please type this character \u0122";
```

要包含一个值为 John "The Great" Monroe 的 String 对象，需要转义双引号：

```
String s = "John \"The Great\" Monroe";
```

5.2.4 字符串上的 switch

从 Java 7 开始，可以对一个 String 使用 switch 语句。回忆一下第 3 章中介绍过的 switch 语句的语法。

```
switch(expression) {
case value_1 :
    statement(s);
    break;
case value_2 :
    statement(s);
    break;
    .
    .
    .
case value_n :
    statement(s);
    break;
default:
    statement(s);
}
```

如下是在一个 String 上使用 switch 语句的例子。

```
String input = ...;
switch (input) {
case "one" :
    System.out.println("You entered 1.");
    break;
case "two" :
    System.out.println("You entered 2.");
    break;
default:
    System.out.println("Invalid value.");
}
```

5.2.5 String 类的构造方法

String 类提供了多个构造方法。这些构造方法允许创建空字符串、另外字符串的一个副本，以及通过 char 或 byte 的一个数组来创建字符串。使用这些构造方法的时候要小心，因为它们总是创建 String 的新的实例。

注　　意

数组将在本书第 6 章中介绍。

`public String()`

创建一个空字符串。

`public String(String original)`

创建 original 字符串的一个副本。

`public String(char[] value)`

通过一个字符数组创建一个 String 对象。

`public String(byte[] bytes)`

使用计算机默认的密码，解码 byte 的数组，以创建一个 String 对象。

`public String(byte[] bytes, String encoding)`

使用指定的密码，解码 byte 的数组，以创建一个 String 对象。

5.2.6 String 类的方法

String 类提供了方法来操作 String 的值。然而，由于 String 对象是不可变的，操作的结果总是一个新的 String 对象。

如下是一些有用的方法。

```
public char charAt(int index)
```

返回指定索引的字符。例如，如下的代码返回'J'。

```
    "Java is cool".charAt(0)
public String concat(String s)
```

将指定的字符串连接到这个 String 的末尾，并且返回结果。例如，"Java ".concat("is cool") 返回"Java is cool"。

```
public boolean equals(String anotherString)
```

比较这个 String 和 *anotherString* 的值，如果一致的话返回 true。

```
public boolean endsWith(String suffix)
```

测试 String 是否以特定的后缀结尾。

```
public int indexOf(String substring)
```

返回指定的子字符串第一次出现的索引位置。如果没有找到一致的字符串，返回-1。例如，如下的代码返回 8。

```
    "Java is cool".indexOf("cool")
public int indexOf(String substring, int fromIndex)
```

返回指定的子字符串从指定的索引开始第一次出现的索引位置。如果没有找到一致的字符串，返回-1。

```
public int lastIndexOf(String substring)
```

返回指定的字符串最后一次出现的索引位置。如果没有找到一致的字符串，返回-1。

```
public int lastIndexOf(String substring, int fromIndex)
```

返回指定的子字符串从指定的索引开始最后一次出现的索引位置。如果没有找到一致的字符串，返回-1。例如，如下的表达式返回 3。

```
    "Java is cool".lastIndexOf("a")
public String substring(int beginIndex)
```

返回从指定的索引开始的、当前字符串的一个子字符串。例如，"Java is cool".substring(8)返回"cool"。

```
public String substring(int beginIndex, int endIndex)
```

返回从 beginIndex 到 endIndex 的、当前字符串的一个子字符串。例如，如下代码返回"is"：

```
    "Java is cool".substring(5, 7)
public String replace(char oldChar, char newChar)
```

将当前字符串中的 oldChar 的值，都替换为 newChar 的值，并返回新的字符串。例如，"dingdong".replace('d', 'k')将返回"kingkong"。

```
public int length()
```

返回这个 String 中的字符数目。例如，"Java is cool".length()返回 12。在 Java 6 之前，这个方法常常用于测试一个 String 是否为空。但是，现在更倾向于使用 isEmpty 方法，因为其名称含义更明确。

```
public boolean isEmpty()
```

如果字符串为空（不包含字符），返回 true。

`public String[] split(String regEx)`

使用指定的正则表达式来分隔 String。例如，"Java is cool".split(" ")返回 3 个 String。第 1 个数组元素是"Java"，第 2 个是"is"，第 3 个是"cool"。

`public boolean startsWith(String prefix)`

测试当前字符串是否是以指定的前缀开头。

`public char[] toCharArray()`

将这个字符串转换为字符的数组。

`public String toLowerCase()`

将当前字符串中的所有的字符转换为小写。例如，"Java is cool".toLowerCase()返回"java is cool"。

`public String toUpperCase()`

将当前字符串中的所有的字符转换为大写。例如，"Java is cool".toUpperCase()返回"JAVA IS COOL"。

`public String trim()`

去除字符串头部和尾部的空格，并返回一个新的字符串。例如，"Java ".trim()返回"Java"。

此外，还有 valueOf 和 format 这样的静态方法。valueOf 方法将一个基本类型、一个字符数组或 Object 的一个实例转换为一个字符串表示，该方法有 9 种重载形式。

```
public static String valueOf(boolean value)
public static String valueOf(char value)
public static String valueOf(char[] value)
public static String valueOf(char[] value, int offset, int length)
public static String valueOf(double value)
public static String valueOf(float value)
public static String valueOf(int value)
public static String valueOf(long value)
public static String valueOf(Object value)
```

例如，如下的代码返回字符串"23"。

```
String.valueOf(23);
```

Format 方法允许你传递任意数目的参数。其签名如下所示：

`public static String format(String format, Object... args)`

该方法返回使用指定的格式字符串和参数进行格式化的 String 类型。格式化样式必须符合 java.util.Formatter 类中指定的规则，你可以通过 Formatter 类的 JavaDoc 来查阅这些规则。这些规则的简短说明如下。

要指定一个参数，使用%s 表示法，表示数组中的下一个参数。例如，如下是对 printf 方法的一次方法调用：

```
String firstName = "John";
String lastName = "Adams";
System.out.format("First name: %s. Last name: %s",
        firstName, lastName);
```

这会在控制台打印出如下的内容：

```
First name: John. Last name: Adams
```

如果没有可变参数的话，你必须以更加繁琐的方式来做到这一点：

```
String firstName = "John";
String lastName = "Adams";
System.out.println("First name: " + firstName +
    ". Last name: " + lastName);
```

注 意

java.io.PrintStream 中的 printf 方法是 format 方法的一个别名。

这里介绍的格式化示例只是软件提供格式化的一小部分。格式化功能比这里展示的要强大得多，我们鼓励你通过阅读 Formatter 类的 JavaDoc 来进一步探索。

5.3 java.lang.StringBuffer 和 java.lang.StringBuilder

String 对象是不可变的，如果你需要在其后面添加或插入字符的话，使用它并不合适，因为在 String 上的字符串操作总是会创建一个新的 String 对象。对于添加和插入，最好使用 java.lang.StringBuffer 或 java.lang.StringBuilder 类。一旦完成了对字符串的操作，可以将一个 StringBuffer 或 StringBuilder 对象转换为一个 String 对象。

直到 JDK 1.4，StringBuffer 类都是为了可变的字符串而单独使用的。StringBuffer 中的方法是同步的，这使得 StringBuffer 适合在多线程环境中使用。然而，同步的代价是性能。JDK 5 添加了 StringBuilder 类，它是 StringBuffer 的异步版本。如果你不需要同步的话，应该优先选择 StringBuilder 而不是 StringBuffer。

注 意

第 19 章将会介绍同步和线程安全。

本节剩下的部分将会使用 StringBuilder。但是，所介绍的内容也适用于 StringBuffer，因为 StringBuilder 和 StringBuffer 具有类似的构造方法和方法。

5.3.1 StringBuilder 类的构造方法

StringBuilder 类有 4 个构造方法。你可以传入一个 java.lang.CharSequence、一个 String 或一个 int 参数。

```
public StringBuilder()
public StringBuilder(CharSequence seq)
public StringBuilder(int capacity)
public StringBuilder(String string)
```

如果要创建一个 StringBuilder 对象而没有指定大小，这个对象将会拥有 16 个字符的大小。如果其内容超过了 16 个字符，对象将会自动增加大小。如果你知道字符串将会超过 16 个字符，最好分配足够的空间，因为增加 StringBuilder 的容量也会花费时间。

5.3.2 StringBuilder 类的方法

StringBuilder 类有几个方法。主要的方法是 capacity、length、append 和 insert。

```
public int capacity ()
```

返回 StringBuilder 对象的容量。

```
public int length ()
```

返回 StringBuilder 对象所存储的字符串的长度。其值小于或等于 StringBuilder 的容量。

```
public StringBuilder append(String string)
```

将指定的 String 对象添加到所包含的字符串的末尾。此外，append 有各种重载形式，允许传递一个基本类型、一个字符数组以及一个 java.lang.Object 实例。

例如，查看如下的代码：

```
StringBuilder sb = new StringBuilder(100);
sb.append("Matrix ");
sb.append(2);
```

在最后一行之后，sb 的内容将会是"Matrix 2"。

要注意的重要的一点是，append 方法返回了 StringBuilder 对象自身，既在其上调用 append 的同一个对象。最终，可以链式地调用 append。

```
sb.append("Matrix ").append(2);
public StringBuilder insert (int offset, String string)
```

在 offset 所指定的位置插入指定的字符串。此外，insert 还有各种重载方法，允许传入基本类型和一个 java.lang.Object 实例。例如，

```
StringBuilder sb2 = new StringBuilder(100);
sb2.append("night");
sb2.insert(0, 'k'); // value = "knight"
```

和 append 一样，insert 也返回当前的 StringBuilder 对象，因此，将 insert 链化起来也是允许的。

```
public String toString ()
```

返回一个 String 对象，表示 StringBuilder 的值。

5.4 基本类型包装器

为了保证性能，Java 中并非所有内容都是对象。还有一些基本类型，例如，int、long、float 和 double 等。当基本类型和对象都使用的时候，常常是需要在基本类型和对象之间来回转换。为此，可以使用一个 java.util.Collection 对象（将在第 14 章介绍）来存储对象，而不是使用基本类型。如果想要将基本类型值存储到一个 Collection 中，必须先将它们转换为对象。

java.lang 包有几个类，它们充当基本类型的包装器。它们是 Boolean、Character、Byte、Double、Float、Integer、Long 和 Short。Byte、Double、Float、Integer、Long 和 Short 具有类似的方法，因此，这里将只介绍 Integer。你可以查看 Javadoc 了解其他的包装器的信息。

java.lang.Integer 类包装了一个 int 类型。Integer 类有两个 int 类型的静态的 final 字段：MIN_VALUE 和 MAX_VALUE。MIN_VALUE 包含了一个 int 类型可能的最小的值（-2^{31}），而 MAX_VALUE 包含了一个 int 类型可能的最大的值（$2^{31}-1$）。

Integer 类有两个构造方法：

```
public Integer(int value)
public Integer(String value)
```

例如，这段代码构建了两个 Integer 对象。

```
Integer i1 = new Integer(12);
Integer i2 = new Integer("123");
```

Integer 拥有无参数的 byteValue、doubleValue、floatValue、intValue、longValue 和 shortValue 方法，分别将包装的值转换为 byte、double、float、int、long 和 short。此外，toString 方法将值转换为一个 String 对象。

```
public static int parseInt(String string)
public static String toString(int i)
```

5.4.1　java.lang.Boolean

java.lang.Boolean 类包装了一个 boolean 类型。它的静态 final 字段是 FALSE 和 TRUE，分别表示包装了基本类型值 false 的一个 Boolean 对象和包装了基本类型值 true 的一个 Boolean 对象。

可以通过一个 boolean 或一个 String 类来构建一个 Boolean 对象，使用如下的构造方法之一。

```
public Boolean(boolean value)
public Boolean(String value)
```

例如：

```
Boolean b1 = new Boolean(false);
Boolean b2 = new Boolean("true");
```

要将一个 Boolean 对象转换为一个 boolean 值，使用其 booleanValue 方法：

```
public boolean booleanValue()
```

此外，静态方法 valueOf 可以将一个 String 解析为一个 Boolean 对象。

```
public static Boolean valueOf(String string)
```

并且，静态方法 toString 返回一个 boolean 所表示的字符串。

```
public static String toString(boolean boolean)
```

5.4.2　java.lang.Character

Character 类包装了一个 char 类型。这个类只有一个构造方法：

```
public Character(char value)
```

要将一个 Character 对象转换为一个 char 类型，可以使用其 charValue 方法。

```
public char charValue()
```

还有几个静态方法可以用来操作字符。

```
public static boolean isDigit (char ch)
```

判断指定的参数是否是如下之一：'1'、'2'、'3'、'4'、'5'、'6'、'7'、'8'、'9'和'0'。

```
public static char toLowerCase (char ch)
```

将指定的字符参数转换为其小写形式。

```
public static char toUpperCase (char ch)
```

将指定的字符参数转换为其大写形式。

5.5　java.lang.Class

java.lang 包的一个成员是名为 Class 的类。每次 JVM 创建一个对象时，也创建一个 java.lang.Class 对象来描述该对象的类型。同一个类的所有实例，都共享同一个 Class 对象。你可以通过调用对象的 getClass 方法来获取该 Class 对象。这个方法继承自 java.lang.Object。

例如，如下的代码创建了一个 String 对象，在该 String 实例上调用 getClass 方法，然后在该 Class 对象上调用了 getName 方法。

```
String country = "Fiji";
Class myClass = country.getClass();
System.out.println(myClass.getName()); // prints java.lang.String
```

结果表明，getName 方法返回了 Class 对象所表示的类的完全限定名称。

Class 类还能不使用关键字 new 而创建一个对象成为可能，可以使用 Class 类的两个方法来做到这一点，forName 和 newInstance。

```
public static Class forName(String className)
public Object newInstance()
```

静态的 forName 方法用给定的类名创建了一个 Class 对象。newInstance 方法创建一个类的新的实例。

代码清单 5.1 中的 ClassDemo 使用 forName 创建了 app05.Test 类的 Class 对象，并且创建了 Test 类的一个实例。由于 newInstance 返回一个 java.lang.Object 对象，你需要将其向下转换为其最初的类型。

代码清单 5.1　ClassDemo 类

```
package app05;
public class ClassDemo {
    public static void main(String[] args) {
        String country = "Fiji";
        Class myClass = country.getClass();
        System.out.println(myClass.getName());
        Class klass = null;
        try {
            klass = Class.forName("app05.Test");
        } catch (ClassNotFoundException e) {
        }

        if (klass != null) {
            try {
                Test test = (Test) klass.newInstance();
                test.print();
            } catch (IllegalAccessException e) {
            } catch (InstantiationException e) {
            }
        }
    }
}
```

不要担心 try … catch 语句块的使用，我们将会在第 8 章中介绍它。

你可能会问一个问题。为什么要使用 forName 和 newInstance 来创建一个类的实例呢，使用 new 关键字不是更简短和容易吗？答案是，因为在有些情况下，当你在编写程序的时候，还并不知道类的名字呢。

5.6　java.lang.System

System 类是一个 final 类，它将能够帮助你完成常见任务的那些有用的静态字段和静态方法暴露了出来。System 类的 3 个字段是 out、in 和 err：

```
public static final java.io.PrintStream out;
public static final java.io.InputStream in;
public static final java.io.PrintStream err;
```

out 字段表示标准的输出流，它默认和控制台相同，而控制台是用来运行 Java 应用程序的。你可以通过第 16 章了解更多内容，但是现在，只需要知道可以使用 out 字段将消息写出到控制台即可。你还将经常编写如下的代码行：

```
System.out.print(message);
```

其中 message 是一个 String 对象。PrintStream 有很多 print 方法的重载形式，它们接受不同的类型，因此，你可以向 print 方法传递任何的基本类型：

```
System.out.print(12);
System.out.print('g');
```

此外，还有 println 方法，它和 print 方法相同，只不过 println 方法在参数的末尾添加了一个行终止符。

还要注意，由于 out 是静态的，你可以使用这种表示法来访问它：System.out，它将会返回一个 java.io.PrintStream 对象。你可以访问这个 PrintStream 对象的众多的方法，就好像访问其他对象的方法（如 System.out.print 和 System.out.format）一样。

err 字段也表示一个 PrintStream 对象，默认情况下，输出也会从当前调用 Java 程序的地方通向控制台。其目的是显示那些应该立即引起用户注意的错误消息。

例如，如下是使用 err 的方式：

```
System.err.println("You have a runtime error.");
```

in 字段表示标准输入流。可以使用它来接受键盘输入。例如，代码清单 5.2 中的 getUserInput 方法接受用户输入并将其作为一个 String 返回。

代码清单 5.2　InputDemo 类

```java
package app05;
import java.io.IOException;

public class InputDemo {
    public String getUserInput() {
        StringBuilder sb = new StringBuilder();
        try {
            char c = (char) System.in.read();
            while (c != '\r' && c != '\n') {
                sb.append(c);
                c = (char) System.in.read();
            }
        } catch (IOException e) {
        }
        return sb.toString();
    }

    public static void main(String[] args) {
        InputDemo demo = new InputDemo();
        String input = demo.getUserInput();
        System.out.println(input);
    }
}
```

接受键盘输入的一种较为容易的方法是使用 java.util.Scanner 类，本章 5.7 节将会介绍它。

System 类有很多有用的方法，这些方法都是静态的。其中的一些较为重要的方法将在下面列出。

```
public static void arraycopy (Object source, int sourcePos,
    Object destination, int destPos, int length)
```

这个方法将一个数组（*source*）的内容复制到另一个数组（*destination*）中，从指定的位置开始，复制到目标数组中的指定位置。例如，如下的代码使用 arraycopy 将 array1 的内容复制到 array2。

```
int[] array1 = {1, 2, 3, 4};
int[] array2 = new int[array1.length];
System.arraycopy(array1, 0, array2, 0, array1.length);
```

```
public static void exit (int status)
```

终止运行程序和当前的 JVM。你通常会传递 0，表示正常的退出；传入非零值，表示在调用该方法之前程序中出现一个错误。

```
public static long currentTimeMillis ()
```

返回以毫秒表示的计算机时间。表示的毫秒数字值，是从 1970 年 1 月 1 日后经过的时间。

在 Java 8 之前，currentTimeMillis 用来计时一次操作。在 Java 8 及其以后的版本中，可以使用 java.time.Instant 类来替代它。第 13 章将会介绍 java.time.Instant 类。

5.6 java.lang.System

```
public static long nanoTime ()
```

该方法类似于 currentTimeMillis，但是使用纳秒级的精度。

```
public static String getProperty (String key)
```

该方法返回指定的属性的值。如果指定的属性不存在，返回 null。指定的属性分为系统属性和用户定义的属性。当一个 Java 程序运行的时候，JVM 以属性的方式提供程序可能要用到的值。

每个属性以一个键/值对的形式出现。例如，系统属性 os.name 提供了运行 JVM 的操作系统的名字。此外，应用程序从哪个目录调用的，JVM 会以一个名为 user.dir 的属性的形式来提供。要获取 user.dir 属性的值，可以使用：

```
System.getProperty("user.dir");
```

表 5.2 列出了系统属性。

表 5.2　　　　　　　　　　　　　　Java 系统属性

系统属性	说明
java.version	Java 运行时环境的版本
java.vendor	Java 运行时环境的厂商
java.vendor.url	Java 厂商的 URL
java.home	Java 安装目录
java.vm.specification.version	Java 虚拟机的规范版本
java.vm.specification.vendor	Java 虚拟机的规范版本厂商
java.vm.specification.name	Java 虚拟机的规范名称
java.vm.version	Java 虚拟机的实现的版本
java.vm.vendor	Java 虚拟机的实现的厂商
java.vm.name	Java 虚拟机的实现的名称
java.specification.version	Java 运行时环境的规范的版本
java.specification.vendor	Java 运行时环境的规范的厂商
java.specification.name	Java 运行时环境的规范的名称
java.class.version	Java 类格式版本
java.class.path	Java 类路径
java.library.path	加载库的时候所查找的路径的列表
java.io.tmpdir	默认临时文件路径
java.compiler	JIT 所使用的 JIT 编译器的名称
java.ext.dirs	扩展目录的路径
os.name	操作系统名称
os.arch	操作系统架构
os.version	操作系统版本
file.separator	文件分隔符（在 UNIX 上是 "/"）
path.separator	路径分隔符（在 UNIX 上是 ":"）
line.separator	行分隔符（在 UNIX 上是 "\n"）
user.name	用户账户的名称
user.home	用户的主目录
user.dir	用户的当前工作目录

```
public static void setProperty (String property, String newValue)
```

使用 setProperty 方法来创建用户定义的属性，或者修改当前属性的值。例如，使用如下的代码创建一个名为 password 的属性：

```
System.setProperty("password", "tarzan");
```

并且，可以使用 getProperty 来获取该属性：

```
System.getProperty("password")
```

例如，如下是修改 user.name 属性的方式：

```
System.setProperty("user.name", "tarzan");
public static String getProperty(String key, String default)
```

这个方法类似于单个参数的 getProperty 方法，但是，如果指定的属性不存在的话，它返回一个默认值。

```
public static java.util.Properties getProperties ()
```

该方法返回所有的系统属性。返回值是一个 java.util.Properties 对象。Properties 类是 java.util.Hashtable（将会在第 14 章中介绍）的子类。

例如，如下的代码使用 Properties 类的 list 方法来遍历所有的系统属性并在控制台上显示它们。

```
java.util.Properties properties = System.getProperties();
properties.list(System.out);
```

5.7 java.util.Scanner

可以使用一个 Scanner 对象来扫描一段文本。在本章中，我们只是关注使用它来获取键盘输入。

使用 Scanner 接受键盘输入很容易。你所需要做的就是传递 System.in 来实例化 Scanner 类。然后，要获取用户输入，在该实例上调用 next 方法。next 方法会缓存用户从键盘或其他设备输入的字符，直到用户按下 Enter 键。然后，它会返回一个 String 类型数据，其中包含了用户输入的字符序列，但不包括回车和换行。代码清单 5.3 展示了使用 Scanner 来接受用户输入的过程。

代码清单 5.3　使用 Scanner 来接受用户输入

```
package app05;
import java.util.Scanner;

public class ScannerDemo {
    public static void main(String[] args) {
        Scanner scanner = new Scanner(System.in);
        while (true) {
            System.out.print("What's your name? ");
            String input = scanner.nextLine();
            if (input.isEmpty()) {
                break;
            }
            System.out.println("Your name is " + input + ". ");
        }
        scanner.close();
        System.out.println("Good bye");
    }
}
```

和代码清单 5.2 相比，使用 Scanner 简单了很多。

5.8 本章小结

在本章中，我们介绍了几个重要的类，例如 java.lang.String、arrays、java.lang.System 和 java.util.Scanner。我们还介绍了可变参数。最后一部分介绍了可变参数在 java.lang.String 和 java.io.PrintStream 中的实现。

第6章 数　　组

在Java中，可以使用数组来组织具有相同类型的基本类型或对象。属于一个数组的实体叫作数组的元素。在本章中，我们将学习如何创建、初始化和遍历数组，以及操作其元素。本章还介绍了java.util.Arrays类，这是用于操作数组的一个工具类。

6.1　概览

每次创建一个数组的时候，在后台，编译器都要创建一个对象以允许你：
- 通过length字段来获取数组中的元素的数目。数组的长度或大小，就是其中所包含的元素的数目。
- 通过指定一个索引来访问每一个元素。索引是从0开始的。索引0指向第1个元素，索引1指向第2个元素，依次类推。

数组中的所有的元素具有相同的类型，这叫作数组的元素类型（element type）。数组的大小是不可以改变的，并且，拥有0个元素的数组叫作空数组（empty array）。

一个数组是一个Java对象。因此，数组变量的行为就像其他的引用变量一样。例如，可以将一个数组变量和null进行比较。

```
String[] names;
if (names == null)  // evaluates to true
```

如果一个数组是一个Java对象，那么，当你创建数组的时候，岂不是应该实例化一个类？可能是实例化诸如java.lang.Array这样的一个类？实际上并非如此，数组实际上是特殊的Java对象，其类并不存在，也不能扩展。

要使用一个数组，首先需要声明它。使用如下的语法来声明一个数组：

type[] arrayName;

或者

type arrayName[]

例如，如下代码声明了一个名为numbers的long类型的数组。

```
long[] numbers;
```

声明一个数组并不会创建数组，或者为其元素分配存储空间；编译器只是创建了一个对象引用。创建数组的一种方式是使用new关键字。必须指定要创建的数组的大小。

new type[size]

例如，如下的代码创建了4个int类型元素的一个数组：

```
new int[4]
```

此外，也可以在同一行声明和创建一个数组：

```
int[] ints = new int[4];
```

在创建一个数组之后，其元素不再为null（如果元素的类型是一个引用类型的话）或者是元素类型的默认值（如果数组包含基本类型的话）。例如，一个int类型数组默认包含0。

要引用一个数组元素,需要使用索引(index)。如果一个数组的大小为 n,那么,合法的索引将会是 0 到 n-1 之间的所有的整数。例如,如果一个数组有 4 个元素,有效的索引就是 0、1、2 和 3。如下的代码段创建了 4 个 String 对象的数组,并且为其第 1 个元素赋了一个值。

```
String[] names = new String[4];
names[0] = "Hello World";
```

使用一个负的索引或一个大于或等于数组的大小的正整数索引,将会抛出一个 java.lang.ArrayIndexOutOfBoundsException。参见第 8 章,了解关于异常的更多内容。

由于数组是一个对象,你可以在一个数组上调用 getClass 方法。一个数组的 Class 对象的字符串表示格式如下:

```
[type
```

其中 *type* 是对象的类型。在一个 String 数组上调用 getClass().getName(),将会返回[Ljava.lang.String。然而,一个基本类型的数组的类名,将很难识别。在一个 int 数组上调用 getClass().getName(),将会返回[I;在 long 数组上调用它,将会返回[J。

可以不使用 new 关键字就创建并初始化一个数组。Java 允许你通过将一组值组织到一对花括号中,从而创建一个数组。例如,如下的代码创建了 3 个 String 对象的数组。

```
String[] names = { "John", "Mary", "Paul" };
```

如下的代码创建了 4 个 int 类型的数组,并且将该数组赋值给变量 matrix。

```
int[] matrix = { 1, 2, 3, 10 };
```

在把一个数组传递给一个方法的时候,要小心,因为如下的做法是非法的,即便方法 average 接受一个 int 类型数组。

```
int avg = average( { 1, 2, 3, 10 } ); // illegal
```

相反,必须单独地实例化数组。

```
int[] numbers = { 1, 2, 3, 10 };
int avg = average(numbers);
```

或者可以这么做。

```
int avg = average(new int[] { 1, 2, 3, 10 });
```

6.2 遍历数组

在 Java 5 之前,遍历一个数组的成员的唯一的方式是,使用一个 for 循环和数组的索引。例如,如下的代码遍历了变量 names 所引用的 String 数组:

```
for (int i = 0; i < 3; i++) {
    System.out.println("\t- " + names[i]);
}
```

Java 5 增强了 for 语句。现在,使用增强的 for 语句,不需要索引就可以遍历一个数组或一个集合。使用如下的语法来遍历一个数组:

```
for (elementType variable : arrayName)
```

其中,*arrayName* 是对数组的引用,*elementType* 是数组的元素类型,而 *variable* 是引用数组中的每一个元素的一个变量。

例如，如下的代码遍历了一个 String 数组：

```
String[] names = { "John", "Mary", "Paul" };
for (String name : names) {
    System.out.println(name);
}
```

这段代码会在控制台打印出如下内容：

```
John
Mary
Paul
```

6.3　java.util.Arrays 类

Arrays 类提供了操作数组的静态方法。表 6.1 列出了其中的一些方法。

表 6.1　　　　　　　　　　　java.util.Arrays 的一些较为重要的方法

方法	说明
asList	返回数组所支持的固定大小的 List。不能向 List 添加其他的元素。第 14 章将会介绍 List
binarySearch	根据特定的键查找数组。如果找到这个键，返回该元素的索引。如果没有匹配的，返回插入点的索引的负值减去 1。参见 6.4 节了解详细信息
copyOf	创建具有指定的长度的一个新的数组。这个新的数组与最初的数组具有相同的元素。如果新的长度和最初的数组的长度不同，会用 null 或默认值来填充新的数组，或者截断最初的数组
copyOfRange	根据最初数组的指定范围，创建一个新的数组
equals	比较两个数组的内容
fill	将指定的值赋给指定的数组的每一个元素
sort	排序指定的数组的元素
parallelSort	将指定的数组的元素并行排序
toString	返回指定的数组的字符串表示

以上所示的部分方法，将在 6.4 节中进一步介绍。

6.4　修改数组的大小

一旦创建数组，不能修改其大小。如果想要修改大小，必须创建一个新的数组，并且使用旧的数组的值填充它。例如，如下的代码将 3 个 int 类型的数组 number 的大小增加到 4。

```
int[] numbers = { 1, 2, 3 };
int[] temp = new int[4];
int length = numbers.length;
for (int j = 0; j < length; j++) {
    temp[j] = numbers[j];
}
numbers = temp;
```

做到这一点的一种简短的方式是，使用 java.util.Arrays 的 copyOf 方法。例如，这段代码创建了 4 个元素的一个数组，并且将 numbers 的内容复制到其前 3 个元素中。

```
int[] numbers = { 1, 2, 3 };
int[] newArray = Arrays.copyOf(numbers, 4);
```

当然，可以将这个新的数组重新赋值给最初的变量：

```
numbers = Arrays.copyOf(numbers, 4);
```

copyOf 方法有 10 个重载形式，其中 8 个分别针对 Java 的基本类型，还有两种针对对象。其签名如下：

```
public static boolean[] copyOf(boolean[] original, int newLength)
public static byte[] copyOf(byte[] original, int newLength)
public static char[] copyOf(char[] original, int newLength)
public static double[] copyOf(double[] original, int newLength)
public static float[] copyOf(float[] original, int newLength)
public static int[] copyOf(int[] original, int newLength)
public static long[] copyOf(long[] original, int newLength)
public static short[] copyOf(short[] original, int newLength)
public static <T> T[] copyOf(T[] original, int newLength)
public static <T,U> T[] copyOf(U[] original, int newLength,
        java.lang.Class<? extends T[]> newType)
```

如果 *original* 是 null，这些重载形式的每一种都会抛出一个 java.lang.NullPointerException；而如果 *newLength* 为负数的话，则会抛出一个 java.lang.NegativeArraySizeException。

newLength 参数可以小于、等于或大于最初的数组的长度。如果它小于数组长度，只有前面的 *newLength* 多个元素会包含到副本中。如果它大于数组的长度，最后的几个元素将会拥有默认值；例如，如果是整数的数组的话，默认值将会为 0；如果是对象的一个数组的话，默认值将会是 null。

和 copyOf 方法类似的另一个方法是 copyOfRange。copyOfRange 将一定范围的元素复制到一个新数组中。和 copyOf 方法一样，copyOfRange 方法也针对每一种 Java 数据类型提供了重载。其签名如下：

```
public static boolean[] copyOfRange(boolean[] original,
        int from, int to)
public static byte[] copyOfRange(byte[] original,
        int from, int to)
public static char[] copyOfRange(char[] original,
        int from, int to)
public static double[] copyOfRange(double[] original,
        int from, int to)
public static float[] copyOfRange(float[] original,
        int from, int to)
public static int[] copyOfRange(int[] original, int from, int to)
public static long[] copyOfRange(long[] original, int from, int to)
public static short[] copyOfRange(short[] original, int from,
        int to)
public static <T> T[] copyOfRange(T[] original, int from, int to)
public static <T,U> T[] copyOfRange(U[] original, int from,
        int to, java.lang.Class<? extends T[]> newType)
```

也可以使用 System.arraycopy() 来复制数组。但是，Arrays.copyOf() 方法更容易使用，并且在其内部会调用 System.arraycopy() 方法。

6.5 查找一个数组

可以使用 Arrays 类的 binarySearch 方法来查找数组。这个方法带有 20 种重载形式。下面是其两种重载形式：

```
public static int binarySearch(int[] array, int key)
public static int binarySearch(java.lang.Object[] array,
        java.lang.Object key)
```

也有一些限制查找区域的重载形式：

```
public static int binarySearch(int[] array, int fromIndex,
        int toIndex, int key)
public static int binarySearch(java.lang.Object[] array,
        int fromIndex, int toIndex, java.lang.Object key)
```

binarySearch 方法采用二分查找算法来进行查找。使用这种算法，数组首先要按照升序或降序排列。然后，将查找键和数组中间的元素进行比较。如果一致，返回该元素的索引。如果不一致，根据查找键比该索引小还是大，会继续在数组的前一半或后一半进行查找，重复相同的过程，直到不再剩下元素或者只剩下一个元素。如果最后的查找中也没有找到匹配，那么，binarySearch 返回插入点的负值减去 1。代码清单 6.1 使得这一点更加清楚。

代码清单 6.1　一个二分查找的示例

```
package app06;
import java.util.Arrays;

public class BinarySearchDemo {
    public static void main(String[] args) {
        int[] primes = { 2, 3, 5, 7, 11, 13, 17, 19 };
        int index = Arrays.binarySearch(primes, 13);
        System.out.println(index); // prints 5
        index = Arrays.binarySearch(primes, 4);
        System.out.println(index); // prints -3
    }
}
```

代码清单 6.1 中的 BinarySearchDemo 类使用了一个 int 类型的数组，它包含了前 8 个素数。传入 13 作为查找键，将会返回 5，因为 13 是该数组中的第 6 个元素，其索引为 5。传入 4 作为查找键，将会找不到匹配，该方法返回-3。这是-2 减去 1 的结果。如果要将该键插入到数组中的话，它本应该插入到索引 2 的位置。

6.6　给 main 方法传入一个字符串数组

公有的静态 void main 方法，是用来调用一个 Java 类的，它接受一个 String 数组。如下是 main 方法的签名：

```
public static void main(String[] args)
```

可以将参数当作 java 程序的参数输入，从而给 main 方法传递参数。参数应该出现在类名之后，并且多个参数之间用空格隔开。使用如下的语法：

```
java className arg1 arg2 arg3 ... arg-n
```

代码清单 6.2 展示了一个类，它遍历了 main 方法的 String 数组参数。

代码清单 6.2　访问 main 方法的参数

```
package app06;
public class MainMethodTest {
    public static void main(String[] args) {
        for (String arg : args) {
            System.out.println(arg);
        }
    }
}
```

如下的命令调用了该类并且给 main 方法传入了两个参数。

```
java app06/MainMethodTest john mary
```

然后，main 方法将把参数打印到控制台。

```
john
mary
```

如果没有给 main 方法传递参数，String 数组 args 将会为空并且不为 null。

6.7 多维数组

在 Java 中，多维数组（multidimensional array）是其元素也是数组的数组。同样，行可能有不同的长度，这就像是 C 语言中的多维数组一样。

要声明一个二维数组，在类型的后面使用两对方括号：

```
int[][] numbers;
```

要创建一个数组，需要传递这两个维的大小：

```
int[][] numbers = new int[3][2];
```

代码清单 6.3 展示了一个多维的 int 类型数组。

代码清单 6.3　一个多维数组

```
package app06;
import java.util.Arrays;

public class MultidimensionalDemo1 {
    public static void main(String[] args) {
        int[][] matrix = new int[2][3];
        for (int i = 0; i < 2; i++) {
            for (int j = 0; j < 3; j++) {
                matrix[i][j] = j + i;
            }
        }

        for (int i = 0; i < 2; i++) {
            System.out.println(Arrays.toString(matrix[i]));
        }
    }
}
```

如果运行该类，将会在控制台打印出如下内容。

```
[0, 1, 2]
[1, 2, 3]
```

6.8 本章小结

在本章中，我们学习了如何声明和初始化数组，以及操作这个数组的方法。还学习了用来操作数组的 java.util.Arrays 类。

第 7 章 继 承

继承是一项非常重要的面向对象编程特性。它使得用 OOP 语言编写的代码能够扩展。扩展一个类也叫作继承一个类，或将其子类化。在 Java 中，所有的类默认都是可扩展的，但你可以使用 final 关键字来阻止类被子类化。

本章将介绍 Java 中的继承。

7.1 概览

你通过创建一个新的类来扩展一个类。前者和后者就具备了一种父类-子类关系。最初的类是父类或基类，或者叫作超类。新的类叫作子类，或者叫作父类的派生类。在 OOP 中，扩展一个类的过程叫作继承（inheritance）。在一个子类中，可以添加新的方法和新的字段，并且覆盖已有的方法以改变其行为。

图 7.1 给出了一个 UML 类图，它表示一个类及其子类之间的父类-子类关系。

注意，使用了一条带箭头的线来表示泛化，即父类-子类关系。

子类反过来也是可以扩展的，除非你将其声明为 final，以使得它不能扩展。本章后面的 7.7 节将介绍 final 类。

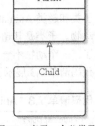

图 7.1 表示一个父类及其子类的 UML 类图

继承的好处很明显，继承使得我们有机会添加一些在最初的类中不存在的功能。它还使得我们有机会改变已有的类的行为，以使其更好地满足需要。

7.1.1 extends 关键字

在类声明中，在类名之后、父类名之前，使用 extends 关键字来扩展一个类。代码清单 7.1 展示了一个名为 Parent 的类。代码清单 7.2 展示了一个名为 Child 的类，它扩展了 Parent 类。

代码清单 7.1 Parent 类

```
public class Parent {
}
```

代码清单 7.2 Child 类

```
public class Child extends Parent {
}
```

扩展一个类就是这么简单。

> **注　意**
>
> 所有的 Java 类都不用显式地扩展一个父类，而是会自动地继承了 java.lang.Object 类。Object 是 Java 中的一个终极的超类。代码清单 7.1 中的 Parent，默认也是 Object 的一个子类。

> **注　意**
>
> 在 Java 中，一个类只能够扩展一个类。这和 C++ 中允许多继承不同。但是，在 Java 中，使用接口（将会在本书第 10 章中介绍）也能够实现多继承的效果。

7.1.2 is-a 关系

当你通过继承创建一个新的类的时候，就形成了一种特殊的关系。子类和超类之间拥有一种"is-a"关系。

例如，Animal 是一个表示动物的类。有很多种类的动物，包括鸟类、鱼类和狗类，因此，可以创建 Animal 的子类来建模特定类型的动物。图 7.2 表示了拥有 3 个子类 Bird、Fish 和 Dog 的 Animal 类。

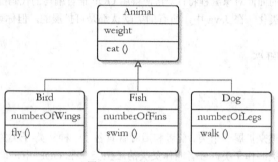

图 7.2　继承的一个例子

子类和超类 Animal 之间的 is-a 关系非常明显。一只鸟是一个动物，一只狗也是一个动物，一条鱼还是一个动物。子类是其超类的一种特殊类型。例如，鸟是一种特殊类型的动物。然而，is-a 关系反过来就不成立了。一个动物不一定是一只鸟或者一只狗。

代码清单 7.3 展示了 Animal 类及其子类。

代码清单 7.3　Animal 类及其子类

```
package app07;
class Animal {
    public float weight;
    public void eat() {
    }
}

class Bird extends Animal {
    public int numberOfWings = 2;
    public void fly() {
    }
}

class Fish extends Animal {
    public int numberOfFins = 2;
    public void swim() {
    }
}

class Dog extends Animal {
    public int numberOfLegs = 4;
    public void walk() {
    }
}
```

在这个示例中，Animal 类定义了一个 weight 字段，它适用于所有的动物。它还声明了一个 eat 方法，因为动物都要吃东西。

Bird 类是 Animal 类的一种特殊类型，它继承了 eat 方法和 weight 字段。Bird 还添加了一个 numberOfWings 字段和一个 fly 方法。这表明，更加具体的 Bird 类扩展了更加泛型的 Animal 类的功能和行为。

7.2 可访问性

子类继承了超类的所有公有的方法和字段。例如，可以创建一个 Dog 对象并调用其 eat 方法：

```
Dog dog = new Dog();
dog.eat();
```

eat 方法是在 Animal 类中声明的，Dog 类直接继承了 eat 方法。

Is-a 关系的后果是，将子类的一个实例赋值给父类的一个引用变量是合法的。例如，如下的代码是有效的，因为 Bird 是 Animal 的一个子类，而一个 Bird 总是一个 Animal。

```
Animal animal = new Bird();
```

然而，如下的代码是非法的，因为不能保证一个 Animal 是一个 Dog：

```
Dog dog = new Animal();
```

7.2 可访问性

从一个子类中，可以访问其超类的公有的和受保护的方法和字段，但是，不能访问超类的私有方法。如果子类和超类位于同一个包中，也可以访问超类的默认方法和字段。

分析代码清单 7.4 中的 P 类和 C 类。

代码清单 7.4 展示可访问性

```
package app07;
public class P {
    public void publicMethod() {
    }
    protected void protectedMethod() {
    }
    void defaultMethod() {
    }
}
class C extends P {
    public void testMethods() {
        publicMethod();
        protectedMethod();
        defaultMethod();
    }
}
```

P 有 3 个方法，一个是公有的，一个是受保护的，还有一个具有默认的访问级别。C 是 P 的一个子类。在 C 类的 testMethods 方法中可以看到，C 可以访问其父类的公有的和受保护的方法。此外，由于 C 和 P 属于同一个包，C 还可以访问 P 的默认方法。

然而，这并不意味着你可以通过子类来暴露 P 的非公有方法。例如，如下的代码无法编译：

```
package test;
import app07.C;
public class AccessibilityTest {
    public static void main(String[] args) {
        C c = new C();
        c.protectedMethod();
    }
}
```

protectedMethod 是 P 的一个受保护的方法。在 P 之外不能访问它，除非通过一个子类来访问它。由于 AccessibilityTest 并不是 P 的子类，在其中，通过 P 的子类 C 也无法访问 P 的受保护方法。

7.3 方法覆盖

当扩展一个类的时候,可以修改父类中的一个方法的行为,这叫作方法覆盖(method overriding),并且,当你所编写的子类的方法和父类中的一个方法具有相同的行为的时候,就会发生方法覆盖。如果只有方法名称是相同的,但参数的列表不同,那么,这叫作方法重载(method overloading)(参见第 4 章)。

覆盖一个方法就会修改其行为。要覆盖一个方法,直接在子类中编写新的方法,而不必修改其父类的任何内容。可以覆盖父类的公开的和受保护的方法。如果子类和父类位于相同的包中,还可以覆盖带有默认访问级别的方法。

代码清单 7.5 通过 Box 类展示了一个方法覆盖的示例。

代码清单 7.5　Box 类

```
package app07;
public class Box {
    public int length;
    public int width;
    public int height;

    public Box(int length, int width, int height) {
        this.length = length;
        this.width = width;
        this.height = height;
    }

    @Override
    public String toString() {
        return "I am a Box.";
    }

    @Override
    public Object clone() {
        return new Box(1, 1, 1);
    }
}
```

Box 类扩展了 java.lang.Object 类。这是一个隐式的扩展,因为并没有使用 extends 关键字。Box 覆盖了公有的 toString 方法和受保护的 clone 方法。注意,Box 中的 clone 方法是公有的,而在 Object 中它是受保护的。将超类中的一个方法的可见性,从受保护的增加为公有的,这种做法是允许的。然而,减少可见性是非法的。

被覆盖的方法通常使用@Override 来标记。虽然这种做法不是必须的,但这是一种很好的做法。我们将在第 17 章中学习注解。

如果创建了一个方法,它和超类中的一个私有方法具有相同的签名,会怎么样呢?这不是方法覆盖,因为私有方法在该类之外并不可见。只是恰好有一个方法和私有方法具有相同的签名罢了。

注　意

不能覆盖一个 final 方法。要让一个方法成为 final 的,需要在方法声明中使用 final 关键字。例如:

```
public final java.lang.String toUpperCase(java.lang.String s)
```

7.4 调用超类的构造方法

子类就像是一个普通的类，我们使用 new 关键字来创建它的一个实例。如果没有在子类中显式地编写一个构造方法，编译器会隐式地添加一个无参数的构造方法。

当通过调用子类的一个构造方法来实例化一个子类的时候，该构造方法所做的第一件事情是，调用直接父类的无参数的构造方法。在父类中，构造方法也会调用其直接父类的构造方法。这个过程不断重复，直到到达了 java.lang.Object 类的构造方法。换句话说，当你创建一个子类对象的时候，其所有的父类也会实例化。

代码清单 7.6 中的 Base 和 Sub 类说明了这个过程。

代码清单 7.6 调用超类的无参构造方法

```
package app07;
class Base {
    public Base() {
        System.out.println("Base");
    }
    public Base(String s) {
        System.out.println("Base." + s);
    }
}
public class Sub extends Base {
    public Sub(String s) {
        System.out.println(s);
    }
    public static void main(String[] args) {
        Sub sub = new Sub("Start");
    }
}
```

如果运行这个 Sub 类，将会在控制台看到如下内容：

```
Base
Start
```

这证明了，Sub 类的构造方法所做的第一件事情是，调用 Base 类的无参构造方法。Java 编译器悄悄地将 Sub 的构造方法修改如下，而没有把这一修改保存到源文件中。

```
public Sub(String s) {
    super();
    System.out.println(s);
}
```

关键字 super 表示当前对象的直接超类的一个实例。由于 super 是通过 Sub 的实例调用的，super 表示 Base 的一个实例，Base 是 Sub 的直接超类。

你可以使用 super 关键字，从一个子类的构造方法中显式调用父类的构造方法，但是 super 必须是构造方法中的第一条语句。如果想要调用超类中的另一个构造方法，super 关键字是很方便的。例如，可以将 Sub 中的构造方法修改为如下所示：

```
public Sub(String s) {
    super(s);
    System.out.println(s);
}
```

这个构造方法使用 super(s)，调用了父类的单个参数的构造方法。结果，如果你运行该类，将会在控制台看到如下内容。

```
Base.Start
Start
```

现在，如果超类没有一个无参数的构造方法，并且你想要显式地调用超类中的另一个构造方法，该怎么办呢？代码清单 7.7 中的 Parent 和 Child 类说明了这一点。

代码清单 7.7 隐式地调用父类中不存在的构造方法

```java
package app07;
class Parent {
    public Parent(String s) {
        System.out.println("Parent(String)");
    }
}

public class Child extends Parent {
    public Child() {
    }
}
```

这将会导致一个编译器错误，因为编译器添加了对 Parent 中的无参构造方法的一个隐式调用，而 Parent 类只有一个构造方法，它接受一个 String 参数。可以通过从 Child 类的构造方法中显式地调用父类的构造方法，从而弥补这一情况：

```java
public Child() {
    super(null);
}
```

注 意

子类从其构造方法中调用父类的构造方法是有意义的，因为子类的一个实例必须总是伴有其每一个父类的实例。通过这种方式，调用在子类中没有覆盖的一个方法，将会传递到其父类，直到找到继承层级中的最高一级。

7.5 调用超类的隐藏方法

Super 关键字还有另一个作用。可以使用它来调用超类中的隐藏的成员或隐藏的方法。由于 super 表示直接父类的一个实例，super.*memberName* 返回父类中的特定的成员。可以访问超类之中对于子类可见的任何成员。例如，代码清单 7.8 展示了两个有父类-子类关系的类：Tool 和 Pencil。

代码清单 7.8 使用 super 访问一个隐藏的成员

```java
package app07;
class Tool {
    @Override
    public String toString() {
        return "Generic tool";
    }
}

public class Pencil extends Tool {
    @Override
    public String toString() {
```

```
            return "I am a Pencil";
        }
        public void write() {
            System.out.println(super.toString());
            System.out.println(toString());
        }
        public static void main(String[] args) {
            Pencil pencil = new Pencil();
            pencil.write();
        }
    }
```

Pencil 类覆盖了 Tool 类的 toString 方法。如果运行 Pencil 类，应该会在控制台看到如下内容：

```
Generic tool
I am a Pencil
```

和调用父类的构造方法不同，调用父类的方法不必是调用者方法中的第一条语句。

7.6 类型强制转换

可以将一个对象转换为另外一种类型。规则是，可以只是将子类的一个实例强制转型为其父类。将一个对象强制转型为一个父类，这叫作向上强制转型（upcasting）。如下是一个示例，假设 Child 是 Parent 的一个子类：

```
Child child = new Child();
Parent parent = child;
```

要向上强制转型一个 Child 对象，只需要将该对象赋值给一个 Parent 类型的引用变量。注意，parent 引用变量不能访问那些只能在 Child 中可用的成员。

由于上面代码段中的 parent 引用了一个类型为 Child 的对象，你可以将其强制转型回 Child。这一次，这叫作向下强制转型（downcasting），因为你将一个对象转换为继承层级下方的一个类。向下强制转型要求你在括号中写出子类型。如下所示：

```
Child child = new Child();
Parent parent = child;// parent pointing to an instance of Child
Child child2 = (Child) parent; // downcasting
```

只有当父类的引用已经指向了子类的一个实例的时候，才允许将一个子类向下强制转型。如下的代码将会产生一个编译器错误。

```
Object parent = new Object();
Child child = (Child) parent; // illegal downcasting, compile error
```

7.7 final 类

可以在类声明中使用关键字 final，使得一个类成为 final 的，从而阻止其他类扩展该类。final 可以放在访问修饰符之后或之前。例如：

```
public final class Pencil
final public class Pen
```

第 1 种形式更为常见。

让一个类成为 final 类的会使得代码稍微快一些,但差别并不大,以至于不太容易注意到。出于设计的考虑,而不是出于速度的考虑,才应该是让类成为 final 的理由。例如,java.lang.String 类是 final 的,因为这个类的设计者不想让你修改 String 的行为。

7.8　instanceof 操作符

instanceof 操作符可以用来测试一个对象是否是一个特定的类型。通常,在一条 if 语句中使用它,其语法如下所示:

```
if (objectReference instanceof type)
```

其中 *objectReference* 引用要了解的一个对象。例如,如下的 if 语句返回 true。

```
String s = "Hello";
if (s instanceof java.lang.String)
```

但是,对一个 null 引用变量应用 instanceof 的话,将会返回 false。例如,如下的 if 语句返回 false。

```
String s = null;
if (s instanceof java.lang.String)
```

此外,由于一个子类"is a"其超类类型,在如下的 if 语句中,其中 Child 是 Parent 的一个子类,将会返回 true。

```
Child child = new Child();
if (child instanceof Parent)      // evaluates to true
```

7.9　本章小结

继承是面向对象编程最基本的原理之一。继承使得代码具有可扩展性。在 Java 中,所有的类都默认地继承了 java.lang.Object 类。要扩展一个类,需要使用 extends 关键字。方法覆盖是另一个和继承直接相关的 OOP 特性。它使得你能够修改父类中的一个方法的行为。你可以通过将自己的类声明为 final,从而阻止对其子类化。

第 8 章 错 误 处 理

在任何编程语言中，错误处理都是一项重要的功能。一种好的错误处理机制，能够使得程序员很容易编写出健壮的应用程序，并且防止 bug 的侵入。在一些编程语言中，程序员被迫使用多条 if 语句来检测可能导致一个错误的所有条件。这可能会使得代码极其复杂。在较大的程序中，这很容易导致"意大利面条式"的代码。

Java 提供了 try 语句作为错误处理的一种不错的方法。使用这种方法，把可能潜在地导致错误的部分代码隔离到一个语句块中。只要有错误发生，就应该将错误捕获并且就地解决掉。本章将介绍错误处理的技术。

8.1 捕获异常

有两种类型的错误，编译错误（也叫作编译器错误）和运行时错误。编译错误是指编译时错误，通常是由于源代码中的错误而引起的。例如，如果忘记了用一个分号结束一条语句，编译器将会告诉你这一点并且拒绝编译你的代码。编译错误在编译时由编译器捕获。运行时错误则只有在程序运行的时候捕获，因为编译器无法捕获运行时错误。例如，内存耗尽是一个运行时错误，并且编译器不能预计这一点。或者，如果一个程序试图将一个用户输入解析为一个整数，而只有程序运行的时候，该输入才是可用的。如果用户输入的是非数字，那么，解析过程将会失败并且会抛出一个运行时错误。一个运行时错误如果没有被处理，将会导致程序异常退出。

在程序中，你可以使用 try 语句将可能引发一个运行时错误的代码隔离开，try 通常和 catch 和 finally 语句一起使用。这样的隔离通常发生在一个方法主体中。如果遇到了一个错误，Java 会停止 try 语句块的处理并跳转到 catch 语句块。在这里，你可优雅地处理该错误，或者通过抛出一个 java.lang.Exception 对象来通知用户。另一种情况是，向调用该方法的代码重新抛出该异常或一个新的 Exception 对象。然后，由用户来决定应该如何处理该错误。如果抛出的异常没有被捕获，应用程序将会崩溃。

try 语句的语法如下所示。

```
try {
    [code that may throw an exception]
} [catch (ExceptionType-1 e) {
    [code that is executed when ExceptionType-1 is thrown]
}] [catch (ExceptionType-2 e) {
    [code that is executed when ExceptionType-2 is thrown]
}]
    ...
} [catch (ExceptionType-n e) {
    [code that is executed when ExceptionType-n is thrown]
}]
[finally {
    [code that runs regardless of whether an exception was thrown]]
}]
```

错误处理的步骤可以概括如下：
1. 将可能导致一个错误的代码隔离到一个 try 语句块中。
2. 对于每一个单个的 catch 语句块，编写出如果 try 语句块中发生特定类型的一个异常，将要执行的代码。
3. 在 finally 语句块中，编写出不管是否发生错误都将运行的代码。

注意，catch 和 finally 语句块是可选的，但是，要么其中之一必须存在，要么二者同时存在。因此，可以让 try 和一个或多个 catch 语句块一起使用，try 和 finally 一起使用，或者 try 和 catch 及 finally 一起使用。

前面的语法展示了你可以有多个 catch 语句块。这是因为，一些代码可能会抛出不同类型的异常。当从一个 try 语句块抛出一个异常的时候，控制将会传递给第 1 个 catch 语句块。如果抛出的异常的类型和第 1 个 catch 语句块中的异常一致，或者是该异常的一个子类，这个 catch 语句块中的代码将会执行，然后，控制进入到了 finally 语句块（如果有 finally 语句块的话）。

如果抛出的异常类型和第 1 个 catch 语句块中的异常类型不一致，JVM 会进入到下一个 catch 语句块并做同样的事情，直到它找到一个匹配的异常为止。如果没有找到匹配的异常，该异常对象将会抛给该方法的调用者。如果调用者没有将调用该方法而引发问题的代码放入到一个 try 语句块中，程序将会崩溃。

为了说明错误处理的用法，考虑代码清单 8.1 中的 NumberDoubler 类。当这个类运行的时候，它将提示你进行输入。你可以输入任何内容，包括非数字。如果你的输入成功地转换为一个数字，它将会把这个数字加倍并打印出结果。如果输入是无效的，程序将会打印出一条"Invalid input"消息。

代码清单 8.1 NumberDoubler 类

```
package app08;
import java.util.Scanner;

public class NumberDoubler {
    public static void main(String[] args) {
        Scanner scanner = new Scanner(System.in);
        String input = scanner.next();
        try {
            double number = Double.parseDouble(input);
            System.out.printf("Result: %s", number);
        } catch (NumberFormatException e) {
            System.out.println("Invalid input.");
        }
        scanner.close();
    }
}
```

NumberDoubler 类使用了 java.util.Scanner 类来接受用户输入（第 5 章已介绍 Scanner 类）。

```
Scanner scanner = new Scanner(System.in);
String input = scanner.next();
```

然后，使用 java.lang.Double 类的静态方法 parseDouble，将该字符串输入转换为 double 类型。注意，调用的 parseDouble 代码放入到了一个 try 语句块中。这么做是有必要的，因为 parseDouble 可能会抛出一个 java.lang.NumberFormatException，正如 parseDouble 方法的签名所示：

```
public static double parseDouble(String s)
        throws NumberFormatExcpetion
```

该方法签名中的 throws 语句告诉你，它可能会抛出一个 NumberFormatException 异常，并且由方法调用者负责捕获它。

没有这个 try 语句块的话，无效的输入将会给你如下尴尬的错误消息，然后系统会崩溃：

```
Exception in thread "main" java.lang.NumberFormatException:
```

8.2 没有 catch 的 try

一条 try 语句可以和 finally 一起使用，而没有一个 catch 语句块。通常会使用这种语法，确保无论 try

语句块是否抛出一个不可预期的异常，总是会执行某些代码。例如，在打开一个数据库连接之后，想要确保在操作完数据之后会调用该连接的 close 方法。为了说明这种情况，考虑如下打开一个数据连接的伪代码：

```
Connection connection = null;
try {

    // open connection
    // do something with the connection and perform other tasks

} finally {
    if (connection != null) {
        // close connection
    }
}
```

如果在 try 语句块中发生某种不可预期的事情，总是会调用 close 方法来释放资源的。

8.3　捕获多个异常

如果捕获的异常都要由相同的代码来处理的话，Java 7 及其以后的版本允许在一个单个的 catch 语句块中捕获多个异常。catch 语句块的语法如下，两个异常之间用管道符号|分隔开。

```
catch(exception-1 | exception-2 ... e) {

    // handle exceptions

}
```

例如，java.net.ServerSocket 类的 accept 方法可以抛出 4 个异常：java.nio.channels.IllegalBlockingModeException、java.net.SocketTimeoutException、java.lang.SecurityException 和 java.io.Exception。假设，如果前 3 个异常将要由相同的代码处理，你可以这样编写 try 语句块：

```
try {
    serverSocket.accept();
} catch (SocketTimeoutException | SecurityException |
        IllegalBlockingModeException e) {

    // handle exceptions

} catch (IOException e) {

    // handle IOException

}
```

8.4　try-with-resource 语句

很多 Java 操作涉及在使用完某种资源之后必须关闭它。
在 JDK 7 之前，我们使用 finally 来确保一定会调用一个 close 方法：

```
try {

    // open resource
```

```
    } catch (Exception e) {

    } finally {
        // close resource
    }
```

如果 close 方法可能抛出一个异常，并且连接可能为空的话，这一语法就太麻烦了。例如，如下代码是打开一个数据库连接的典型的代码段。

```
Connection connection = null;
try {

    // create connection and do something with it

} catch (SQLException e) {

} finally {
    if (connection != null) {
        try {
            connection.close();
        } catch (SQLException e) {
        }
    }
}
```

你可以看到，在 finally 语句块中，需要相当多的代码来仅仅处理一种资源，而且，在一个单个的 try 语句块中必须打开多个资源的情况也是很常见的。JDK 7 添加了一种新的功能，即 try-with-resource 语句，以确保资源会自动关闭。其语法如下。

```
try ( resources ) {

    // do something with the resources

} catch (Exception e) {
    // do something with e
}
```

例如，如下是在在 Java 7 及其以后的环境中打开了一个数据库连接。

```
Connection connection = null;
try (Connection connection = openConnection();
        // open other resources, if any) {

    // do something with connection

} catch (SQLException e) {

}
```

并非所有的资源都能够自动关闭。只有那些实现了 java.lang.AutoCloseable 类的资源类能够自动关闭。好在，在 JDK 7 中，很多的输入/输出和数据库资源都做了修改，以支持这一功能。在第 16 章和第 21 章，你将会看到 try-with-resources 的更多示例。

8.5　java.lang.Exception 类

引发错误的代码可能会抛出任何类型的异常。例如，一个无效的参数可能会抛出一个 java.lang.NumberFormatException，在一个空的引用变量上调用一个方法，可能会抛出一个 java.lang.NullPointerException。所有的 Java 异常类都派生自 java.lang.Exception 类。因此，值得花一些时间来介绍这个类。

此外，Exception 覆盖了 toString 方法，并且添加了 printStackTrace 方法。toString 方法返回了对异常的说明。printStackTrace 方法的签名如下所示。

```
public void printStackTrace ()
```

这个方法根据对 Exception 对象的一次栈追踪，打印出对异常的描述。通过分析栈追踪，我们可以找到哪一行代码导致了问题。如下是 printStackTrace 可能会打印到控制台的内容的一个示例。

```
java.lang.NullPointerException
    at MathUtil.doubleNumber(MathUtil.java:45)
    at MyClass.performMath(MyClass.java: 18)
    at MyClass.main(MyClass.java: 90)
```

上述内容告诉你，已经抛出了一个 NullPointerException。抛出异常的代码行在 MathUtil.java 类的第 45 行，位于 doubleNumber 方法之中。doubleNumber 方法是由 MyClass.performMath 调用的，它反过来由 MyClass.main 调用。

大多数时候，一个 try 语句块都带有一个负责捕获 java.lang.Exception 的 catch 语句块，以及其他的 catch 语句块。捕获 Exception 的 catch 语句块必须出现在最后。如果其他的 catch 语句块没有能够捕获到异常，最后的 catch 语句块将会做这件事情。如下是一个示例：

```
try {
    // code
} catch (NumberFormatException e) {
    // handle NumberFormatException
} catch (Exception e) {
    // handle other exceptions
}
```

你可能想要在上面的代码中使用多个 catch 语句块，因为 try 语句块中的语句，可能抛出一个 java.lang.NumberFormatException 或其他类型的异常。如果抛出的是后者，将会被倒数第 2 个 catch 语句块捕获。

但是要小心，catch 语句块的顺序是很重要的。例如，不能将处理 java.lang.Exception 的一个 catch 语句块放在其他的 catch 语句块之前。这是因为，JVM 试图按照 catch 语句块的参数出现的顺序来匹配抛出的异常。java.lang.Exception 能捕获一切异常，因此，如果将其放在前面，会导致它后面的 catch 语句块无法执行。

如果你有几个 catch 语句块，并且其中一个 catch 语句块捕获的异常，是派生自另一个 catch 语句块的异常类型的，一定要确保让更为具体的异常类型先出现。例如，当试图打开一个文件的时候，你需要捕获 java.io.FileNotFoundException 以防止没有找到文件。然而，你可能想要确保还要捕获 java.io.IOException，以便能够捕获和 I/O 相关的其他异常。由于 FileNotFoundException 是 IOException 的一个子类，处理 FileNotFoundException 的 catch 语句块必须出现在处理 IOException 的 catch 语句块之前。

8.6 从方法中抛出一个异常

当捕获方法中的一个异常的时候，要处理方法之中所发生的错误，有两个选择。可以在该方法之中处理错误，从而安静地捕获异常而不需要通知调用者（在前面的示例中，已经展示了这一点），或者，可以把异常抛回给调用者，让调用者来处理它。如果选择第 2 种做法，调用代码必须捕获该方法抛回的异常。

代码清单 8.2 展示了一个 capitalize 方法，它将一个 String 的首字母改为大写的。

代码清单 8.2　capitalize 方法

```
public String capitalize(String s) throws NullPointerException {
    if (s == null) {
        throw new NullPointerException(
                "You passed a null argument");
    }
    Character firstChar = s.charAt(0);
```

```
        String theRest = s.substring(1);
        return firstChar.toString().toUpperCase() + theRest;
}
```

如果给 capitalize 传递一个空的 String 对象，它将会抛出一个新的 NullPointerException。留意实例化类 NullPointerException 的代码和抛出的实例：

```
throw new NullPointerException(
        "Your passed a null argument");
```

throw 关键字用于抛出一个异常。不要将它和 throws 语句搞混了，throws 用在一个方法签名的最后，表示该方法可能会抛出给定类型的异常。

如下的示例展示了调用 capitalize 的代码。

```
String input = null;
try {
    String capitalized = util.capitalize(input);
    System.out.println(capitalized);
} catch (NullPointerException e) {
    System.out.println(e.toString());
}
```

注　意

一个构造方法也可以抛出异常。

8.7　用户定义的异常

可以通过子类化 java.lang.Exception 来创建用户定义的异常。使用用户定义的异常有几个原因。其中之一是，创建一条定制的错误消息。

例如，代码清单 8.3 展示了 AlreadyCapitalizedException 类，它派生自 java.lang.Exception 类。

代码清单 8.3　AlreadyCapitalizedException 类

```
package app08;
public class AlreadyCapitalizedException extends Exception {
    @Override
    public String toString() {
        return "Input has already been capitalized";
    }
}
```

可以从代码清单 8.2 所示的 capitalize 方法抛出一个 AlreadyCapitalizedException 类。修改后的 capitalize 方法如代码清单 8.4 所示。

代码清单 8.4　修改后的 capitalize 方法

```
public String capitalize(String s)
        throws NullPointerException, AlreadyCapitalizedException {
    if (s == null) {
        throw new NullPointerException(
                "Your passed a null argument");
    }
    Character firstChar = s.charAt(0);
    if (Character.isUpperCase(firstChar)) {
        throw new AlreadyCapitalizedException();
    }
    String theRest = s.substring(1);
    return firstChar.toString().toUpperCase() + theRest;
}
```

现在，capitalize 方法可能抛出两种异常之一。在方法签名中，用逗号隔开各个异常。

调用 capitalize 的客户现在必须捕获两个异常。这段代码展示了对 capitalize 的调用。

```java
StringUtil util = new StringUtil();
String input = "Capitalize";
try {
    String capitalized = util.capitalize(input);
    System.out.println(capitalized);
} catch (NullPointerException e) {
    System.out.println(e.toString());
} catch (AlreadyCapitalizedException e) {
    e.printStackTrace();
}
```

由于 NullPointerException 和 AlreadyCapitalizedException 并没有一种父类-子类关系，上面的 catch 语句块的顺序并不重要。

当一个方法抛出多个异常，而不是捕获所有的异常的时候，可以直接编写一个处理 java.lang.Exception 的 catch 语句块。将上面的代码重新编写如下：

```java
StringUtil util = new StringUtil();
String input = "Capitalize";
try {
    String capitalized = util.capitalize(input);
    System.out.println(capitalized);
} catch (Exception e) {
    System.out.println(e.toString());
}
```

尽管这更加简洁，但这种做法并不具体，而且不允许分别处理每一个异常。

8.8 异常处理的注意事项

try 语句强制带来了一些性能损失。因此，不要过于频繁地使用它。如果测试一个条件并不难，那么，应该进行测试而不是依赖于 try 语句。例如，在一个空的对象上调用方法会抛出一个 NullPointerException。因此，总是可以用 try 一个语句块来包围方法调用。

```java
try {
    ref.method();
...
```

然而，在调用 methodA 之前，测试 ref 是否为空并不难。因此，如下的代码要更好，因为它没有使用 try 语句块。

```java
if (ref != null) {
    ref.methodA();
}
```

NullPointerException 是开发者需要处理的最为常见的异常之一。Java 8 添加了 java.util.Optional 类，减少了处理 NullPointerException 的代码量。第 19 章将会介绍 Optional 类。

8.9 本章小结

本章讨论了结构化的错误处理的用法，并且针对每种情况给出了示例。我们学习了 java.lang.Exception 类，以及其属性和方法。本章最后介绍了用户定义的异常。

第 9 章 操 作 数 字

在 Java 中，数字是由基本类型 byte、short、int、long、float、double 以及它们的包装类来表示的，这在第 5 章中介绍过。将基本类型转换为一个包装类对象，这叫作装箱（boxing）；而从一个包装类对象转换为基本类型，叫作拆箱（unboxing）。装箱和拆箱是本章中的第 1 个话题。此后，本章还将介绍在操作数字的时候必须处理的 3 个问题，即解析、格式化和操作。数字解析是将一个字符串转换为一个数字，数字格式化负责将一个数字以指定的格式来表示。例如，1000000 可能要显示为 1,000,000。

最后，本章将介绍如何进行货币的计算以及生成随机数。

9.1 装箱和拆箱

将基本类型转换为对应的包装器对象，或者进行相反的操作，这是可以自动发生的。装箱指的是将基本类型转换为一个包装器实例，例如，将一个 int 类型转换为 java.lang.Integer。拆箱指的是将一个包装器实例转换为一个基本类型，例如从 Byte 转换为 byte。

如下是一个装箱的示例。

```
Integer number = 3; // assign an int to Integer
```

如下是一个拆箱的示例。

```
Integer number = new Integer(100);
int simpleNumber = number;
```

当你在一个基本类型及其包装器类之间进行选择的时候，基本类型总是要优先于包装器，因为基本类型比对象快。也有一些情况，需要使用包装器类，例如，当操作一个集合的时候，第 14 章将会介绍集合，它接受对象但并不接受基本类型。

9.2 数字解析

一个 Java 程序可能需要用户输入一个数字，这个数字将要进行处理或者作为一个方法的参数。例如，一个货币转化程序可能需要用户输入一个值以进行转换。可以使用 java.util.Scanner 类来接受用户输入。然而，输入是一个 String，即便它表示的是一个数字。在能够操作数字之前，需要解析这个字符串。成功解析的结果是一个数字。

因此，数字解析的目的是将一个字符串转换为一个数字基本类型。如果解析失败，例如，由于字符串不是一个数字或者是一个超出了指定范围的数字，程序将会抛出一个异常。

基本类型的包装器（Byte、Short、Integer、Long、Float 和 Double 类），提供了解析字符串的静态方法。例如，Integer 有一个 parseInteger 方法，其签名如下。

```
public static int parseInt(String s) throws NumberFormatException
```

该方法解析一个 String 并且返回一个 int 类型值。如果 String 并没有包含一个有效的整数表示，将会抛出一个 NumberFormatException。

例如，如下的代码段使用 parseInt 将字符串 "123" 解析为 123。

```
int x = Integer.parseInt("123");
```

类似的，Byte 提供了一个 parseByte 方法，Long 有一个 parseLong 方法，Short 有一个 parseShort 方法，Float 有一个 parseFloat 方法，而 Double 有一个 parseDouble 方法。

例如，代码清单 9.1 中的 NumberTest 类接受用户输入并解析它。如果用户输入了一个无效的数字，将会显示一条错误消息。

代码清单 9.1 解析数字（NumberTest.java）

```java
package app09;
import java.util.Scanner;

public class NumberTest {
    public static void main(String[] args) {
        Scanner scanner = new Scanner(System.in);
        String userInput = scanner.next();
        try {
            int i = Integer.parseInt(userInput);
            System.out.println("The number entered: " + i);
        } catch (NumberFormatException e) {
            System.out.println("Invalid user input");
        }
    }
}
```

9.3 数字格式化

数字格式化使得数字更加具有可读性。例如，如果 1000000 打印为 1,000,000（或者如果你所在的地方使用.来作为千分位的话，就是 1.000.000）更具有可读性。为了进行数字格式化，Java 提供了 java.text.NumberFormat 类，它是一个抽象类。由于它是抽象的，因此不能使用 new 关键字来创建它的一个实例。相反，我们实例化其子类 java.text.DecimalFormat，这个子类是 NumberFormat 类的一个具体实现。

```java
NumberFormat nf = new DecimalFormat();
```

但是，不应该直接调用 DecimalFormat 类的构造方法。相反，应该使用 NumberFormat 类的静态方法 getInstance。这个方法能够返回 DecimalFormat 实例，但是，也会返回 DecimalFormat 以外的其他子类的实例。

现在，如何使用 NumberFormat 来格式化诸如 1234.56 这样的数字呢？很简单，直接将数字传递给 format 方法，你将会得到一个 String 类型值。然而，数字 1234.56 应该格式化为 1,234.56 还是 1234,56 呢？好吧，这实际上取决于你居住在大西洋的哪一边。如果你在美国，可能想要 1,234.56 的格式。如果你在德国，1234,56 会更有用。因此，在开始使用 format 方法之前，需要告诉 NumberFormat 你居住在哪里，或者说实际上你想要使用哪一种本地化来进行格式化，从而确保会得到 NumberFormat 的正确的实例。在 Java 中，本地化是用 java.util.Locale 类表示的，第 19 章将会介绍它。现在，只需要记住 NumberFormat 类的 getInstance 方法也有重载，它接受一个 java.util.Locale。

```java
public NumberFormat getInstance(java.util.Locale locale)
```

如果把一个 Locale.Germany 传递给该方法，将会得到 NumberFormat 对象，它会根据德国的本地化来格式化数字。如果传入 Locale.US，将会得到用于美国的数字格式。无参数的 getInstance 方法，返回带有用户计算机本地化的一个 NumberFormat 对象。

代码清单 9.2 给出的 NumberFormatTest 类，展示了如何使用 NumberFormat 类来格式化一个数字。

代码清单 9.2　NumberFormatTest 类

```
package app09;
import java.text.NumberFormat;
import java.util.Locale;

public class NumberFormatTest {
    public static void main(String[] args) {
        NumberFormat nf = NumberFormat.getInstance(Locale.US);
        System.out.println(nf.getClass().getName());
        System.out.println(nf.format(123445));
    }
}
```

运行它的时候，输出如下所示：

```
java.text.DecimalFormat
123,445
```

第 1 行显示通过调用 NumberFormat.getInstance 生成了一个 java.text.DecimalFormat 对象。第 2 行显示了 NumberFormat 如何将数字 123445 格式化为更加可读的形式。

9.4　使用 java.text.NumberFormat 进行数字解析

可以使用 NumberFormat 的 parse 方法来解析数字。该方法的一个重载形式签名如下：

```
public java.lang.Number parse(java.lang.String source)
        throws ParseException
```

parse 返回了 java.lang.Number 的一个实例，它是 Integer、Long 等类的父类。

9.5　java.lang.Math 类

Math 类是一个工具类，它提供了进行数学计算的静态方法。还有两个静态的 final double 字段：E 和 PI。E 表示自然对数的底数（e），其值近似于 2.718。PI 是圆周长与其直径的比率。其值是 22/7，近似于 3.1428。

Math 中的一些方法参见表 9.1。

表 9.1　java.lang.Math 的一些重要的方法

方法	说明
abs	返回指定的 double 的绝对值
acos	返回角的反余弦，范围从 0.0 到 pi
asin	返回角的反正弦，范围从 –pi/2 到 pi/2
atan	返回角的反正切，范围从从 –pi/2 到 pi/2
cos	返回角的余弦值
exp	返回欧拉数 e 的指定的 double 次幂的值
log	返回 double 值的自然对数（底数为 2）
log10	返回 double 值的底数为 10 的对数
max	返回两个 double 值中较大的一个
min	返回两个 double 值中较小的一个
random	返回大于 0.0 小于 1.0 的一个伪随机的 double 值
round	将一个 float 舍入到最近的 int

9.6 计算货币

考虑如下的代码,它使用一个 double 类型来表示一个银行账户的余额。假设你的账户中有$10.00,并且有两次被收取 10 美分的费用。

```
double balance = 10.00F;
balance -= 0.10F;
balance -= 0.10F;
```

余额是多少?应该是$9.80,但实际上并非如此。余额是 9.799999997019768,哪里出错了?

由于 float 和 double 都是用位表示的,这两种基本类型并不是很精确的。如果你想要了解为什么 float 和 double 要用位表示,访问如下的维基页面:

http://en.wikipedia.org/wiki/Single-precision_floating-point_format

结果是,float 和 double 都不适合于计算货币。在 Java 中,有两种方法来处理货币。首先,可以使用 int 或 long 类型来计算美分(而不是美元),并且将最终的结果转换为美元。其次,可以使用 java.math.BigDecimal 类。第 1 种方法太过繁琐,第 2 种方法要好一些,即便这一操作涉及一个 BigDecimal,要比涉及 int 或 long 类型的操作慢一些。

代码清单 9.3 展示了使用 double 和 BigDecimal 的示例。

代码清单 9.3   使用 BigDecimal

```
package app09;
import java.math.BigDecimal;

public class BigDecimalDemo {
    public static void main(String[] args) {
        double balance = 9.99;
        balance -= 0.10F;
        System.out.println(balance); // prints 9.889999769628048

        BigDecimal balance2 = BigDecimal.valueOf(9.99);
        BigDecimal accountFee = BigDecimal.valueOf(.1);
        BigDecimal r = balance2.subtract(accountFee);
        System.out.println(r.doubleValue()); // prints 9.89
    }
}
```

正如你所看到的,BigDecimal 给出了精确的结果。应该使用这种方法进行货币计算或者有精度要求的其他计算。

9.7 生成随机数

java.util.Random 类自 JDK 1.0 以后就可以使用了,它对一个随机数生成器建模。但是,java.lang.Math 类的 random 方法更容易使用一些。该方法返回 0.0 到 1.0 之间的一个 double 类型的值。

代码清单 9.4 展示了一个 RandomNumberGenerator 类,它产生 0 到 9(包括 0 和 9)之间的一个 int 类型的值。

代码清单 9.4   随机数生成器

```
package app09;
public class RandomNumberGenerator {
```

```
/*
 * Returns a random number between 0 and 9 (inclusive)
 */
public int generate() {
    double random = Math.random();
    return (int) (random * 10);
}

public static void main(String[] args) {
    RandomNumberGenerator generator =
            new RandomNumberGenerator();
    for (int i = 0; i < 10; i++) {
        System.out.println(generator.generate());
    }
}
}
```

9.8　本章小结

在 Java 中，我们使用基本类型和包装器来建模数字。一个基本类型和一个包装器类之间的相互转换总是自动进行的。在处理数字的时候，有 3 种类型的操作需要经常执行，这就是解析、格式化和操作。本章介绍了如何执行这些操作。

此外，本章介绍了执行货币计算以及生成随机数的最佳方式。

第 10 章　接口和抽象类

Java 初学者常常会有这样的印象，接口（interface）就是一个没有实现的类。从技术上讲，这种说法并不正确，它混淆了使用接口的首要的、真实的目的。接口远不止是没有实现的类。应该把接口看作是服务提供者及其客户之间的一个协议。因此，在介绍如何编写接口之前，本章先关注概念。

本章的第 2 个话题是抽象类。从技术上讲，抽象类是一个不能够实例化的类，并且必须由一个子类来实现。然而，抽象类很重要，因为在某些情况下，它扮演了接口的角色。在本章中，我们也将学习如何使用抽象类。

10.1　接口的概念

在初次学习接口的时候，初学者往往关注如何编写一个接口，而不是理解其背后的概念。他们会认为接口就像是一个 Java 类，只不过使用 interface 关键字声明它，并且其方法没有内容。

然而，这种说法并不准确，把接口当作没有实现的类，这就像是盲人摸象。接口的更好的定义是，它是一种协议，是服务提供者（服务器）及服务的使用者（客户端）之间的一个协议。有时候，由服务器来定义这个协议，有时候由客户来定义。

来考虑现实世界的一个例子。Microsoft Windows 是当今最流行的操作系统系统之一，但是 Microsoft 并不生产打印机。要进行打印，还要依赖于 HP、Cannon 和 Samsung 等公司的产品。这些打印机生产商中的每一家，都使用一种专有的技术。然而，它们的产品都可以用于打印任何 Windows 应用程序所生成的文档。这是如何做到的呢？

这是因为 Microsoft 对打印机生厂商说了类似这样的事情："如果你想要自己的产品能够在 Windows 上使用（我们知道你们想要这样做），必须实现 Printable 接口。"

这个接口很简单，如下所示：

```
interface Printable {
    void print(Document document);
}
```

其中，document 是要打印的文档。

要实现这个接口，打印机生产厂商就编写打印机驱动程序。每一种打印机都有一个不同的驱动程序，但是，它们都实现了 Printable。打印机驱动程序就是 Printable 的一个实现。在这个例子中，这些打印机驱动程序就是服务提供者。

打印服务的客户是所有的 Windows 应用程序。在 Windows 上打印很容易，因为应用程序只需要调用 print 方法并传入一个 Document 对象。由于接口是免费可用的，客户应用程序可以进行编译而无需等待一个实现才可用。

关键是，由于有了 Printable 接口，在不同的应用程序中通过不同的打印机打印成为了可能。这个接口是打印服务提供者和打印客户之间的协议。

接口可以定义字段和方法。在 JDK 1.8 之前，接口中的所有的方法都是抽象的，但是，从 JDK 1.8 开始，也可以在接口中编写默认的和静态的方法。除非特别指定，接口方法都是一个抽象方法。

要变得有用，接口必须有一个实现类，它真正地执行操作。

图 10.1 使用一个 UML 类图展示了 Printable 接口及其实现。

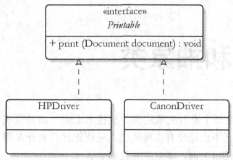

在这个类图中，接口和类具有相同的形状，接口名用斜体显示，并且带有一个<<interface>>前缀。HPDriver 和 CanonDriver 类是实现了 Printable 接口的类。这些实现当然是不同的。在 HPDriver 类中，print 方法包含了能够使用 HP 打印机进行的代码。在 CanonDriver 类中，代码使得能够使用 Cannon 打印机进行打印的代码。在一个 UML 类图中，类和接口用一条带有箭头的虚线连接。这种类型的关系通常称为实现，因为类针对接口所提供的抽象给出了实现（真正工作的代码）。

图 10.1　类图中的一个接口及其两个实现类

注　意

本案例是人为编写的，但是，问题和解决方案是真实存在的。我希望可以为你理解接口是什么提供一些帮助。接口是一种协议。

10.2　技术上的接口

既然理解了接口是什么，我们看看如何创建接口。在 Java 中，和类一样，接口也是一种类型。如下是编写一个接口的格式：

accessModifier interface *interfaceName* {

}

和类一样，接口有公有或默认的访问级别。接口可以有字段和方法。接口的所有成员隐式地都是公有的。代码清单 10.1 给出了一个名为 Printable 的接口。

代码清单 10.1　Printable 接口

```
package app10;
public interface Printable {
    void print(Object o);
}
```

Printable 接口有一个 print 方法。注意，print 是公有的，即便在该方法声明的前面没有 public 关键字。你也可以在方法签名的前面使用 public 关键字，但这有些多余。

就像类一样，接口也是创建对象的一个模板。但是，和普通的类不同，接口不能够实例化。它直接定义了一组方法，Java 类可以实现这些方法。

编译一个接口就像编译一个类一样。编译器为成功编译的每一个接口都创建一个 .class 文件。

要实现一个接口，需要在类声明的后面使用 implements 关键字。一个类可以实现多个接口。代码清单 10.2 展示了实现了 Printable 的 CanonDriver 类。

代码清单 10.2　Printable 接口的一个实现

```
package app10;
public class CanonDriver implements Printable {
    @Override
    public void print(Object obj) {
        // code that does the printing
    }
}
```

注意，一个方法实现也应该使用@Override 注解。

除了明确指定，所有的接口方法都是抽象的。实现类必须覆盖接口中的所有抽象方法。接口及其实现类之间的关系，就像是一个父类和子类之间的关系。类的一个实例，也是该接口的一个实例。例如，如下的 if 语句的结果为 true。

```
CanonDriver driver = new CanonDriver();
if (driver instanceof Printable)    // evaluates to true
```

一些接口既没有字段也没有方法，这叫作标记接口（marker interface）。类将这种接口当作一个标记来实现。例如，java.io.Serializable 接口没有字段，也没有方法。类实现它以便其实例能够序列化，即保存到一个文件中或内存中。我们将会在第 16 章学习序列化。

10.2.1 接口中的字段

接口中的字段必须初始化，并且隐式地是公有的、静态的和 final 的。因而，使用修饰符 public、static 和 final 是多余的。如下代码行具有相同的效果。

```
public int STATUS = 1;
int STATUS = 1;
public static final STATUS = 1;
```

注意，按照惯例，接口中的字段名全部大写。

在接口中，如果两个字段拥有相同的名称，将会引起编译器错误。但是，接口可以从其超接口继承多个具有相同名称的字段。

10.2.2 抽象方法

在接口中，声明抽象方法就像是在类中声明方法一样。然而，接口中的抽象方法没有主体，它们由一个分号立即结束。所有的抽象方法，隐式地都是公有的和抽象的，即在方法声明前使用 public 和 abstract 修饰符是合法的。

接口中的一个抽象方法的语法如下：

```
[methodModifiers] ReturnType MethodName(listOfArgument)
        [ThrowClause];
```

其中，methodModifiers 是 abstract 和 public。

10.2.3 扩展一个接口

接口支持继承。一个接口可以扩展另一个接口。如果接口 A 扩展了接口 B，就说 A 是 B 的子接口。B 是 A 的超接口。由于 A 直接继承了 B，B 是 A 的直接超接口。扩展了 B 的任何接口，都以 A 为间接超接口。图 10.2 展示了一个接口，它扩展了另一个接口。注意，连接两个接口的直线和用于扩展一个类的直线是一样的。

扩展一个接口的目的是什么？为了安全地给一个接口添加功能，而不会破坏已有的代码。这也就是一旦接口发布了，就不能够给接口添加一个新的方法的原因。假设 JDK 1.7 中有一个假想的接口 XYZ，这是一个很常用的接口，有数以百万计的类实现了它。现在，Java 的设计者想要在 JDK 1.8 中给 XYZ 添加一个新方法。如果使用在 JDK 1.8 上部署的一个编译器（它将会带有 XYZ 的新版本）来编译实现了旧的 XYZ 的一个类的话，将会发生什么情况？这将会出错，因为该类没有提供新方法的实现。

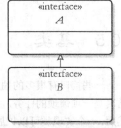

图 10.2 扩展一个接口

安全的方式是，提供一个新的接口来实现 XYZ，以便旧的软件仍然能够工作，并且新的应用程序可以选择实现这个新增的接口，而不是 XYZ。

10.3 默认方法

扩展一个接口是给接口添加功能的一种安全的方法。但是，最终会得到具有相似功能的两个接口。如果你只需要扩展一两个接口的话，这是可以接受的。如果需要给数百个接口添加功能，这可能会变成一个严重的问题。

当 Java 语言的设计者试图给 Java 8 添加 Lambda 表达式并且在集合框架的几十个接口中添加对 Lambda 的支持的时候，他们就面临了这样的问题。扩展所有的接口，会导致接口的数目倍增，而且一些接口可能最终带有一个奇怪的名字，例如 List2 或 ExtendedSet。

相反，他们选择添加默认方法。换句话说，从 JDK 1.8 以后，接口可以拥有默认的方法了。

接口的默认方法是带有实现的方法。实现了接口的一个类，并不一定必须实现默认方法，这意味着，你可以给接口添加新的方法而不会引发向后兼容的问题。

为了让接口中的一个方法成为默认的方法，在方法签名的前面添加关键字 default。此外，不是使用一个分号来结束签名，而是添加一对花括号并且把代码写入到花括号之中，如下面的示例所示。

```
default java.lang.String getDescription() {
    return "This is a default method";
}
```

在后面你将会了解到，现在，JDK 1.8 中很多的接口都有默认的方法。

当扩展带有默认方法的一个接口的时候，有 3 种选择：

- 忽略默认方法，但实际上继承它们。
- 重新声明默认方法，这使得它们成为抽象的方法。
- 覆盖默认方法。

记住，Java 现在支持默认方法的主要原因是为了保证向后兼容。绝不应该编写没有类的程序。

10.4 静态方法

类中的静态方法能被类的所有实例共享。在 Java 8 及其以后的版本中，可以在接口中带有静态的方法，以便和接口相关的所有静态方法，都可以写入到接口中，而不是写入到一个辅助类中。

静态方法的签名类似于一个默认的方法。只不过，我们使用关键字 static，而不是 default。接口中的静态方法默认就是公有的。

接口中的静态方法很少见。在 java.util 包中，大概有 30 个接口，只有两个接口包含静态方法。

10.5 基类

一些接口有很多的抽象方法，并且实现类必须覆盖所有的方法。如果你只需要其中的一些方法的话，这真是一项烦琐的任务。为此，可以创建一个泛型的实现类，它使用默认的代码覆盖了接口中的抽象方法。然后，一个实现类可以扩展这个泛型类，并且只覆盖它想要修改的抽象方法。这种泛型类通常叫作基类（base calss），用起来很方便，它使得代码更快。

例如，javax.servlet.Servlet 接口是所有 servlet 类必须实现的接口。这个接口有 5 个抽象方法：init、service、destroy、getServletConfig 和 getServletInfo。其中，只有 service 方法总是会由 servlet 类实现，而 init 方法只是偶尔实现，但是剩下的几个方法就很少使用了。尽管如此，所有的实现类必须提供这 5 个方法的实现。对于 servlet 程序员来说，活儿真不少啊！

为了让 servlet 编程更容易也更有趣，Servlet API 定义了 javax.servlet.GenericServlet 类，它提供了 Servlet 接口的所有方法的默认实现。当你编写一个 servlet 的时候，扩展 javax.servlet.GenericServlet 并且只提供需要使用的那些方法的实现（很有可能，只有 service 方法），而不必编写一个类来实现 javax.servlet.Servlet 接口（并最终实现 5 个方法）。

代码清单 10.3 中的 TediousServlet 类实现了 javax.servlet.Servlet，而代码清单 10.4 扩展了 javax.servlet.GenericServlet。比较一下，二者谁更简单？

代码清单 10.3　TediousServlet 类

```java
package test;
import java.io.IOException;
import javax.servlet.Servlet;
import javax.servlet.ServletConfig;
import javax.servlet.ServletException;
import javax.servlet.ServletRequest;
import javax.servlet.ServletResponse;

public class TediousServlet implements Servlet {
    @Override
    public void init(ServletConfig config)
            throws ServletException {
    }

    @Override
    public void service(ServletRequest request,
            ServletResponse response)
            throws ServletException, IOException {
        response.getWriter().print("Welcome");
    }

    @Override
    public void destroy() {
    }

    @Override
    public String getServletInfo() {
        return null;
    }

    @Override
    public ServletConfig getServletConfig() {
        return null;
    }
}
```

代码清单 10.4　FunServlet 类

```java
package test;
import java.io.IOException;
import javax.servlet.GenericServlet;
import javax.servlet.ServletException;
import javax.servlet.ServletRequest;
import javax.servlet.ServletResponse;

public class FunServlet extends GenericServlet {
    @Override
    public void service(ServletRequest request,
            ServletResponse response)
            throws ServletException, IOException {
```

```
        response.getWriter().print("Welcome");
    }
}
```

10.6 抽象类

使用接口，必须编写一个实现类来执行实际的操作。如果接口中有很多的抽象方法，你就要浪费时间来覆盖那些不会使用的类。抽象类扮演着类似于接口的角色，例如，服务提供者及其客户之间的一个协议，同时，抽象类还提供了部分实现。声明为抽象的方法，必须显式地覆盖。你仍然需要创建一个实现类，因为无法实例化抽象类，但是，你不需要覆盖那些不会使用或不想修改的方法。

在类声明中使用 abstract 修饰符来创建一个抽象类。要创建一个抽象方法，在方法声明的前面使用 abstract 修饰符。代码清单 10.5 展示了一个抽象的 DefaultPrinter 类的例子。

代码清单 10.5　DefaultPrinter 类

```
package app10;
public abstract class DefaultPrinter {
    @Override
    public String toString() {
        return "Use this to print documents.";
    }
    public abstract void print(Object document);
}
```

DefaultPrinter 中有两个方法：toString 和 print。toString 方法已经实现，因此，不需要在实现类中覆盖这个方法，除非你想要修改其返回值。print 方法声明为抽象的，并且没有方法主体。代码清单 10.6 展示了 MyPrinterClass 类，它是 DefaultPrinter 的实现类。

代码清单 10.6　DefaultPrinter 的一个实现

```
package app10;
public class MyPrinter extends DefaultPrinter {
    @Override
    public void print(Object document) {
        System.out.println("Printing document");
        // some code here
    }
}
```

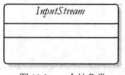

图 10.3　一个抽象类

像 MyPrinter 这样的具体的实现，必须覆盖所有的抽象方法。否则的话，它自身必须声明为抽象的。

把一个类声明为抽象的，这是告诉类的使用者，你想要让他们扩展该类的一种方法。即便一个类没有抽象的方法，你还是可以将其声明为抽象的。

在 UML 类图中，抽象类看上去和实体类类似，只不过其名称是用斜体表示的。图 10.3 展示了一个抽象类。

10.7 本章小结

接口在 Java 中扮演了重要的角色，因为它定义了服务提供者和客户之间的一个协议。本章介绍了如何使用接口。基类提供了接口的一个泛型的实现，并且通过提供默认的实现代码来加快程序的开发进程。

抽象类和接口类似，但是它可以提供某些方法的实现。

第 11 章 多　态

对于那些面向对象编程的新手来说，多态是最难解释清楚的概念。实际上，大多数时候，不举一两个例子的话，多态（polymorphism）的意义也体现不出来。好了，我们来认识一下。在众多的编程图书中，多态是这样定义的：多态是一种 OOP 特性，使得对象能够根据接受的一个方法调用，来确定要调用哪一个方法实现。如果你发现这很难理解，那么，你并不是唯一有这种感觉的人。用简单的语言很难解释清楚多态，但是，这并不意味这个概念很难理解。

本章首先给出一个简单的示例，以使得多态更容易理解，然后，再给出另一个实例，展示多态和反射的使用方法。

11.1　概览

在 Java 和其他的 OOP 语言中，将和变量类型不同的一个对象，赋值给一个引用变量，如果满足某个条件的话，这是合法的。实际上，如果你有一个类型为 A 的引用变量 a，将类型为 B 的对象赋值给它是合法的，如下所示：

```
A a = new B();
```

前提是满足如下的条件之一：

- A 是一个类，而 B 是 A 的子类。
- A 是一个接口，而 B 或者其某个父类实现了 A。

我们在第 7 章中介绍过，这叫作向上强制转型。

当你像上面的代码那样，将 B 的一个实例赋值给 a，而 a 的类型为 A，这意味着，如果 B 中的方法没有在 A 中定义的话，你不能调用该方法。然而，如果你打印出 a.getClass().getName() 的值，将会得到 "B" 而不是 "A"。那么，这是什么意思呢？在编译时，a 的类型是 A，因此编译器不允许你调用 B 中的方法，如果该方法没有在 A 中定义的话。另一方面，在运行时，a 的类型是 B，正如 a.getClass().getName() 的返回值所证实的那样。

现在，来介绍多态的本质。如果 B 覆盖了 A 中的一个方法（假设名为 play 的方法），调用 a.play() 将会导致调用 B 中（而不是 A 中）的 play 方法的实现。多态使得一个对象（在这个例子中，就是 a 所引用的对象）在一个方法被调用的时候，能够判断应该选择哪一个方法（是 A 中的那个方法，还是 B 中的那个方法）。多态在被调用的对象的运行时确定实现。但是，多态还不止于此。

如果你调用 a 中的另一个方法（假设是名为 stop 的方法），并且该方法在 B 中没有实现呢？JVM 将会足够聪明能够知道这一点，并且查找 B 的继承层级。当这种情况发生的时候，B 必须是 A 的一个子类，或者，如果 A 是接口的话，B 是实现了 A 的另一个类的子类。否则，代码将不会编译。搞清楚了这一点，JVM 将会沿着类层级向上攀升，找到 stop 的实现并运行它。

现在，多态的定义中又多了一层含义：多态是一种 OOP 特性，它允许一个对象根据接收到的一个方法调用来确定要调用哪一个方法实现。

从技术上讲，Java 是如何做到这一点的呢？实际上，Java 编译器在碰到诸如 a.play() 的一个方法调用的时候，检查 a 所表示的类/接口是否定义了这样的方法（一个 play 方法），以及是否给该方法传递了一组正确的参数。但是，编译器所做的工作还不止于此。静态方法和 final 方法是例外的情况，因为它们并不会把一个方法调用和一个方法主体连接（绑定）起来。JVM 在运行时确定如何把一个方法和方法主体绑定起来。

换句话说,除了静态方法和 final 方法,Java 中的方法绑定都发生在运行时,而不是在编译时。运行时绑定也叫作延迟绑定(late binding)或动态绑定(dynamic binding)。相反的情况叫作前期绑定(early binding),这种绑定发生在编译时或链接时。像 C 这样的语言,使用前期绑定。

因此,多态使得 Java 中的延迟绑定机制成为可能。因此,在其他语言中,多态有时候也不太确切地称为延迟绑定、动态绑定或者运行时绑定。

考虑一下代码清单 11.1 中的情况。

代码清单 11.1　多态的一个示例

```java
package app11;
class Employee {
    public void work() {
        System.out.println("I am an employee.");
    }
}

class Manager extends Employee {
    public void work() {
        System.out.println("I am a manager.");
    }

    public void manage() {
        System.out.println("Managing ...");
    }
}

public class PolymorphismDemo1 {
    public static void main(String[] args) {
        Employee employee;
        employee = new Manager();
        System.out.println(employee.getClass().getName());
        employee.work();
        Manager manager = (Manager) employee;
        manager.manage();
    }
}
```

代码清单 11.1 定义了两个非公有的类:Employee 和 Manager。Employee 有一个名为 work 的方法,Manager 扩展了 Employee 并且添加了一个名为 manage 的新方法。

PolymorphismDemo1 类中的 main 方法定义了一个名为 employee 的对象变量,其类型为 Employee。

```
Employee employee;
```

但是,我们将 Manager 的一个实例赋值给了 employee,如下所示:

```
employee = new Manager();
```

这是合法的,因为 Manager 是 Employee 的一个子类,因此,Manager"是一个"Employee。因为 employee 被赋值了 Manager 的一个实例,那么 employee.getClass().getName()的结果是什么呢?没错,是"Manager",而不是"Employee"。

然后,调用了 work 方法。

```
employee.work();
```

猜一下,会在控制台输出什么?

```
I am a manager.
```

这意味着,调用的是 Manager 类中的 work 方法,这就是多态在起作用。

注　意

多态对于静态方法无效，因为它们是前期绑定的。例如，如果 Employee 和 Manager 类中的 work 方法都是静态的，调用 employee.work() 将会打印出 "I am an employee"。此外，由于你无法扩展 final 方法，多态对于 final 方法也无效。

现在，由于 a 的运行时类型是 Manager，你可以把 a 向下转型为 Manager，如下面的代码所示：

```
Manager manager = (Manager) employee;
manager.manage();
```

在看到这段代码之后，你可能会问，为什么不首先将 employee 声明为 Employee 呢？为什么要像下面这样，将 employee 声明为 Manager 类型？

```
Manager employee;
employee = new Manager();
```

这么做是为了确定灵活性，以防止你不知道是应该将对象引用（employee）赋值给 Manager 的一个实例还是其他的内容。

在 11.2 节的实例中，多态的强大之处将更充分地体现出来。

11.2　多态的应用

假设你有一个 Greeting 接口，它定义了一个名为 greet 的抽象方法。这个简单的接口如代码清单 11.2 所示。

代码清单 11.2　Greeting 接口

```
package app11;
public interface Greeting {
    public void greet();
}
```

Greeting 接口可以实现为用不同的语言打印出一条问候消息。例如，代码清单 11.3 中的 EnglishGreeting 类和代码清单 11.4 中的 FrenchGreeting 类，实现了 Greeting 以便分别用英语和法语和用户打招呼。

代码清单 11.3　EnglishGreeting 类

```
package app11;

public class EnglishGreeting implements Greeting {

    @Override
    public void greet() {
        System.out.println("Good Day!");
    }
}
```

代码清单 11.4　FrenchGreeting 类

```
package app11;

public class FrenchGreeting implements Greeting {

    @Override
    public void greet() {
```

```
            System.out.println("Bonjour!");
        }
}
```

代码清单 11.5 中的 PolymorphismDemo2 类展示了多态的应用。它询问用户想要以哪一种语言问候。如果用户选择英语，那么，将会实例化 EnglishGreeting 类；如果选择法语，将会实例化 FrenchGreeting 类。这就是多态，因为要实例化哪一个类只有在运行时才知道，也就是在用户输入选项之后才知道。

代码清单 11.5　PolymorphismDemo2 类

```
package app11;
import java.util.Scanner;

public class PolymorphismDemo2 {

    public static void main(String[] args) {
        String instruction = "What is your chosen language?" +
                "\nType 'English' or 'French'.";
        Greeting greeting = null;
        Scanner scanner = new Scanner(System.in);
        System.out.println(instruction);
        while (true) {
            String input = scanner.next();
            if (input.equalsIgnoreCase("english")) {
                greeting = new EnglishGreeting();
                break;
            } else if (input.equalsIgnoreCase("french")) {
                greeting = new FrenchGreeting();
                break;
            } else {
                System.out.println(instruction);
            }
        }

        scanner.close();
        greeting.greet();
    }
}
```

11.3　多态和反射

多态常常和反射（reflection）一起使用。考虑如下的情况。

订单处理（Order Processing）应用程序是一个商务应用程序，用来处理购买订单。它可以将订单保存到各种数据库中（Oracle、MySQL 等），并且获取订单以进行显示。Order 类表示购买订单。订单存储在数据库中，并且有一个 OrderAccessObject 对象用来处理 Order 对象的存储和访问。

OrderAccessObject 类充当应用程序和数据库之间的一个接口。所有的购买订单都是通过这个类的一个实例来操作的。OrderAccessObject 接口如代码清单 11.6 所示。

代码清单 11.6　OrderAccessObject 接口

```
package app11;
public interface OrderAccessObject {
    public void addOrder(Order order);
    public void getOrder(int orderId);
}
```

OrderAccessObject 接口需要一个实现类来提供其中的两个方法的代码。该应用程序可能有很多个 OrderAccessObject 的实现类，其中的每一个都适用于一种特定类型的数据库。例如，连接到 Oracle 的实现类叫作 OracleOrderAccessObject 类，适用于 MySQL 的实现类叫作 MySQLOrderAccessObject。图 11.1 展示了 OrderAccessObject 及其实现类的 UML 图。

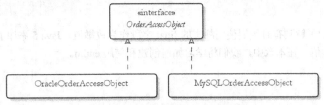

图 11.1　OrderAccessObject 接口及其实现类

当每个数据库都有一条特定的命令来执行某一项功能的时候，多个实现类的需求就涌现出来了。例如，自动编号在 MySQL 中很常见，但是在 Oracle 中却没有该功能。

订单处理（Order Processing）应用程序需要足够灵活，不必重新编译就能够用于不同的数据库。它应该不必重新编译就可以在将来添加对一个新的数据库的支持。实际上，当调用应用程序的时候，只需要指定 OrderAccessObject 的实现类，例如，要使用一个 Oracle 数据库，这样来指定：

```
java OrderProcessing com.example.OracleOrderAccessObject
```

要使用 MySQL，使用这条命令来调用：

```
java OrderProcessing com.example.MySqlOrderAccessObject
```

现在，如下是实例化数据库中的一个 OrderAccessObject 对象的部分代码：

```java
public static void main (String[] args) {
    OrderAccessObject accessObject = null;
    Class klass = null;
    try {
        klass = Class.forName(args[0]);
        accessObject = (OrderAccessObject) klass.newInstance();
    } catch (ClassNotFoundException e) {
    } catch (Exception e) {
    }
    // continue here
}
```

这就是多态，因为 accessObject 引用变量每次可以被赋予一个不同的对象类型。

注　意

第 5 章中的 5.5 节已经介绍 forName 和 newInstance 方法。

11.4　本章小结

多态是面向对象编程的主要特征之一。当对象的类型在编译的时候还未知的时候，多态很有用。本章通过几个示例介绍了多态。

第 12 章　枚　　举

在第 2 章中，我们了解到有时候要使用静态的 final 字段作为枚举值。Java 5 添加了一种新的类型——枚举（enum），用于枚举值。在本章中，我们将学习如何创建和使用 enum。

12.1　概览

我们使用 enum 来为字段或方法创建一组有效值。例如，在典型的应用中，客户类型的唯一可能的值是 Individual 或 Organization。对于 State 字段，有效值是美国的所有的州以及加拿大的各个省，可能还有其他的地方。使用 enum，我们可以很容易地限制程序只从有效值中取一个值。

enum 类型可以独立使用，也可以作为类的一部分。如果需要在应用程序中的多个地方引用它的话，就让它单独使用。如果只是用于一个类中，最好让 enum 成为这个类的一部分。

例如，考虑代码清单 12.1 中的 CustomerType enum 定义。

代码清单 12.1　CustomerType enum

```
package app12;
public enum CustomerType {
    INDIVIDUAL,
    ORGANIZATION
}
```

CustomerType enum 有两个枚举值：INDIVIDUAL 和 ORGANIZATION。enum 值是区分大小写的，并且按照惯例要大写。两个 enum 值之间用逗号隔开，可以写成一行或多行。代码清单 12.1 中的 enum 写成了多行，以便提高程序可读性。

在内部，给定 enum 常量一个排序值，这个排序值是整数，0 表示第 1 个常量。在 CustomerType enum 的例子中，INDIVIDUAL 的排序值是 0，而 ORGANIZATION 的排序值是 1。Enum 的排序值很少使用。

使用一个 enum 就像使用类或接口一样。例如，代码清单 12.2 中的 Customer 类使用 CustomerType enum 作为一个字段类型。

代码清单 12.2　Customer 类使用 CustomerType

```
package app12;
public class Customer {
    public String customerName;
    public CustomerType customerType;
    public String address;
}
```

可以像使用一个类的静态字段那样使用一个 enum 常量。例如，这段代码展示了 CustomerType 的用法。

```
Customer customer = new Customer();
customer.customerType = CustomerType.INDIVIDUAL;
```

如何将 CustomerType enum 的枚举值 INDIVIDUAL 赋值给了 Customer 对象的 customerType 字段呢？由于 customerType 字段是 CustomerType 类型的，只能给它赋予 CustomerType enum 的一个值。

乍看起来，使用一个 enum 和使用静态 final 值没有区别。但是，enum 和包含静态 final 字段的类有一些基本的不同。

对于只接受预定义的值的情况，静态的 final 字段并非一个完美的解决方案。例如，请考虑代码清单 12.3 中的 CustomerTypeStaticFinals 类。

代码清单 12.3　使用静态 final

```
package app12;
public class CustomerTypeStaticFinals {
    public static final int INDIVIDUAL = 1;
    public static final int ORGANIZATION = 2;
}
```

假设有一个名为 OldFashionedCustomer 的类，它和代码清单 12.2 中的 Customer 类相似，但其 customerType 字段使用的是一个 int。

如下的代码创建了 OldFashionedCustomer 的一个实例，并且给其 customerType 字段赋了一个值：

```
OldFashionedCustomer ofCustomer = new OldFashionedCustomer();
ofCustomer.customerType = 5;
```

注意，没有什么能够阻止你将一个无效的整数赋值给 customerType。在保证变量只能被赋给一个有效值这方面，enum 比静态 final 更好。

另一个区别是，枚举值是一个对象。因此，它会编译为一个 .class 文件，并且其行为就像对象一样。例如，可以将其用作一个 Map 键。12.2 节将会详细介绍 enum 作为对象的情况。

12.2　类中的 enum

可以使用 enum 作为一个类的成员。如果只能在类的内部使用该 enum 的话，可以采用这种方法。例如，代码清单 12.4 中的 Shape 类定义了一个 ShapeType enum。

代码清单 12.4　使用一个 enum 作为类成员

```
package app12;
public class Shape {
    private enum ShapeType {
        RECTANGLE, TRIANGLE, OVAL
    };
    private ShapeType type = ShapeType.RECTANGLE;
    public String toString() {
        if (this.type == ShapeType.RECTANGLE) {
            return "Shape is rectangle";
        }
        if (this.type == ShapeType.TRIANGLE) {
            return "Shape is triangle";
        }
        return "Shape is oval";
    }
}
```

12.3　java.lang.Enum 类

在定义一个 enum 的时候，编译器创建了一个类定义，它是 java.lang.Enum 类的直接子类。但是，和普通的类不同，enum 具有如下的属性：

- 它们没有公有的构造函数，这使得不可能将其实例化。
- 它们隐式地是静态的。

- 每个 enum 常量只有一个实例。
- 可以在一个 enum 上调用 values 方法，以遍历其枚举值，该方法返回对象的一个数组。如果在这些对象上调用 getClass().getName()，将返回 enum 的 Java 完全限定名称。参见 12.4 以了解详细信息。
- 可以在 values 所返回的对象上调用 name 和 ordinal 方法，以分别获取该实例的名称和排序值。

12.4 遍历枚举值

可以使用 for 循环来遍历 enum 中的值（参见 3.5 节的介绍）。首先需要调用 values 方法，它返回一个类似数组的对象，其中包含了指定的 enum 的所有的值。使用代码清单 12.1 中的 CustomerType，可以用如下的代码来遍历它。

```
for (CustomerType customerType : CustomerType.values() ) {
    System.out.println(customerType);
}
```

上面代码将打印出 CustomerType 中的所有的值，从第 1 个值开始。结果如下：

```
INDIVIDUAL
ORGANIZATION
```

12.5 enum 上的 switch

switch 语句也可以作用于一个 enum 的枚举值之上。如下是使用代码清单 12.1 中的 CustomerType enum 和代码清单 12.2 中的 Customer 类的一个示例。

```
Customer customer = new Customer();
customer.customerType = CustomerType.INDIVIDUAL;

switch (customer.customerType) {
case INDIVIDUAL:
    System.out.println("Customer Type: Individual");
    break;
case ORGANIZATION:
    System.out.println("Customer Type: Organization");
    break;
}
```

注意，一定不能在每一种情况中都使用枚举类型作为前缀。如下的代码将会导致一个编译错误：

```
case CustomerType.INDIVIDUAL:
    //
case CustomerType.ORGANIZATION:
    //
```

12.6 枚举成员

从技术上讲，由于 enum 是一个类，一个 enum 可以有构造方法和方法。如果它有构造方法，其访问级别必须是私有的或默认的。如果一个 enum 定义包含了常量以外的其他内容，常量必须在其他内容之前定义，并且最后的常量用一个分号结束。

代码清单 12.5 中的 Weekend enum 包含了一个私有的构造方法、一个 toString 方法和一个静态的 main 方法以进行测试。

代码清单 12.5　Weekend enum

```
package app12;

public enum Weekend {
    SATURDAY,
    SUNDAY;

    private Weekend() {
    }

    @Override
    public String toString() {
        return "Fun day " + (this.ordinal() + 1);
    }

    public static void main(String[] args) {
        // print class name
        System.out.println(
                Weekend.SATURDAY.getClass().getName());
        for (Weekend w : Weekend.values()) {
            System.out.println(w.name() + ": " + w);
        }
    }
}
```

如果运行这个 enum，将会在控制台打印出如下内容。

```
app12.Weekend
SATURDAY: Fun day 1
SUNDAY: Fun day 2
```

可以给构造方法传递值，在这种情况下，常量必须带着构造方法的参数。作为另一个例子，代码清单 12.6 展示了一个 FuelEfficiency enum，它带有一个构造方法，该方法接受两个 int 型参数，最小的 MPG（公里/每加仑）和最大的 MPG。这些值赋给了私有字段 min 和 max。在 EFFICIENT、ACCEPTABLE 和 GAS_GUZZLER 3 个常量中，都带着传递给构造方法的两个 int 参数。getMin 和 getMax 方法返回最小和最大的 MPG。

代码清单 12.6　FuelEfficiency enum

```
package com.example;

public enum FuelEfficiency {
    EFFICIENT(33, 55),
    ACCEPTABLE(20, 32),
    GAS_GUZZLER(1, 19);

    private int min;
    private int max;

    FuelEfficiency(int min, int max) {
        this.min = min;
        this.max = max;
    }

    public int getMin() {
        return this.min;
    }

    public int getMax() {
```

```
        return this.max;
    }
}
```

12.7 本章小结

Java 支持 enum，这是一个特殊的类，也是 java.lang.Enum 的子类。enum 比静态 final 更常用，因为它更加安全。可以在 enum 上使用 switch 语句，并且在一个增强的 for 循环中使用 values 方法来遍历其值。

第 13 章　操作日期和时间

从 Java 1.0 版就已经有了对日期和时间的支持,主要是通过 java.util.Date 类来完成的。但是,Date 设计的很糟糕。例如,Date 中的月份是从 1 开始的,但是日期是从 0 开始的。自从 JDK 1.1 引入了 java.util.Calendar 来取代 Date 的一些功能,Date 的很多方法就已经废弃了。这两个类是处理日期和时间的主要的类,即便这两个类被认为是不合适的,并且并不容易使用,这种情况一直持续到 JDK 1.7,这导致很多人转而求助于像 Joda Time(http://joda.org)这样的第三方的替代者。JDK 1.8 中的新的日期和时间 API,解决了旧的 API 中的很多问题,而且它类似于 Joda Time API。

本章主要介绍 JDK 1.8 的日期时间 API。但是,由于 Date 和 Calendar 已经在无数的 Java 项目中使用了十多年,这里还是会介绍它们,以便你能够准备好在 JDK 1.8 以前的项目中处理日期和时间。

13.1　概述

新的日期和时间 API 使得操作日期和时间极为容易。java.time 包包含了该 API 中的核心类。此外,还有 4 个其他的包,其成员要用的较少一些:java.time.chrono、java.time.format、java.time.temporal 和 java.time.zone。

在 java.time 包中,Instant 类表示时间线上的一个时间点,常常用于计时一项操作。LocalDate 类建模没有时间部分和时区部分的一个日期,适合于表示生日。

如果需要日期和时间,那么,可以使用 LocalDateTime。例如,订单配送日期可能除了日期之外,还需要一个时间,以便更容易跟踪订单。如果需要一个时间但是不关心日期,那么,可以使用 LocalTime。

此外,如果时区很重要,日期和时间 API 提供了 ZonedDateTime 类。正如其名字所示,这个类对带有时区的日期-时间建模。例如,可以使用这个类来计算位于不同时区的两个机场之间的航班时间。

还有两个类用于度量时间量,Duration 和 Period。这二者是类似的,只不过 Duration 是基于时间的,而 Period 是基于日期的。Duration 提供了纳秒级精度的时间量。例如,这个类很适合用于建模航班时间,因为航班时间常常要指定小时和分钟数。另外,当我们只是关心天数、一年中的月份的时候,例如,计算你父亲的年龄的时候,Period 很适合。

java.time 包还带有两个枚举类型,DayOfWeek 和 Month。DayOfWeek 表示每周的星期,从 MONDAY 到 SUNDAY。Month enum 表示一年的 12 个月份,从 JANUARY 到 DECEMBER。

操作日期和时间经常涉及解析和格式化。日期和时间 API 通过在其所有主要的类中提供 parse 和 format 方法,解决了这两个问题。此外,java.time.format 包含了一个 DateTimeFormatter 类,用于格式化日期和时间。

13.2　Instant 类

Instant 对象表示时间线上的一个时间点。引用的时间点是一个标准的 Java 新纪元时间,也就是 1970-01-01T00:00:00Z(GMT 1970 年 1 月 1 日 00:00)。Instant 类的 EPOCH 字段,返回了表示 Java 新纪元时间的一个 Instant。新纪元时间之后的 Instant 为正值,而新纪元时间之前的 Instant 为负值。

Instant 的静态方法 now 返回一个 Instant 对象,它表示当前的时间:

```
Instant now = Instant.now();
```

getEpochSecond 方法返回从新纪元时间开始经过的秒数。getNano 方法返回了从上一秒开始后的纳秒数。

Instant 类的常见的用法是计时一项操作,如代码清单 13.1 所示。

代码清单 13.1　使用 Instant 来计时一项操作

```java
package app13;
import java.time.Duration;
import java.time.Instant;

public class InstantDemo1 {
    public static void main(String[] args) {
        Instant start = Instant.now();
        // do something here
        Instant end = Instant.now();
        System.out.println(Duration.between(start, end).toMillis());
    }
}
```

如代码清单 13.1 所示,Duration 类用于返回两个 Instant 之间的差。在本章稍后,我们将会了解到 Duration 类的更多知识。

13.3　LocalDate

LocalDate 类建模了没有时间部分的日期。它也没有时区。表 13.1 列出了 LocalDate 中的一些重要的方法。

表 13.1　LocalDate 中的一些重要的方法

方法	说明
now	返回今天的日期的一个静态方法
of	根据指定的年、月和日期创建一个 LocalDate 的静态方法
getDayOfMonth, getMonthValue, getYear	将 LocalDate 的日期、月份或年部分作为一个 int 返回
getMonth	将 LocalDate 的月份作为 Month enum 返回
plusDays, minusDays	从这个 LocalDate 增加或减去给定的天数
plusWeeks, minusWeeks	从这个 LocalDate 增加或减去给定的周数
plusMonths, minusMonths	从这个 LocalDate 增加或减去给定的月数
plusYears, minusYears	从这个 LocalDate 增加或减去给定的年数
isLeapYear	检查这个 LocalDate 所指定的年份是否是闰年
isAfter, isBefore	检查这个 LocalDate 是在给定的日期之后还是之前
lengthOfMonth	返回这个 LocalDate 中的月份中的天数
withDayOfMonth	返回这个 LocalDate 中的日期设置为一个给定的值的副本
withMonth	返回这个 LocalDate 中的月份设置为一个给定的值的副本
withYear	返回这个 LocalDate 中的年设置为一个给定的值的副本

LocalDate 提供了各种方法来表示日期。例如,要创建一个 LocalDate 以表示今天的日期,使用静态方法 now。

```java
LocalDate today = LocalDate.now();
```

要创建一个 LocalDate 来表示指定的年、月和日,使用其 of 方法,这也是一个静态方法。例如,如下的代码段表示创建了 2015 年 12 月 31 日的一个 LocalDate。

```
LocalDate endOfYear = LocalDate.of(2015, 12, 31);
```

of 方法还有另一种重载形式，它接受一个 java.time.Month enum 常量作为其第 2 个参数。例如，如下代码使用第 2 个重载的方法来构建相同的日期。

```
LocalDate endOfYear = LocalDate.of(2015, Month.DECEMBER, 31);
```

还有一些方法用于获取一个 LocalDate 的日期、月份和年份，如 getDayOfMonth、getMonth、getMonthValue 和 getYear 方法。它们都不接受任何参数，并且返回一个 int 类型或一个 Month enum 常量。此外，还有一个 get 方法接受一个 TemporalField 类型参数，并且返回这个 LocalDate 的一部分。例如，将 ChronoField.YEAR 传递给 get，将返回一个 LocalDate 的年份部分。

```
int year = localDate.get(ChronoField.YEAR));
```

ChronoField 也是一个 enum，它实现了 TemporalField 接口，因此，你可以给 get 方法传递一个 ChronoField 常量。TemporalField 和 ChronoField 都是 java.time.temporal 包的一部分。但是，并不是 ChronoField 中所有的常量都可以传递给 get 方法，因为并不是所有常量都支持。例如，把 ChronoField.SECOND_OF_DAY 传递给 get 方法将会抛出一个异常。因此，最好使用 getMonth、getYear 或者一个类似的方法来获取 LocalDate 的一部分，而不是使用 get 方法。

此外，还有复制 LocalDate 的方法，例如 plusDays、plusYears、minusMonths 等。例如，要获取表示明天的 LocalDate，可以创建表示今天的 LocalDate，然后再调用其 plusDays 方法。

```
LocalDate tomorrow = LocalDate.now().plusDays(1);
```

要获取表示昨天的一个 LocalDate，可以使用 minusDays 方法。

```
LocalDate yesterday = LocalDate.now().minusDays(1);
```

此外，还有一些 plus 和 minus 方法，能够以更加通用的方式获得 LocalDate 的一个副本。它们都接受 int 类型和一个 TemporalUnit 类型参数。这些方法的签名如下所示。

```
public LocalDate plus(long amountToAdd,
        java.time.temporal.TemporalUnit unit)
public LocalDate minus(long amountToSubtract,
        java.time.temporal.TemporalUnit unit)
```

例如，要得到表示 20 天以前的一个过去的日期的 LocalDate，可以使用如下的代码。

```
LocalDate pastDate = LocalDate.now().minus(2, ChronoUnit.DECADES);
```

ChronoUnit 是一个 enum，它实现了 TemporalUnit，因此，可以将一个 ChronoUnit 常量传递给 plus 或 minus 方法。

一个 LocalDate 是不可变的，因此，不能修改它。返回一个 LocalDate 的任何方法，都会返回一个新的 LocalDate 实例。

代码清单 13.2 给出了 LocalDate 的一个示例。

代码清单 13.2 LocalDate 示例

```
package app13;
import java.time.LocalDate;
import java.time.temporal.ChronoField;
import java.time.temporal.ChronoUnit;

public class LocalDateDemo1 {
    public static void main(String[] args) {
        LocalDate today = LocalDate.now();
        LocalDate tomorrow = today.plusDays(1);
        LocalDate oneDecadeAgo = today.minus(1,
```

```
                ChronoUnit.DECADES);
        System.out.println("Day of month: "
                + today.getDayOfMonth());
        System.out.println("Today is " + today);
        System.out.println("Tomorrow is " + tomorrow);
        System.out.println("A decade ago was " + oneDecadeAgo);
        System.out.println("Year : "
                + today.get(ChronoField.YEAR));
        System.out.println("Day of year:" + today.getDayOfYear());
    }
}
```

13.4 Period

Period 类表示基于日期的一个时间量，例如 5 天、一周或 3 年。Period 的一些较为重要的方法参见表 13.2。

表 13.2　　　　　　　　　　　Period 的较为重要的方法

方法	说明
between	创建两个 LocalDate 之间的一个 Period
ofDays, ofWeeks, ofMonths, ofYears	创建表示给定的天数/周数/月数/年数的一个 Period
of	从给定的年数、月数和天数创建一个 Period
getDays, getMonths, getYears	以 int 形式返回这个 Period 的天数/月数/年数
isNegative	如果这个 Period 的 3 个部分的任意一个为负，返回 true；否则，返回 false
isZero	如果这个 Period 的所有 3 个部分都为 0，返回 true；否则，返回 false
plusDays, minusDays	给这个 Period 加上或减去一个给定的天数
plusMonths, minusMonths	给这个 Period 加上或减去一个给定的月数
plusYears, minusYears	给这个 Period 加上或减去一个给定的年数
withDays	返回这个 Period 的一个副本，带有指定的天数
withMonths	返回这个 Period 的一个副本，带有指定的月数
withYears	返回这个 Period 的一个副本，带有指定的年数

有了静态工厂方法 between、of 以及 ofDays/ofWeeks/ofMonths/ofYears，创建一个 Period 很容易。例如，如下代码创建了表示两周的一个 Period 对象。

```
Period twoWeeks = Period.ofWeeks(2);
```

要创建表示 1 年 2 个月又 3 天的一个 Period 对象，使用 of 方法。

```
Period p = Period.of(1, 2, 3);
```

要获取一个 Period 的年/月/日部分，可以调用其 getYears/getMonths/getDays 方法。例如，如下代码段中的 howManyDays 变量的值将会为 14。

```
Period twoWeeks = Period.ofWeeks(2);
int howManyDays = twoWeeks.getDays();
```

最后，可以使用 plusXXX 或 minusXXX 方法以及 withXXX 方法之一，来创建 Period 实例的一个副本。一个 Period 是不可变的，因此，这些方法返回一个新的 Period 实例。

代码清单 13.3 展示了一个年龄计算器，它计算一个人的年龄。它从两个 LocalDate 开始，并调用其 getDays、getMonths 和 getYears 方法，创建了一个 Period 对象。

代码清单 13.3   使用 Period

```java
package app13;
import java.time.LocalDate;
import java.time.Period;

public class PeriodDemo1 {
    public static void main(String[] args) {
        LocalDate dateA = LocalDate.of(1978, 8, 26);
        LocalDate dateB = LocalDate.of(1988, 9, 28);
        Period period = Period.between(dateA, dateB);
        System.out.printf("Between %s and %s"
                + " there are %d years, %d months"
                + " and %d days%n", dateA, dateB,
                period.getYears(),
                period.getMonths(),
                period.getDays());
    }
}
```

运行的时候，代码清单 13.3 中的 PeriodDemo1 类将会打印出如下的字符串。

```
Between 1978-08-26 and 1988-09-28 there are 10 years, 1 months and 2 days
```

13.5 LocalDateTime

LocalDateTime 类表示一个没有时区的日期时间。表 13.3 列出了 LocalDateTime 类中的一些较为重要的方法。这些方法和 LocalDate 中方法类似。此外，还有一些方法修改时间部分，例如，plusHours、plusMinutes 和 plusSeconds，这些方法是 LocalDate 中所没有的。

表 13.3   LocalDateTime 中较为重要的方法

方法	说明
now	返回当前的日期和时间的一个静态方法.
of	根据指定的年、月、日、小时、分、秒和毫秒创建一个 LocalDateTime 的静态方法
getYear, getMonthValue, getDayOfMonth, getHour, getMinute, getSecond	以 int 形式返回这个 LocalDateTime 的年、月、日、小时、分和秒部分
plusDays, minusDays	从当前 LocalDateTime 增加或减去给定的天数
plusWeeks, minusWeeks	从当前 LocalDateTime 增加或减去给定的星期数
plusMonths, minusMonths	从当前 LocalDateTime 增加或减去给定的月数
plusYears, minusYears	从当前 LocalDateTime 增加或减去给定的年数
plusHours, minusHours	从当前 LocalDateTime 增加或减去给定的小时数
plusMinutes, minusMinutes	从当前 LocalDateTime 增加或减去给定的分钟数
plusSeconds, minusSeconds	从当前 LocalDateTime 增加或减去给定的秒数
IsAfter, isBefore	检查这个 LocalDateTime 是在给定的日期-时间之后或之前
withDayOfMonth	返回这个 LocalDateTime 的一个副本，其中日期设置为给定值
withMonth, withYear	返回这个 LocalDateTime 的一个副本，其中月份设置为给定值
withHour, withMinute, withSecond	返回这个 LocalDateTime 的一个副本，其中小时/分钟/秒设置为给定值

LocalDateTime 提供了各种静态方法来创建一个日期时间。now 方法有 3 种覆盖的形式，并且返回当前的日期时间。无参数的覆盖形式最容易使用：

```
LocalDateTime now = LocalDateTime.now();
```

要使用指定的日期和时间来创建 LocalDateTime，可以使用 of 方法。该方法有众多的覆盖形式，并且允许你将日期时间的单个的部分或者一个 LocalDate 和一个 LocalTime 传递给该方法。如下是一些 of 方法的签名。

```
public static LocalDateTime of(int year, int month, int dayOfMonth,
        int hour, int minute)
public static LocalDateTime of(int year, int month, int dayOfMonth,
        int hour, int minute)
public static LocalDateTime of(int year, Month month,
        int dayOfMonth, int hour, int minute)
public static LocalDateTime of(int year, Month month,
        int dayOfMonth, int hour, int minute)
public static LocalDateTime of(LocalDate date, LocalTime time)
```

例如，如下的代码段创建了一个 LocalDateTime，表示 2015 年 12 月 31 日早上 8 点钟。

```
LocalDateTime endOfYear = LocalDateTime.of(2015, 12, 31, 8, 0);
```

可以使用 plusXXX 或 minusXXX 方法来创建 LocalDateTime 实例的一个副本。例如，如下代码创建了一个表示明天的同一时间的一个 LocalDateTime。

```
LocalDateTime now = LocalDateTime.now();
LocalDateTime sameTimeTomorrow = now.plusHours(24);
```

13.6 时区

互联网数字分配机构（Internet Assigned Numbers Authority，IANA）维护一个时区的数据库，可以从如下的页面下载：

http://www.iana.org/time-zones

为了更容易查看，可以访问下面的维基页面：

http://en.wikipedia.org/wiki/List_of_tz_database_time_zones

Java 日期和时间 API 也适用于时区。抽象类 ZoneId（在 java.time 包中）表示一个时区标识符。它有一个名为 getAvailableZoneIds 的静态方法，该方法返回所有的时区标识符。代码清单 13.4 展示了如何使用该方法打印出所有时区的一个排序列表。

代码清单 13.4　列出所有的时区标识符

```
package app13;
import java.time.ZoneId;
import java.util.ArrayList;
import java.util.Collections;
import java.util.List;
import java.util.Set;

public class TimeZoneDemo1 {
    public static void main(String[] args) {
        Set<String> allZoneIds = ZoneId.getAvailableZoneIds();
        List<String> zoneList = new ArrayList<>(allZoneIds);

        Collections.sort(zoneList);
        for (String zoneId : zoneList) {
            System.out.println(zoneId);
        }
        // alternatively, you can use this line of code to
```

```
        // print a sorted list of zone ids
        // ZoneId.getAvailableZoneIds().stream().sorted().
        //         forEach(System.out::println);
    }
}
```

getAvailableZoneIds 返回 String 类型的一个 Set。可以使用 Collections.sort()方法，或者更加优雅地调用其 stream 方法，来对一个 Set 排序。也可以编写如下代码来排序时区标识符。

```
ZoneId.getAvailableZoneIds().stream().sorted()
      .forEach(System.out::println);
```

本书第 16 章将会介绍什么是流。

getAvailableZoneIds 返回 586 个时区标识符的一个 Set。如下是上述代码所产生的一些时区标识符。

```
Africa/Cairo
Africa/Johannesburg
America/Chicago
America/Los_Angeles
America/Mexico_City
America/New_York
America/Toronto
Antarctica/South_Pole
Asia/Hong_Kong
Asia/Shanghai
Asia/Tokyo
Australia/Melbourne
Australia/Sydney
Canada/Atlantic
Europe/Amsterdam
Europe/London
Europe/Paris
US/Central
US/Eastern
US/Pacific
```

13.7 ZonedDateTime

ZonedDateTime 类表示带有时区的日期时间。例如，如下是一个带有时区的日期时间：

```
2015-12-31T10:59:59+01:00 Europe/Paris
```

ZonedDateTime 是不可变的，并且其时间部分按照纳秒精度来存储。

表 13.4 列出了 ZonedDateTime 中的一些较为重要的方法。

表 13.4　　　　　　　　ZonedDateTime 的一些较为重要的方法

方法	说明
now	按照系统默认时区返回当前日期和时间的一个静态方法
of	以指定的日期时间和时区标识符来创建一个 ZonedDateTime 的静态方法
getYear, getMonthValue, getDayOfMonth, getHour, getMinute, getSecond, getNano	以 int 形式返回这个 ZoneDateTime 的年、月、日、小时、分钟、秒和纳秒部分
plusDays, minusDays	从当前 ZonedDateTime 加上或减去给定的天数
plusWeeks, minusWeeks	从当前 ZonedDateTime 加上或减去给定的周数
plusMonths, minusMonths	从当前 ZonedDateTime 加上或减去给定的月数
plusYears, minusYears	从当前 ZonedDateTime 加上或减去给定的年数

方法	说明
plusHours, minusHours	从当前 ZonedDateTime 加上或减去给定的小时数
plusMinutes, minusMinutes	从当前 ZonedDateTime 加上或减去给定的分钟数
plusSeconds, minusSeconds	从当前 ZonedDateTime 加上或减去给定的秒数
IsAfter, isBefore	检查这个 ZonedDateTime 是在给定的日期时间之前或之后
getZone	返回这个 ZonedDateTime 的时区 ID
withYear, withMonth, withDayOfMonth	返回 ZonedDateTime 的一个副本,其中年/月/日设置为给定的值
withHour, withMinute, withSecond	返回 ZonedDateTime 的一个副本,其中小时/分/秒设置为给定的值
withNano	返回 ZonedDateTime 的一个副本,其中纳秒设置为给定的值

和 LocalDateTime 类一样,ZonedDateTime 类提供了静态方法 now 和 of 来构造一个 ZonedDateTime。now 创建了表示执行时的日期和时间的一个 ZonedDateTime。now 的无参数的覆盖形式,使用计算机默认的时区创建一个 ZonedDateTime。

```
ZonedDateTime now = ZonedDateTime.now();
```

now 的另一种覆盖形式允许我们传递一个时区标识符:

```
ZonedDateTime parisTime = 
        ZonedDateTime.now(ZoneId.of("Europe/Paris"));
```

of 方法也有几种覆盖形式。在所有的例子中,你都需要传入一个时区标识符。第 1 种覆盖形式允许你传入一个带时区的日期时间的每一个部分,从年到纳秒。

```
public static ZonedDateTime of(int year, int month, int dayOfMonth,
        int hour, int minute, int second, int nanosecond,
        ZoneId zone)
```

of 的第 2 种覆盖形式接受一个 LocalDate、一个 LocalTime 和一个 ZoneId 参数:

```
public static ZonedDateTime of(LocalDate date, LocalTime time,
        ZoneId zone)
```

最后一种覆盖形式接受一个 LocalDateTime 和一个 ZoneId 参数:

```
public static ZonedDateTime of(LocalDateTime datetime, ZoneId zone)
```

像 LocalDate 和 LocalDateTime 类一样,ZonedDateTime 类也提供了方法来创建一个实例的副本,使用 plusXXX、minusXXX 和 withXXX 方法就可以。

例如,如下的代码行使用默认的时区创建了一个 ZonedDateTime,并且调用其 minusDays 方法来创建 3 天前的同一个 ZonedDateTime:

```
ZonedDateTime now = ZonedDateTime.now();
ZonedDateTime threeDaysEarlier = now.minusDays(3);
```

13.8 Duration

Duration 类表示基于时间的时间段。它类似于 Period,只不过 Duration 的时间部分精确到纳秒,并且考虑到了 ZonedDateTimes 之间的时区。表 13.5 列出了 Duration 中较为重要的方法。

可以通过调用 between 或 of 静态方法来创建一个 Duration 对象。代码清单 13.5 创建了两个 LocalDateTime 对象之间的一个 Duration,即从 2015 年 1 月 26 日 8:10 到 2015 年 1 月 26 日 12:40 之间。

13.8 Duration

表 13.5　Duration 中较为重要的方法

方法	说明
between	在两个时间的对象之间创建一个 Duration，例如，在两个 LocalDateTimes 或两个 LocalZonedDateTimes 之间
ofYears, ofMonths, ofWeeks, ofDays, ofHours, ofMinutes, ofSeconds, ofNano	创建表示给定的年/月/周/日/小时/分钟/秒/纳秒的一个 Duration
of	创建给定的时间单位的一个 Duration
toDays, toHours, toMinutes	以 int 的形式，返回这个 Duration 的天数/小时数/分钟数
isNegative	如果这个 Duration 是负数，返回 true，否则，返回 false
isZero	如果这个 Duration 的长度为 0，返回 true；否则，返回 false
plusDays, minusDays	从这个 Duration 加上或减去给定的天数
plusMonths, minusMonths	从这个 Duration 加上或减去给定的月数
plusYears, minusYears	从这个 Duration 加上或减去给定的年数
withSeconds	从这个 Duration 加上或减去给定的秒数

代码清单 13.5　创建两个 LocalDateTime 之间的一个 Duration

```
package app13;
import java.time.Duration;
import java.time.LocalDateTime;

public class DurationDemo1 {

    public static void main(String[] args) {
        LocalDateTime dateTimeA = LocalDateTime
                .of(2015, 1, 26, 8, 10, 0, 0);
        LocalDateTime dateTimeB = LocalDateTime
                .of(2015, 1, 26, 11, 40, 0, 0);
        Duration duration = Duration.between(
                dateTimeA, dateTimeB);
        System.out.printf("There are %d hours and %d minutes.%n",
                duration.toHours(),
                duration.toMinutes() % 60);
    }
}
```

运行 DurationDemo1 类的结果如下。

```
There are 3 hours and 30 minutes.
```

代码清单 13.6 创建了两个 ZoneDateTime 对象之间的一个 Duration，它们具有相同的日期时间，但是时区不同。

代码清单 13.6　创建两个 ZoneDateTime 之间的一个 Duration

```
package app13;
import java.time.Duration;
import java.time.LocalDateTime;
import java.time.Month;
import java.time.ZoneId;
import java.time.ZonedDateTime;

public class DurationDemo2 {

    public static void main(String[] args) {
        ZonedDateTime zdt1 = ZonedDateTime.of(
```

```
                    LocalDateTime.of(2015, Month.JANUARY, 1,
                        8, 0),
                    ZoneId.of("America/Denver"));
        ZonedDateTime zdt2 = ZonedDateTime.of(
                    LocalDateTime.of(2015, Month.JANUARY, 1,
                        8, 0),
                    ZoneId.of("America/Toronto"));
        Duration duration = Duration.between(zdt1, zdt2);
        System.out.printf("There are %d hours and %d minutes.%n",
                    duration.toHours(),
                    duration.toMinutes() % 60);
    }
}
```

运行 DurationDemo2 类,会在控制台输出如下内容。

```
There are -2 hours and 0 minutes.
```

这正是所期望的内容,因为 America/Denver 和 America/Toronto 之间的时差是两个小时。

作为一个更加复杂的例子,代码清单 13.7 中的代码显示了一个公共汽车旅行时间计算器。它有一个 calculateTravelTime 方法,该方法接受一个出发时间 ZonedDateTime 参数和一个到达时间 ZonedDateTime 参数。这段代码调用 calculateTravelTime 方法两次。两次都是汽车从 Colorado 州的 Denver 的当地时间早晨 8 点出发,并且在第 2 天早上 Toronto 时间 8 点到达 Toronto。第 1 次汽车离开的时间是 2014 年 3 月 8 日,第 2 次离开的时间是 2014 年 3 月 18 日。

计算两次旅行的时间是多长?

代码清单 13.7　旅行时间计算器

```
package app13;
import java.time.Duration;
import java.time.LocalDateTime;
import java.time.Month;
import java.time.ZoneId;
import java.time.ZonedDateTime;

public class TravelTimeCalculator {

    public Duration calculateTravelTime(
            ZonedDateTime departure, ZonedDateTime arrival) {
        return Duration.between(departure, arrival);
    }

    public static void main(String[] args) {
        TravelTimeCalculator calculator =
                    new TravelTimeCalculator();
        ZonedDateTime departure1 = ZonedDateTime.of(
                LocalDateTime.of(2014, Month.MARCH, 8,
                    8, 0),
                ZoneId.of("America/Denver"));
        ZonedDateTime arrival1 = ZonedDateTime.of(
                LocalDateTime.of(2014, Month.MARCH, 9,
                    8, 0),
                ZoneId.of("America/Toronto"));
        Duration travelTime1 = calculator
                .calculateTravelTime(departure1, arrival1);
        System.out.println("Travel time 1: "
                + travelTime1.toHours() + " hours");

        ZonedDateTime departure2 = ZonedDateTime.of(
                LocalDateTime.of(2014, Month.MARCH, 18,
```

```
                    8, 0),
            ZoneId.of("America/Denver"));
        ZonedDateTime arrival2 = ZonedDateTime.of(
            LocalDateTime.of(2014, Month.MARCH, 19,
                    8, 0),
            ZoneId.of("America/Toronto"));
        Duration travelTime2 = calculator
            .calculateTravelTime(departure2, arrival2);
        System.out.println("Travel time 2: "
            + travelTime2.toHours() + " hours");
    }
}
```

结果如下所示:

```
Travel time 1: 21 hours
Travel time 2: 22 hours
```

为什么时间不同呢？因为在 2014 年，从 3 月 9 日周日凌晨 2 点开始，实行夏时制，在 2014 年 3 月 8 日比 2014 年 3 月 9 日会少掉一个小时。

13.9 格式化日期时间

使用一个 java.time.format.DateTimeFormatter 可以格式化一个本地日期时间或带时区的日期时间。LocalDate、LocalDateTime、LocalTime 和 ZoneDateTime 类提供了一个 format 方法，其签名如下：

```
public java.lang.String format(java.time.format.DateTimeFormatter
    formatter)
```

很显然，要格式化一个日期或时间，必须先创建一个 DateTimeFormatter 实例。

代码清单 13.8 中的代码使用两种格式来格式化当前日期。

代码清单 13.8　格式化日期

```
package app13;
import java.time.LocalDateTime;
import java.time.format.DateTimeFormatter;
import java.time.format.FormatStyle;

public class DateTimeFormatterDemo1 {
    public static void main(String[] args) {
        DateTimeFormatter formatter1 = DateTimeFormatter
            .ofLocalizedDateTime(FormatStyle.MEDIUM);
        LocalDateTime example = LocalDateTime.of(
            2000, 3, 19, 10, 56, 59);
        System.out.println("Format 1: " + example
            .format(formatter1));
        DateTimeFormatter formatter2 = DateTimeFormatter
            .ofPattern("MMMM dd, yyyy HH:mm:ss");
        System.out.println("Format 2: " +
            example.format(formatter2));
    }
}
```

结果如下所示（第 1 个结果取决于你的居住地）。

```
Format 1: 19-Mar-2000 10:56:59 AM
Format 2: March 19, 2000 10:56:59
```

13.10 解析一个日期时间

在 Java 日期和时间 API 的众多类中，有两个 parse 方法。第 1 个 parse 方法需要一个格式，第 2 个则不需要。不需要格式的 parse 方法，将会根据默认的模式来解析日期时间。要使用你自己的模式，则使用一个 DateTimeFormatter。如果传递的字符串无法解析的话，parse 方法将会抛出 DateTimeParseException。代码清单 13.9 包含了一个年龄计算器，以展示日期的解析。

代码清单 13.9　一个年龄计算器

```java
package app13;
import java.time.LocalDate;
import java.time.Period;
import java.time.format.DateTimeFormatter;
import java.time.format.DateTimeParseException;
import java.util.Scanner;

public class AgeCalculator {
    DateTimeFormatter formatter = DateTimeFormatter.ofPattern("yyyy-M-d");
    public Period calculateAge(LocalDate birthday) {
        LocalDate today = LocalDate.now();
        return Period.between(birthday, today);
    }

    public LocalDate getBirthday() {
        Scanner scanner = new Scanner(System.in);
        LocalDate birthday;
        while (true) {
            System.out.println("Please enter your birthday "
                    + "in yyyy-MM-dd format (e.g. 1980-9-28): ");
            String input = scanner.nextLine();
            try {
                birthday = LocalDate.parse(input, formatter);
                return birthday;
            } catch(DateTimeParseException e) {
                System.out.println("Error! Please try again");
            }
        }
    }

    public static void main(String[] args) {
        AgeCalculator ageCalculator = new AgeCalculator();
        LocalDate birthday = ageCalculator.getBirthday();
        Period age = ageCalculator.calculateAge(birthday);
        System.out.printf("Today you are %d years, %d months"
                + " and %d days old%n",
                age.getYears(), age.getMonths(), age.getDays());
    }
}
```

AgeCalculator 类有两个方法，分别为 getBirthday 和 calculateAge。getBirthda 方法使用一个 Scanner 类来读取用户的输入，并使用类级别的 DateTimeFormatter 将输入解析为一个 LocalDate。getBirthda 方法持续请求输入一个日期，直到用户以正确的格式输入一个日期为止，在这种情况下，该方法才会返回。calculateAge 方法接受一个生日为参数，并且创建这个生日和今天之间的一个 Period。

如果运行这个示例,将会在控制台看到如下输出。

```
Please enter your birthday in yyyy-MM-dd format (e.g. 1980-9-28):
```

如果输入的日期格式是正确的,程序将会打印计算出来的年龄,如下所示。

```
Today you are 79 years, 0 months and 15 days old
```

13.11 使用旧的日期和时间 API

旧的 API 主要以 Date 和 Calendar 类为中心,这里介绍它们,只是因为它们在 Java 8 之前得到了广泛的使用。你可能有机会在很多已有的项目中遇到它们。

13.11.1 java.util.Date 类

java.util.Date 类通常用于表示日期和时间。它有两个可以安全地使用的构造方法(其他的构造方法已经废弃了):

```
public Date()
public Date(long time)
```

无参数的构造方法创建一个 Date 来表示当前的日期和时间。第 2 个构造方法创建一个 Date 表示自 GMT 时间 1970 年 1 月 1 日 00:00:00 之后经过的具体的毫秒数。

Date 类还有几个有用的方法,其中的两个是 after 和 before。

```
public boolean after(Date when)
public boolean before(Date when)
```

如果日期在 when 参数之后的话,after 方法返回 true,否则,它返回 false。如果日期在 when 指定的日期之前的话,它返回 true,否则,它返回 false。

Date 中的很多方法,例如 getDate、getMonth 和 getYear 等都已经废弃了。

不应该再使用这些方法。相反,应该使用 java.util.Calendar 类中类似的方法。

13.11.2 java.util.Calendar 类

java.util.Date 类拥有从日期部分(如日、月和年)来构建一个 Date 对象的方法。但是,这些方法都已经废弃了。你应该使用 java.util.Calendar。

要获取一个 Calendar 对象,使用两个静态的 getInstance 方法之一。其签名如下:

```
public static Calendar getInstance()
public static Calendar getInstance(Locale locale)
```

第 1 个重载形式返回一个实例,它利用了计算机的本地时间。

可以用一个 Calendar 做很多事情。例如,可以调用其 getTime 方法来获取一个 Date 对象。该方法的签名如下:

```
public final Date getTime();
```

不用说,最终的 Date 对象,包含最初传递来构造 Calendar 对象的那些时间部分。换句话说,如果构造了一个表示 2000 年 5 月 7 日 00:00:00 的 Calendar 对象,通过其 getTime 方法获得的 Date 对象也表示 2000 年 5 月 7 日 00:00:00。

要获取日期的部分,例如小时、月份或年份,可以使用 get 方法。乍看一眼其签名,并不能知道如何使用它。

```
public int get(int field)
```

要使用 get 方法，先给它传递一个有效的字段。有效字段是如下的值之一：Calendar.YEAR、Calendar.MONTH、Calendar.DATE、Calendar.HOUR、Calendar.MINUTE、Calendar.SECOND 和 Calendar.MILLISECOND。

get(Calendar.YEAR) 返回一个 int 类型数据表示年份。如果年份是 2010，你将会得到 2010。get(Calendar.MONTH) 返回月份的一个基于 0 的索引，0 表示 1 月，11 表示 12 月。其他的形式（如 get(Calendar.DATE)、get(Calendar.HOUR)等）返回一个数字，表示日期和时间单位。

还有一点值得注意，如果已经有了 Date 对象，想要使用 Calendar 中的方法，可以使用 setTime 方法来构造一个 Calendar 对象。

```
public void setTime(Date date)
```

示例如下：

```
// myDate is a Date
Calendar calendar = Calendar.getInstance();
calendar.setTime(myDate);
```

要修改一个日期/时间部分，可以调用其 set 方法：

```
public void set(int field, int value)
```

例如，要把一个 Calendar 对象的月份部分修改为 December，可以编写如下代码。

```
calendar.set(Calendar.MONTH, Calendar.DECEMBER)
```

set 方法还有重载形式，可以同时修改多个部分：

```
public void set(int year, int month, int date)
public void set(int year, int month, int date,
        int hour, int minute, int second)
```

13.11.3 使用 DateFormat 解析和格式化

在早期的 API 中，Java 使用 java.text.DateFormat 和 java.text.SimpleDateFormat 类来处理日期解析和格式化。DateFormat 是一个抽象类，带有静态的 getInstance 方法，它允许获取子类的一个实例。SimpleDateFormat 是 DateFormat 的一个具体的实现，比其父类更容易使用。

DateFormat

DateFormat 支持样式和模式。格式化一个 Date 有 4 种样式。每种样式都由一个 int 类型值来表示。表示样式的 4 个 int 字段是：

- DateFormat.SHORT。例如，12/2/15。
- DateFormat.MEDIUM。例如，Dec 2, 2015。
- DateFormat.LONG。例如，December 2, 2015。
- DateFormat.FULL。例如，Friday, December 2, 2015。

当你创建一个 DateFormat 的时候，需要确定使用哪一种样式进行解析或格式化。一旦创建了 DateFormat 的样式，就不能修改它，但是绝对可以拥有 DateFormat 的多个实例以支持不同的样式。

要获取一个 DateFormat 实例，调用其静态方法。

```
public static DateFormat getDateInstance (int style)
```

其中，style 是 DateFormat.SHORT、DateFormat.MEDIUM、DateFormat.Long 或 DateFormat.FULL 之一。例如，如下的代码创建了一个 DateFormat 实例，它拥有 MEDIUM 样式。

```
DateFormat df = DateFormat.getDateInstance(DateFormat.MEDIUM)
```

要格式化一个 Date 对象，调用其 format 方法：

```
public final java.lang.String format(java.util.Date date)
```

要解析一个日期的字符串表示，需要使用 parse 方法。parse 方法的签名如下：

```
public java.util.Date parse(java.lang.String date)
        throws ParseException
```

注意，必须根据 DateFormat 的样式来组合字符串。

代码清单 13.10 给出了解析和格式化日期的一个类。

代码清单 13.10　DateFormatDemo1 类

```java
package app13.oldapi;
import java.text.DateFormat;
import java.text.ParseException;
import java.util.Date;
public class DateFormatDemo1 {
    public static void main(String[] args) {
        DateFormat shortDf =
                DateFormat.getDateInstance(DateFormat.SHORT);
        DateFormat mediumDf =
                DateFormat.getDateInstance(DateFormat.MEDIUM);
        DateFormat longDf =
                DateFormat.getDateInstance(DateFormat.LONG);
        DateFormat fullDf =
                DateFormat.getDateInstance(DateFormat.FULL);
        System.out.println(shortDf.format(new Date()));
        System.out.println(mediumDf.format(new Date()));
        System.out.println(longDf.format(new Date()));
        System.out.println(fullDf.format(new Date()));

        // parsing
        try {
            Date date = shortDf.parse("12/12/2016");
        } catch (ParseException e) {
        }
    }
}
```

在使用 DateFormat（和 SimpleDateFormat）的时候，需要注意的另一点是宽松性。宽松性指的是在解析的时候是否执行严格的规则。例如，如果一个 DateFormat 是宽松的，它将能够接受这个 String: Jan 32, 2016，尽管这样的日期并不存在。实际上，它会自行将其转换为 2016 年 2 月 1 日。如果一个 DateFormat 不是宽松的，它不会接受这种不存在的日期。默认情况下，一个 DateFormat 对象是宽松的。isLenient 方法和 setLenient 方法允许你检查一个 DateFormat 宽松性并修改它。

```
public boolean isLenient()
public void setLenient(boolean value)
```

SimpleDateFormat

SimpleDateFormat 比 DateFormat 更强大，因为你可以使用自己的日期模式。例如，可以将日期格式化或解析为 dd/mm/yyyy、mm/dd/yyyy、yyyy-mm-dd 等。所需要做的，只是将一个样式传递给一个 SimpleDateFormat 构造方法。

SimpleDateFormat 是 DateFormat 比更好的选择，尤其在解析的时候。如下是 SimpleDateFormat 中的一个构造方法。

```
public SimpleDateFormat(java.lang.String pattern)
        throws java.lang.NullPointerException,
        java.lang.IllegalArgumentException
```

可以阅读 SimpleDateFormat 类的 Javadoc，来了解有效的模式的完整规则。较为常用的模式是，使用 y（表示一个年份数字）、M（表示一个月份数字）和 d（表示一个日期数字）的一种组合。例如，dd/MM/yyyy、dd-MM-yyyy、MM/dd/yyyy 和 yyyy-MM-dd。

代码清单 13.11 给出了一个类，它使用 SimpleDateFormat 来解析和格式化日期。

代码清单 13.11　SimpleDateFormatDemo1 类

```
package app13.oldapi;
import java.text.ParseException;
import java.text.SimpleDateFormat;
import java.util.Date;
public class SimpleDateFormatDemo1 {

    public static void main(String[] args) {
        String pattern = "MM/dd/yyyy";
        SimpleDateFormat format = new SimpleDateFormat(pattern);
        try {
            Date date = format.parse("12/31/2016");
        } catch (ParseException e) {
            e.printStackTrace();
        }
        // formatting
        System.out.println(format.format(new Date()));
    }
}
```

13.12　本章小结

　　Java 8 引入了一个新的日期时间 API 来替代旧的 API，后者主要围绕 java.util.Date 类。在本章中，我们学习了如何使用新的 API 中的核心类，包括 Instant、LocalDate、LocalDateTime、ZonedDateTime、Period 和 Duration，我们还学习了如何格式化和解析一个日期时间。

第 14 章 集 合 框 架

在编写面向对象程序的时候,常常需要操作一组对象。在第 6 章中,我们学习了数组,了解数组是用来组织相同类型的对象的。遗憾的是,数组缺乏快速开发应用程序所需要的灵活性。例如,数组不能修改其大小。好在,Java 带有一组接口和类,使得操作成组的对象更为容易,这就是集合框架(collections framework)。本章介绍集合框架中最重要的类型,其中的大多数类型都很容易使用,不需要提供太多的示例。请特别注意本章的最后一节,那里给出了精心设计的示例,因为对于每一个 Java 程序员来说,知道如何进行对象的比较和排序是很重要的。

关于泛型的注意事项

介绍集合框架的时候,如果不提及泛型,那就是不完整的。另一方面,没有集合框架的预备知识,也很难讲清楚泛型。因此,需要进行折中处理,本章首先介绍集合框架,然后在第 15 章还将再次回顾它。由于现在还没有介绍泛型的知识,本章中对于集合框架的介绍都必须使用它们在 JDK 5 以前的类和方法签名,而不是在 Java 5 及其以后的版本中泛型出现之后的方法签名。随着你学习完本章和第 15 章,对于集合框架和泛型的知识都将得到更新。

14.1 集合框架概览

集合(collection)是将其他对象组织到一起的一个对象。集合也叫作容器(container),它提供了一种方法来存储、访问和操作其元素。集合帮助 Java 程序员很容易地管理对象。

Java 程序员应该熟悉集合框架中最重要的类型,它们都是包的一部分。这些类型之间的关系如图 14.1 所示。

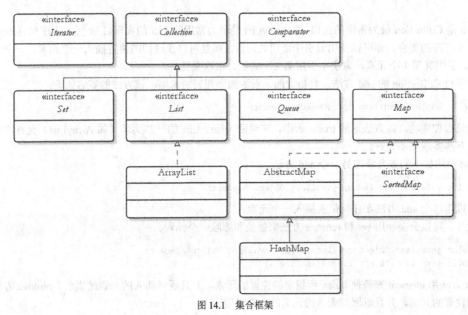

图 14.1 集合框架

集合框架中的主要类型，当然是 Collection 接口。List、Set 和 Queue 是 Collection 的 3 个主要的子接口。此外，还有一个 Map 接口，它可以用于存储键/值对。Map 的一个子接口 SortedMap，保证了键按照升序排列。Map 的其他实现还有 AbstractMap 及其具体的实现 HashMap。其他的接口包括 Iterator 和 Comparator。后者使得对象成为可排序和可比较的。

集合框架的大多数接口都带有实现类。有时候，一个实现有两个版本，同步的版本和非同步的版本。例如，java.util.Vector 类和 ArrayList 类实现了 List 接口。Vector 和 ArrayList 都提供了类似的功能，但是 Vector 是同步的，而 ArrayList 是非同步的。一个实现的同步版本包含在 JDK 的第 1 版中。此后，Sun 公司才添加了非同步的版本，以便程序员能够编写性能更好的应用程序。非同步的版本由此成为优先于同步版本的选择。如果你需要在一个多线程环境中使用一个非同步的实现，你仍然可以自己去同步它。

注 意

第 19 章将介绍在多线程环境中工作。

14.2　Collection 接口

Collection 接口将对象组织到一起。数组不能调整大小，并且只能组织相同类型的对象，与其不同的是，集合允许添加任何类型的对象，并且不强迫你指定初始大小。

Collection 带有一些很容易使用的方法。要添加一个元素，使用 add 方法。要添加另一个 Collection 的成员，使用 addAll。要删除所有的元素，使用 clear 方法。要查询 Collection 中的元素的数目，调用其 size 方法。要测试一个 Collection 是否包含一个元素，使用 isEmpty 方法。要把集合元素放入到一个数组中，使用方法 toArray。

需要注意的重要的一点是，Collection 扩展了 Iterable 接口，Collection 从那里继承了 iterator 方法。该方法返回一个 Iterator 对象，可以用来遍历集合的元素。详细内容查阅 14.4 节。

此外，你还将学习如何使用 for 循环来遍历一个 Collection 元素。

14.3　List 和 ArrayList

List 是 Collection 最为常用的接口，而 ArrayList 是最为常用的 List 的实现。List 又叫作序列（sequence），它是一个有序的集合。你可以使用索引来访问其元素，而且可以在确切的位置插入一个元素。一个 List 的索引 0，引用其第 1 个元素，索引 1 引用第 2 个元素，依次类推。

继承自 Collection 的 add 方法，将指定的元素添加到列表的末尾。该方法的签名如下。

```
public boolean add(java.lang.Object element)
```

如果添加成功，该方法返回 true。否则，它返回 false。List 的一些实现（如 ArrayList）允许添加空的元素，有些实现则不允许。

List 使用如下的签名添加另一个 add 方法：

```
public void add(int index, java.lang.Object element)
```

可以用这个 add 方法在任何位置插入一个元素。

此外，可以分别使用 set 和 remove 方法来替换和删除一个元素。

```
public java.lang.Object set(int index, java.lang.Object element)
public java.lang.Object remove(int index)
```

set 方法用 element 来替换 index 所指定的位置的元素，并且返回插入的元素的索引。remove 方法删除指定的位置的元素，并且返回对删除的元素的一个引用。

要创建一个 List，通常将一个 ArrayList 对象赋值给 List 引用变量。

```
List myList = new ArrayList();
```

ArrayList 的无参数构造方法创建了一个 ArrayList 对象，具有 10 个元素的初始容量。如果你添加的元素超出其容量，这个大小将会自动增加。如果你知道 ArrayList 中的元素数目将会大于其容量，可以使用其第 2 个构造方法：

```
public ArrayList(int initialCapacity)
```

此方法将会产生一个略微快一些的 ArrayList，因为这个实例不必去增加容量。

List 允许你存储重复的元素，这意味着，可以存储两个或多个指向相同元素的引用。代码清单 14.1 展示了 List 及其一些方法的应用。

代码清单 14.1　使用 List

```java
package app14;
import java.util.ArrayList;
import java.util.List;

public class ListDemo1 {
    public static void main(String[] args) {
        List myList = new ArrayList();
        String s1 = "Hello";
        String s2 = "Hello";
        myList.add(100);
        myList.add(s1);
        myList.add(s2);
        myList.add(s1);
        myList.add(1);
        myList.add(2, "World");
        myList.set(3, "Yes");
        myList.add(null);
        System.out.println("Size: " + myList.size());
        for (Object object : myList) {
            System.out.println(object);
        }
    }
}
```

运行程序，这段代码在控制台显示如下的结果。

```
Size: 7
100
Hello
World
Yes
Hello
1
null
```

java.util.Arrays 类提供了一个 asList 方法，它允许你一次向一个 List 添加数组或任意多个元素。例如，如下的代码段一次添加了多个 String 类型的数据。

```java
List members = Arrays.asList("Chuck", "Harry", "Larry", "Wang");
```

然而，Arrays.asList 返回具有固定大小的 List，这意味着，你不能向其添加成员。

List 还增加了方法来搜索集合，即 indexOf 和 lastIndexOf：

```java
public int indexOf(java.lang.Object obj)
public int lastIndexOf(java.lang.Object obj)
```

indexOf 方法从第一个元素开始使用 equals 方法，以比较 obj 参数及其元素，并且返回第 1 次匹配的索引。lastIndexOf 做同样的事情，但是，其比较是从最后一个元素到第 1 个元素。如果没有找到匹配，indexOf 和 lastIndexOf 方法都返回-1。

注　意

List 允许重复的元素。但相反，Set 不允许重复的元素。

java.util. Collections 类是一个辅助类或工具类，它提供了静态方法来操作 List 和其他的 Collection。例如，你可以使用 List 的 sort 方法很容易地对一个 List 进行排序，如代码清单 14.2 所示。

代码清单 14.2　排序一个 List

```java
package app14;
import java.util.Arrays;
import java.util.Collections;
import java.util.List;

public class ListDemo2 {
    public static void main(String[] args) {
        List numbers = Arrays.asList(9, 4, -9, 100);
        Collections.sort(numbers);
        for (Object i : numbers) {
            System.out.println(i);
        }
    }
}
```

如果运行这个 ListDemo2 类，将会在控制台看到如下内容。

```
-9
4
9
100
```

14.4　使用 Iterator 和 for 遍历一个集合

在操作集合的时候，遍历一个 Collection 是最常见的任务之一。有两种方法可能做到这一点，使用 Iterator 或使用 for。

Collection 扩展了 Iterable，后者有一个方法 iterator。这个方法返回一个 java.util.Iterator，可以用来遍历 Collection。Iterator 接口有如下的方法：

- hasNext。Iterator 使用了一个内部指针，其最初指向第 1 个元素之前的一个位置。如果在指针的后面还有更多的元素，hasNext 返回 true。调用 next 会将这个指针移动到下一个元素。第 1 次在 Iterator 上调用 next，会导致其指针指向第 1 个元素。
- next。将内部指针移动到下一个元素并返回该元素。在最后一个元素返回之后调用 next，将会抛出一个 java.util.NoSuchElementException。因此，在调用 next 之前，先调用 hasNext 方法测试是否还有下一个元素，这样做是比较安全的。
- remove。删除内部指针所指向的元素。

一个 Iterator 遍历 Collection 的常用方式是使用 while 或 for。假设 myList 是你想要遍历的 ArrayList。如下的代码段使用 while 语句来遍历一个集合，并且打印出集合中的每一个元素。

```java
Iterator iterator = myList.iterator();
while (iterator.hasNext()) {
```

```
    String element = (String) iterator.next();
    System.out.println(element);
}
```

相同的代码是：

```
for (Iterator iterator = myList.iterator(); iterator.hasNext(); ) {
    String element = (String) iterator.next();
    System.out.println(element);
}
```

for 语句可以遍历一个 Collection 而不需要调用 iterator 方法。其语法如下：

```
for (Type identifier : expression) {
    statement(s)
}
```

这里的 expression 必须是一个 Iterable。由于 Collection 扩展了 Iterable，你可以使用增强的 for 来遍历任何 Collection。例如，如下的代码展示了如何使用 for。

```
for (Object object : myList) {
    System.out.println(object);
}
```

使用 for 遍历一个集合是使用 Iterator 的快捷方式。实际上，以上使用 for 的代码，会被编译器翻译为如下的代码。

```
for (Iterator iterator = myList.iterator(); iterator.hasNext(); ) {
    String element = (String) iterator.next();
    System.out.println(element);
}
```

14.5 Set 和 HashSet

Set 表示一个数学的集。和 List 不同，Set 不允许重复的内容。假设两个元素，e1 和 e2，如果 e1.equals(e2) 的话，它们是不能在 Set 中同时存在的。如果试图添加一个重复的元素，Set 的 add 方法会返回 false。例如，如下的代码会打印出"addition failed"。

```
Set set = new HashSet();
set.add("Hello");
if (set.add("Hello")) {
    System.out.println("addition successful");
} else {
    System.out.println("addition failed");
}
```

第 1 次调用 add 的时候，添加了字符串"Hello"。第 2 次调用的时候，将会失败，因为要添加另一个 "Hello" 将会导致 Set 中有重复的元素。

Set 允许最多有一个空元素。有些实现不允许有空元素。例如，Set 最流行的实现 HashSet，允许最多有一个空元素。当使用 HashSet 的时候，需要注意，并不能保证元素的顺序保持不变。HashSet 应该是 Set 的首选，因为它比 Set 的其他实现（TreeSet 和 LinkedHashSet）要快。

14.6 Queue 和 LinkedList

Queue 通过添加支持按照先进先出（first-in-first-out，FIFO）的方式排序元素的方法，扩展了 Collection。

FIFO 意味着，当获取元素的时候，最先添加的元素将会是第一个元素。这和 List 不同，在 List 中，是通过传给其 get 方法一个索引来选择要访问的元素。

Queue 添加了如下的方法。

- offer。这个方法就像 add 方法一样用来添加一个元素。但是，如果添加一个元素有可能会失败的话，应该使用 offer。如果添加一个元素失败的话，offer 会返回 false，并且不会抛出一个异常。如果使用 add 添加失败，会抛出一个异常。
- Remove。该方法删除并返回 Queue 头部的元素。如果 Queue 为空，该方法抛出一个 java.util.NoSuchElementException。
- Poll。该方法就像是 remove 方法一样。但是，如果 Queue 为空，它将会返回空而不会抛出一个异常。
- Element。该方法返回 Queue 头部的元素但不会删除它。但是，如果 Queue 为空，该方法抛出一个 java.util.NoSuchElementException。
- Peek。返回 Queue 头部的元素但不会删除它。但是，如果 Queue 为空，该方法将会返回空。

当在一个 Queue 上调用 add 或 offer 方法的时候，该元素总是添加在 Queue 的末尾。要访问这个元素，可以使用 remove 或 poll 方法。remove 和 poll 方法总是删除并返回 Queue 头部的元素。

例如，如下的代码创建了一个 LinkedList（这是 Queue 的一个实现）来展示 Queue 的 FIFO 特性。

```
Queue queue = new LinkedList();
queue.add("one");
queue.add("two");
queue.add("three");
System.out.println(queue.remove());
System.out.println(queue.remove());
System.out.println(queue.remove());
```

这段代码产生的结果如下：

```
one
two
three
```

上面代码展示了 remove 总是删除 Queue 头部的元素。换句话说，你不能在删除"one"和"two"之前删除"three"（Queue 的第 3 个元素）。

注　意

java.util.Stack 类是一个 Collection，其行为是后进先出（last-in-first-out，LIFO）的方式。

14.7　集合转换

Collection 实现通常有一个构造函数，它接受一个 Collection 对象。这使得你可以将一个 Collection 转换为另一个不同类型的 Collection。如下是这个构造方法的一些实现：

```
public ArrayList(Collection c)
public HashSet(Collection c)
public LinkedList(Collection c)
```

作为示例，如下的代码把一个 Queue 转换为一个 List。

```
Queue queue = new LinkedList();
queue.add("Hello");
queue.add("World");
List list = new ArrayList(queue);
```

如下的代码把一个 List 转换为一个 Set。

```
List myList = new ArrayList();
myList.add("Hello");
myList.add("World");
myList.add("World");
Set set = new HashSet(myList);
```

myList 有 3 个元素，其中的两个是重复的。因为 Set 并不允许重复的元素，因此，只有一个重复的元素会被接受。因此，上面的 Set 只有两个元素。

14.8　Map 和 HashMap

Map 保存了键到值的映射。Map 中不能有重复的元素，并且每个键最多映射一个值。

要给 Map 添加键/值对，需要用 put 方法。其签名如下所示：

```
public void put(java.lang.Object key, java.lang.Object value)
```

注意，键和值都不能是基本类型。但是，在如下的代码中，为键和值都传递基本类型是合法的，因为在调用 put 方法之前会先执行装箱操作。

```
map.put(1, 3000);
```

此外，也可以使用 putAll 方法并传入一个 Map 参数。

```
public void putAll(Map map)
```

可以通过给 remove 方法传递键来删除一个映射。

```
public void remove(java.lang.Object key)
```

要删除所有的映射，可以使用 clear 方法。要得到映射的数目，可以使用 size 方法。此外，如果有 0 个映射的话，isEmpty 方法会返回 true。

要获取一个值，给 get 方法传入一个键：

```
public java.lang.Object get(java.lang.Object key)
```

除了目前为止所讨论的方法，还有 3 个无参数方法，能够提供查看 Map 的功能。

- keySet。返回包含 Map 中的所有键的一个 Set。
- values。返回包含 Map 中的所有值的一个 Collection。
- entrySet。返回包含了 Map.Entry 对象的一个 Set，其中每个 Map.Entry 对象表示一个键/值对。Map.Entry 接口提供了 getKey 方法，它能够返回键的部分；还有 getValue 方法，能够返回值的部分。

java.util 包中有 Map 的几个实现。最常使用的是 HashMap 和 Hashtable。HashMap 是非同步的，Hashtable 是同步的。因此，HashMap 是二者中更快的一个。

如下的代码展示了 Map 和 HashMap 的用法。

```
Map map = new HashMap();
map.put("1", "one");
map.put("2", "two");

System.out.println(map.size()); //prints 2
System.out.println(map.get("1")); //prints "one"

Set keys = map.keySet();
// print the keys
for (Object object : keys) {
    System.out.println(object);
}
```

14.9 使得对象可比较和可排序

在现实世界中,当我们说"我的汽车和你的汽车一样"的时候,我的意思是说,我的车和你的车是同样的型号,一样的新,具有相同的颜色等。

在 Java 中,我们使用引用对象的变量来操作对象。引用变量并不包含对象,而是包含了对象在内存中的地址,因此,当你比较两个引用变量 a 和 b 的时候,可以使用下面的代码。

```
if (a == b)
```

实际上,你是在询问 a 和 b 是否引用同一个变量,而不是说 a 和 b 引用的对象是否是相同的。

考虑如下的示例。

```
Object a = new Object();
Object b = new Object();
```

a 引用的对象的类型和 b 引用的对象的类型相同。

但是,a 和 b 引用了两个不同的实例,而且 a 和 b 包含了不同的内存地址。因此,(a == b) 返回 false。

这种比较对象引用的方式很难有用,因为大多数时候,我们更关心对象,而不是对象的地址。如果你想要比较对象,需要找到该类所提供的专门比较对象的方法。例如,要比较两个 String 对象,可以调用其 equals 方法。能否比较两个对象,取决于该对象的类是否支持比较。一个类可以通过实现它从 java.lang.Object 继承而来的 equals 和 hashCode 方法来支持对象的比较。

此外,可以通过实现 java.lang.Comparable 和 java.util.Comparator 接口让对象成为可比较的。在后面的各节中,我们将学习如何使用这些接口。

14.9.1 使用 java.lang.Comparable

java.util.Arrays 类提供了静态的方法 sort,它可以排序对象的一个数组。该方法的签名如下。

```
public static void sort(java.lang.Object[] a)
```

由于所有的 Java 类都派生自 java.lang.Object,所有的 Java 对象都是 java.lang.Object 类型的。这意味着,可以将任何对象的数组传递给 sort 方法。

和数组类似,java.util.Collections 类也有一个 sort 方法用来排序 List。

sort 方法怎么知道如何去排序任意的对象呢?排序数字或字符串很容易,但是,如何排序 Elephant 对象的一个数组呢?

首先,看一下代码清单 14.3 中的 Elephant 类。

代码清单 14.3　Elephant 类

```
public class Elephant {
    public float weight;
    public int age;
    public float tuskLength; // in centimeters
}
```

作为 Elephant 类的编写者,由你来决定想要让 Elephant 对象如何排序。假设你想要根据其体重和年龄来排序。现在,如何告诉 Arrays.sort 或 Collections.sort 你的决定呢?

这两个 sort 方法都定义了它们自身和需要排序的对象之间的一个协议。这个协议的形式是 java.lang.Comparable 接口(参见代码清单 14.4)。

代码清单 14.4　java.lang.Comparable 方法

```
package java.lang;
public interface Comparable {
```

```
    public int compareTo(Object obj);
}
```

需要通过 Arrays.sort 或 Collections.sort 来支持排序的任何类，都必须实现 Comparable 接口。在代码清单 14.4 中，compareTo 方法中的参数 obj 引用了需要和该对象进行比较的对象。如果该对象比参数对象大，在实现类中，实现该方法的代码必须返回一个正值；如果两个对象相等，这个方法返回 0；如果该对象比参数对象小，该方法返回一个负值。

代码清单 14.5 给出了一个修改了的 Elephant 类，它实现了 Comparable。

代码清单 14.5　实现了 Comparable 的 Elephant 类

```
package app14;
public class Elephant implements Comparable {
    public float weight;
    public int age;
    public float tuskLength;
    public int compareTo(Object obj) {
        Elephant anotherElephant = (Elephant) obj;
        if (this.weight > anotherElephant.weight) {
            return 1;
        } else if (this.weight < anotherElephant.weight) {
            return -1;
        } else {
            // both elephants have the same weight, now
            // compare their age
            return (this.age - anotherElephant.age);
        }
    }
}
```

既然 Elephant 实现了 Comparable 接口，可以使用 Arrays.sort 或 Collections.sort 来排序 Elephant 对象的一个数组或 list。sort 方法会将 Elephant 对象当作一个 Comparable 对象（因为 Elephant 实现了 Comparable，一个 Elephant 对象可以被认为是 Comparable 类型的），并且在该对象上调用 compareTo 方法。sort 方法重复这一过程，直到数组中的 Elephant 对象都已经按照其体重和年龄正确地组织好了。代码清单 14.6 提供了一个类来测试 Elephant 对象上的 sort 方法。

代码清单 14.6　排序大象

```
package app14;
import java.util.Arrays;

public class ElephantTest {
    public static void main(String[] args) {
        Elephant elephant1 = new Elephant();
        elephant1.weight = 100.12F;
        elephant1.age = 20;
        Elephant elephant2 = new Elephant();
        elephant2.weight = 120.12F;
        elephant2.age = 20;
        Elephant elephant3 = new Elephant();
        elephant3.weight = 100.12F;
        elephant3.age = 25;

        Elephant[] elephants = new Elephant[3];
        elephants[0] = elephant1;
        elephants[1] = elephant2;
        elephants[2] = elephant3;

        System.out.println("Before sorting");
```

```
            for (Elephant elephant : elephants) {
                System.out.println(elephant.weight + ":" +
                        elephant.age);
            }
            Arrays.sort(elephants);
            System.out.println("After sorting");
            for (Elephant elephant : elephants) {
                System.out.println(elephant.weight + ":" +
                        elephant.age);
            }
        }
    }
```

如果运行 ElephantTest 类,将会在控制台看到如下内容。

```
Before sorting
100.12:20
120.12:20
100.12:25
After sorting
100.12:20
100.12:25
120.12:20
```

像 java.lang.String、java.util.Date 这样的类,以及基本类型的包装器类,都实现了 java.lang.Comparable。这就说明了能够排序它们的原因。

14.9.2 使用 Comparator

实现 java.lang.Comparable 接口使得你可以定义一种方式来比较类的实例。但是,对象有时候需要以更多的方式进行比较。例如,两个 Person 对象可能需要按照年龄、姓氏和名字进行比较。对于类似这样的情况,你需要创建一个 Comparator 实例,它定义了应该如何比较两个对象。要让对象可以按照两种方式比较,就需要两个 Comparator 实例。有了 Comparator,我们就可以比较两个对象,即便它们的类没有实现 Comparable 接口。

要创建一个 Comparator 对象,编写一个实现了 Comparator 接口的类。然后,提供其 compare 方法的实现。该方法签名如下:

```
public int compare(java.lang.Object o1, java.lang.Object o2)
```

如果 o1 和 o2 相等,compare 返回 0;如果 o1 小于 o2,它返回一个负整数;如果 o1 大于 o2,返回一个正整数。

例如,代码清单 14.7 中的 Person 类实现了 Comparable 接口。代码清单 14.8 和代码清单 14.9 展示了 Person 对象的两个 Comparator(按照姓氏比较和按照名字比较),代码清单 14.10 给出了实现了 Person 类及其两个 Comparator 的类。

代码清单 14.7　实现了 Comparable 的 Person 类

```
package app14;

public class Person implements Comparable {
    private String firstName;
    private String lastName;
    private int age;
    public String getFirstName() {
        return firstName;
    }
    public void setFirstName(String firstName) {
        this.firstName = firstName;
    }
    public String getLastName() {
```

```
        return lastName;
    }
    public void setLastName(String lastName) {
        this.lastName = lastName;
    }
    public int getAge() {
        return age;
    }
    public void setAge(int age) {
        this.age = age;
    }
    public int compareTo(Object anotherPerson)
            throws ClassCastException {
        if (!(anotherPerson instanceof Person)) {
            throw new ClassCastException(
                    "A Person object expected.");
        }
        int anotherPersonAge = ((Person) anotherPerson).getAge();
        return this.age - anotherPersonAge;
    }
}
```

代码清单 14.8　LastNameComparator 类

```
package app14;
import java.util.Comparator;

public class LastNameComparator implements Comparator {
    public int compare(Object person, Object anotherPerson) {
        String lastName1 = ((Person)
                person).getLastName().toUpperCase();
        String firstName1 =
                ((Person) person).getFirstName().toUpperCase();
        String lastName2 = ((Person)
                anotherPerson).getLastName().toUpperCase();
        String firstName2 = ((Person) anotherPerson).getFirstName()
                .toUpperCase();
        if (lastName1.equals(lastName2)) {
            return firstName1.compareTo(firstName2);
        } else {
            return lastName1.compareTo(lastName2);
        }
    }
}
```

代码清单 14.9　FirstNameComparator 类

```
package app14;
import java.util.Comparator;

public class FirstNameComparator implements Comparator {
    public int compare(Object person, Object anotherPerson) {
        String lastName1 = ((Person)
                person).getLastName().toUpperCase();
        String firstName1 = ((Person)
                person).getFirstName().toUpperCase();
        String lastName2 = ((Person)
                anotherPerson).getLastName().toUpperCase();
        String firstName2 = ((Person) anotherPerson).getFirstName()
                .toUpperCase();
        if (firstName1.equals(firstName2)) {
```

```
            return lastName1.compareTo(lastName2);
        } else {
            return firstName1.compareTo(firstName2);
        }
    }
}
```

代码清单 14.10　PersonTest 类

```
package app14;
import java.util.Arrays;

public class PersonTest {
    public static void main(String[] args) {
        Person[] persons = new Person[4];
        persons[0] = new Person();
        persons[0].setFirstName("Elvis");
        persons[0].setLastName("Goodyear");
        persons[0].setAge(56);

        persons[1] = new Person();
        persons[1].setFirstName("Stanley");
        persons[1].setLastName("Clark");
        persons[1].setAge(8);

        persons[2] = new Person();
        persons[2].setFirstName("Jane");
        persons[2].setLastName("Graff");
        persons[2].setAge(16);

        persons[3] = new Person();
        persons[3].setFirstName("Nancy");
        persons[3].setLastName("Goodyear");
        persons[3].setAge(69);

        System.out.println("Natural Order");
        for (int i = 0; i < 4; i++) {
            Person person = persons[i];
            String lastName = person.getLastName();
            String firstName = person.getFirstName();
            int age = person.getAge();
            System.out.println(lastName + ", " + firstName +
                    ". Age:" + age);
        }

        Arrays.sort(persons, new LastNameComparator());
        System.out.println();
        System.out.println("Sorted by last name");
        for (int i = 0; i < 4; i++) {
            Person person = persons[i];
            String lastName = person.getLastName();
            String firstName = person.getFirstName();
            int age = person.getAge();
            System.out.println(lastName + ", " + firstName +
                    ". Age:" + age);
        }

        Arrays.sort(persons, new FirstNameComparator());
        System.out.println();
        System.out.println("Sorted by first name");
        for (int i = 0; i < 4; i++) {
            Person person = persons[i];
```

```
            String lastName = person.getLastName();
            String firstName = person.getFirstName();
            int age = person.getAge();
            System.out.println(lastName + ", " + firstName +
                    ". Age:" + age);
        }

        Arrays.sort(persons);
        System.out.println();
        System.out.println("Sorted by age");
        for (int i = 0; i < 4; i++) {
            Person person = persons[i];
            String lastName = person.getLastName();
            String firstName = person.getFirstName();
            int age = person.getAge();
            System.out.println(lastName + ", " + firstName +
                    ". Age:" + age);
        }
    }
}
```

如果运行 PersonTest 类，将会得到如下的结果。

```
Natural Order
Goodyear, Elvis. Age:56
Clark, Stanley. Age:8
Graff, Jane. Age:16
Goodyear, Nancy. Age:69

Sorted by last name
Clark, Stanley. Age:8
Goodyear, Elvis. Age:56
Goodyear, Nancy. Age:69
Graff, Jane. Age:16

Sorted by first name
Goodyear, Elvis. Age:56
Graff, Jane. Age:16
Goodyear, Nancy. Age:69
Clark, Stanley. Age:8

Sorted by age
Clark, Stanley. Age:8
Graff, Jane. Age:16
Goodyear, Elvis. Age:56
Goodyear, Nancy. Age:69
```

14.10 本章小结

在本章中，我们学习了使用集合框架中的核心类型。主要的类型是 java.util.Collection 接口，它有 3 个直接的子接口：List、Set 和 Queue。每种子类型都带有几个实现。有同步的实现和非同步的实现两种。通常更倾向于使用非同步的实现，因为它们更快。

还有一个 Map 接口，用于存储键/值对。Map 的两个主要实现是 HashMap 和 Hashtable。HashMap 比 Hashtable 更快，因为 HashMap 是非同步的，而 Hashtable 是同步的。

最后，我们学习了 java.lang.Comparable 和 java.util.Comparator 接口，这二者都很重要，因为它们使得对象可以比较且可以排序。

第 15 章 泛 型

通过泛型，我们可以编写一个参数化的类型，并且通过传递一种或多种引用类型来创建该类型的实例。对象将会限定为该类型。例如，java.util.List 接口是泛型。如果通过传入 java.lang.String 来创建一个 List，将会得到一个只接受 String 类型的 List。除了参数化类型，泛型还支持参数化方法。

泛型的第一个好处是在编译时进行较为严格的类型检查。这一点在集合框架中是显而易见的。此外，泛型避免了在使用集合框架的时候必须执行的大多数类型强制转换。

本章将介绍如何使用和编写泛型类型。首先介绍早期的 JDK 版本中缺少了什么。然后本章给出了一些泛型类型的示例。在讨论完语法之后，本章最后的小节讲解如何编写泛型。

15.1 没有泛型的日子

所有的 Java 类都派生自 java.lang.Object，这意味着，所有的 Java 对象都可以强制转型为 Object。因此，在 JDK 5 之前，集合框架中的众多方法都接受一个 Object 参数。通过这种方法，集合变成了通用目的的工具类型，能够保存任何类型的对象。

例如，在 JDK 5 之前，List 中的 add 方法接受一个 Object 参数：

```
public boolean add(java.lang.Object element)
```

结果，你可以将任何类型的对象传递给 add 方法。使用 Object 是有意设计的。否则，只能操作一种特定类型的对象，并且将会有不同的 List 类型，如 StringList、EmployeeList 和 AddressList 等。

```
public java.lang.Object get(int index)
        throws IndexOutOfBoundsException
```

get 方法返回一个 Object。这里就是不愉快的结果开始的地方。假设你要在一个 List 中存储两个 String 类型对象。

```
List stringList1 = new ArrayList();
stringList1.add("Java 5 and later");
stringList1.add("with generics");
```

当从 stringList1 获取一个成员的时候，得到了 java.lang.Object 的一个实例。为了操作成员元素的最初类型，必须先将其向下强制转型为 String。

```
String s1 = (String) stringList1.get(0);
```

使用泛型类型，在从 List 获取一个对象的时候，你可以忘记类型强制转型的事情。而且，还有更多好处。使用泛型 List 接口，你可以创建特定的 List，例如，只接受 String 的 List。

15.2 泛型类型

泛型类型（generic type）可以接受参数。这就是为什么泛型类型也常常叫作参数化类型（parameterized type）。声明一个泛型类型，就像声明一个非泛型类型一样，只不过，使用尖括号将用于泛型类型的类型变量列表括起来。

```
MyType<typeVar1, typeVar2, ...>
```

例如，要声明一个 java.util.List，可以这样编写：

```
List<E> myList;
```

E 就是所谓的类型变量，也就是能够用一个类型替代的变量。替代类型变量的值，随后将用作泛型类型中的一个方法的参数类型或返回类型。对于 List 接口，当创建一个实例的时候，E 将会用作 add 方法和其他方法的参数类型。E 还将用作 get 方法和其他方法的返回类型。如下是 add 和 get 方法的签名。

```
public boolean add<E o>
public E get(int index)
```

> **注　意**
>
> 泛型类型使用一个类型变量 E，允许你在声明和实例化该泛型类型的时候传递 E。此外，如果 E 是一个类，你也可以传递 E 的一个子类；如果 E 是一个接口，你也可以传递实现了 E 的一个类。

如果在 List 的声明中传入了 String 类型变量，如下所示：

```
List<String> myList;
```

myList 所引用的 List 实例的 add 方法将会期望一个 String 类型变量作为其参数，并且其 get 方法将返回一个 String 类型值。由于 get 方法返回了一个具体类型的对象，所以不需要向下强制转型。

> **注　意**
>
> 按照惯例，对于类型变量名使用一个单个的大写字母。要实例化一个泛型类型，在声明的时候，传入相同的参数列表。例如，要创建使用 String 的一个 ArrayList，在尖括号中传入 String。

```
List<String> myList = new ArrayList<String>();
```

Java 7 中重要的语言修改，就是允许对参数化类的构造方法使用显式类型参数。在很多情况下，大多数明显的集合会被省略掉。因此，上面的语句在 Java 7 及其以后的版本中，写得更加精简，如下所示。

```
List<String> myList = new ArrayList<>();
```

在这种情况下，编译器将推断 ArrayList 的参数。

作为另一个例子，java.util.Map 的定义如下：

```
public interface Map<K, V>
```

K 用来表示映射的键的类型，V 表示映射的值的类型。put 和 values 方法具有如下的签名：

```
V put (K key, V value)
Collection<V> values ()
```

> **注　意**
>
> 泛型类型必须不能是 java.lang.Throwable 类的一个直接或间接子类，因为异常是在运行时抛出的，因此，在编译时不可能去检查将会抛出什么类型的异常。

例如，代码清单 15.1 比较了使用泛型和未使用泛型的 List。

代码清单 15.1　使用泛型 List

```
package app15;
import java.util.List;
import java.util.ArrayList;

public class GenericListDemo1 {
```

```java
public static void main(String[] args) {
    // without generics
    List stringList1 = new ArrayList();
    stringList1.add("Java");
    stringList1.add("without generics");
    // cast to java.lang.String
    String s1 = (String) stringList1.get(0);
    System.out.println(s1.toUpperCase());

    // with generics and diamond
    List<String> stringList2 = new ArrayList<>();
    stringList2.add("Java");
    stringList2.add("with generics");
    // no type casting is necessary
    String s2 = stringList2.get(0);
    System.out.println(s2.toUpperCase());
}
}
```

在代码清单 15.1 中，stringList2 是一个泛型 List。List<String>的声明告诉编译器，List 的这个实例只能存储 String。当获取 List 的成员元素的时候，不需要进行向下强制类型转换，因为其 get 方法返回了想要的类型，也就是 String。

注 意

使用泛型类型，类型检查在编译时进行。

有趣的事情是，泛型类型自身是一个类型，并且能够用作一个类型变量。例如，如果你想要 List 存储字符串列表，声明 List 的时候，可以传入 List<String>作为其类型参数，如下所示：

```
List<List<String>> myListOfListsOfStrings;
```

要获取 myList 中的第一个列表的第一个字符串，可以这样编写代码：

```
String s = myListOfListsOfStrings.get(0).get(0);
```

代码清单 15.2 展示了一个类，它使用一个 List，该 List 接受 String 类型的一个 List。

代码清单 15.2　操作 List 的 List

```java
package app15;
import java.util.ArrayList;
import java.util.List;
public class ListOfListsDemo1 {
    public static void main(String[] args) {
        List<String> listOfStrings = new ArrayList<>();
        listOfStrings.add("Hello again");
        List<List<String>> listOfLists =
                new ArrayList<>();
        listOfLists.add(listOfStrings);
        String s = listOfLists.get(0).get(0);
        System.out.println(s); // prints "Hello again"
    }
}
```

此外，泛型类型可以接受多个类型变量。例如，java.util.Map 接口有两个类型变量。第 1 个类型变量定义了其键的类型，第 2 个类型变量定义了其值的类型。代码清单 15.3 展示了使用一个泛型 Map 的例子。

代码清单 15.3　使用泛型 Map

```
package app15;
import java.util.HashMap;
```

```
import java.util.Map;
public class MapDemo1 {
    public static void main(String[] args) {
        Map<String, String> map = new HashMap<>();
        map.put("key1", "value1");
        map.put("key2", "value2");
        String value1 = map.get("key1");
    }
}
```

在代码清单 15.3 中,要获取 key1 所表示的值,不需要执行类型强制转换。

15.3 使用不带类型参数的泛型类型

既然 Java 中的集合类型已经支持泛型了,那遗留代码怎么办?好在,它们仍然能够在 Java 5 及其以后的版本中工作,因为它们可以使用不带类型参数的泛型。例如,仍然可以按照旧的方式使用 List,如代码清单 15.1 所示。

```
List stringList1 = new ArrayList();
stringList1.add("Java");
stringList1.add("without generics");
String s1 = (String) stringList1.get(0);
```

不带参数的泛型类型,叫作原始类型(raw type)。这意味着,针对 JDK 1.4 及更早版本编写的代码,将继续在 Java 5 及以后的版本中工作。

然而,需要注意的一点是,从 Java 5 开始,Java 编译器期望你使用带有参数的泛型类型。否则的话,编译器将会给出警告,认为你忘了定义泛型类型的类型变量。例如,编译代码清单 15.1 中的代码,将会给出如下的警告,因为第 1 个 List 是作为原始类型使用的。

```
Note: app15/GenericListDemo1.java uses unchecked or unsafe operations.
Note: Recompile with -Xlint:unchecked for details.
```

当使用原始类型的时候,可以有如下的选择来去除掉警告信息。
- 使用–source 1.4 标志进行编译。
- 使用@SuppressWarnings("unchecked")注解(参见第 17 章)。
- 使用 List<Object>升级代码。List<Object>的实例能够接受任何类型的对象,并且其行为就像是一个原始类型的 List。然而,编译器不会抱怨。

警 告

原始类型是为了向后兼容才可用的。新的开发中不应该使用它们。Java 未来的版本有可能不再允许原始类型。

15.4 使用?通配符

我提到过,如果你声明一个 List<aType>,这个 List 将操作 aType 类型的示例,而且,你可以存储如下类型之一的对象:
- aType 的一个实例。
- aType 的一个子类的实例(如果 aType 是一个类的话)。
- 实现了 aType 的一个类的实例(如果 aType 是一个接口的话)。

注意，一个泛型类型自身就是一个 Java 类型，就像 java.lang.String 或 java.io.File 一样。传递不同的类型变量列表给一个泛型类型会导致不同的类型。例如，下面的 list1 和 list2 引用了不同的对象类型。

```
List<Object> list1 = new ArrayList<>();
List<String> list2 = new ArrayList<>();
```

list1 引用 java.lang.Object 实例的一个列表，list2 引用 String 对象的一个列表。即便 String 是 Object 的子类，List<String>也和 List<Object>无关。因此，给期望一个 List<Object>的方法传入 List<String>，将会产生一个编译时错误。代码清单 15.4 展示了这一点。

代码清单 15.4　AllowedTypeDemo1 类

```
package app15;
import java.util.ArrayList;
import java.util.List;

public class AllowedTypeDemo1 {
    public static void doIt(List<Object> l) {
    }
    public static void main(String[] args) {
        List<String> myList = new ArrayList<>();
        // this will generate a compile error
        doIt(myList);
    }
}
```

如果给 doIt 方法传递了错误的参数，代码清单 15.4 将不会编译。doIt 方法期望 List<Object>的一个实例，而你给它传递的是 List<String>的一个实例。

这个问题的解决方案是?通配符。List<?>表示任意类型的对象的一个列表。因此，doIt 方法应该修改为：

```
public static void doIt(List<?> l) {
}
```

在有些情况下，我们想要使用通配符。例如，如果你有一个 printList 方法，它打印出一个 List 的成员，你可能想要让它接受任意类型的 List。否则，最终需要编写很多 printList 方法的重载。代码清单 15.5 展示了使用?通配符的 printList 方法。

代码清单 15.5　使用?通配符

```
package app15;
import java.util.ArrayList;
import java.util.List;

public class WildCardDemo1 {
    public static void printList(List<?> list) {
        for (Object element : list) {
            System.out.println(element);
        }
    }
    public static void main(String[] args) {
        List<String> list1 = new ArrayList<>();
        list1.add("Hello");
        list1.add("World");
        printList(list1);

        List<Integer> list2 = new ArrayList<>();
        list2.add(100);
        list2.add(200);
        printList(list2);
    }
}
```

代码清单 15.5 中的代码展示了 printList 方法中的 List<?>，它表示任意类型的一个 List。

注意，在声明或创建一个泛型类型的时候，使用通配符是非法的，如下所示：

```
List<?> myList = new ArrayList<?>(); // this is illegal
```

如果想要创建接受任意类型的对象的一个 List，使用 Object 作为类型变量，如下面的代码所示：

```
List<Object> myList = new ArrayList<>();
```

15.5 在方法中使用界限通配符

在 15.4 节中，我们学习了给一个泛型类型传递不同的类型变量以创建不同的 Java 类型。在很多情况下，你可能想要一个方法接受不同类型的 List。例如，如果有一个 getAverage 方法，它返回列表中的成员的平均值，你可能想要该方法能够处理一个整数的列表，或一个浮点数的列表，或者是其他数值类型的列表。然而，如果你编写 List<Number> 作为 getAverage 的参数类型，就不能够传递一个 List<Integer> 实例或一个 List<Double> 实例，因为 List<Number> 是和 List<Integer> 或 List<Double> 不同的类型。你可以使用 List 作为原始类型，或者使用一个通配符，但是，这会丧失在编译时进行类型安全检查的机会，因为你可能会传入任何内容的列表，例如 List<String> 的一个实例。你也可以使用 List<Number>，但是必须给该方法传入一个 List<Number>。这会使得你的方法用途很少，因为你操作 List<Integer> 和 List<Long> 可能要比操作 List<Number> 频繁得多。

还有另一个规则可以避开这一限制，例如，通过允许你定义一个类型变量的上界。通过这种方式，可以传递一个类型或者其子类型。以 getAverage 方法为例，你能够传入一个 List<Number> 或者 Number 子类的实例的一个 List，例如 List<Integer> 或 List<Float>。

使用一个上界的语法如下：

```
GenericType<? extends upperBoundType>
```

例如，对于 getAverage 方法，可以这样编写：

```
List<? extends Number>
```

代码清单 15.6 说明了这样的界限的用法。

代码清单 15.6　使用一个界限通配符

```
package app15;
import java.util.ArrayList;
import java.util.List;
public class BoundedWildcardDemo1 {
    public static double getAverage(
            List<? extends Number> numberList) {
        double total = 0.0;
        for (Number number : numberList) {
            total += number.doubleValue();
        }
        return total/numberList.size();
    }

    public static void main(String[] args) {
        List<Integer> integerList = new ArrayList<>();
        integerList.add(3);
        integerList.add(30);
        integerList.add(300);
        System.out.println(getAverage(integerList)); // 111.0
        List<Double> doubleList = new ArrayList<>();
```

```
            doubleList.add(3.0);
            doubleList.add(33.0);
            System.out.println(getAverage(doubleList)); // 18.0
    }
}
```

通过使用上界，代码清单 15.6 中的 getAverage 方法将允许你传入一个 List<Number>或者 java.lang.Number 的任何子类的实例的一个 List。

extends 关键字用于定义一个类型变量的上界。也可以通过使用 super 关键字来定义一个类型变量的下界。例如，使用 List<? super Integer>作为一个方法参数的类型，表示你可以传递一个 List<Integer>或者 java.lang.Integer 的一个超类的对象的 List。

15.6 泛型方法

泛型方法是声明了它们自己的类型参数的方法。泛型方法的类型参数在一对尖括号中声明，并且放在方法的返回值之前。泛型方法的类型参数的作用域仅限于该方法。静态的和非静态的方法都是允许的，泛型构造方法也是允许的。

泛型方法可以在一个泛型类型或非泛型类型中声明。

例如，java.util.Collections 类的 emptyList 方法是一个泛型方法。该方法的签名如下：

```
public static final <T> List<T> emptyList()
```

emptyList 有一个类型参数 T，它出现在关键字 final 之后，在返回值（List<T>）之前。

在一个泛型类型中，当实例化该类型的时候，必须显式地指定参数类型；与此不同的是，泛型方法的参数类型是通过方法调用以及相应的声明来推断的。这就是我们直接编写如下的代码，而不用为泛型类型指定一个参数类型的原因。

```
List<String> emptyList1 = Collections.emptyList();
List<Integer> emptyList2 = Collection.emptyList();
```

在两条语句中，Java 编译器根据接受返回值的引用变量推断出 emptyList 的参数类型。

NoteType 推断是一种语言功能，它允许编译器根据相应的声明来确定一个泛型方法的类型参数。

如果你愿意，也可以显式地指定一个泛型方法的参数类型，在这种情况下，可以在方法名之前的尖括号中传入类型参数。

```
List<String> emptyList1 = Collections.<String>emptyList();
List<Integer> emptyList2 = Collection.<Integer>emptyList();
```

泛型方法的类型参数也可以拥有使用通配符的上界和下界。例如，Collections 的 binarySearch 方法指定了上界和下界：

```
public static <T> int binarySearch(List<? extends T> list, T key,
        Comparator<? super T> c)
```

15.7 编写泛型类型

编写一个泛型类型和编写其他的类型差别不大，只不过要声明类型变量的一个列表，以便在类中的其他地方使用。这些类型变量位于尖括号中，放在类型名之后。例如，代码清单 15.7 中的 Point 类是一个泛型类。一个 Point 对象表示坐标系中的一个点，它拥有一个 x 部分（横坐标）和一个 y 部分（纵坐标）。通过使得 Point 成为泛型，我们可以指定一个 Point 实例的精确度。例如，如果一个 Point 对象需要非常精确，可以传入 Double 作为类型变量。否则的话，Integer 就足够了。

代码清单 15.7　generic Point 类

```
package app15;
public class Point<T> {
    T x;
    T y;
    public Point(T x, T y) {
        this.x = x;
        this.y = y;
    }
    public T getX() {
        return x;
    }
    public T getY() {
        return y;
    }
    public void setX(T x) {
        this.x = x;
    }
    public void setY(T y) {
        this.y = y;
    }
}
```

在代码清单 15.7 中，T 是 Point 类的类型变量。T 还用作 getX 和 getY 的返回值，以及 setX 和 setY 的参数类型。此外，构造方法还接受两个 T 类型变量。

使用 Point，就像使用其他的泛型类型一样。例如，如下的代码创建了两个 Point 对象，point1 和 point2。前者传入 Integer 作为类型变量，后者传入 Double 作为类型变量。

```
Point<Integer> point1 = new Point<>(4, 2);
point1.setX(7);
Point<Double> point2 = new Point<>(1.3, 2.6);
point2.setX(109.91);
```

15.8　本章小结

泛型使得编译时的类型检查更为严格。特别是用于集合框架的时候，泛型做出了两个贡献。首先，它在编译时添加了集合类型的类型检查，从而一个集合所能够存储的对象的类型严格地限定为传递给它的类型。例如，现在可以创建 java.util.List 的一个实例，它只保存字符串而不能接受 Integer 或其他类型。其次，泛型使得当从一个集合获取元素的时候，不必在进行类型强制转换。

泛型类型也可以不和类型变量一起使用，例如用作原始类型。这使得可以使用 JRE 5 及其以后的版本来运行 Java 5 之前的代码。对于新的应用程序，不应该使用原始类型，而且 Java 未来的版本也可能不再支持它。

在本章中，我们还学习了为一个泛型类型传递不同的类型变量以得到不同的 Java 类型。也就是说，List<String> 和 List<Object> 是不同的类型。即便 String 是 java.lang.Object 一个子类，给接收 List<Object> 的方法传入一个 List<String>，还是会导致一个编译错误。期望传入任意对象的一个 List 的方法，可以使用 ? 通配符。List<?> 表示任意类型的对象的一个 List。

最后，我们看到了编写泛型类型和编写普通的 Java 类型差别不大。你只需要在类型名后面的尖括号中，声明类型变量的一个列表。然后，将这些类型变量用作方法的返回值的类型，或者方法的参数的类型。根据惯例，类型变量名是一个单个的大写字母。

第 16 章 输入/输出

输入/输出（Input/output，I/O）是计算机程序最常执行的操作之一。I/O 操作的例子包括：
- 创建和删除文件。
- 从一个文件或网络套接字读取内容，或向其写入内容。
- 把对象序列化（或保存）到持久存储中，并且获取保存的对象。

从 JDK 1.0 开始，Java 就以 java.io 包中的 I/O API 的形式支持 I/O。JDK 1.4 添加了 New I/O (NIO) API，使得缓存管理、可扩展网络和文件 I/O 的性能得到了提升。Java NIO API 是 java.nio 包及其子包的一部分。JDK 7 还引入了一组名为 NIO.2 的包来作为已有的技术的补充。然而，这里没有名为 java.nio2 的包。相反，在包 java.nio.file 中可以找到新的类型及其子包。NIO.2 的新功能之一是 Path 接口，它设计用来取代 java.io.File 类，而后者现在是被废弃了。旧的 File 类经常产生令人挫折的问题，因为其很多方法都无法抛出异常，其 delete 方法常常由于令人费解的原因而失败，其 rename 方法也无法在不同的操作系统上一致地工作。

JDK 7 的另一项对 I/O 和 NIO API 产生较大影响的添加是 java.lang.AutoCloseable 接口。JDK 7 及其以后的版本中的 java.io 的类，大部分实现了这一接口以支持 try-with-resources。

本章将基于 java.io 和 java.nio.file 的功能并选择最重要的成员来进行介绍。不再介绍 java.io.File，但是会介绍 Path 接口。java.io.File 在 JDK 7 之前仍然广泛地使用，因此，可能会在使用 Java 的旧版本编写的应用中找到它。

文件系统和路径是本章中的第 1 个话题。在这里，我们将学习什么是路径，以及在 Java 中如何表示文件系统。

在 16.2 节中，我们将介绍强大的 java.nio.file.Files 类。可以使用 Files 来创建和删除文件和目录，检查一个文件是否存在，以及从一个文件读取内容，或者向文件写入内容。

注意，Files 中对于从文件读取内容和向文件写入内容的支持，只适用于较小的文件。对于较大的文件，或者对于增加的功能，需要使用一个流。我们将在 16.3 节中介绍流，它就像是用于数据传输的水管一样。有 4 种类型的流：InputStream、OutputStream、Reader 和 Writer。为了得到更好的性能，还有一些类可以包装这些流并且在读取和写入的时候缓存数据。

从一个流读入内容以及向一个流写入内容，强制你必须顺序地做这些事情，这意味着要读取某一个单位的数据，必须先读取其前面的数据。对于随机访问文件，也就是说，要随机地访问文件的任意部分，你需要一个不同的 Java 类型。对于非顺序性的操作来说，java.io.RandomAccessFile 是更好的选择，现在更好的方法是使用 java.nio.channels.SeekableByteChannel。后者将在 16.9 节中介绍。

本章最后介绍了对象的序列化和解序列化。

16.1 文件系统和路径

文件系统可以包含 3 种类型的对象：文件、目录（也叫作文件夹）和符号链接。并不是所有的操作系统都支持符号链接，早期的操作系统带有一个平面文件系统，其中没有子目录。然而，今天的大多数操作系统至少支持文件和目录，并且允许目录包含子目录。目录树上的顶级目录叫作根目录。Linux/UNIX 变体都有一个根目录：/。Windows 可以有多个根目录：C:\、D:\等。

文件系统中的一个对象，可以通过路径来唯一地标识。例如，可以将 Mac 系统中的/home/user 目录中的 image1.png 文件引用为/home/user/image1.png，这就是路径。Temp 目录位于 Windows 的 C 盘下，也就是 C:\temp，这也是路径。路径在整个文件系统中必须是唯一的。例如，如果在/home/user 中已经有了一个名为 document.bak 的文件的话，你不能在该目录中创建一个 document.bak 目录。

路径可以是绝对的或相对的。绝对路径拥有指向文件系统中的一个对象的所有信息。例如，/home/kyleen 和/home/alexis 是绝对路径。相对路径并没有所需要的所有信息。例如，home/jayden 是相对于当前目录的。只有知道当前目录的时候，home/jayden 才可以解析。

在 Java 中，一个文件或路径是由一个 java.io.File 对象来表示的。然而，File 类有很多的缺陷，并且 Java 7 在其 NIO.2 包中，引入了 File 类的更好的替代，也就是 java.nio.file.Path 接口。

Path 接口名副其实，它表示一个路径，可以是一个文件、一个目录或者一个符号链接。在详细介绍 Path 之前，我们先来介绍 java.nio.file 包的另一个成员——FileSystem 类。

正如其名字所示，FileSystem 表示一个文件系统。它是一个抽象类，FileSystems 静态方法 getDefault 返回当前的文件系统：

```
FileSystem fileSystem = FileSystems.getDefault();
```

FileSystems 还有其他的一些方法。getSeparator 方法以字符串的形式返回名称分隔符。在 Windows 系统中，分隔符为 "\"，而在 UNIX/Linux 系统中，分隔符为 "/"。如下是该方法的签名。

```
public abstract java.lang.String getSeparator()
```

FileSystems 的另一个方法是 getRootDirectories，它返回一个 Iterable，用于遍历根目录。

```
public abstract java.lang.Iterable<Path> getRootDirectories()
```

要创建一个 Path 实例，可以使用 FileSystem 的 getPath 方法：

```
public abstract Path getPath(String first, String... more)
```

在 getPath 方法中，只有 first 参数是必须的，more 参数是可选的。如果有了 more，它将会附加在 first 之后。例如，要创建引用/home/user/images 的路径，可以编写如下两条语句中的任何一条。

```
Path path = FileSystems.getDefault().getPath("/home/user/images");
Path path = FileSystems.getDefault().getPath("/home", "user",
        "images");
```

java.nio.file.Paths 类提供了通过其静态 get 方法来创建一个 Path 实例的快捷方法：

```
Path path1 = Paths.get("/home/user/images");
Path path2 = Paths.get("/home", "user", "images");
Path path3 = Paths.get("C:\\temp");
Path path4 = Paths.get("C:\", "temp");
```

诸如/home/user/images 或 C:\temp 类的路径，可以分解为其各个元素。/home/user/images 有 3 个名称，home、user 和 images。C:\temp 只有一个名称，temp，因为根目录不算在内。Path 的 getNameCount 方法返回路径中的名称的数目。可以使用 getName 来获取单个的名称：

```
Path getName(int index)
```

index 参数是基于 0 的。它的值必须在 0 和元素的数目减去 1 之间。第 1 个最接近根目录的元素的索引为 0。考虑如下的代码段。

```
Path path = Paths.get("/home/user/images");
System.out.println(path.getNameCount()); // prints 3
System.out.println(path.getName(0)); // prints home
System.out.println(path.getName(1)); // prints user
System.out.println(path.getName(2)); // prints images
```

Path 其他的重要方法包括 getFileName、getParent 和 getRoot。

```
Path getFileName()
Path getParent()
Path getRoot()
```

getFileName 方法返回当前 Path 的文件名。因此，如果 path1 表示/home/user1/Calculator.java，path1.getFileName()将返回引用 Calculator.java 文件的一个相对路径。调用 path1.getParent()，将会返回/home/user1，调用 path1.getRoot()将会返回/。在根目录上调用 getParent 方法，将会返回空。

需要注意：创建一个 Path 实例，并不会创建一个物理的文件或路径。通常 Path 实例引用不存在的物理对象。要创建一个文件或目录，需要使用 Files 类，在 16.2 节将会介绍它。

16.2 文件和目录的处理和操作

java.nio.file.Files 是非常强大的类，它提供了处理文件和目录的静态方法，以及从文件读取内容和向文件写入内容的静态方法。使用这个类，我们可以创建和删除路径、复制文件，检查一个路径是否存在等。此外，Files 带有用来创建流对象的方法，当你操作输入和输出流的时候，会发现流对象很有用。

如下各小节将详细介绍可以用 Files 做些什么。

16.2.1 创建和删除文件和目录

要创建一个文件，需要使用 Files 的 createFile 方法。该方法的签名如下。

```
public static Path createFile(Path file,
        java.nio.file.attribute.FileAttribute<?>... attrs)
```

attrs 参数是可选的，因此，如果你不需要设置文件属性的话，可以忽略它。例如：

```
Path newFile = Paths.get("/home/jayden/newFile.txt");
Files.createFile(newFile);
```

如果父目录不存在的话，createFile 方法会抛出一个 IOException。如果已经有了名称由 file 所指定的一个文件、一个目录或一个符号链接的话，它会抛出一个 FileAlreadyExistsException。

要创建一个目录，可以使用 createDirectory 方法。

```
public static Path createDirectory(Path directory,
        java.nio.file.attribute.FileAttribute<?>... attrs)
```

和 createFile 方法一样，createDirectory 方法也可以抛出一个 IOException 或 FileAlreadyExistsException。

要删除一个文件、一个目录或一个符号链接，需要使用 delete 方法：

```
public static void delete(Path path)
```

如果 path 是目录，那么，这个目录必须为空。如果 path 是一个符号链接，只有该链接会被删除，并且没有链接目标。如果 path 不存在，会抛出一个 NoSuchFileException。

在删除一个路径的时候，一定会检查路径是否存在，可以使用 deleteIfExists 方法：

```
public static void deleteIfExists(Path path)
```

如果要使用 deleteIfExists 方法删除一个目录，该目录必须为空。否则，将会抛出一个 DirectoryNotEmptyException。

16.2.2 获取一个目录对象

可以使用 Files 类的 newDirectoryStream 方法来获取目录中的文件、子目录和符号链接。这个方法返回一个 DirectoryStream 实例，来遍历一个目录中的所有的对象。如下是 newDirectoryStream 方法的签名：

```
public static DirectoryStream<Path> newDirectoryStream(Path path)
```

返回的 DirectoryStream 实例在用完之后必须关闭。

例如，如下的代码段打印出该目录中的所有子目录和文件。

```
Path parent = ...
try (DirectoryStream<Path> children =
        Files.newDirectoryStream(parent)) {
    for (Path child : children) {
        System.out.println(child);
    }
} catch (IOException e) {
    e.printStackTrace();
}
```

16.2.3 复制和移动文件

有 3 个 copy 方法可以复制文件和目录。最容易使用的一个如下所示。

```
public static Path copy(Path source, Path target,
        CopyOption... options) throws java.io.IOException
```

CopyOption 是 java.nio.file 中的一个接口。StandardCopyOption 枚举是其实现之一,它提供 3 个复制选项:
- ATOMIC_MOVE。移动文件作为一个基本的文件系统操作。
- COPY_ATTRIBUTES。将属性复制到新文件。
- REPLACE_EXISTING。替换一个已有的文件(如果它存在的话)。

作为示例,如下的代码在相同的目录中创建了 C:\temp\line1.bmp 文件的一个副本,将其命名为 backup.bmp。

```
Path source = Paths.get("C:/temp/line1.bmp");
Path target = Paths.get("C:/temp/backup.bmp");
try {
    Files.copy(source, target,
            StandardCopyOption.REPLACE_EXISTING);
} catch (IOException e) {
    e.printStackTrace();
}
```

可以使用 move 方法来移动一个文件。

```
public static Path move(Path source, Path target,
        CopyOption... options) throws java.io.IOException
```

例如,如下代码将 C:\temp\backup.bmp 文件移动到 C:\data 目录下。

```
Path source = Paths.get("C:/temp/backup.bmp");
Path target = Paths.get("C:/data/backup.bmp");
try {
    Files.move(source, target,
            StandardCopyOption.REPLACE_EXISTING);
} catch (IOException e) {
    e.printStackTrace();
}
```

16.2.4 从文件读取和写入到文件

Files 类提供了从一个小的二进制文件和文本文件读取内容的方法,以及向其中写入内容的方法。readAllBytes 和 readAllLine 方法分别用于从一个二进制文件或文本文件中读取内容。

```
public static byte[] readAllBytes(Path path)
        throws java.io.IOException
public static List<String> readAllLines(Path path,
        java.nio.charset.Charset charset) throws java.io.IOException
```

向一个二进制文件和文本文件写入内容,则分别使用以下的 write 方法。

```
public static Path write(Path path, byte[] bytes,
        OpenOption... options) throws java.io.IOException
public static Path write(Path path, java.lang.Iterable<? extends
        CharSequence> lines, java.nio.charset.Charset charset,
        OpenOption... options) throws java.io.IOException
```

write 方法的两个重载形式,都接受一个可选的 OpenOption 参数,并且第 2 个重载形式还接受一个 Charset 参数。OpenOption 接口定义了打开一个文件以进行写入访问的选项。StandardOpenOption 枚举实现了 OpenOption 并且提供了如下值。

- APPEND。如果该文件打开了以进行写入访问,要写的数据会附加到文件的末尾。
- CREATE。如果文件不存在的话,创建一个新文件。
- CREATE_NEW。创建一个新文件,如果该文件已经存在的话,抛出一个异常。
- DELETE_ON_CLOSE 关闭并删除该文件。
- DSYNC。确定对文件内容的更新同步地写。
- READ。打开以供读取访问。
- SPARSE。稀疏文件。
- SYNC。确定对文件内容和元数据的更新同步地写。
- TRUNCATE_EXISTING。如果文件打开以供写入,并且文件已经存在,将文件的长度截断为 0。
- WRITE。打开文件以供写入访问。

java.nio.charset.Charset 是一个抽象类,表示字符集。当针对字节编码以及将字节解码为字符的时候,需要指定所要使用的字符集。如果忘记了什么是字符集的话,参见本书第 2 章对 ASCII 和 Unicod 的介绍。

创建一个 Charset 的最简单的方法,是调用静态的 Charset.forName 方法,传入一个字符集的名称。例如,要创建一个 US ASCII Charset,可以这样编写代码。

```
Charset usAscii = Charset.forName("US-ASCII");
```

既然了解了一些关于 OpenOption 和 Charset 的知识,我们来看一下如下的代码段,它将几行文本写入到 C:\temp\speech.txt 中,并且将其读回。

```
// write to and read from a text file
Path textFile = Paths.get("C:/temp/speech.txt");
Charset charset = Charset.forName("US-ASCII");
String line1 = "Easy read and write";
String line2 = "with java.nio.file.Files";
List<String> lines = Arrays.asList(line1, line2);
try {
    Files.write(textFile, lines, charset);
} catch (IOException ex) {
    ex.printStackTrace();
}

// read back
List<String> linesRead = null;
try {
    linesRead = Files.readAllLines(textFile, charset);
} catch (IOException ex) {
    ex.printStackTrace();
}

if (linesRead != null) {
    for (String line : linesRead) {
        System.out.println(line);
    }
}
```

注意，Files 类中的 read 和 write 方法只是适用于比较小的文件。对于中等大小和较大的文件来说，请使用流来代替。

16.3 输入/输出流

可以把 I/O 流想象成水管。就像是水管将城市里的房屋和水库连接起来一样，Java I/O 流将 Java 代码和一个"数据水池"连接起来。用 Java 的术语来讲，这个"数据水池"叫作池，它可能是一个文件、一个网络套接字或者内存。对于流来说，较好的事情是，你可以用一种一致的方法在不同的池之间传输数据，由此简化了代码，你只需要构建正确的流就可以了。

根据数据的方向，有两种类型的流，输入流和输出流。使用输入流从一个池读取内容，使用输出流把内容写到一个池中。由于数据可以分为二进制数据和字符（人类可读的数据），因此，也有两种输入流和两种输出流。这些流通过 java.io 包中的如下 4 个抽象类来表示。

- Reader。从一个池中读取字符的流。
- Writer。向一个池写入数据的流。
- InputStream。从一个池中读取二进制数据的流。
- OutputStream。向一个池写入二进制数据的流。

流的好处是，它们所定义的读取数据和写入数据的方法，不管是什么数据源或目标都可以使用。要连接到一个特定的池，只需要构造正确的实现类。java.nio.file.Files 类提供了方法以构造连接到一个文件的流。

当使用流的时候，一般的操作顺序如下：

1. 创建一个流。最终的对象已经打开了，因此，这里不需要调用 open 方法。
2. 执行读取或写入操作。
3. 通过调用流的 close 方法来关闭流。由于大多数流类现在都实现了 java.lang.AutoCloseable，可以在一条 try-with-resources 语句中创建一个流，并且让流自动关闭。

后面的小节会更加详细地介绍流类。

16.4 读二进制数据

可以使用 InputStream 类从一个池中读取二进制数据。InputStream 是一个抽象类，它有一些具体的子类，如图 16.1 所示。

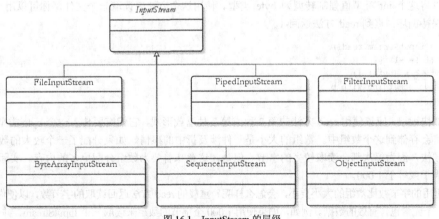

图 16.1 InputStream 的层级

在 JDK 7 之前，我们使用 FileInputStream 从文件中读取二进制数据。随着 NIO.2 的出现，我们可以调用 Files.newInputStream 从一个文件池获取一个 InputStream。如下是 InputStream 的签名。

```
public static java.io.InputStream newInputStream(Path path,
        OpenOption... options) throws java.io.IOException
```

InputStream 实现了 java.lang.AutoCloseable，因此，我们可以在一条 try-with-resources 语句中使用它，并且不需要显式地关闭它。如下是一些模板代码。

```
Path path = ...
try (InputStream inputStream = Files.newInputStream(path, StandardOpenOption.READ) {

    // manipulate inputStream

} catch (IOException e) {
    // do something with e
}
```

由于 Files.newInputStream 所返回的 InputStream 没有缓存，因此，应该使用 BufferedInputStream 将其包装起来以达到更好的性能。模板代码如下所示。

```
Path path = ...
try (InputStream inputStream = Files.newInputStream(path,
        StandardOpenOption.READ;
        BufferedInputStream buffered =
            new BufferedInputStream(inputStream)) {

    // manipulate buffered, not inputStream

} catch (IOException e) {
    // do something with e
}
```

在 InputStream 类中，read 方法有 3 种重载形式。

```
public int read ()
public int read(byte[] data)
public int read(byte[] data, int offset, int length)
```

InputStream 类使用一个内部指针，指向了要读取的数据的开始位置。每一个重载的 read 方法都返回所读取的字节数，或者如果没有数据读入到 InputStream 的话，返回-1。当这个内部指针到达文件的末尾的时候，它返回-1。

无参数的 read 方法是最容易使用的。它从 InputStream 中读取下一个单个的字节，并且返回一个 int 类型值，可以将这个 int 类型值强制转型为 byte 类型。使用这个方法来读取一个文件，你可以用一个 while 语句块来保持循环，直到 read 方法返回-1。

```
int i = inputStream.read();
while (i != -1) {
    byte b = (byte) i;
    // do something with b
}
```

为了加快读取，应该使用 read 方法的第 2 种或第 3 种重载形式，它们需要传入一个 byte 类型数组。然后，数据将会存储到这个数组中。数组的大小是一件涉及折中的事情。如果分配了一个较大的数字，读取操作将会较快，因为每次都会读取较多的字节。但是，这意味着要为数组分配更多的内存。实际上，数组大小应该大于或等于 1 000。

如果可用的字节数比数组的大小要小，会怎么样呢？重载的 read 方法返回读取的字节数，以便你可以知道数组的哪一个元素包含有效的数据。例如，如果使用 1 000 个字节的数组来读取一个 InputStream，并且有 1 500 个字节要读取，你将需要调用 read 方法两次。第一次调用会得到 1 000 个字节，第二次调用会读取 500 个字节。

你可以使用 3 个参数的 read 重载形式，来选择所读取的字节数比数组大小要小：

`public int read(byte[] data, int offset, int length)`

该重载方法将 length 个字节读入到字节数组中。offset 的值决定了读入数组的第 1 个字节的位置。
除了 read 方法，还有如下的一些方法：

`public int available () throws IOException`

该方法返回了能够读取（或略过）而不会阻塞的字节数。

`public long skip (long n) throws IOException`

从 InputStream 中略过指定的字节数。实际略过的字节数会返回，这可能比预先指定的数目要少。

`public void mark (int readLimit)`

记住当前 InputStream 中的内部指针的位置。此后调用 reset 方法，将会把指针返回到标记的位置。readLimit 参数指定了在标记位置失效之前所读取的字节数。

`public void reset ()`

重新定位 InputStream 中的内部指针，以标记位置。

`public void close()`

关闭 InputStream。除非你在 try-with-resources 语句中创建了一个 InputStream，当你用完 InputStream 要释放资源的时候，总是应该调用该方法。

作为一个示例，代码清单 16.1 展示了一个 InputStreamDemo1 类，它包含了一个用来比较两个文件的 compareFiles 方法。你需要调整 path1 和 path2 的值，以确保在运行该类之前文件是存在的。

代码清单 16.1 使用 InputStream 的 compareFiles 方法

```java
package app16;
import java.io.IOException;
import java.io.InputStream;
import java.nio.file.Files;
import java.nio.file.LinkOption;
import java.nio.file.NoSuchFileException;
import java.nio.file.Path;
import java.nio.file.Paths;
import java.nio.file.StandardOpenOption;

public class InputStreamDemo1 {
    public boolean compareFiles(Path path1, Path path2)
            throws NoSuchFileException {

        if (Files.notExists(path1)) {
            throw new NoSuchFileException(path1.toString());
        }
        if (Files.notExists(path2)) {
            throw new NoSuchFileException(path2.toString());
        }
        try {
            if (Files.size(path1) != Files.size(path2)) {
                return false;
            }
        } catch (IOException e) {
            e.printStackTrace();
        }
        try (InputStream inputStream1 = Files.newInputStream(
                path1, StandardOpenOption.READ);
             InputStream inputStream2 = Files.newInputStream(
```

```
                    path2, StandardOpenOption.READ)) {
            int i1, i2;
            do {
                i1 = inputStream1.read();
                i2 = inputStream2.read();
                if (i1 != i2) {
                    return false;
                }
            } while (i1 != -1);
            return true;
        } catch (IOException e) {
            return false;
        }
    }

    public static void main(String[] args) {
        Path path1 = Paths.get("C:\\temp\\line1.bmp");
        Path path2 = Paths.get("C:\\temp\\line2.bmp");
        InputStreamDemo1 test = new InputStreamDemo1();
        try {
            if (test.compareFiles(path1, path2)) {
                System.out.println("Files are identical");
            } else {
                System.out.println("Files are not identical");
            }
        } catch (NoSuchFileException e) {
            e.printStackTrace();
        }

        // the compareFiles method is not the same as
        // Files.isSameFile
        try {
            System.out.println(Files.isSameFile(path1, path2));
        } catch (IOException e) {
            e.printStackTrace();
        }
    }
}
```

如果所比较的两个文件是相同的，compareFiles 方法返回 true。该方法的核心是如下的语句块。

```
            int i1, i2;
            do {
                i1 = inputStream1.read();
                i2 = inputStream2.read();
                if (i1 != i2) {
                    return false;
                }
            } while (i1 != -1);
            return true;
```

它从第 1 个 InputStream 中读取下一个字节到 i1，从第 2 个 InputStream 中读取下一个字节到 i2，并且比较 i1 和 i2。它将继续读取，直到 i1 和 i2 不同，或者是到达了文件的末尾。

16.5 写二进制数据

OutputStream 抽象类表示将二进制数据写入到池中的一个流。该子类如图 16.2 所示。

16.5 写二进制数据

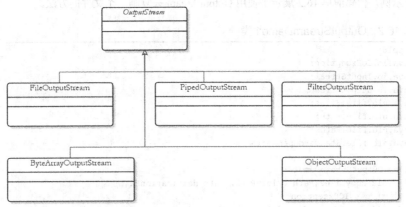

图 16.2 OutputStream 的实现类

在 JDK 7 之前，你会使用 java.io.FileOutputStream 来把二进制数据写入到一个文件中。有了 NIO 2，现在可以调用 Files.newOutputStream 来获取一个文件池的 OutputStream。newOutputStream 的签名如下：

```
public static java.io.OutputStream newOutputStream(Path path,
        OpenOption... options) throws java.io.IOException
```

OutputStream 实现了 java.lang.AutoCloseable，因此，你可以在一条 try-with-resources 语句中使用它，而不需要显式地关闭它。如下代码展示了创建一个文件池的 OutputStream 方法：

```
Path path = ...
try (OutputStream outputStream = Files.newOutputStream(path, StandardOpenOption.CREATE, StandardOpenOption.APPEND) {

    // manipulate outputStream

} catch (IOException e) {
    // do something with e
}
```

从 Files.newOutputStream 返回的 OutputStream 没有被缓存，因此，你应该用一个 BufferedOutputStream 来包装它以获得更好的性能。因此，你的模板代码应该如下所示：

```
Path path = ...
try (OutputStream outputStream = Files.newOututStream(path,
        StandardOpenOption.CREATE, StandardOpenOption.APPEND;
        BufferedOutputStream buffered =
                new BufferedOutputStream(outputStream)) {

    // manipulate buffered, not outputStream

} catch (IOException e) {
    // do something with e
}
```

OutputStream 定义了 write 方法的 3 个重载形式，这是和 InputStream 中的 read 方法相对应的方法：

```
public void write(int b)
public void write(byte[] data)
public void write(byte[] data, int offset, int length)
```

第 1 种重载形式将整数 b 的最低的 8 位写入到了 OutputStream 中。第 2 种重载形式将一个字节数组的内容写入到 OutputStream 中。第 3 种重载形式写入从 offset 位置开始的 length 字节个数据。

此外，还有无参数的 close 和 flush 方法。close 方法会关闭 OutputStream，而 flush 方法会强制将所有的内容都写入到池中。如果在一条 try-with-resources 语句中创建了 OutputStream，你不需要调用 close 方法。

作为一个示例,代码清单 16.2 展示了使用 OutputStream 来复制一个文件的方法。

代码清单 16.2　OutputStreamDemo1 类

```java
package app16;
import java.io.IOException;
import java.io.InputStream;
import java.io.OutputStream;
import java.nio.file.Files;
import java.nio.file.Path;
import java.nio.file.Paths;
import java.nio.file.StandardOpenOption;

public class OutputStreamDemo1 {
    public void copyFiles(Path originPath, Path destinationPath)
            throws IOException {
        if (Files.notExists(originPath)
                || Files.exists(destinationPath)) {
            throw new IOException(
                    "Origin file must exist and " +
                    "Destination file must not exist");
        }
        byte[] readData = new byte[1024];
        try (InputStream inputStream =
                Files.newInputStream(originPath,
                    StandardOpenOption.READ);
             OutputStream outputStream =
                Files.newOutputStream(destinationPath,
                    StandardOpenOption.CREATE)) {
            int i = inputStream.read(readData);
            while (i != -1) {
                outputStream.write(readData, 0, i);
                i = inputStream.read(readData);
            }
        } catch (IOException e) {
            throw e;
        }
    }

    public static void main(String[] args) {
        OutputStreamDemo1 test = new OutputStreamDemo1();
        Path origin = Paths.get("C:\\temp\\line1.bmp");
        Path destination = Paths.get("C:\\temp\\line3.bmp");
        try {
            test.copyFiles(origin, destination);
            System.out.println("Copied Successfully");
        } catch (IOException e) {
            e.printStackTrace();
        }
    }
}
```

copyFile 方法的以下部分做实际的工作。

```java
byte[] readData = new byte[1024];
try (InputStream inputStream =
        Files.newInputStream(originPath,
            StandardOpenOption.READ);
     OutputStream outputStream =
        Files.newOutputStream(destinationPath,
            StandardOpenOption.CREATE)) {
```

```
            int i = inputStream.read(readData);
            while (i != -1) {
                outputStream.write(readData, 0, i);
                i = inputStream.read(readData);
            }
        } catch (IOException e) {
            throw e;
        }
    }
```

字节数组 readData 用来存储从 InputStream 读取的数据。读取的字节数分配给 i。然后，代码在 OutputStream 上调用 write 方法，传入字节数组和作为第 3 个参数的 i。

```
outputStream.write(readData, 0, i);
```

16.6 写文本（字符）

抽象类 Writer 定义了用于写字符的流。图 16.3 展示了 Writer 类的实现。

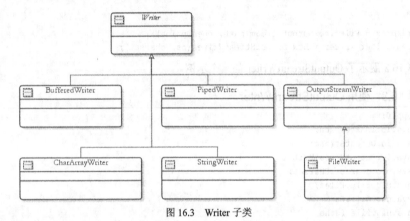

图 16.3　Writer 子类

OutputStreamWriter 为使用一个给定的字符集将字符转换为字节流提供了便利。字符集保证了你写入到这个 OutputStreamWriter 中的任何的 Unicode 字符都将会转换为正确的字节表示。FileWriter 是 OutputStreamWriter 的子类，它提供了一种方便的方式将字符写入到文件中。但是，FileWriter 并不是完美无缺的。当使用 FileWriter 的时候，你不得不使用计算机的编码来输出字符，这意味着，当前字符集之外的字符将无法正确地转换为字节。FileWriter 的一个更好的替代是 PrintWriter。

下面各小节将会介绍 Writer 及其子类。

16.6.1　Writer

Writer 类和 OutputStream 类似，只不过 Writer 处理字符而不是字节。和 OutputStream 一样，Writer 有 3 种 writer 方法的重载：

```
public void write(int b)
public void write(char[] text)
public void write(char[] text, int offset, int length)
```

然而，当操作文本或字符的时候，通常使用字符串。因此，writer 还有另外两种重载形式，它们接受一个 String 对象。

```
public void write (String text)
public void write(String text, int offset, int length)
```

后一种 writer 方法的重载形式，允许传递一个 String 并将该 String 部分写到 Writer 中。

16.6.2 OutputStreamWriter

一个 OutputStreamWriter 是字符流和字节流之间的桥梁：写入到一个 OutputStreamWriter 的字符，使用一个指定的字符集编码为字节。后者是 OutputStreamWriter 的一个重要的元素，因为它使得能够将 Unicode 字符正确地转换为 byte 表示。

OutputStreamWriter 类提供了 4 个构造方法，如下：

```
public OutputStreamWriter(OutputStream out)
public OutputStreamWriter(OutputStream out,
        java.nio.charset.Charset cs)
public OutputStreamWriter(OutputStream out,
        java.nio.charset.CharsetEncoder enc)
public OutputStreamWriter(OutputStream out, String encoding)
```

这些构造方法都接受一个 OutputStream 参数，写入到这个 OutputStreamWriter 的字符，经过转换后得到的字节再写到 OutputStream 中。因此，如果你想要写到一个文件，只需要用一个文件池创建一个 OutputStream。

```
OutputStream os = Files.newOutputStream(path, openOption);
OutputStreamWriter writer = new OutputStreamWriter(os, charset);
```

代码清单 16.3 展示了 OutputStreamWriter 的一个示例。

代码清单 16.3　使用 OutputStreamWriter

```
package app16;
import java.io.IOException;
import java.io.OutputStream;
import java.io.OutputStreamWriter;
import java.nio.charset.Charset;
import java.nio.file.Files;
import java.nio.file.Path;
import java.nio.file.Paths;
import java.nio.file.StandardOpenOption;

public class OutputStreamWriterDemo1 {
    public static void main(String[] args) {
        char[] chars = new char[2];
        chars[0] = '\u4F60'; // representing 你
        chars[1] = '\u597D'; // representing 好;
        Path path = Paths.get("C:\\temp\\myFile.txt");
        Charset chineseSimplifiedCharset =
                Charset.forName("GB2312");

        try (OutputStream outputStream =
                Files.newOutputStream(path,
                StandardOpenOption.CREATE);
            OutputStreamWriter writer = new OutputStreamWriter(
                    outputStream, chineseSimplifiedCharset)) {

            writer.write(chars);
        } catch (IOException e) {
            e.printStackTrace();
        }
    }
}
```

代码清单 16.3 根据写入到 Windows 上的 C:\temp\myFile.txt 文件的一个 OutputStream，创建了一个 OutputStreamWriter。因此，如果你使用 Linux 或 Mac OS X，你需要更改 textFile 的值。这里有意使用一个绝对路径，以便大多数读者在打开一个文件的时候会更容易一些。OutputStreamWriter 使用了 GB2312 字符集（简体中文）。

代码清单 16.3 中的代码传入了两个中文字符：你（由 Unicode 4F60 表示）和好（由 Unicode 597D 表示）。中文的"你好"的意思是"How are you?"。

当执行的时候，OutputStreamWriterTest 类将创建一个 myFile.txt 文件。它有 4 个字节的长度。你可以打开它并查看中文字符。为了正确地显示字符，你需要在计算机上安装中文字体。

16.6.3 PrintWriter

PrintWriter 是 OutputStreamWriter 的一个更好的替代。和 OutputStreamWriter 类似，PrintWriter 允许你通过给其构造方法传入编码信息，从而选择一种编码。如下是其两个构造方法：

```
public PrintWriter(OutputStream out)
public PrintWriter(Writer out)
```

要创建写入到一个文件的 PrintWriter，可以直接使用一个文件池来创建一个 OutputStream。

PrintWriter 比 OutputStreamWriter 更容易使用，因为 PrintWriter 添加了 9 种 print 方法的重载形式以打印任意类型的 Java 基本类型和对象。该方法的重载形式如下：

```
public void print(boolean b)
public void print(char c)
public void print(char[] s)
public void print(double d)
public void print(float f)
public void print(int i)
public void print(long l)
public void print(Object object)
public void print(String string)
```

还有 9 种 println 方法的重载，它们和 print 方法的重载一样，只不过它们会在参数之后打印一个新行。

此外，还有两种 format 方法重载，它支持你根据一种打印格式来打印。该方法在第 5 章中介绍过。

我们总是用 BufferedWriter 将一个 Writer 包装起来，以得到更好的性能。BufferedWriter 拥有如下的构造方法，它们允许你传递一个 Writer 对象。

```
public BufferedWriter(Writer writer)
public BufferedWriter(Writer writer, in bufferSize)
```

第 1 个构造方法使用默认的缓冲区大小（文档并没有说明有多大）创建一个 BufferedWriter。第 2 个构造方法允许你选择缓冲区大小。

但是，使用 BufferedWriter，不能像下面这样包装。

```
PrintWriter printWriter = ...;
BufferedWriter bw = new BufferedWriter(printWriter);
```

如果这样包装，随后你将不能使用 PrintWriter 的方法。相反，包装要传递给一个 PrintWriter 的 Writer。

```
PrintWriter pw = new PrintWriter(new BufferedWriter(writer));
```

代码清单 16.4 给出了 PrintWriter 的一个示例。

代码清单 16.4 使用 PrintWriter

```
package app16;
import java.io.BufferedWriter;
import java.io.IOException;
import java.io.PrintWriter;
import java.nio.charset.Charset;
```

```java
import java.nio.file.Files;
import java.nio.file.Path;
import java.nio.file.Paths;
import java.nio.file.StandardOpenOption;

public class PrintWriterDemo1 {
    public static void main(String[] args) {
        Path path = Paths.get("c:\\temp\\printWriterOutput.txt");
        Charset usAsciiCharset = Charset.forName("US-ASCII");
        try (BufferedWriter bufferedWriter =
                Files.newBufferedWriter(path, usAsciiCharset,
                StandardOpenOption.CREATE);
            PrintWriter printWriter =
                    new PrintWriter(bufferedWriter)) {
            printWriter.println("PrintWriter is easy to use.");
            printWriter.println(1234);
        } catch (IOException e) {
            e.printStackTrace();
        }
    }
}
```

使用 PrinterWriter 来进行写操作，好处是当你打开最终的文件的时候，一切内容都是我们可读的。前面的示例所创建的文件的内容如下：

```
PrinterWriter is easy to use.
1234
```

16.7 读文本（字符）

使用 Reder 类来读文本（字符等人类可以阅读的数据）。这个类的层级如图 16.4 所示。

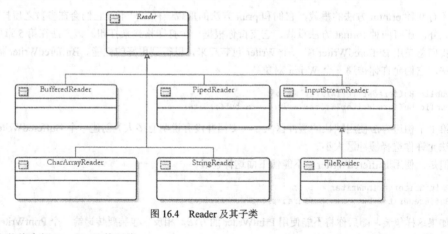

图 16.4 Reader 及其子类

下面各小节将介绍 Reader 及其子类。

16.7.1 Reader

Reader 是一个抽象类，表示用于读取字符的一个输入流。它类似于 InputStream，只不过 Reader 处理的是字符而不是字节。Reader 有 3 个 read 方法重载形式，它们类似于 InputStream 的 read 方法：

```
public int read()
public int read(char[] data)
public int read(char[] data, int offset, int length)
```

这些方法重载允许你读取将要存储在一个字符数组中的单个的字符或多个字符。此外，还有第 4 个 read 方法，用于将字符读入到 java.nio.CharBuffer 中。

```
public int read(java.nio.CharBuffer target)
```

Reader 还提供了和 InputStream 中的方法类似的一些方法：close、mark、reset 和 skip。

16.7.2 InputStreamReader

InputStreamReader 读取字节，并使用指定的字符集将其转换为字符。因此，InputStreamReader 很适合从一个 OutputStreamWriter 或一个 PrintWriter 的输出来读取。关键是，在将字符写入的时候，你必须知道所使用的编码，才能将其正确地读回。

InputStreamReader 类有 4 个构造方法，这些构造方法都需要你传入一个 InputStream 参数。

```
public InputStreamReader(InputStream in)
public InputStreamReader(InputStream in,
        java.nio.charset.Charset charset)
public InputStreamReader(InputStream in,
        java.nio.charset.CharsetDecoder decoder)
public InputStreamReader(InputStream in, String charsetName)
```

例如，要创建读取一个文件的 InputStreamReader，你可以将来自 Files.newInputStream 的一个 InputStream 实例传递给其构造方法。

```
Path path = ...
Charset charset = ...
InputStream inputStream = Files.newInputStream(path,
        StandardOpenOption.READ);
InputStreamReader reader = new InputStreamReader(
        inputStream, charset);
```

代码清单 16.5 展示了一个例子，它使用 PrintWriter 类将两个中文字符写入并将其读回。

代码清单 16.5

```
package app16;
import java.io.BufferedWriter;
import java.io.FileInputStream;
import java.io.IOException;
import java.io.InputStream;
import java.io.InputStreamReader;
import java.nio.charset.Charset;
import java.nio.file.Files;
import java.nio.file.Path;
import java.nio.file.Paths;
import java.nio.file.StandardOpenOption;

public class InputStreamReaderDemo1 {
    public static void main(String[] args) {
        Path textFile = Paths.get("C:\\temp\\myFile.txt");
        Charset chineseSimplifiedCharset =
                Charset.forName("GB2312");
        char[] chars = new char[2];
        chars[0] = '\u4F60'; // representing 你
        chars[1] = '\u597D'; // representing 好

        // write text
        try (BufferedWriter writer =
                Files.newBufferedWriter(textFile,
                    chineseSimplifiedCharset,
                    StandardOpenOption.CREATE)) {
```

```
            writer.write(chars);
        } catch (IOException e) {
            System.out.println(e.toString());
        }

        // read back
        try (InputStream inputStream =
                Files.newInputStream(textFile,
                    StandardOpenOption.READ);
            InputStreamReader reader = new
                    InputStreamReader(inputStream,
                        chineseSimplifiedCharset)) {
            char[] chars2 = new char[2];
            reader.read(chars2);
            System.out.print(chars2[0]);
            System.out.print(chars2[1]);
        } catch (IOException e) {
            System.out.println(e.toString());
        }
    }
}
```

16.7.3 BufferedReader

BufferedReader 有两点好处：

1. 包装另一个 Reader，并且提供一个缓存，这将会普遍提高性能。
2. 提供一个 readLine 方法来读取一行文本。

readLine 方法拥有如下的签名：

```
public java.lang.String readLine() throws IOException
```

它从这个 Reader 返回一行文本，或者如果到达了流的末尾的话，返回空。

java.nio.file.Files 类提供了一个 newBufferedReade 方法，它返回一个 BufferedReader 实例。其签名如下：

```
public static java.io.BufferedReader newBufferedReader(Path path,
        java.nio.charset.Charset charset)
```

例如，下面代码读取一个文本文件，并且打印出所有的行。

```
Path path = ...
BufferedReader br = Files.newBufferedReader(path, charset);
String line = br.readLine();
while (line != null) {
    System.out.println(line);
    line = br.readLine();
}
```

此外，在 java.util.Scanner 类添加到 Java 5 之前，你必须使用 BufferedReader 将用户输入读取到控制台。代码清单 16.6 展示了 getUserInput 方法，它接受用户输入到控制台。

代码清单 16.6

```
public static String getUserInput() {
    BufferedReader br = new BufferedReader(
            new InputStreamReader(System.in));
    try {
        return br.readLine();
    } catch (IOException ioe) {
    }
    return null;
}
```

之所以可以这么做，是因为 System.in 的类型是 java.io.InputStream。

注　意

第 5 章介绍了 java.util.Scanner。

16.8　使用 PrintStream 记录日志

到现在为止，你一定熟悉了 System.out 的 print 方法。特别是在显示消息以帮助调试代码的时候会用到它。但是，默认情况下，System.out 会将消息发送到控制台，并且这并不总是首选方法。例如，如果要显示的数据量超出了一定的行数，之前的消息将不再可见。此外，你可能想要更进一步处理消息，例如，通过 Email 发送消息。

PrintStream 类是 OutpuStream 的一个间接的子类。其一些构造方法如下所示：

```
public PrintStream(OutputStream out)
public PrintStream(OutputStream out, boolean autoFlush)
public PrintStream(OutputStream out, boolean autoFlush,
        String encoding)
```

PrintStream 和 PrintWriter 类似。例如，二者都有 9 个 print 方法重载形式。此外，PrintStream 拥有 format 方法，该方法类似于 String 类中的 format 方法。

System.out 的类型是 java.io.PrintStream。System 对象允许你使用 setOut 方法来替代默认的 PrintStream。代码清单 16.7 展示了将 System.out 重定向到一个文件的示例。

代码清单 16.7　将 System.out 重定向到一个文件

```java
package app16;
import java.io.IOException;
import java.io.OutputStream;
import java.io.PrintStream;
import java.nio.file.Files;
import java.nio.file.OpenOption;
import java.nio.file.Path;
import java.nio.file.Paths;
import java.nio.file.StandardOpenOption;

public class PrintStreamDemo1 {
    public static void main(String[] args) {
        Path debugFile = Paths.get("C:\\temp\\debug.txt");
        try (OutputStream outputStream = Files.newOutputStream(
                debugFile, StandardOpenOption.CREATE,
                StandardOpenOption.APPEND);
            PrintStream printStream = new PrintStream(outputStream,
                    true)) {

            System.setOut(printStream);
            System.out.println("To file");

        } catch (IOException e) {
            e.printStackTrace();
        }
    }
}
```

注　意

还可以使用 setIn 和 setErr 方法来替代 System 对象中默认的 in 和 out。

16.9 随机访问文件

使用一个流来访问文件,决定了是顺序地访问文件,例如,第 1 个字符必须在第 2 个字符之前读取。当数据以顺序的方式出现的时候,流是理想的工具,例如,媒介是磁带(在硬盘出现之前,磁带得到广泛的使用)或者一个网络套接字。流对于大多数应用程序来说,是很好用的,然而有时候,你需要随机地访问一个文件,使用流可能会不够快。例如,你可能想要修改一个文件的第 1 000 个字节,而不想要必须读取前 999 个字节。对于这样的随机访问,有一些 Java 类型提供了一个解决方案。首先是 java.io.RandomAccessFile 类,它很容易使用,但现在有点过时了。其次是 java.nio.channels.SeekableByteChannel 接口,在新的应用程序中,应该使用它。本章前面介绍了 RandomAccessFile。在这里,我们将介绍使用 SeekableByteChannel 随机地访问文件。

SeekableByteChannel 可以执行读和写操作。可以使用 Files 类的 newByteChannel 方法,来获取 SeekableByteChannel 的一个实现:

```
public static java.nio.channels.SeekableByteChannel
        newByteChannel(Path path, OpenOption... options)
```

当使用 Files.newByteChannel()打开一个文件的时候,可以选择以只读、读写还是创建-添加的方式来打开。例如:

```
Path path1 = ...
SeekableByteChannel readOnlyByteChannel = Files.newByteChannel(path1, EnumSet.of(READ)));

Path path2 = ...
SeekableByteChannel writableByteChannel = Files.newByteChannel(path2, EnumSet.of(CREATE,APPEND));
```

SeekableByteChannel 使用一个内部指针,它指向要读取或写入的下一个字节。可以通过调用 position 方法来获取指针位置。

```
long position() throws java.io.IOException
```

当创建一个 SeekableByteChannel 的时候初始化它,使其指向第 1 个字节,position()将返回 0L。你可以通过调用另一个 position 方法来修改指针的位置,该方法的签名如下:

```
SeekableByteChannel position(long newPosition)
        throws java.io.IOException
```

这个指针是基于 0 的,这意味着,索引 0 指向第 1 个字节。你可以传递比文件大小要大的一个数字,而该方法不会抛出异常,但是,这么做也不会改变文件的大小。size 方法返回 SeekableByteChannel 所连接的资源的当前大小。

```
long size() throws java.io.IOException
```

SeekableByteChannel 非常简单。要读取或写入到底层文件,可以分别调用其 read 或 write 方法。

```
int read(java.nio.ByteBuffer buffer) throws java.io.IOException
int write(java.nio.ByteBuffer buffer) throws java.io.IOException
```

read 和 write 方法都接受 java.nio.ByteBuffer。这意味着,要使用 SeekableByteChannel,你需要熟悉 ByteBuffer 类。因此,这里简单介绍一下 ByteBuffer。

ByteBuffer 是 java.nio.Buffer 的众多子类之一,而后者是针对具体的基本类型的一个数据容器。ByteBuffe 当然是 byte 的缓存。Buffer 的其他子类包括 CharBuffer、DoubleBuffer、FloatBuffer、IntBuffer、LongBuffer 和 ShortBuffer 等。

Buffer 有一个容量,即它所能包含的元素的数目。它还使用一个内部指针来表示要读取或写入的下一个元素。创建一个 ByteBuffer 的容易的方式,是调用 ByteBuffer 类的静态 allocate 方法。

```
public static ByteBuffer allocate(int capacity)
```

例如，要创建一个容量为 100 的 ByteBuffer，可以这样编写代码：

```
ByteBuffer byteBuffer = ByteBuffer.allocate(100);
```

你可能猜到了，ByteBuffer 背后是通过一个 byte 数组来实现的。要访问数组，调用 ByteBuffer 的 array 方法：

```
public final byte[] array()
```

数组的长度和 ByteBuffer 的容量是相同的。

ByteBuffer 提供了两个 put 方法来写一个字节：

```
public abstract ByteBuffer put(byte b)
public abstract ByteBuffer put(int index, byte b)
```

第 1 个 put 方法在 ByteBuffer 的内部指针所指向的元素上写。第 2 个 put 方法允许通过指定一个索引将一个字节放在任何位置。

还有两个 put 方法用来写一个字节数组。第 1 个允许一个字节数组的内容或者其子集复制到该 ByteBuffer 中。其签名如下：

```
public ByteBuffer put(byte[] src, int offset, int length)
```

src 参数是源字节数组，offset 是 src 中的第 1 个字节的位置，length 是要复制的字节的数目。

第 2 个 put 方法从位置 0 放置要复制的整个源字节数组：

```
public ByteBuffer put(byte[] src)
```

ByteBuffer 还提供了各种 putXXX 方法，用来将不同的数据类型写入到缓存。例如，putInt 方法，写一个 int 类型数据；而 putShort 方法写一个 short 类型数据。putXXX 方法有两个版本，一个版本将一个值放到 ByteBuffer 的内部指针所指向的下一个位置；另一个版本将一个值放到一个绝对的位置。putInt 方法的签名如下。

```
public abstract ByteBuffer putInt(int value)
public abstract ByteBuffer putInt(int index, int value)
```

ByteBuffer 提供了多个 get 和 getXXX 方法，它们也以两种形式出现：一种用于从相对位置读取，另一种用于从一个绝对元素读取。如下是一些 get 和 getXXX 方法的签名：

```
public abstract byte get()
public abstract byte get(int index)
public abstract float getFloat()
public abstract float getFloat(int index)
```

对于 ByteBuffer，我们就需要了解这些，现在，已经为使用 SeekableByteChannel 做好准备了。代码清单 16.8 展示了使用 SeekableByteChannel 的方法。

代码清单 16.8　随机访问文件

```
package app16;
import java.io.IOException;
import java.nio.ByteBuffer;
import java.nio.channels.SeekableByteChannel;
import java.nio.file.Files;
import java.nio.file.Path;
import java.nio.file.Paths;
import java.nio.file.StandardOpenOption;

public class SeekableByteChannelDemo1 {
```

```java
        public static void main(String[] args) {
            ByteBuffer buffer = ByteBuffer.allocate(12);
            System.out.println(buffer.position()); // prints 0
            buffer.putInt(10);
            System.out.println(buffer.position()); // prints 8
            buffer.putLong(1234567890L);
            System.out.println(buffer.position()); // prints 16
            buffer.rewind(); // sets position to 0
            System.out.println(buffer.getInt()); // prints 10000
            System.out.println(buffer.getLong()); // prints 1234567890
            buffer.rewind();
            System.out.println(buffer.position()); // prints 0

            Path path = Paths.get("C:/temp/channel");
            System.out.println("------------------------");
            try (SeekableByteChannel byteChannel =
                    Files.newByteChannel(path,
                        StandardOpenOption.CREATE,
                        StandardOpenOption.READ,
                        StandardOpenOption.WRITE);) {
                System.out.println(byteChannel.position()); // prints 0
                byteChannel.write(buffer);
                System.out.println(byteChannel.position()); //prints 20

                // read file
                ByteBuffer buffer3 = ByteBuffer.allocate(40);
                byteChannel.position(0);
                byteChannel.read(buffer3);
                buffer3.rewind();
                System.out.println("get int:" + buffer3.getInt());
                System.out.println("get long:" + buffer3.getLong());
                System.out.println(buffer3.getChar());
            } catch (IOException e) {
                e.printStackTrace();
            }
        }
    }
```

代码清单 16.8 中的 SeekableByteChannelDemo1 类首先创建了一个容量为 12 的 ByteBuffer，并且在其中放置了一个 int 型数据和一个 long 型数据。记住，int 类型是 4 个字节长，而 long 类型是 8 个字节长。

```java
        ByteBuffer buffer = ByteBuffer.allocate(12);
        buffer.putInt(10);
        buffer.putLong(1234567890L);
```

在接受一个 int 型数据和一个 long 型数据之后，缓存的位置位于 16。

```java
        System.out.println(buffer.position()); // prints 16
```

然后，这个类创建了一个 SeekableByteChannel 并且调用其 write 方法，传入这个 ByteBuffer。

```java
        Path path = Paths.get("C:/temp/channel");
        try (SeekableByteChannel byteChannel =
                Files.newByteChannel(path,
                    StandardOpenOption.CREATE,
                    StandardOpenOption.READ,
                    StandardOpenOption.WRITE);) {
            byteChannel.write(buffer);
```

然后，读回文件并将结果打印到控制台。

```
                // read file
                ByteBuffer buffer3 = ByteBuffer.allocate(40);
                byteChannel.position(0);
                byteChannel.read(buffer3);
                buffer3.rewind();
                System.out.println("get int:" + buffer3.getInt());
                System.out.println("get long:" + buffer3.getLong());
                System.out.println(buffer3.getChar());
```

16.10 对象序列化

有时候，我们需要将对象持久化到一个永久性存储中，以便以后能够保持并获取对象的状态。Java 通过对象序列化来支持这一点。要序列化一个对象，例如，将其存入到永久存储中，可以使用 ObjectOutputStream。ObjectOutputStream 是 OutputStream 的一个子类，而 ObjectInputStream 是 InputStream 的子类。

ObjectOutputStream 类有一个公有的构造方法：

```
public ObjectOutputStream(OutputStream out)
```

在创建了一个 ObjectOutputStream 之后，可以序列化对象或基本类型，或者二者的组合。ObjectOutput Stream 类提供了针对每一种单个类型的 writeXXX 方法，其中 XXX 表示类型。下面列出了这些 writeXXX 方法。

```
public void writeBoolean(boolean value)
public void writeByte(int value)
public void writeBytes(String value)
public void writeChar(int value)
public void writeChars(String value)
public void writeDouble(double value)
public void writeFloat(float value)
public void writeInt(int value)
public void writeLong(long value)
public void writeShort(short value)
public void writeObject(java.lang.Object value)
```

对于要序列化的对象，它们的类必须实现了 java.io.Serializable。此接口没有方法，并且是一个标记接口。标记接口告诉 JVM，这是属于特定类型的实现类的实例。

如果一个序列化对象包含其他的对象，被包含的对象的类必须实现 Serializable，这样被包含的对象才是可序列化的。

ObjectInputStream 类有一个公有的构造方法：

```
public ObjectInputStream(InputStream in)
```

要从一个文件解序列化，你可以传入连接到一个文件池的 InputStream。ObjectInputStream 类还拥有和 ObjectOutputStream 中的 writeXXX 方法相反的一些方法，如下所示。

```
public boolean readBoolean()
public byte readByte()
public char readChar()
public double readDouble()
public float readFloat()
public int readInt()
public long readLong()
public short readShort()
public java.lang.Object readObject()
```

还有一件重要的事情要注意，对象序列化是基于一种后进先出的方法。当序列化多个基本类型/对象的时候，先序列化的对象必须最后解序列化。

代码清单 16.10 展示了一个类，它序列化了一个 int 型对象和一个 Customer 对象。注意，代码清单 16.9 中给出的 Customer 类实现了 Serializable。序列化运行时将每个序列化类和一个版本号关联起来，这个版本号叫作 serialVersionUID。在序列化过程中，这个号码用来验证一个序列化对象的发送者和接受者已经为该对象加载的类是和序列化兼容的。实现了 Serializable 的所有的类都应该声明一个静态的 final 的 long 类型的 serialVersionUID 字段。否则，将会由序列化运行时自动地计算它。

代码清单 16.9　Customer 类

```java
package app16;
import java.io.Serializable;

public class Customer implements Serializable {
    private static final long serialVersionUID = 1L;

    public int id;
    public String name;
    public String address;
    public Customer (int id, String name, String address) {
        this.id = id;
        this.name = name;
        this.address = address;
    }
}
```

代码清单 16.10　对象序列化示例

```java
package app16;
import java.io.IOException;
import java.io.InputStream;
import java.io.ObjectInputStream;
import java.io.ObjectOutputStream;
import java.io.OutputStream;
import java.nio.file.Files;
import java.nio.file.Path;
import java.nio.file.Paths;
import java.nio.file.StandardOpenOption;

public class ObjectSerializationDemo1 {

    public static void main(String[] args) {
        // Serialize
        Path path = Paths.get("C:\\temp\\objectOutput");
        Customer customer = new Customer(1, "Joe Blog",
                "12 West Cost");
        try (OutputStream outputStream =
                Files.newOutputStream(path,
                        StandardOpenOption.CREATE);
            ObjectOutputStream oos = new
                    ObjectOutputStream(outputStream)) {

            // write first object
            oos.writeObject(customer);
            // write second object
            oos.writeObject("Customer Info");
        } catch (IOException e) {
            System.out.print("IOException");
        }

        // Deserialize
```

```java
try (InputStream inputStream = Files.newInputStream(path,
        StandardOpenOption.READ);
    ObjectInputStream ois = new
            ObjectInputStream(inputStream)) {
    // read first object
    Customer customer2 = (Customer) ois.readObject();
    System.out.println("First Object: ");
    System.out.println(customer2.id);
    System.out.println(customer2.name);
    System.out.println(customer2.address);

    // read second object
    System.out.println();
    System.out.println("Second object: ");
    String info = (String) ois.readObject();
    System.out.println(info);
} catch (ClassNotFoundException ex) { // readObject still throws this exception
    System.out.print("ClassNotFound " + ex.getMessage());
} catch (IOException ex2) {
    System.out.print("IOException " + ex2.getMessage());
}
```

16.11 本章小结

输入/输出操作在整个 java.io 包的成员中都得到了支持。你可以通过流来读取和写入数据，而数据分为二进制数据和文本两种。此外，Java 支持通过 Serializable 接口以及 ObjectInputStream 和 ObjectOutputStream 类进行对象序列化。

第 17 章 注 解

注解（annotation）是 Java 程序中的提示，让 Java 编译器做某些事情。Java 注解最早是在 JSR 175 "A Metadata Facility for the Java Programming Language"中给出定义的。在后来的 JSR 520"Common Annotations for the Java Platform"中，将注解添加为常用概念。这两个规范都可以从 http://www.jcp.org 下载。

本章首先对注解给出概览，然后，教你如何使用标准的和常用的注解。最后，介绍如何编写自己的定制的注解类型。

17.1 概览

注解是给 Java 编译器的提示。当在源文件中注解一个程序元素的时候，就给该源文件中的 Java 程序元素添加了提示。可以给 Java 包、类型（类、接口和枚举类型）、构造方法、字段、参数和局域变量添加注解。例如，可以注解一个 Java 类，以便 javac 程序抑制可能会发出的任何警告。或者，可以注解一个想要覆盖的方法，要求编译器验证你确实覆盖了该方法，而不是重载了它。

可以让 Java 编译器解释注解或者丢弃注解（从而这些注解只是存在于源文件中），或者将它们包含到最终的 Java 类中。那些包含在 Java 类中的注解，可能会被 Java 虚拟机忽略，也可能会加载到虚拟机中。后一种类型叫作运行时可见，而且你可以使用反射来查询它们。

17.1.1 注解和注解类型

当学习注解的时候，会遇到两个非常常见的术语：注解和注解类型。要理解其含义，这么做是有帮助的，首先要记住注解类型是一种特殊的接口类型。注解是注解类型的一个实例。就像是接口一样，注解类型也有名称和成员。包含在注解中的信息，采用键/值对的形式。可以有 0 个或多个键/值对，并且每个键有一个特定的类型。类型可以是一个 String、int 或其他 Java 类型。没有键/值对的注解类型叫作标记注解类型（marker annotation type）。带有一个键/值对的类型常常称为单值注解类型（single-value annotation type）。

注解是从 Java 5 首次加入的，它引入了 3 种注解类型：Deprecated、Override 和 SuppressWarnings。它们都是 java.lang 包的一部分，我们将会在 17.2 节学习它们（Java 7、Java 8 及其以后的版本，向 java.lang 中加入了 SafeVarargs 和 FunctionalInterface）。最后，还有 6 种其他的注解类型，它们是 java.lang.annotation 包的一部分，包括 Documented、Inherited、Retention 和 Target。这 4 种注解类型用于注解注解。Java 6 还添加了通用注解，将会在 17.5 节介绍。

17.1.2 注解语法

使用如下的语法来声明一个注解类型。

`@AnnotationType`

或者是

`@AnnotationType(elementValuePairs)`

第 1 种语法用于标记注解类型，第 2 种语法用于单值和多值类型。在 at 符号（@）和注解类型之间放置一个空格，这是合法的，但不推荐这么做。

`@Deprecated`

使用第 2 语法声明一个多值的注解类型 Author 的代码如下所示：

```
@Author(firstName="Ted",lastName="Diong")
```

这条规则有一个例外。如果注解类型有单个的键/值对，并且键的名称是 value，那么，你可以忽略掉括号中的键。因此，如果注解类型 Stage 有一个单个的名为 value 的键的话，可以这样编写：

```
@Stage(value=1)
```

或者是

```
@Stage(1)
```

17.1.3 Annotation 接口

一个注解类型是一个 Java 接口。所有的注解类型都是 java.lang.annotation.Annotation 的子类。其方法之一 annotationType 返回一个 java.lang.Class 对象。

```
java.lang.Class<? extends Annotation> annotationType()
```

此外，Annotation 的任何实现，都将覆盖 java.lang.Object 类的 equals、hashCode 和 toString 方法。如下是这些方法的默认实现。

```
public boolean equals(Object object)
```

如果 object 是和这个注解相同的注解类型的一个实例的话，并且 object 的所有成员都等于这个注解对应的成员，该方法返回 true。

```
public int hashCode()
```

返回这个注解的哈希码，这是其成员的哈希码的加和。

```
public String toString()
```

返回这个注解的一个字符串表示，它通常列出该注解的所有键/值对。

在本章后面学习定制注解类型的时候，将会学习这些类。

17.2 标准注解

注解是 Java 5 中的新功能，最初有 3 种标准的注解，所有注解都位于 java.lang 包中，它们是 Deprecated、Override 和 SuppressWarnings。本节将介绍这些注解。

17.2.1 Override

Override 是一个标记注解类型，用于一个方法，告诉编译器该方法覆盖了超类中的一个方法。这个注解类型可以防止程序员在覆盖一个方法的时候犯错。

例如，考虑 Parent 类：

```
class Parent {
    public float calculate(float a, float b) {
        return a * b;
    }
}
```

假设，想要扩展 Parent 类并且覆盖其 calculate 方法。如下是 Parent 类的一个子类：

```
public class Child extends Parent {
    public int calculate(int a, int b) {
        return (a + 1) * b;
    }
}
```

编译了 Child 类。但是，Child 类中的 calculate 方法并没有覆盖 Parent 类中的方法，因为它具有一个不同的签名，即它返回并接受 int 类型而不是 float 类型。在这个例子中，很容易找到这样的编程错误。然而，你不会总是这么幸运。有时候，父类隐藏在另一个包中的某个地方。这个看似微不足道的错误，可能会导致严重的问题，因为客户类在 Child 上调用 calculate 方法并传递了两个 float 参数，结果调用了 Parent 类中的方法，并且返回了错误的结果。

使用 Override 注解类型，将会防止这种错误。无论何时，当你想要覆盖一个方法的时候，在该方法的前面声明 Override 注解类型：

```java
public class Child extends Parent {
    @Override
    public int calculate(int a, int b) {
        return (a + 1) * b;
    }
}
```

这时候，编译器将会产生一个编译器错误，将会提示你，Child 中的 calculate 方法没有覆盖父类中的该方法。

显然，@Override 是有用的，它确保了程序员在想要覆盖一个方法的时候会覆盖它，而不是重载它。

17.2.2 Deprecated

Deprecated 是一个标记注解类型，它应用于一个方法或一个类型，表示该方法和类型是要废弃的。标记出废弃的方法和类型，以便程序员能够向其代码的用户提出警告，他们不应该使用或覆盖该方法或者使用或扩展该类型。方法或类型标记为废弃的原因，通常是因为有更好的方法或类型，并且要在当前的软件版本中保留废弃的方法和类型以便向后兼容。

例如，代码清单 17.1 中的 DeprecatedDemo1 类，使用了 Deprecated 注解类型。

代码清单 17.1 废弃一个方法

```java
package app17;
public class DeprecatedDemo1 {
    @Deprecated
    public void serve() {
    }
}
```

如果使用或覆盖一个废弃的方法，在编译时将会得到一条警告。例如，代码清单 17.2 给出了一个 DeprecatedDemo2 类，它使用了 DeprecatedDemo1 类中的 serve 方法。

代码清单 17.2 使用一个废弃的方法

```java
package app17;
public class DeprecatedDemo2 {
    public static void main(String[] args) {
        DeprecatedDemo1 demo = new DeprecatedDemo1();
        demo.serve();
    }
}
```

编译 DeprecatedDemo2，将会产生以下的警告信息：

```
Note: app17/DeprecatedDemo2.java uses or overrides a deprecated
API.
Note: Recompile with -Xlint:deprecation for details.
```

我们还可以使用@Deprecated 来标记一个类或一个接口，如代码清单 17.3 所示。

代码清单 17.3　标记一个废弃的类

```
package app17;
@Deprecated
public class DeprecatedDemo3 {
    public void serve() {
    }
}
```

17.2.3　SuppressWarnings

你可能已经猜到了，使用 SuppressWarnings 要抑制编译器警告。可以将 SuppressWarnings 应用于类型、构造方法、方法、字段、参数和局域变量。

要使用它，传入一个 String 数组，其中包含了需要抑制的警告。其语法如下所示。

```
@SuppressWarnings(value={string-1, ..., string-n})
```

其中，string-1 到 string-n 表示要抑制的警告的集合。重复的和无法识别的警告将会被忽略。

如下是@SuppressWarnings 的有效参数：

- unchecked。给出 Java 语言规范所要求的未检查转换警告的更多细节。
- path。关于不存在的路径（类路径、源路径等）目录的警告。
- serial。关于可序列化类的错误的 serialVersionUID 定义的警告。
- finally。finally 子句不能正常完成的警告。
- fallthrough。检查 switch 语句块直接通往下一个 case 的情况，也就是说，当 case 不是语句块中的最后一个 case，但却没有包含一条 break 语句的时候，允许代码执行从这个 case "直通" 到下一个 case。作为示例，在这个 switch 语句块中，case 2 标签后面的代码没有包含一条 break 语句：

```
switch (i) {
case 1:
    System.out.println("1");
    break;
case 2:
    System.out.println("2");
    // falling through
case 3:
    System.out.println("3");
}
```

作为一个示例，代码清单 17.4 中的 SuppressWarningsDemo1 类使用了注解类型 SuppressWarnings 来防止编译器发出未检查和直通 case 警告。

代码清单 17.4　使用@SuppressWarnings

```
package app17;
import java.io.File;
import java.io.Serializable;
import java.util.ArrayList;

@SuppressWarnings(value={"unchecked","serial"})
public class SuppressWarningsDemo1 implements Serializable {
    public void openFile() {
        ArrayList a = new ArrayList();
        File file = new File("X:/java/doc.txt");
    }
}
```

17.3　常用注解

Java 中包含了 JSR 250 "Common Annotations for the Java Platform" 的一个实现，它针对常用的概念指定了注解。这个 JSR 的目标是避免不同的 Java 技术定义类似的注解而导致重复。

常用注解的完整列表可以从这个文档中找到或下载：http://jcp.org/en/jsr/detail?id=250。

遗憾的是，除了 Generated，指定的所有注解都是针对高级内容或适用于 Java EE 的，因此，这超出了本书的讨论范围。因此，这里只介绍@Generated。

@Generated 用于标记计算机产生的源代码，这和手动编写的代码相反。它可以应用于类、方法和字段。@Generated 的参数如下：

- value。代码生成器的名字。按照惯例，使用代码生成器的完全限定名称。
- date。生成代码的日期。其格式必须符合 ISO 8601。
- comments。所生成的代码的相关注释。

例如，代码清单 17.5 使用@Generated 来注解一个生成的类。

代码清单 17.5　使用@Generated

```
package app17;
import javax.annotation.Generated;

@Generated(value="com.example.robot.CodeGenerator",
        date="2014-12-31", comments="Generated code")
public class GeneratedTest {

}
```

17.4　标准元-注解

元注解（meta annotation）是注解的注解。有 4 种元注解类型，可以用来注解注解，它们是 Documented、Inherited、Retention 和 Target。这 4 个注解都是 java.lang.annotation 包的一部分。本小节将介绍这些注解类型。

17.4.1　Documented

Documented 是一个标记注解类型，用于注解一个注解类型，以便该注解类型的实例会包含到由 Javadoc 或类似的工具所生成的文档中。

例如，Override 注解类型不是使用 Documented 注解的。结果，如果你使用 Javadoc 来生成一个类，而其方法是用@Override 注解的，你将不会在最终的文档中看到@Override 的任何痕迹。

例如，代码清单 17.6 展示了一个 OverrideDemo2 类，它使用@Override 来注解 toString 方法。

代码清单 17.6　OverrideDemo2 类

```
package app17;
public class OverrideDemo2 {
    @Override
    public String toString() {
        return "OverrideDemo2";
    }
}
```

另一方面，Deprecated 注解类型注解为@Documented。还记的吧，代码清单 17.2 中的 DeprecatedTest 类中的 serve 方法，是使用@Deprecated 注解的。现在，如果你使用 Javadoc 来生成 OverrideTest2 的文档，文档中 serve 方法的细节也会包含@Deprecated，如下所示：

```
serve
@Deprecated
public void serve()
```

17.4.2 Inherited

可以使用 Inherited 来注解一个注解类型，以便该注解类型的任何实例都被继承。如果使用一个继承的注解类型来注解一个类，注解将会被注解类的任何子类所继承。如果用户在一个类声明中查询该注解类型，并且类声明中没有这种类型的注解，那么，会自动向该类的父类查询该注解类型。这个过程将会重复，直到找到给类型的一个注解，或者达到根类。

阅读 17.5 节，了解如何查询一个注解类型。

17.4.3 Retention

@Retention 表示其注解类型被注解为@Retention 之后，该注解将会保留多长时间。@Retention 的值可能是 java.lang.annotation.RetentionPolicy 枚举的成员之一。

- SOURCE。注解将会被 Java 编译器丢弃。
- CLASS。注解将会记录到类文件中，但是不会被 JVM 保留。这是默认值。
- RUNTIME。注解会被 JVM 保留，因此可以使用反射来查询它们。

例如，SuppressWarnings 注解类型的声明，被以 SOURCE 值注解为@Retention。

```
@Retention(value=SOURCE)
public @interface SuppressWarnings
```

17.4.4 Target

Target 表示被注解的注解类型的实例可以注解哪些程序要素。Target 的值是 java.lang.annotation.ElementType 枚举的成员之一。

ANNOTATION_TYPE。被注解的注解类型可以用来注解注解类型声明。
- CONSTRUCTOR。被注解的注解类型可以用来注解构造方法声明。
- FIELD。被注解的注解类型可以用来注解字段声明。
- LOCAL_VARIABLE。被注解的注解类型可以用来注解局部变量声明。
- METHOD。被注解的注解类型可以用来注解方法声明。
- PACKAGE。被注解的注解类型可以用来注解包声明。
- PARAMETER。被注解的注解类型可以用来注解参数声明。
- TYPE。被注解的注解类型可以用来注解类型声明。

作为一个例子，Override 注解类型声明，被如下的 Target 注解所注解，使得 Override 只能够用于方法声明。

```
@Target(value=METHOD)
```

在 Target 注解中可以有多个值。例如，如下是来自 SuppressWarnings 的声明：

```
@Target(value={TYPE,FIELD, METHOD, PARAMETER,CONSTRUCTOR,
LOCAL_VARIABLE})
```

17.5 定制注解类型

一个注解类型是一个 Java 接口，只不过在声明它的时候，必须在 interface 之前添加一个 at 符号（@）。

```
public @interface CustomAnnotation {
}
```

默认情况下，所有的注解类型隐式或显式地扩展了 java.lang.annotation.Annotation 接口。此外，即便你能够扩展一个注解类型，其子类也不会被看作是一个注解类型。

17.5.1 编写自己的定制注解类型

代码清单 17.7 展示了一个名为 Author 的定制注解类型。

代码清单 17.7 Author 注解类型

```
package app17.custom;
import java.lang.annotation.Documented;
import java.lang.annotation.Retention;
import java.lang.annotation.RetentionPolicy;

@Documented
@Retention(RetentionPolicy.RUNTIME)
public @interface Author {
    String firstName();
    String lastName();
    boolean internalEmployee();
}
```

17.5.2 使用定制注解类型

Author 注解类型就像是其他的 Java 类型一样。一旦将其导入到一个类或接口中，就可以通过编写如下的代码直接使用它：

```
@Author(firstName="firstName",lastName="lastName",
internalEmployee=true|false)
```

例如，代码清单 17.8 中的 Test1 类注解为 Author。

代码清单 17.8 注解为 Author 的一个类

```
package app17.custom;
@Author(firstName="John",lastName="Guddell",internalEmployee=true)
public class Test1 {
}
```

就这样？是的，仅此而已。非常简单，不是吗？

17.5.3 节将介绍如何使用 Author 注解。

17.5.3 使用反射来查询注解

java.lang.Class 类有几个和注解相关的方法。

```
public <A extends java.lang.annotation.Annotation> A getAnnotation
        (Class<A> annotationClass)
```

如果有的话，返回该元素针对指定的注解类型的注解；否则，返回 null。

```
public java.lang.annotation.Annotation[] getAnnotations()
```

返回该类中出现的所有注解。

```
public boolean isAnnotation()
```

如果该类是一个注解类型的话，返回 true。

```
public boolean isAnnotationPresent(Class<? extends
        java.lang.annotation.Annotation> annotationClass)
```

表示针对指定类型的一个注解是否出现在该类上。

app17.custom 包中包含了 3 个测试类，Test1、Test2 和 Test3，它们都是注解为 Author 的。代码清单 17.9 展示了一个测试类，它使用反射来查询测试类。

代码清单 17.9　使用反射来查询注解

```
package app17.custom;

public class CustomAnnotationDemo1 {
    public static void printClassInfo(Class c) {
        System.out.print(c.getName() + ". ");
        Author author = (Author) c.getAnnotation(Author.class);
        if (author != null) {
            System.out.println("Author:" + author.firstName()
                    + " " + author.lastName());
        } else {
            System.out.println("Author unknown");
        }
    }

    public static void main(String[] args) {
        CustomAnnotationDemo1.printClassInfo(Test1.class);
        CustomAnnotationDemo1.printClassInfo(Test2.class);
        CustomAnnotationDemo1.printClassInfo(Test3.class);
        CustomAnnotationDemo1.printClassInfo(
                CustomAnnotationDemo1.class);
    }
}
```

运行的时候，你将会在控制台看到如下的消息：

```
app17.custom.Test1. Author:John Guddell
app17.custom.Test2. Author:John Guddell
app17.custom.Test3. Author:Lesley Nielsen
app17.custom.CustomAnnotationDemo1. Author unknown
```

17.6　本章小结

我们使用注解来让 Java 编译器对于一个被注解的程序元素做一些事情。任何程序元素都可以注解，包括 Java 包、类、构造方法、字段、方法、参数和局部变量。本章介绍了标准注解类型，并且讲解创建定制的注解类型的方法。

第 18 章 嵌套类和内部类

嵌套类和内部类很容易让初学者混淆。但是,它们也有一些优点,因此本书中适当地介绍了它们。举例来说,可以使用一个嵌套类来完全隐藏一个实现,并且它提供了一种简短的方式来编写事件监听器。

本章首先定义什么是嵌套类和内部类,然后介绍嵌套类的类型。

18.1 嵌套类概览

我们首先来看一下嵌套类和内部类的正确定义。嵌套类是在另一个类或接口的主体中声明的一个类。有两种类型的嵌套类:静态的和非静态的。非静态的嵌套类叫作内部类。

内部类有几种类型:
- 成员内部类。
- 局部内部类。
- 匿名内部类。

术语"顶级类"用来表示没有在其他类或接口之中定义的一个类。换句话说,没有类能够包含一个顶级类。

嵌套类的行为和一个普通类(顶级类)很相似。嵌套类可以扩展另一个类,实现接口,可以是一个子类的父类等。如下是一个最简单的嵌套类的示例,这个类名为 Nested,它定义于一个名为 Outer 的顶级类之中。

```
package app18;
public class Outer {
    class Nested {
    }
}
```

尽管不常见,但在一个嵌套类中使用一个嵌套类,也是可以的,如下所示:

```
package app18;
public class Outer {
    class Nested {
        class Nested2 {
        }
    }
}
```

对于顶级类来说,嵌套类就像其他的类成员一样,例如,方法和字段。例如,嵌套类可以有如下的 4 个访问修饰符之一:private、protected、default(package)和 public。这和顶级类不同,顶级只能是 public 或 default 的。

由于嵌套类是一个外围类的成员,静态嵌套类的行为和内部类的行为并不完全相同。如下是二者的一些区别:
- 静态嵌套类可以有静态成员,而内部类则不能。
- 就像是实例方法一样,内部类可以访问外部类的静态和非静态成员,包括其私有成员。静态嵌套类只能访问外部类的静态成员。

- 可以创建静态嵌套类的一个实例，而不必先创建其外部类的一个实例。相反，在实例化内部类自身之前，必须先创建包含内部类的外部类的一个实例。

内部类有如下一些好处：

1. 内部类能够访问外部类的所有（包括私有的）成员。
2. 内部类帮助我们完全隐藏一个类的实现。
3. 内部类提供了一种简洁的方式，在 Swing 和其他的基于事件的应用程序中编写监听器。

现在，我们来介绍每一种静态嵌套类。

18.2 静态嵌套类

不用创建外围类的实例，就可以创建一个静态嵌套类。代码清单 18.1 展示了这一点。

代码清单 18.1 一个静态嵌套类

```
package app18;
class Outer1 {
    private static int value = 9;
    static class Nested1 {
        int calculate() {
            return value;
        }
    }
}

public class StaticNestedDemo1 {
    public static void main(String[] args) {
        Outer1.Nested1 nested = new Outer1.Nested1();
        System.out.println(nested.calculate());
    }
}
```

关于静态嵌套类，有几点需要注意。

- 采用如下的格式来引用一个嵌套类：

    `OuterClassName.InnerClassName`

- 要实例化一个静态嵌套类，不需要创建外围类的一个实例。
- 可以从静态嵌套类之中访问外围类的静态成员。

此外，如果在一个嵌套类中声明的一个成员，和外围类中的一个成员具有相同的名称，那么，前者将覆盖后者。然而，你可以使用如下的格式，在外围类中引用该成员。

`OuterClassName.memberName`

注意，尽管 memberName 是私有的，这仍然有效。查看一下代码清单 18.2 中的示例。

代码清单 18.2 覆盖一个外部类成员

```
package app18;
class Outer2 {
    private static int value = 9;
    static class Nested2 {
        int value = 10;
        int calculate() {
            return value;
        }
        int getOuterValue() {
            return Outer2.value;
```

```
        }
    }
}
public class StaticNestedDemo2 {
    public static void main(String[] args) {
        Outer2.Nested2 nested = new Outer2.Nested2();
        System.out.println(nested.calculate());     // returns 10
        System.out.println(nested.getOuterValue()); // returns 9
    }
}
```

18.3 成员内部类

成员内部类是这样的一个类，其定义直接由另一个类或接口的声明所包围。只有你拥有其外部类的一个实例的引用的时候，才可以创建一个成员内部类的实例。要在外围类中创建一个内部类的实例，可以调用内部类的构造方法，就像对其他普通类所做的一样。然而，要在外部内中创建一个内部类的实例，需要使用如下的语法：

EnclosingClassName.InnerClassName inner =
    enclosingClassObjectReference.new *InnerClassName*();

和通常一样，在一个内部类中，可以使用关键字 this 来引用当前实例（内部类的实例）。要引用外部类的实例，使用如下的语法。

EnclosingClassName.this

代码清单 18.3 展示了如何创建内部类的一个实例。

代码清单 18.3　一个成员内部类

```
package app18;
class TopLevel {
    private int value = 9;
    class Inner {
        int calculate() {
            return value;
        }
    }
}
public class MemberInnerDemo1 {
    public static void main(String[] args) {
        TopLevel topLevel = new TopLevel();
        TopLevel.Inner inner = topLevel.new Inner();
        System.out.println(inner.calculate());
    }
}
```

可以使用一个成员内部类来完全隐藏一个实现，而不使用内部类的话，这是无法做到的事情。代码清单 18.4 展示了如何使用一个成员类来完全隐藏一个实现。

代码清单 18.4　完全隐藏实现

```
package app18;
interface Printer {
    void print(String message);
}
class PrinterImpl implements Printer {
```

```
    public void print(String message) {
        System.out.println(message);
    }
}
class SecretPrinterImpl {
    private class Inner implements Printer {
        public void print(String message) {
            System.out.println("Inner:" + message);
        }
    }
    public Printer getPrinter() {
        return new Inner();
    }
}
public class MemberInnerDemo2 {
    public static void main(String[] args) {
        Printer printer = new PrinterImpl();
        printer.print("oh");
        // downcast to PrinterImpl
        PrinterImpl impl = (PrinterImpl) printer;

        Printer hiddenPrinter =
                (new SecretPrinterImpl()).getPrinter();
        hiddenPrinter.print("oh");
        // cannot downcast hiddenPrinter to Outer.Inner
        // because Inner is private
    }
}
```

代码清单 18.4 中的 Printer 接口有两个实现。第 1 个是 PrinterImpl 类，这是一个常规的类。它将 print 方法实现为一个公有方法。第 2 个实现可以在 SecretPrinterImpl 中找到。但是，SecretPrinterImpl 不是实现 Printer 接口，而是定义了一个名为 Inner 的私有类，这个类实现了 Printer 接口。SecretPrinterImpl 的 getPrinter 方法返回 Inner 的一个实例。

PrinterImpl 和 SecretPrinterImpl 之间有什么区别呢？可以从测试类的主体代码中看到这一点：

```
Printer printer = new PrinterImpl();
printer.print("Hiding implementation");
// downcast to PrinterImpl
PrinterImpl impl = (PrinterImpl) printer;

Printer hiddenPrinter = (new SecretPrinterImpl()).getPrinter();
hiddenPrinter.print("Hiding implementation");
// cannot downcast hiddenPrinter to Outer.Inner
// because Inner is private
```

我们将 PrinterImpl 的一个实例赋值给 printer，并且可以将 printer 向下强制转型回 PrinterImpl。在第 2 个实例中，通过调用 SecretPrinterImpl 的 getPrinter 方法，将 Inner 类的一个实例赋值给 Printer。然而，没有办法将 hiddenPrinter 向下强制转型回 SecretPrinterImpl.Inner，因为 Inner 类是私有的，因此它不可见。

18.4 局部内部类

一个局部内部类，或者简称为局部类，定义为不是其他类的成员类（因为它的声明并不直接处于外围类的声明之中）。局部类有一个名称，相反，匿名类则没有。

局部类可以在任何代码块中声明，并且其作用域位于代码块之中。例如，可以在一个方法中、一个 if 语句块中、一个 while 语句块中声明一个局部类。如果类的实例只在作用域内使用的话，你可以编写一个局部类。例如，代码清单 18.5 给出了局部类的一个示例。

代码清单 18.5　局部内部类

```java
package app18;
import java.time.LocalDateTime;
import java.time.format.DateTimeFormatter;
import java.time.format.FormatStyle;

interface Logger {
    public void log(String message);
}

public class LocalClassDemo1 {
    String appStartTime = LocalDateTime.now().format(
            DateTimeFormatter
            .ofLocalizedDateTime(FormatStyle.MEDIUM));

    public Logger getLogger() {
        class LoggerImpl implements Logger {
            public void log(String message) {
                System.out.println(appStartTime + " : " + message);
            }
        }
        return new LoggerImpl();
    }

    public static void main(String[] args) {
        LocalClassDemo1 test = new LocalClassDemo1();
        Logger logger = test.getLogger();
        logger.log("Local class example");
    }
}
```

代码清单 18.5 中的类有一个名为的 LoggerImpl 局部类，它位于一个 getLogger 方法中。getLogger 方法必须返回 Logger 接口的一个实现，这个实现将不会在其他地方使用。因此，让这个实现仅限于 getLogger 方法中，这是一个好办法。还要注意，这个局部类中的 log 方法能够访问外部类的实例字段 appStartTime。

注意，一个局部类不仅能够访问其外部类的成员，它还能够访问局部变量，但是只能访问 final 局部变量。如果试图访问一个不是 final 的局部变量，编译器将会产生一个编译错误。

代码清单 18.6 修改了代码清单 18.5 中的代码。代码清单 18.6 中的 getLogge 方法允许你传入一个 String 类型的参数，它将变成日志的每一行的前缀。

代码清单 18.6　PrefixLogger 测试

```java
package app18;
import java.util.Date;

interface PrefixLogger {
    public void log(String message);
}

public class LocalClassDemo2 {
    public PrefixLogger getLogger(final String prefix) {
        class LoggerImpl implements PrefixLogger {
            public void log(String message) {
                System.out.println(prefix + " : " + message);
            }
        }
        return new LoggerImpl();
```

```
    }
    public static void main(String[] args) {
        LocalClassDemo2 test = new LocalClassDemo2();
        PrefixLogger logger = test.getLogger("DEBUG");
        logger.log("Local class example");
    }
}
```

18.5 匿名内部类

匿名内部类没有名称,这种类型的嵌套类用于编写一个接口实现。例如,代码清单 18.7 中的 AnonymousInnerClassDemo1 创建了一个匿名内部类,它是 Printable 接口的一个实现。

代码清单 18.7 使用一个匿名内部类

```
package app18;
interface Printable {
    void print(String message);
}

public class AnonymousInnerClassDemo1 {
    public static void main(String[] args) {

        Printable printer = new Printable() {
            public void print(String message) {
                System.out.println(message);
            }
        }; // this is a semicolon

        printer.print("Beach Music");
    }
}
```

这里的有趣之处在于,可以使用 new 关键字后面跟着类似类的构造方法的东西(在这里是 Printable()),来创建一个匿名的内部类。注意,Printable 是一个接口,而且它没有构造方法。Printable()后面跟着 print 方法的实现。此外,在结束花括号之后,使用一个分号来结束实例化匿名内部类的语句。

此外,也可以通过扩展一个抽象类或具体类来创建一个匿名内部类,如代码清单 18.8 所示。

代码清单 18.8 使用带有一个抽象类的一个匿名内部类

```
package app18;
abstract class Printable2 {
    void print(String message) {
    }
}

public class AnonymousInnerClassDemo2 {
    public static void main(String[] args) {
        Printable2 printer = new Printable2() {
            public void print(String message) {
                System.out.println(message);
            }
        }; // this is a semicolon

        printer.print("Beach Music");
    }
}
```

18.6 嵌套类和内部类的背后

JVM 并不知道嵌套类的表示方法，是编译器努力地把一个类编译到一个顶级类中：将外部类的名称和内部类的名称组合成一个名字，中间用美元符号隔开。使用内部类的代码叫作 Inner，它位于 Outer 之中，如下所示：

```
public class Outer {
    class Inner {
    }
}
```

将会编译为两个类：Outer.class 和 Outer$Inner.class。

那么匿名内部类又是怎么样的呢？对于匿名类，编译器负责为它们生成一个名字，使用数字组成该名字。因此，你将会看到诸如 Outer$1.class、Outer$2.class 等内容。

当实例化一个嵌套类的时候，实例在堆中存储为一个单独的对象。它们并不会真正地存在于外部类对象之中。

对于内部类对象，它们有一个对外部类对象的自动引用。这个引用在一个静态嵌套类的实例中并不存在，因为静态嵌套类不能够访问其外部类的实例成员。

内部类对象如何获取对其外部类对象的一个引用呢？同样，是因为在编译内部类的时候，编译器对内部类的构造方法做了一些修改，即它给每一个构造方法添加了一个参数。这个参数的类型是外部类。

例如，如下所示的构造方法：

```
public Inner()
```

修改为如下所示。

```
public Inner(Outer outer)
```

并且，将如下代码

```
public Inner(int value)
```

修改为：

```
public Inner(Outer outer, int value)
```

> **注　意**
>
> 编译器有权限修改它所编译的代码。例如，如果一个类（顶级类或嵌套类）没有构造方法，它会为其添加一个无参数的构造方法。

实例化一个内部类的代码也做了修改，编译器给内部类的构造方法传入了对外部类对象的一个引用。如果你编写：

```
Outer outer = new Outer();
Outer.Inner inner = outer.new Inner();
```

编译器会将其修改为：

```
Outer outer = new Outer();
Outer.Inner inner = outer.new Inner(outer);
```

当一个内部类在外部类之中实例化的时候，编译器会使用关键字 this 来传递外部类对象的当前实例。

```
// inside the Outer class
Inner inner = new Inner();
```

变成了

```
// inside the Outer class
Inner inner = new Inner(this);
```

现在，还有另外一个问题。一个嵌套类如何访问其外部类的私有成员呢？没有对象被允许访问另一个对象的私有成员。编译器再次修改了你的代码，在外部类的定义中，创建了访问私有成员的一个方法。因此

```
class TopLevel {
    private int value = 9;
    class Inner {
        int calculate() {
            return value;
        }
    }
}
```

修改为如下所示的两个类：

```
class TopLevel {
    private int value = 9;
    TopLevel() {
    }
    // added by the compiler
    static int access$0(TopLevel toplevel) {
        return toplevel.value;
    }
}
class TopLevel$Inner {
    final TopLevel this$0;
    TopLevel$Inner(TopLevel toplevel) {
        super();
        this$0 = toplevel;
    }
    int calculate() {
        // modified by the compiler
        return TopLevel.access$0(this$0);
    }
}
```

这个添加过程在后台发生，因此，你不会在源代码中看到它。编译器添加了 access$0 方法，它将返回私有成员的值，以便内部类能够访问该私有成员。

18.7 本章小结

嵌套类是其声明位于另一个类之中的一个类。有 4 种类型的嵌套类：
- 静态嵌套类。
- 成员内部类。
- 局部内部类。
- 匿名内部类。

使用嵌套类的好处包括完全隐藏类的实现，以及作为编写这样一个类的一种简洁的方式：该类的实例只存在于特定的环境之中。

第 19 章 线 程

Java 最吸引人的一项功能就是支持更容易的线程编程。在 1995 年 Java 发布之前，线程是编程专家才会涉及的领域。有了 Java 之后，即便初学者也能够编写多线程应用程序。

本章介绍什么是线程以及它们为何重要。本章还介绍诸如同步和可见性问题等相关内容。

19.1 Java 线程简介

下一次玩计算机游戏的时候，问自己一个问题：我没有使用一台多处理器的计算机，但是怎么感觉好像有两个处理器在同时运行呢，一个处理器在移动小行星，而一个处理器在移动飞船？哦，有了多线程编程，同步的移动就变成可能。

程序可以在其主体内给单元分配处理器时间。随后，每个单元都得到一部分处理器时间。即便计算机只有一个处理器，它也可以有多个单元同时运行。单处理器计算机的技巧是，将处理器时间分片，并且将每个时间片分配给每一个处理单元。能够花费处理器时间的最小的单元叫作一个线程（thread）。拥有多个线程的程序，叫作多线程应用程序（multi-threaded application）。因此，计算机游戏常常是多线程的。

线程的正式定义是这样的。线程是一个基本的处理单元，操作系统分配处理时间就是按照线程来进行的，在一个进程中，可以有多个线程执行代码。线程有时候也叫作一个轻量级的进程，或者叫作一个执行环境。

线程要消费资源，因此，如非必要的话，不要创建多个线程。此外，跟踪多个线程是一项复杂的编程任务。

每个 Java 程序都至少有一个线程，该线程执行 Java 程序。当你调用 Java 类的 main 方法的时候，就创建了线程。很多 Java 程序有多个线程，而你往往不会意识到这一点。例如，一个 Swing 应用程序有一个处理事件的线程，此外还有主线程。

多线程程序并不仅用于游戏。非游戏应用程序也可以使用多线程来提供用户响应度。例如，只有单个线程执行的时候，当把一个较大的文件写入到硬盘的时候，应用程序似乎是被"挂起"了，使用鼠标光标无法移动，并且也无法单击按钮。通过让一个线程专门用于保存文件，而另一个线程负责接收用户输入，应用程序可以更具有响应性。

19.2 创建一个线程

创建一个线程的方法有两种。

1. 扩展 java.lang.Thread 类。
2. 实现 java.lang.Runnable 接口。

如果选择第 1 种方法，需要覆盖 run 方法并且在其中写入你想要让该线程执行的代码。一旦有了一个 Thread 对象，调用其 start 方法来启动该线程。当线程启动后，执行其 run 方法。一旦 run 方法返回或者抛出一个异常，线程会死掉并且会被垃圾收集。

注 意

第 20 章介绍了并发工具，会提供创建和执行线程的一种更好的方法。在大多数情况下，你不应该直接使用 Thread 类。

在 Java 中，可以给 Thread 对象一个名称，当你使用多线程的时候，这是一种常见的做法。此外，每个 Thread 都有一个状态，可以是如下 6 种状态之一。

- new。线程还没有启动的一种状态。
- runnable。线程正在执行的一种状态。
- blocked。线程等待访问对象的一个锁的一种状态。
- waiting。线程无限期地等待另一个线程执行一项操作的一种状态。
- timed_waiting。线程在指定的时间段内等待另一个线程执行一项操作的一种状态。
- terminated。线程已经退出的一种状态。

表示这些状态的值封装在 java.lang.Thread.State 枚举类型中。这个枚举类型的成员是 NEW、RUNNABLE、BLOCKED、WAITING、TIMED_WAITING 和 TERMINATED。

Thread 类提供了公有的构造方法，可以用来创建 Thread 对象。其中的一些方法如下所示：

```
public Thread()
public Thread(String name)
public Thread(Runnable target)
public Thread(Runnable target, String name)
```

注　意

在讨论了 Runnable 接口之后，我将介绍第 3 个和第 4 个构造方法。

如下是 Thread 类中的一些有用的方法。

```
public String getName ()
```
返回线程的名称。

```
public Thread.State getState ()
```
返回线程当前所处的状态。

```
public void interrupt ()
```
中断该线程。

```
public void start ()
```
启动该线程。

```
public static void sleep (long millis)
```
停止当前的线程达到指定的毫秒数。

此外，Thread 类提供了返回当前工作线程的静态 currentThread 方法。

```
public static Thread currentThread()
```

19.2.1　扩展线程

代码清单 19.1 中的代码展示了通过扩展 java.lang.Thread 来创建一个线程的方法。

代码清单 19.1　一个简单的多线程程序

```
package app19;
public class ThreadDemo1 extends Thread {
    public void run() {
        for (int i = 1; i <= 10; i++) {
            System.out.println(i);
            try {
                sleep(1000);
            } catch (InterruptedException e) {
```

```
            }
        }
    }
    public static void main(String[] args) {
        (new ThreadDemo1()).start();
    }
}
```

ThreadDemo1 类扩展了 Thread 类并且覆盖了 run 方法。ThreadDemo1 类首先实例化自己。一个新创建的 Thread 将处于 NEW 状态。调用 start 方法将会使得线程从 NEW 转变为 RUNNABLE 状态，这导致调用 run 方法。这个方法打印出数字 1 到数字 10，并且在两个数之间让线程睡眠一秒钟。当 run 方法返回时，线程死亡并且将被垃圾收集。这个类没有什么新奇的，但是，它使得我们对于线程如何工作有了一个一般性的了解。

当然，你不能总是从主类来扩展 Thread。例如，如果类扩展了 javax.swing.JFrame，那么你无法扩展 Thread，因为 Java 不支持多继承。但是，你可以创建另一个扩展了 Thread 的类，如代码清单 19.2 所示。或者，如果你需要访问 main 类中的成员，可以编写一个扩展了 Thread 的嵌套类。

代码清单 19.2　使用扩展了 Thread 的另一个类

```
package app19;
class MyThread extends Thread {
    public void run() {
        for (int i = 1; i <= 10; i++) {
            System.out.println(i);
            try {
                sleep(1000);
            } catch (InterruptedException e) {
            }
        }
    }
}

public class ThreadDemo2 {
    public static void main(String[] args) {
        MyThread thread = new MyThread();
        thread.start();
    }
}
```

代码清单 19.2 中的 ThreadDemo2 类，所做的事情和代码清单 19.1 中的 ThreadDemo1 并不完全一样。区别在于，ThreadDemo2 能够自由地扩展另一个类。

19.2.2　实现 Runnable

创建一个线程的另一种方法是实现 java.lang.Runnable。这个接口有一个 run 方法，你需要实现它。Runnable 中的 run 方法和 Thread 类中的 run 方法是相同的。实际上，Thread 自身实现了 Runnable。

如果你使用 Runnable，必须实例化 Thread 类并传递 Runnable。代码清单 19.3 展示了使用 Runnable 的方法。它所做的事情和代码清单 19.1 和代码清单 19.2 中的类相同。

代码清单 19.3　使用 Runnable

```
package app19;
public class RunnableDemo1 implements Runnable {
    public void run() {
        for (int i = 1; i <= 10; i++) {
            System.out.println(i);
            try {
                Thread.sleep(1000);
```

```
            } catch (InterruptedException e) {
            }
        }
    }

    public static void main(String[] args) {
        RunnableDemo1 demo = new RunnableDemo1();
        Thread thread = new Thread(demo);
        thread.start();
    }
}
```

19.3 使用多线程

我们可以使用多线程。如下的示例是一个 Swing 应用程序，它创建了两个 Thread 对象。第 1 个对象负责增加一个计数器，第 2 个对象负责减少另一个计数器。代码清单 19.4 展示了该程序。

代码清单 19.4 使用两个线程

```
package app19;
import java.awt.FlowLayout;
import javax.swing.JFrame;
import javax.swing.JLabel;

public class ThreadDemo3 extends JFrame {
    JLabel countUpLabel = new JLabel("Count Up");
    JLabel countDownLabel = new JLabel("Count Down");

    class CountUpThread extends Thread {
        public void run() {
            int count = 1000;
            while (true) {
                try {
                    sleep(100);
                } catch (InterruptedException e) {
                }
                if (count == 0)
                    count = 1000;
                countUpLabel.setText(Integer.toString(count--));
            }
        }
    }

    class CountDownThread extends Thread {
        public void run() {
            int count = 0;
            while (true) {
                try {
                    sleep(50);
                } catch (InterruptedException e) {
                }
                if (count == 1000)
                    count = 0;
                countDownLabel.setText(Integer.toString(count++));
            }
        }
    }

    public ThreadDemo3(String title) {
```

```
        super(title);
        init();
    }

    private void init() {
        this.setDefaultCloseOperation(JFrame.EXIT_ON_CLOSE);
        this.getContentPane().setLayout(new FlowLayout());
        this.add(countUpLabel);
        this.add(countDownLabel);
        this.pack();
        this.setVisible(true);
        new CountUpThread().start();
        new CountDownThread().start();
    }

    private static void constructGUI() {
        JFrame.setDefaultLookAndFeelDecorated(true);
        ThreadDemo3 frame = new ThreadDemo3("Thread Demo 3");
    }

    public static void main(String[] args) {
        javax.swing.SwingUtilities.invokeLater(new Runnable() {
            public void run() {
                constructGUI();
            }
        });
    }
}
```

ThreadTest3 类定义了两个嵌套的类，CountUpThread 和 CountDownThread，它们扩展了 Thread。两个类都是 main 类的嵌套类，因此，它们可以访问 JLable 控件并修改其标签。运行这段代码，将会看到图 19.1 所示的结果。

图 19.1 使用两个线程

19.4 线程优先级

当声明多个线程的时候，有时候必须考虑线程调度。换句话说，需要确保每个线程都有公平的机会去运行。这可以通过从一个线程的 run 方法调用 sleep 方法来做到。一个处理时间较长的线程，应该总是调用 sleep 方法来给其他线程一个 CPU 处理时间的分片。调用 sleep 方法的一个进程也称为自愿放弃（yield）。

现在，如果有多个进程等待，当运行进程自愿放弃的时候，哪一个进程获得运行机会呢？具有最高优先级的进程。要设置一个进程的优先级，需要调用其 setPriority 方法。该方法的签名如下。

```
public final void setPriority(int priority)
```

如下的示例是一个 Swing 应用程序，它有两个计数器。左边的计数器由一个线程管理，其优先级为 10；另一个计数器由一个优先级为 1 的线程管理。运行这段代码，看看具有较高优先级的线程是如何运行得更快的。

代码清单 19.5　测试线程优先级

```
package app19;
import java.awt.FlowLayout;
import javax.swing.JFrame;
import javax.swing.JLabel;

public class ThreadPriorityDemo extends JFrame {
    JLabel counter1Label = new JLabel("Priority 10");
    JLabel counter2Label = new JLabel("Priority 1");
```

```java
class CounterThread extends Thread {
    JLabel counterLabel;
    public CounterThread(JLabel counterLabel) {
        super();
        this.counterLabel = counterLabel;
    }

    public void run() {
        int count = 0;
        while (true) {
            try {
                sleep(1);
            } catch (InterruptedException e) {
            }
            if (count == 50000)
                count = 0;
            counterLabel.setText(Integer.toString(count++));
        }
    }
}

public ThreadPriorityDemo(String title) {
    super(title);
    init();
}

private void init() {
    this.setDefaultCloseOperation(JFrame.EXIT_ON_CLOSE);
    this.setLayout(new FlowLayout());
    this.add(counter1Label);
    this.add(counter2Label);
    this.pack();
    this.setVisible(true);
    CounterThread thread1 = new CounterThread(counter1Label);
    thread1.setPriority(10);
    CounterThread thread2 = new CounterThread(counter2Label);
    thread2.setPriority(1);
    thread2.start();
    thread1.start();
}

private static void constructGUI() {
    JFrame.setDefaultLookAndFeelDecorated(true);
    ThreadPriorityDemo frame = new ThreadPriorityDemo(
        "Thread Priority Demo");
}

public static void main(String[] args) {
    javax.swing.SwingUtilities.invokeLater(new Runnable() {
        public void run() {
            constructGUI();
        }
    });
}
}
```

两个运行的线程都是同一个类的实例（CounterThread）。第 1 个线程的优先级是 10，第 2 个线程的优先级是 1。图 19.2 显示，即便第 2 个线程先启动，但第 1 个线程运行得更快。

图 19.2 具有不同优先级的线程

19.5 停止线程

Thread 类有一个 stop 方法，用来停止一个线程。但是，你不应该使用这个方法，因为它是不安全的。相反，当你想要停止一个线程的时候，应该让 run 方法自然地退出。一种常用的技术是使用带有一个条件的 while 循环。当你想要停止线程的时候，直接让该条件计算为假即可。例如：

```
boolean condition = true;
public void run {
    while (condition) {
        // do something here
    }
}
```

在你的类中，还需要提供一个方法来修改 condition 的值。

```
public synchronized void stopThread() {
    condition = false;
}
```

注　意

关键字 synchronized 将在 19.6 节中介绍。

停止一个线程的示例参见代码清单 19.6。

代码清单 19.6　停止一个线程

```
package app19;
import java.awt.FlowLayout;
import java.awt.event.ActionEvent;
import java.awt.event.ActionListener;
import javax.swing.JButton;
import javax.swing.JFrame;
import javax.swing.JLabel;

public class StopThreadDemo extends JFrame {
    JLabel counterLabel = new JLabel("Counter");
    JButton startButton = new JButton("Start");
    JButton stopButton = new JButton("Stop");
    CounterThread thread = null;
    boolean stopped = false;
    int count = 1;

    class CounterThread extends Thread {
        public void run() {
            while (!stopped) {
                try {
                    sleep(10);
                } catch (InterruptedException e) {
                }
                if (count == 1000) {
                    count = 1;
                }
                counterLabel.setText(Integer.toString(count++));
            }
        }
```

```java
    }

    public StopThreadDemo(String title) {
        super(title);
        init();
    }

    private void init() {
        this.setDefaultCloseOperation(JFrame.EXIT_ON_CLOSE);
        this.getContentPane().setLayout(new FlowLayout());
        this.stopButton.setEnabled(false);
        startButton.addActionListener(new ActionListener() {
            public void actionPerformed(ActionEvent e) {
                StopThreadDemo.this.startButton.setEnabled(false);
                StopThreadDemo.this.stopButton.setEnabled(true);
                startThread();
            }
        });
        stopButton.addActionListener(new ActionListener() {
            public void actionPerformed(ActionEvent e) {
                StopThreadDemo.this.startButton.setEnabled(true);
                StopThreadDemo.this.stopButton.setEnabled(false);
                stopThread();
            }
        });
        this.getContentPane().add(counterLabel);
        this.getContentPane().add(startButton);
        this.getContentPane().add(stopButton);
        this.pack();
        this.setVisible(true);
    }

    public synchronized void startThread() {
        stopped = false;
        thread = new CounterThread();
        thread.start();
    }

    public synchronized void stopThread() {
        stopped = true;
    }

    private static void constructGUI() {
        JFrame.setDefaultLookAndFeelDecorated(true);
        StopThreadDemo frame = new StopThreadDemo(
                "Stop Thread Demo");
    }

    public static void main(String[] args) {
        javax.swing.SwingUtilities.invokeLater(new Runnable() {
            public void run() {
                constructGUI();
            }
        });
    }
}
```

StopThreadDemo 类使用一个 JLabel 来显示一个计数器和两个分别用来启动和停止该计数器的 JButton。给每个 JButton 添加了一个动作监听器。Start 按钮的动作监听器调用 startThread 方法，Stop 按钮的动作监听器调用 stopThread 方法。

```
    public synchronized void startThread() {
        stopped = false;
        thread = new CounterThread();
        thread.start();
    }
    public synchronized void stopThread() {
        stopped = true;
    }
```

要停止计数器，直接将 stopped 变量修改为 true。将会导致 run 方法中的 while 循环退出。要启动或重新启动计数器，必须创建一个新的 Thread。一旦一个线程的 run 方法退出了，该线程就会死掉，并且你无法重新调用该线程的 start 方法。

图 19.3 展示了 StopThreadTest 类的计数器。它可以停止和重新启动。

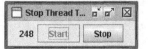

图 19.3　停止和重新启动给一个线程

19.6 同步

你已经看到了彼此独立运行的线程。然而，在现实生活中，常常是这样的情况：多个线程需要访问相同的资源或数据。如果你不能保证不会有两个线程同时访问相同的对象的话，将会发生线程干扰问题。

本小节介绍了线程干扰，以及通过 synchronized 修饰符安全地进行独占式访问的 Java 内建锁机制。

注　意

Java 提供了并发工具，其中包括更好的锁机制。在可能的情况下，你应该使用这些锁而不是 synchronized。第 20 章将介绍并发工具。

19.6.1 线程干扰

为了更好地理解多线程试图访问相同资源的相关问题，分析一下代码清单 19.7 中的代码。

代码清单 19.7　UserStat 类

```
package app19;
public class UserStat {
    int userCount;

    public int getUserCount() {
        return userCount;
    }

    public void increment() {
        userCount++;
    }

    public void decrement() {
        userCount--;
    }
}
```

如果一个线程试图通过调用 getUserCount 方法来访问 userCount 变量，而同时另一个线程正在增加该变量，会发生什么情况呢？记住，userCount++ 语句实际上包含了 3 个连续的步骤：

- 读取 userCount 的值并将其存储到一些临时存储器中。
- 增加该值。
- 将增加后的值写回到 userCount。

假设一个线程读取了 userCount 的值并且增加了它。在它有机会将增加后的值存储回去之前，另一个线程读取它并且得到了旧的值。当第 2 个线程最终得到机会写 userCount 的时候，它会替代掉第 1 个线程增加后的值。结果，userCount 并没有反映出正确的用户数目。一个事件有两个非原子性的操作在不同的线程中进行，但是，操作的却是相同的数据，这种交叉行为叫作线程干扰（thread interference）。

19.6.2 原子操作

原子操作是可以组合起来让系统的其他部分将其当作是一个单个的操作的一组操作。原子操作不会引发线程干扰。正如你所看到的，增加一个整数并不是一个原子操作。

在 Java 中，除了 long 和 double 之外的所有的基本类型，都是原子性的可读和可写的。

线程安全的代码，当有多个线程访问的时候，也能正确地工作。代码清单 19.7 中的 UserStat 类就不是线程安全的。

线程干扰可能导致一个竞争条件（race condition）。多个线程在同时读或写一些共享的数据，并且结果是不可预期的。竞争条件可能导致难以找到潜在的或严重的 bug。

19.6.3 节和 19.6.4 节将介绍如何使用 synchronized 编写线程安全的代码。

19.6.3 方法同步

每个 Java 对象都有一个内在的锁，有时候叫作监控锁。获取一个对象的内在的锁，是一种独占式地访问一个对象的方法。试图访问一个锁定的对象的线程将会被阻塞，直到持有锁的线程释放该锁为止。

互斥和可见性

由于一个锁定的对象只能由一个线程访问，也就是说，锁提供了一种互斥功能（mutual exclusion）。锁提供的另一种功能是可见性（visibility），下一节将会介绍它。

synchronized 修饰符可以用来锁定一个对象。当一个线程调用一个非静态的同步方法，在该方法执行之前，它自动地获取该方法的对象的内在的锁。该线程持有这个锁，直到方法返回。一旦线程锁定一个对象，其他的线程无法在同一个对象上调用相同的方法或者其他的同步方法。其他的线程必须等待，直到该锁再次变得可用。锁是可以重用的，这意味着，持有锁的线程可以在同一对象上调用其他的同步的方法。当该方法返回的时候，将释放内在的锁。

注　意

你也可以同步一个静态方法，在这种情况下，和该方法的类相关的 Class 对象的锁将会使用。

代码清单 19.8 中的 SafeUserStat 类是对 UserStat 类的重新编写。和 UserStat 不同，SafeUserStat 是线程安全的。

代码清单 19.8　SafeUserStat 类

```
package app19;
public class SafeUserStat {
    int userCount;

    public synchronized int getUserCount() {
        return userCount;
    }

    public synchronized void increment() {
        userCount++;
    }

    public synchronized void decrement() {
        userCount--;
    }
}
```

在一个程序中，保证一次只有一个线程能够访问一个共享资源的代码段，就是所谓的关键代码段（critical section）。在 Java 中，关键代码段是使用关键字 synchronized 来实现的。在 SafeUserStat 类中，increment、decrement 和 getUserCount 方法是关键代码段。访问 userCount 只能通过一个同步方法得到许可，这就保证了不会发生竞争条件。

19.6.4 块同步

同步一个方法并非总是可能的。想象一下，编写一个多线程的应用程序，它有多个线程访问一个共享对象，但是，忘了把对象类都编写为线程安全的。甚至更糟糕的是，你没有访问共享对象的源代码。也就是说，你必须使用一个线程安全的 UserStat 类，并且其源代码是不可用的。

好在 Java 允许你通过块同步来锁定任何的对象。其语法如下所示。

```
synchronized(object) {
    // do something while locking object
}
```

同步的块给了你一个对象的内在锁。在块中的代码执行之后，释放该锁。

例如，如下的代码使用了代码清单 19.7 中的线程安全的 UserStat 类作为一个计数器。为了在增加计数器的时候锁定它，incrementCounter 方法锁定了 UserStat 实例。

```
UserStat userStat = new UserStat();
...
public void incrementCounter() {
    synchronized(userStat) {
        // statements to be synchronized, such as calls to
        // the increment, decrement, and getUserCount methods
        // on userStat
        userStat.increment();
    }
}
```

此外，方法同步和锁定当前对象的块同步是一样的：

```
synchronized(this) {
    ...
}
```

19.7 可见性

在 19.6 节中，我们学习了如何同步可以由多个线程访问的非原子性操作。此时，你可能对于不能拥有非原子性的操作有了一些印象，但是，你不想那么麻烦地同步将要由多个线程访问的资源。

事实并非如此。

在单线程程序中，读取一个变量的值总是给出最后写入到该变量中的值。然而，由于 Java 中的内存模式，在多线程应用程序中并不总是如此。一个线程可能没有看到另一个线程所做出的修改，除非对于数据的操作是同步执行的。

例如，代码清单 19.9 中的 Inconsistent 类创建了一个后台线程，它在修改布尔类型 started 的值之前会等待 3 秒钟。main 方法中的 while 循环应该不断检查 started 的值，并且只要 started 设置为 ture，循环就继续。

代码清单 19.9　Inconsistent 类

```
package app19;
public class Inconsistent {
    static boolean started = false;
    public static void main(String[] args) {
```

```java
        Thread thread1 = new Thread(new Runnable() {
            public void run() {
                try {
                    Thread.sleep(3000);
                } catch (InterruptedException e) {
                }
                started = true;
                System.out.println("started set to true");
            }
        });
        thread1.start();

        while (!started) {
            // wait until started
        }

        System.out.println("Wait 3 seconds and exit");
    }
}
```

然而,当我们在计算机上运行它的时候,不会打印出字符串并退出。发生了什么事情?看上去,好像 while 循环(在 main 方法中运行)没有看到值 started 的变化。

你可以通过同步对 started 的访问来修正这个问题,如代码清单 19.10 中的 Consistent 类所示。

代码清单 19.10 Consistent 类

```java
package app19;
public class Consistent {
    static boolean started = false;

    public synchronized static void setStarted() {
        started = true;
    }

    public synchronized static boolean getStarted() {
        return started;
    }

    public static void main(String[] args) {
        Thread thread1 = new Thread(new Runnable() {
            public void run() {
                try {
                    Thread.sleep(3000);
                } catch (InterruptedException e) {
                }
                setStarted();
                System.out.println("started set to true");
            }
        });
        thread1.start();

        while (!getStarted()) {
            // wait until started
        }

        System.out.println("Wait 3 seconds and exit");
    }
}
```

注意，setStarted 和 getStarted 都同步并达到了想要的效果。如果只是同步 setStarted 的话，就无效了。

然而，同步也是有代价的。锁定一个对象，会带来运行时负担。如果你所追求的是可见性，并且不需要互斥的话，可以使用 volatile 关键字而不是 synchronized 关键字。

把一个变量声明为 volatile 的，这保证了访问变量的所有线程都可以看到它。如下是一个示例。

```
static volatile boolean started = false;
```

因此，可以使用 volatile 重新编写 Consistent 类以减少负担。

代码清单 19.11　使用 volatile 解决可见性问题

```java
package app19;
public class LightAndConsistent {
    static volatile boolean started = false;

    public static void main(String[] args) {
        Thread thread1 = new Thread(new Runnable() {
            public void run() {
                try {
                    Thread.sleep(3000);
                } catch (InterruptedException e) {
                }
                started = true;
                System.out.println("started set to true");
            }
        });
        thread1.start();

        while (!started) {
            // wait until started
        }
        System.out.println("Wait 3 seconds and exit");
    }
}
```

注意，尽管 volatile 解决了可见性问题，但它不能用来解决互斥问题。

19.8　线程协调

有更加细致的情况，其中对一个线程访问一个对象的计时，影响到了其他需要访问同一对象的线程。这样的情况会强迫你协调线程。如下的示例介绍了这种情况并给出了一个解决方案。

你拥有一家快递服务公司，你雇佣了一名分拣员和几名卡车司机，它们负责拣货和派送货物。分拣员的工作是准备送货单并且将它们放在一个送货单盒子中。任何空闲的司机查看送货单盒子。如果找到一个送货单，司机应该进行拣货并开始送货服务。如果没有找到送货单，他应该等待直到有了送货单。此外，你想要保证送货单按照先进先出的方式来执行。为了便于做到这一点，每次只允许盒子中有一个送货单。如果盒子中有一个新的可用的送货单的话，分拣员将通知等待的司机。

java.lang.Object 类提供了几个方法，可以用于线程协调：

```
public final void wait() throws InterruptedException
```

上面代码使当前的线程等待，直到另一个线程调用 notify 或 notifyAll 方法。Wait 方法通常在一个同步的方法中发生，并且导致访问该同步方法的调用线程将自己置为等待状态，并放弃对象锁。

```
public final void wait(long timeout) throws InterruptedException
```

导致当前线程等待,直到另一个线程针对该对象调用 notify 或 notifyAll 方法,或者经过了指定的时间量。wait 方法通常会在一个同步的方法中发生,并且导致访问该同步方法的调用线程将自己置为等待状态,并放弃对象锁。

```
public final void notify()
```

通知单个的线程,等待该对象的锁。如果有多个线程等待,选择其中之一来通知,并且这种选择是随机的。

```
pubic final void notifyAll()
```

通知所有的线程,等待该对象的锁。

我们来看看在 Java 中如何使用 wait、notify 和 notifyAll 方法来实现这一送货服务业务模型。涉及 3 种类型的对象:

- DeliveryNoteHolder。表示一个送货单盒子,如代码清单 19.12 所示。通过 DispatcherThread 和 DriverThread 来访问它。
- DispatcherThread。表示一个分拣员,如代码清单 19.13 所示。
- DriverThread。表示一名司机,如代码清单 19.14 所示。

代码清单 19.12　DeliveryNoteHolder 类

```
package app19;
public class DeliveryNoteHolder {
    private String deliveryNote;
    private boolean available = false;
    
    public synchronized String get() {
        while (available == false) {
            try {
                wait();
            } catch (InterruptedException e) { }
        }
        available = false;
        System.out.println(System.currentTimeMillis()
            + ": got " + deliveryNote);
        notifyAll();
        return deliveryNote;
    }
    
    public synchronized void put(String deliveryNote) {
        while (available == true) {
            try {
                wait();
            } catch (InterruptedException e) { }
        }
        this.deliveryNote = deliveryNote;
        available = true;
        System.out.println(System.currentTimeMillis() +
            ": Put " + deliveryNote);
        notifyAll();
    }
}
```

DeliveryNoteHolder 类中有两个同步方法,get 和 put。DispatcherThread 对象调用 put 方法,而 DriverThread 对象调用 get 方法。送货单只是一个 String (deliveryNote),其中包含了送货信息。available 变量表示盒子中的送货单是否可用。available 的初始值是 false,表示 DeliveryNoteHolder 对象是空的。注意,每次只有一个线程能够调用任意的同步的方法。

如果 DriverThread 是访问 DeliveryNoteHolder 的第 1 个线程，它将会在 get 方法中遇到如下的 while 循环。

```
while (available == false) {
    try {
        wait();
    } catch (InterruptedException e) {
    }
}
```

由于 available 是 false，该线程将调用 wait 方法，导致该线程开始休眠并释放锁。现在，其他的线程可以访问 DeliveryNoteHolder 对象。

如果 DispatcherThread 是访问 DeliveryNoteHolder 的第 1 个线程，它将会看到如下的代码：

```
while (available == true) {
    try {
        wait();
    } catch (InterruptedException e) {
    }
}
this.deliveryNote = deliveryNote;
available = true;
notifyAll();
```

由于 available 是 false，它将会跳过 while 循环并且给 DeliveryNoteHolder 对象的 deliveryNote 赋一个值。该线程还会将 available 设置为 true，并通知所有的等待线程。

在调用 notifyAll 的时候，如果 DriverThread 在 DeliveryNoteHolder 对象上等待，它将会被唤醒，重新获得 DeliveryNoteHolder 对象的锁，跳出 while 循环，并且执行 get 方法剩下的代码：

```
available = false;
notifyAll();
return deliveryNote;
```

available boolean 将会切换为 false，调用 notifyAll 方法，并且返回 deliveryNote。

现在，我们来看看代码清单 19.13 中的 DispatcherThread 类。

代码清单 19.13　DispatcherThread 类

```
package app19;

public class DispatcherThread extends Thread {
    private DeliveryNoteHolder deliveryNoteHolder;

    String[] deliveryNotes = { "XY23. 1234 Arnie Rd.",
            "XY24. 3330 Quebec St.",
            "XY25. 909 Swenson Ave.",
            "XY26. 4830 Davidson Blvd.",
            "XY27. 9900 Old York Dr." };

    public DispatcherThread(DeliveryNoteHolder holder) {
        deliveryNoteHolder = holder;
    }

    public void run() {
        for (int i = 0; i < deliveryNotes.length; i++) {
            String deliveryNote = deliveryNotes[i];
            deliveryNoteHolder.put(deliveryNote);
            try {
                sleep(100);
            } catch (InterruptedException e) {
```

```
            }
        }
    }
}
```

DispatcherThread 类扩展了 java.lang.Thread，并且声明了一个 String 数组，它包含了要放入到 DeliveryNoteHolder 对象中的送货单。它通过 DeliveryNoteHolder 的构造方法访问了该对象。其 run 方法包含了一个 for 循环，试图在 DeliveryNoteHolder 对象上调用 put 方法。

DriverThread 类也扩展了 java.lang.Thread，参见代码清单 19.14。

代码清单 19.14　DriverThread 类

```java
package app19;
public class DriverThread extends Thread {
    DeliveryNoteHolder deliveryNoteHolder;
    boolean stopped = false;
    String driverName;

    public DriverThread(DeliveryNoteHolder holder, String
                driverName) {
        deliveryNoteHolder = holder;
        this.driverName = driverName;
    }

    public void run() {
        while (!stopped) {
            String deliveryNote = deliveryNoteHolder.get();
            try {
                sleep(300);
            } catch (InterruptedException e) {
            }
        }
    }
}
```

DriverThread 方法试图通过在 DeliveryNoteHolder 对象上调用 get 方法来获取送货单。Run 方法使用了由 stopped 变量控制的一个 while 循环。为了保持示例的简单性，这里没有给出修改 stopped 的方法。

最后，代码清单 19.15 中的 ThreadCoordinationDemo 类将所有内容组合到一起。

代码清单 19.15　ThreadCoordinationDemo 类

```java
package app19;
public class ThreadCoordinationDemo {
    public static void main(String[] args) {
        DeliveryNoteHolder c = new DeliveryNoteHolder();
        DispatcherThread dispatcherThread =
            new DispatcherThread(c);
        DriverThread driverThread1 = new DriverThread(c, "Eddie");
        dispatcherThread.start();
        driverThread1.start();
    }
}
```

如下是运行 ThreadCoordinationDemo 类的输出。

```
1135212236001: Put XY23. 1234 Arnie Rd.
1135212236001: got XY23. 1234 Arnie Rd.
1135212236102: Put XY24. 3330 Quebec St.
1135212236302: got XY24. 3330 Quebec St.
1135212236302: Put XY25. 909 Swenson Ave.
1135212236602: got XY25. 909 Swenson Ave.
```

```
1135212236602: Put XY26. 4830 Davidson Blvd.
1135212236903: got XY26. 4830 Davidson Blvd.
1135212236903: Put XY27. 9900 Old York Dr.
1135212237203: got XY27. 9900 Old York Dr.
```

19.9 使用定时器

java.util.Timer 类提供了执行调度的或重复性任务的另一种替代方法，它也很容易使用。在创建了一个 Timer 实例之后，调用其 schedule 方法，传入一个 java.util.TimerTask 对象。后者包含了需要由 Timer 执行的代码。

最易于使用的构造方法，是无参数的构造方法。

```
public Timer()
```

Timer 类的 schedule 方法有几种重载形式：

```
public void schedule(TimerTask task, Date time)
```

将指定的任务调度为在指定的时间执行一次。

```
public void schedule (TimerTask task, Date firstTime, long period)
```

将指定的任务调度为在指定的时间第 1 次执行，然后，按照 period 参数（以毫秒为单位）指定的时间间隔重复执行。

```
public void schedule(TimerTask task, long delay, long period)
```

将指定的任务调度为在指定的延迟之后第 1 次执行，然后按照 period 参数（以毫秒为单位）指定的一个时间间隔重复执行。

要取消一个调度任务，可以调用 Timer 类的 cancel 方法：

```
public void cancel ()
```

TimerTask 类有一个 run 方法，你需要在自己的任务类中覆盖它。和 java.lang.Runnable 中的 run 方法不同，你不需要在循环中包含调度的任务或重复性任务的代码。

代码清单 19.16 中的 TimerDemo 类，展示了一个 Swing 应用程序，它使用 Timer 和 TimerTask 来进行一次小测验。小测验中有 5 个问题，每个问题都会在一个 JLabel 中显示 10 秒，让用户有足够的时间来解答。任何的答案都将插入到一个 JComboBox 控件中。

代码清单 19.16　使用 Timer

```java
package app19;
import java.awt.BorderLayout;
import java.awt.Dimension;
import java.awt.Toolkit;
import java.awt.event.ActionEvent;
import java.awt.event.ActionListener;
import java.util.Timer;
import java.util.TimerTask;
import javax.swing.JButton;
import javax.swing.JComboBox;
import javax.swing.JFrame;
import javax.swing.JLabel;
import javax.swing.JTextField;

public class TimerDemo extends JFrame {
    String[] questions = { "What is the largest mammal?",
            "Who is the current prime minister of Japan?",
```

```java
            "Who invented the Internet?",
            "What is the smallest country in the world?",
            "What is the biggest city in America?",
            "Finished. Please remain seated" };

    JLabel questionLabel = new JLabel("Click Start to begin");
    JTextField answer = new JTextField();
    JButton startButton = new JButton("Start");
    JComboBox answerBox = new JComboBox();
    int counter = 0;
    Timer timer = new Timer();

    public TimerDemo(String title) {
        super(title);
        init();
    }

    private void init() {
        this.setDefaultCloseOperation(JFrame.EXIT_ON_CLOSE);
        this.getContentPane().setLayout(new BorderLayout());
        this.getContentPane().add(questionLabel, BorderLayout.WEST);
        questionLabel.setPreferredSize(new Dimension(300, 15));
        answer.setPreferredSize(new Dimension(100, 15));
        this.getContentPane().add(answer, BorderLayout.CENTER);
        this.getContentPane().add(startButton, BorderLayout.EAST);
        startButton.addActionListener(new ActionListener() {
            public void actionPerformed(ActionEvent e) {
                ((JButton) e.getSource()).setEnabled(false);
                timer.schedule(
                        new DisplayQuestionTask(), 0, 10 * 1000);
            }
        });
        this.getContentPane().add(answerBox, BorderLayout.SOUTH);
        this.startButton.setFocusable(true);
        this.pack();
        this.setVisible(true);
    }

    private String getNextQuestion() {
        return questions[counter++];
    }

    private static void constructGUI() {
        JFrame.setDefaultLookAndFeelDecorated(true);
        TimerDemo frame = new TimerDemo("Timer Demo");
    }

    public static void main(String[] args) {
        javax.swing.SwingUtilities.invokeLater(new Runnable() {
            public void run() {
                constructGUI();
            }
        });
    }

    class DisplayQuestionTask extends TimerTask {
        public void run() {
            Toolkit.getDefaultToolkit().beep();
            if (counter > 0) {
                answerBox.addItem(answer.getText());
```

```
            answer.setText("");
        }
        String nextQuestion = getNextQuestion();
        questionLabel.setText(nextQuestion);
        if (counter == questions.length) {
            timer.cancel();
        }
    }
}
```

问题存储在 String 数组 questions 中。它包含 6 个成员，前 5 个是问题，最后一个是让用户继续坐好的一条指令。

DisplayQuestionTimerTask 嵌套类扩展了 java.util.TimerTask，并且提供了要执行的代码。每个任务开始的时候都会有蜂鸣声，并且继续显示数组中的下一个问题。当所有的数组成员都显示完了，将会调用 Timer 对象的 cancel 方法。

图 19.4 展示了该应用程序。

图 19.4　一个定时器应用程序

19.10　本章小结

使用 Java 进行多线程应用程序开发很容易，因为 Java 支持线程。要创建一个线程，可以扩展 java.lang.Thread 类，或者实现 java.lang.Runnable 接口。在本章中，我们学习了如何编写操作线程和同步线程的程序，还学习了如何编写线程安全的代码。在本章的最后两节中，我们学习了如何使用 java.util.Timer 类来运行调度性任务。

第 20 章 并发工具

Java 对编写多线程应用程序的内建支持，例如，Thread 类和 synchronized 关键字，都很难正确地使用，因为它们很低层级。Java 5 在 java.util.concurrent 包及其子包中添加了并发工具（Concurrency Utilities）。这些包中的类型已经设计成为了 Java 内建的线程和同步功能提供更好的替代。本章介绍并发工具中较为重要的类型，从原子变量开始介绍，再到执行器 Callable 和 Future。

20.1 原子变量

java.util.concurrent.atomic 包提供了诸如 AtomicBoolean、AtomicInteger、AtomicLong 和 AtomicReference 等类。这些类可以执行各种原子性的操作。例如，一个 AtomicInteger 在其内部存储了一个整数，并且提供了整数的原子性操作的方法，例如 addAndGet、decrementAndGet 和 incrementAndGet 等。

getAndIncrement 和 incrementAndGet 方法返回不同的结果。getAndIncrement 返回原子变量的当前值，然后将值增加 1。因此，在执行了如下代码行之后，a 的值为 0，而 b 的值为 1。

```
AtomicInteger counter = new AtomicInteger(0);
int a = counter.getAndIncrement();    // a = 0
int b = counter.get();                // b = 1
```

另一方面，incrementAndGet 方法递增了原子变量的值并返回结果。例如，在运行如下的代码段之后，a 和 b 的值都为 1。

```
AtomicInteger counter = new AtomicInteger(0);
int a = counter.incrementAndGet();    // a = 1
int b = counter.get();                // b = 1
```

代码清单 20.1 给出了使用 AtomicInteger 类的一个线程安全的计数器。请将其与第 19 章中的线程安全的 UserStat 类进行比较。

代码清单 20.1　使用 AtomicInteger 类的一个计数器

```java
package app20;
import java.util.concurrent.atomic.AtomicInteger;

public class AtomicCounter {
    AtomicInteger userCount = new AtomicInteger(0);

    public int getUserCount() {
        return userCount.get();
    }

    public void increment() {
        userCount.getAndIncrement();
    }

    public void decrement() {
        userCount.getAndDecrement();
    }
}
```

20.2 Executor 和 ExecutorService

无论何时,尽可能不要使用 java.lang.Thread 来执行一个 Runnable 的任务。而是使用 java.util.concurrent.Executor 或者其子接口的实现。

Executor 只有一个方法,就是 execute。

```
void execute(java.lang.Runnable task)
```

ExecutorService 是 Executor 的扩展,添加了终止方法和执行 Callable 的方法。Callable 和 Runnable 类似,只不过它可以返回一个值,并且可以通过 Future 接口来方便地取消。20.3 中将介绍 Callable 和 Runnable。

基本不需要编写自己的(Executor 或 ExecutorService)实现。可以使用工具类 Executors 中定义的静态方法。

```
public static ExecutorService newSingleThreadExecutor()
public static ExecutorService newCacheThreadPool()
public static ExecutorService newFixedThreadPool(int numOfThreads)
```

newSingleThreadExecutor 返回一个 Executor,其中包含了一个单个的线程。你可以向 Executor 提交多个任务,但是,在给定的时间只能执行一个任务。

newCacheThreadPool 返回一个 Executor,它将会创建多个线程来满足尽可能多的任务的提交。这很适合运行短时间存在的异步任务。注意,要小心地使用这一功能,如果 Executor 试图在内存已经很少的时候创建新的线程,可能会耗尽内存。

newFixedThreadPool 允许确定在返回的 Executor 中要维护线程的数量。如果任务数比线程数多,没有分配到线程的任务将会等待,直到运行的线程完成其工作为止。

以下代码展示了如何向一个 Executor 提交一个 Runnable 任务。

```
Executor executor = Executors.newSingleThreadExecutor();
executor.execute(new Runnable() {
    @Override
    public void run() {
        // do something
    }
});
```

像这样将一个 Runnable 任务构建为一个匿名类,适用于较短的任务且当你不想向任务传递参数的时候。对于较长的任务,或者需要向任务传递一个参数,那么,你需要在类中实现 Runnable。

代码清单 20.2 说明了 Executor 的用法。这是一个 Swing 应用程序,它有一个按钮,并且当单击了该按钮时,将会给出搜索 JPG 文件的列表。搜索结果将会出现在列表中。我们将结果限定在 200 个文件,否则,会冒着耗尽内存的风险。

代码清单 20.2 ImageSearcher 类

```
package app20.imagesearcher;
import java.awt.BorderLayout;
import java.awt.event.ActionEvent;
import java.awt.event.ActionListener;
import java.nio.file.FileSystems;
import java.nio.file.Path;
import java.util.concurrent.Executor;
import java.util.concurrent.Executors;
import java.util.concurrent.atomic.AtomicInteger;
import javax.swing.DefaultListModel;
```

```java
import javax.swing.JButton;
import javax.swing.JFrame;
import javax.swing.JList;
import javax.swing.JScrollPane;

public class ImageSearcher extends JFrame
        implements ActionListener {
    public static final int MAX_RESULT = 300;
    JButton searchButton = new JButton("Search");
    DefaultListModel listModel;
    JList imageList;
    Executor executor = Executors.newFixedThreadPool(10);
    AtomicInteger fileCounter = new AtomicInteger(1);

    public ImageSearcher(String title) {
        super(title);
        init();
    }

    private void init() {
        this.setDefaultCloseOperation(JFrame.EXIT_ON_CLOSE);
        this.setLayout(new BorderLayout());
        this.add(searchButton, BorderLayout.NORTH);
        listModel = new DefaultListModel();
        imageList = new JList(listModel);
        this.add(new JScrollPane(imageList), BorderLayout.CENTER);
        this.pack();
        this.setSize(800, 650);
        searchButton.addActionListener(this);
        this.setVisible(true);
        // center frame
        this.setLocationRelativeTo(null);
    }

    private static void constructGUI() {
        JFrame.setDefaultLookAndFeelDecorated(true);
        ImageSearcher frame = new ImageSearcher("Image Searcher");
    }

    public void actionPerformed(ActionEvent e) {
        Iterable<Path> roots =
                FileSystems.getDefault().getRootDirectories();
        for (Path root : roots) {
            executor.execute(new ImageSearchTask(root, executor,
                    listModel, fileCounter));
        }
    }

    public static void main(String[] args) {
        javax.swing.SwingUtilities.invokeLater(new Runnable() {
            public void run() {
                constructGUI();
            }
        });
    }
}
```

仔细看一下 actionPerformed 方法：

```
Iterable<Path> roots =
        FileSystems.getDefault().getRootDirectories();
for (Path root : roots) {
    executor.execute(new ImageSearchTask(root, executor,
            listModel, fileCounter));
}
```

FileSystem.getRootDirectories 方法返回了文件系统的根目录。如果你在使用 Windows 系统，它将会返回 C 盘、D 盘等。如果使用的是 Linux 或 Mac 系统，那么它返回/。注意它是如何创建一个 ImageSearchTask 实例并将其传递给 Executor 的。它传入了根目录、Executor、该任务所能够访问的一个 DefaultListModel 对象，以及记录找到了多少个文件的一个 AtomicInteger。

代码清单 20.3 中的 ImageSearchTask 类是 Runnable 的一个实现，用于搜索给定的目录及其子目录中的 JPG 文件。注意，对于每个子目录，它都生成一个新的 ImageSearchTask，并且将其提交给所传入的 Executor。

代码清单 20.3　ImageSearchTask 类

```java
package app20.imagesearcher;

import java.io.IOException;
import java.nio.file.DirectoryStream;
import java.nio.file.Files;
import java.nio.file.Path;
import java.util.concurrent.Executor;
import java.util.concurrent.atomic.AtomicInteger;
import javax.swing.DefaultListModel;
import javax.swing.SwingUtilities;

public class ImageSearchTask implements Runnable {
    private Path searchDir;
    private Executor executor;
    private DefaultListModel listModel;
    private AtomicInteger fileCounter;

    public ImageSearchTask(Path searchDir, Executor executor, DefaultListModel listModel,
            AtomicInteger fileCounter) {
        this.searchDir = searchDir;
        this.executor = executor;
        this.listModel = listModel;
        this.fileCounter = fileCounter;
    }

    @Override
    public void run() {
        if (fileCounter.get() > ImageSearcher.MAX_RESULT) {
            return;
        }
        try (DirectoryStream<Path> children =
                Files.newDirectoryStream(searchDir)) {
            for (final Path child : children) {
                if (Files.isDirectory(child)) {
                    executor.execute(new ImageSearchTask(child,
                            executor, listModel, fileCounter));
                } else if (Files.isRegularFile(child)) {
                    String name = child.getFileName()
                            .toString().toLowerCase();
                    if (name.endsWith(".jpg")) {
                        final int fileNumber =
```

```
                    fileCounter.getAndIncrement();
                if (fileNumber > ImageSearcher.MAX_RESULT){
                    break;
                }

                SwingUtilities.invokeLater(new Runnable() {
                    public void run() {
                        listModel.addElement(fileNumber +
                            ": " + child);
                    }
                });
            }
        }
    } catch (IOException e) {
        System.out.println(e.getMessage());
    }
}
```

run 方法检查传递给任务的目录并查看其内容。对于每个 JPG 文件，它都将 fileCount 变量增加 1，对于每个子目录，它都产生一个 ImageSearchTask，以便能够快速地进行搜索。

20.3 Callable 和 Future

Callable 是并发工具中最有价值的工具之一。一个 Callable 是一个任务，它返回一个值，也可能抛出一个异常。Callable 和 Runnable 类似，只不过后者不会返回一个值或抛出异常。

Callable 定义了一个方法，名为 call：

```
V call() throws java.lang.Exception
```

可以给一个 ExecutorService 的方法 submit 传递一个 Callable：

```
Future<V> result = executorService.submit(callable);
```

submit 方法返回一个 Future，它可以用来取消任务或者获取 Callable 的返回值。要取消一个任务，调用 Future 对象的 cancel 方法即可：

```
boolean cancel(boolean myInterruptIfRunning)
```

即便任务在执行中，如果你想要取消它的话，可以给 cancel 传入 true。传入 false 将允许一个进行中的任务不受打扰地完成。注意，如果任务已经完成，或者之前就取消了，或者由于某些原因而无法取消，cancel 将会变为 false。

要获取 Callable 的结果，调用对应的 Future 的 get 方法。get 方法有两种重载形式：

```
V get()
V get(long timeout, TimeUnit unit)
```

第 1 种重载会阻塞，直到任务完成。第 2 种方式等待，直到经过一个指定的时间段。timeout 参数指定了等待的最大时间，unit 参数指定了 timeout 的时间单位。

要搞清楚任务是取消还是完成，可以调用 Future 的 isCancelled 或 isDone 方法。

```
boolean isCancelled()
boolean isDone()
```

例如，代码清单 20.4 中的 FileCountTask 类展示了一个 Callable 任务，它用来统计一个文件夹及其子目录中的文件的数目。

代码清单 20.4　FileCountTask 类

```java
package app20.filecounter;
import java.io.IOException;
import java.nio.file.DirectoryStream;
import java.nio.file.Files;
import java.nio.file.Path;
import java.nio.file.Paths;
import java.util.ArrayList;
import java.util.List;
import java.util.concurrent.Callable;

public class FileCountTask implements Callable {
    Path dir;
    long fileCount = 0L;
    public FileCountTask(Path dir) {
        this.dir = dir;
    }

    private void doCount(Path parent) {
        if (Files.notExists(parent)) {
            return;
        }
        try (DirectoryStream<Path> children =
                Files.newDirectoryStream(parent)) {
            for (Path child : children) {
                if (Files.isDirectory(child)) {
                    doCount(child);
                } else if (Files.isRegularFile(child)) {
                    fileCount++;
                }
            }
        } catch (IOException e) {
            e.printStackTrace();
        }
    }

    @Override
    public Long call() throws Exception {
        System.out.println("Start counting " + dir);
        doCount(dir);
        System.out.println("Finished counting " + dir);
        return fileCount;
    }
}
```

代码清单 20.5 中的 FileCounter 类使用 FileCountTask 类来统计两个目录中的文件数目并且打印出结果。它指定了一个 Path 数组（dirs），其中包含了你想要统计文件数目的目录的路径。用你自己的文件系统中的目录名来替换 dirs 的值。

代码清单 20.5　FileCounter 类

```java
package app20.filecounter;
import java.nio.file.Path;
import java.nio.file.Paths;
import java.util.concurrent.ExecutionException;
import java.util.concurrent.ExecutorService;
import java.util.concurrent.Executors;
import java.util.concurrent.Future;

public class FileCounter {
    public static void main(String[] args) {
```

```
        Path[] dirs = {
           Paths.get("C:/temp"),
           Paths.get("C:/temp/data")
        };

        ExecutorService executorService =
                Executors.newFixedThreadPool(dirs.length);

        Future<Long>[] results = new Future[dirs.length];
        for (int i = 0; i < dirs.length; i++) {
           Path dir = dirs[i];
           FileCountTask task = new FileCountTask(dir);
           results[i] = executorService.submit(task);
        }

        // print result
        for (int i = 0; i < dirs.length; i++) {
            long fileCount = 0L;
            try {
                fileCount = results[i].get();
            } catch (InterruptedException | ExecutionException ex){
                ex.printStackTrace();
            }
            System.out.println(dirs[i] + " contains "
                    + fileCount + " files.");
        }

        // it won't exit unless we shut down the ExecutorService
        executorService.shutdownNow();
    }
}
```

当运行的时候，FileCounter 类使用 ExecutorService 的 newFixedThreadPool 方法，创建了和 dirs 中的目录数目相同的线程数。一个线程针对一个目录。

```
        ExecutorService executorService =
                Executors.newFixedThreadPool(dirs.length);
```

它还定义了一个 Future 的数组，用于包含执行 FileCountTask 任务的结果。

```
        Future<Long>[] results = new Future[dirs.length];
```

然后，针对每个目录创建了一个 FileCountTask，并且将其提交给 ExecutorService。

```
        for (int i = 0; i < dirs.length; i++) {
           Path dir = dirs[i];
           FileCountTask task = new FileCountTask(dir);
           results[i] = executorService.submit(task);
        }
```

最后，它打印出结果并关闭 ExecutorService。

```
        // print result
        for (int i = 0; i < dirs.length; i++) {
            long fileCount = 0L;
            try {
                fileCount = results[i].get();
            } catch (InterruptedException | ExecutionException ex){
                ex.printStackTrace();
            }
            System.out.println(dirs[i] + " contains "
                    + fileCount + " files.");
        }
        // it won't exit unless we shut down the ExecutorService
        executorService.shutdownNow();
```

20.4 锁

在第 19 章中，我们学习了可以使用 synchronized 修饰符将一个共享的资源锁起来。尽管 synchronized 很容易使用，但这样的锁机制并不是没有局限性。例如，一个线程试图获取无法回退的锁，并且如果没有获取这个锁的话，将无限地阻塞下去；没有办法在一个方法中锁定一个资源，而在另一个方法中释放它。

好在并发工具带有很多高级的锁。本书只介绍 Lock 接口，它提供了方法来克服 Java 的内建锁的局限性。Lock 带有 lock 方法以及 unlock 方法。这意味着，只要保留了对锁的引用，你可以在程序中的任何地方释放该锁；在 lock 调用之后的一个 finally 子句中调用 unlock 方法是一个好主意，可以确保总是会调用 unlock 方法。

```
aLock.lock();
try {
    // do something with the locked resource
} finally {
    aLock.unlock();
}
```

如果一个锁不可用，lock 方法将会阻塞，直到锁变为可用为止。这种行为和使用 synchronized 关键字导致的隐式的锁类似。

除了 lock 和 unlock 方法，Lock 接口还提供了 tryLock 方法：

```
boolean tryLock()
boolean tryLock(long time, TimeUnit timeUnit)
```

第 1 种重载形式，只有在锁可用的时候返回 true。否则，它返回 false。在后一种情况中，该方法不会阻塞。

第 2 种重载形式，只有在锁可用的时候返回 true。否则，它会等待指定的时间，如果还是没有获取该锁的话，它会返回 false。time 参数指定了它将会等待的最大时间，timeUnit 参数指定了第 1 个参数的时间单位。

代码清单 20.6 中的代码展示了 ReentrantLock 的用法，这是 Lock 的一个实现。这段代码取自于一个文档管理软件，它允许用户上传并共享文件。在相同的服务器目录中，上传和已有的文件具有相同名称的一个文件，将会使已有的文件成为一个历史文件，而新的文件成为当前文件。

为了提高性能，允许多个用户同时上传文件。上传具有不同文件名的文件或属于不同服务器目录的文件，是毫无问题的，因为文件将会写入到不同的物理文件中。如果用户同时向同一个服务器目录中上传具有相同名称的文件，将会引发一个问题。为了解决这个问题，系统使用了一个 Lock 来确保多个线程不会同时写入到相同的物理文件中。换句话说，只有一个线程能够进行写操作，而且其他的线程则必须等待，直到第 1 个线程完成。

代码清单 20.6 实际上取自于 Brainy Software 公司的文档管理软件，该系统使用一个 Lock 来保护对文件的访问，并通过一个线程安全的映射来映射锁的路径，从而获取锁。因此，它只是阻止用相同文件名称写文件。用不同文件名称写文件可以同时进行，因为不同的路径映射到不同的锁。

代码清单 20.6　使用锁来防止线程写同一个文件

```
ReentrantLock lock = fileLockMap.putIfAbsent(fullPath,
        new ReentrantLock());
lock.lock();
try {

    // index and copy the file, create history etc
```

```
} finally {
   lock.unlock();
   fileLockMap.remove(fullPath, lock);
}
```

这段代码首先试图从一个线程安全映射来获取一个锁。如果找到了一个锁，这意味着另一个线程正在访问该文件。如果没有找到锁，当前的线程创建一个新的 ReentrantLock，并且将其存储到映射中，以便其他的线程能够注意到它正在访问该文件。

```
ReentrantLock lock = fileLockMap.putIfAbsent(fullPath,
       new ReentrantLock());
```

然后，调用 lock 方法。如果当前线程是试图获取该锁的唯一的线程，lock 方法将会返回。否则，当前线程会等待，直到该锁的持有者释放了该锁为止。

一旦线程成功地获取了一个锁，它将拥有对该文件的唯一的访问权，并且可以用它做任何事情。一旦完成了，将会调用 unlock 方法以及映射的 remove 方法。remove 方法只会在没有线程持有锁的时候删除该锁。

20.5　本章小结

并发工具设计可以帮我们更容易地编写多线程程序。这个 API 中的类和接口，是用来替换 Java 的较为底层的线程机制的，例如 Thread 类和 synchronized 修饰符。本章介绍了并发工具的基础知识，包括原子变量、执行器、Callable 和 Future。

第 21 章 国 际 化

这是一个全球化的时代,能够编写供不同国家和地区、讲不同语言的人们使用的应用程序,这可比以前吸引人。在这方面,你需要熟悉两个术语。第一个是国际化(internationalization),常常缩写为 i18n,因为这个单词的第 1 个字母是 i,最后一个字母是 n,在 i 和 n 之间有 18 个字母。国际化指的是不用重新编写编程逻辑,就能够开发出支持多种语言和数据格式的应用程序的一种技术。第 2 个术语是本地化(localization),这是修改国际化应用程序以支持特定的地域的技术。一个本地(地域),是指具体的地理、政治或文化区域。考虑了本地化的操作,叫作区分本地化(locale-sensitive)。例如,显示一个日期是要区分本地化的,因为日期必须按照该国家或地区的用户所使用的格式来显示。2016 年的 11 月的第 15 天,在美国写作 11/15/2016,但是在澳大利亚写作 15/11/2016。和国际化缩写为 i18n 的方法一样,本地化缩写为 l10n。

Java 在设计的时候就牢记国际化的理念,针对字符和字符串使用了 Unicode。因此,用 Java 开发国际化的应用程序是很容易的。如何让应用程序国际化,取决于需要以不同的语言展示多少静态数据。有两种方法:

1. 如果大量的数据都是静态的,针对每一个本地(地域),创建该资源的一个单独版本。这种方法通常适用于拥有大量静态 HTML 页面的 Web 应用程序。这种方式很简单,本章不进行介绍。

2. 如果需要国际化的静态数据量有限,将注入组件标签和错误消息这样的文本性元素,隔离到文本文件中。每个文本文件存储了针对一个本地(地域)的所有文本性元素。然后,应用程序动态地访问每一个元素。这种做法的优点显而易见。可以很容易地编辑每一个文本性元素,而不需要重新编译应用程序。这是本章将要介绍的技术。

本章首先介绍什么是本地化。然后,介绍让应用程序国际化的技术。最后给出一个 Swing 示例。

21.1 本地化

java.util.Locale 类表示一个本地化。一个 Locale 对象有 3 个主要部分:language、country 和 variant。语言显然是最重要的部分。但是,有时候,语言自身并不足以来区分地域。例如,说英语的国家包括美国和英国。然而,美国人说的英语和英国人用的英语并不完全相同。因此,有必要指定使用该语言的国家。

variant 参数是一个特定的厂商或浏览器的代码。例如,对于 Windows 系统使用 Win;对于 Macintosh 系统,使用 MAC;对于 POSIX 系统,使用 POSIX。如果有两种 variant,使用一个下划线将其隔开。例如,传统的西班牙地域可能分别使用 es、ES、Traditional_WIN 作为 language、country 和 variant 来构建一个本地化。

要构建一个 Locale 对象,使用 Locale 类的构造方法之一。

```
public Locale(java.lang.String language)
public Locale(java.lang.String language, java.lang.String country)
public Locale(java.lang.String language, java.lang.String country,
        java.lang.String variant)
```

language 是一个有效的 ISO 语言编码。表 21.1 给出了语言代码的例子。

country 参数是一个有效的 ISO 国家(地区)代码,这是用两个大写字母来表示的,遵从 ISO 3166(http://userpage.chemie.fu-berlin.de/diverse/doc/ISO_3166.html)。表 21.2 列出了 ISO 3166 中的一些国家(地区)代码。

表 21.1 ISO 639 语言代码示例

代码	语言
de	German
el	Greek
en	English
es	Spanish
fr	French
hi	Hindi
it	Italian
ja	Japanese
nl	Dutch
pt	Portuguese
ru	Russian
zh	Chinese

表 21.2 ISO 3166 国家代码示例

国家（或地区）	代码
Australia	AU
Brazil	BR
Canada	CA
China	CN
Egypt	EG
France	FR
Germany	DE
India	IN
Mexico	MX
Switzerland	CH
Taiwan，China	TW
United Kingdom	GB
United States	US

例如，要构造表示加拿大使用的英语的一个 Locale 对象，这样编写：

```
Locale locale = new Locale("en", "CA");
```

此外，Locale 类提供了静态的 final 字段，它会针对特定的国家（地区）或语言返回本地化对象，例如 CANADA、CANADA_FRENCH、CHINA、CHINESE、ENGLISH、FRANCE、FRENCH、UK、US 等。因此，也可以调用这些静态字段来构建一个 Locale 对象：

```
Locale locale = Locale.CANADA_FRENCH;
```

此外，静态方法 getDefault 返回用户的计算机的本地化。

```
Locale locale = Locale.getDefault();
```

21.2　国际化应用程序

要将应用程序国际化和本地化，需要：

1. 将文本部分隔离到属性文件中。
2. 能够选择和读取正确的属性文件。

本节将详细介绍这两个步骤并提供一个简单的示例。本章后面的 21.3 节将会给出另一个示例。

21.2.1 将文本部分隔离到属性文件中

一个国际化应用程序会针对每一个本地区域将其文本性元素存储为一个单独的属性文件。每个文件包含了键/值对，并且每个键都唯一地标识出一个特定的本地化对象。键总是字符串，并且值可以是字符串或者其他类型的对象。例如，要支持美国英语、德语和汉语，可以有 3 个属性文件，它们都具有相同的键。

如下是英语版本的属性文件。注意，它有两个键：greeting 和 farewell。

```
greetings = Hello
farewell = Goodbye
```

德语版本的属性文件如下所示：

```
greetings = Hallo
farewell = Tschüß
```

中文版本的属性文件如下所示：

```
greetings=\u4f60\u597d
farewell=\u518d\u89c1
```

阅读下面内容，了解如何实现前面的属性文件。

将中文字符转换为 Unicode

在中文中，你好（意思是 hello，分别用 Unicode 编码 4f60 和 597d 表示）和再见（意思是 good bye，分别用 Unicode 编码 518d 和 89c1 表示）。当然，不会有人记住每一个中文字符的 Unicode 编码。因此，可以分两个步骤来创建这个属性文件。

1. 使用你所熟悉的文本编辑器，创建如下所示的一个文件：

   ```
   greetings=你好
   farewell=再见
   ```

2. 将该文本文件的内容转换为 Unicode 表示。通常，中文文本编辑器拥有将中文字符转换为 Unicode 代码的功能。得到的最终结果如下所示：

   ```
   greetings=\u4f60\u597d
   farewell=\u518d\u89c1
   ```

现在，你需要掌握 java.util.ResourceBundle 类。它使你能够很容易地选择和读取特定于用户的本地化的属性文件并且查找值。ResourceBundle 是一个抽象类，但是，它提供了静态的 getBundle 方法，该方法返回一个具体的子类的实例。

ResourceBundle 有一个 basename，它可以是任何名称。要让一个 ResourceBundle 能够选取一个属性文件，文件名必须这样组合：ResourceBundle 的 basename，后面跟着一个下划线，然后是语言代码，然后可选地跟着另一个下划线和国家代码。属性文件名的格式如下：

```
basename_languageCode_countryCode
```

例如，假设 basename 是 MyResources，并且你定义了如下 3 个本地化：

- US-en
- DE-de
- CN-zh

那么，应该会有如下的 3 个属性文件：
- MyResources_en_US.properties
- MyResources_de_DE.properties
- MyResources_zh_CN.properties

21.2.2 使用 ResourceBundle 读取属性文件

正如前面所提到的，ResourceBundle 是一个抽象类。可以通过调用 getBundle 方法来获取 ResourceBundle 的一个实例。该方法的重载形式的签名如下：

```
public static ResourceBundle getBundle(java.lang.String baseName)

public static ResourceBundle getBundle(java.lang.String baseName,
        Locale locale)
```

例如：

```
ResourceBundle rb =
        ResourceBundle.getBundle("MyResources", Locale.US);
```

使用相应的属性文件中的值来加载 ResourceBundle 实例。

如果没有找到一个合适的属性文件，ResourceBundle 对象将会退而求其次地使用默认的属性文件。默认的属性文件的名称和 basename 相同，并且带有一个 properties 扩展名。在这个例子中，默认的文件的名称是 MyResources.properties。如果没有找到这个文件的话，将会抛出一个 java.util.MissingResourceException。

然后，要读取该值，可以使用 ResourceBundle 类的 getString 方法。

```
public java.lang.String getString(java.lang.String key)
```

如果没有找到指定的键的条目，将会抛出一个 java.util.MissingResourceException。

21.3 一个国际化的 Swing 应用程序

如下的示例展示了如何支持两种语言的国际化，即英语和法语。该示例使用 3 个属性文件。
- MyResources_en_US.properties，参见代码清单 21.1。
- MyResources_fr_CA.properties，参见代码清单 21.2。
- MyResources.properties（默认文件），参见代码清单 21.3。

这些文件都放在类路径所指定的目录中。

代码清单 21.1　MyResources_en_US.properties 文件

```
userName=User Name
password=Password
login=Login
```

代码清单 21.2　MyResources_fr_CA.properties 文件

```
userName=Compte
password=Mot de passe
login=Ouvrir session
```

代码清单 21.3　MyResources.properties 文件

```
userName=User Name
password=Password
login=Login
```

> **注　意**
>
> 这些属性文件应该放在工作目录中，即便使用 ResourceBundle 类的那个类是一个非默认的包的一部分。

如代码清单 21.4 所示，I18NDemo 类根据你的计算机的本地化获取了 ResourceBundle 对象，并且为 JLabels 和 JButton 提供了本地化消息。

代码清单 21.4　I18NDemo 类

```
package app21;
import java.awt.GridLayout;
import java.util.Locale;
import java.util.ResourceBundle;
import javax.swing.JButton;
import javax.swing.JFrame;
import javax.swing.JLabel;
import javax.swing.JPasswordField;
import javax.swing.JTextField;
import javax.swing.SwingUtilities;

public class I18NDemo {
    private static void constructGUI() {
        Locale locale = Locale.getDefault();
        ResourceBundle rb =
                ResourceBundle.getBundle("MyResources", locale);
        JFrame.setDefaultLookAndFeelDecorated(true);
        JFrame frame = new JFrame("I18N Test");
        frame.setDefaultCloseOperation(JFrame.EXIT_ON_CLOSE);
        frame.setLayout(new GridLayout(3, 2));
        frame.add(new JLabel(rb.getString("userName")));
        frame.add(new JTextField());
        frame.add(new JLabel(rb.getString("password")));
        frame.add(new JPasswordField());
        frame.add(new JButton(rb.getString("login")));
        frame.pack();
        frame.setVisible(true);
    }

    public static void main(String[] args) {
        SwingUtilities.invokeLater(new Runnable() {
            public void run() {
                constructGUI();
            }
        });
    }
}
```

该应用程序的英语版，如图 21.1 所示。

图 21.1　示例的英语版

要测试不同的语言，修改计算机的本地化设置即可。

实际上，大多数的国际化应用程序都根据不同的语言而不是不同的地域来创建本地化内容。也就是说，如果应用程序使用德语为德国的人们提供了文本元素，那么，不太可能再为奥地利或瑞士的人们提供德语的另一种变体。提供相同语言的变体，代价太高而且不切实际。无论如何，任何说德语的用户，都应该能够理解德语的任何变体。

21.4 本章小结

本章介绍了开发一款国际化的应用程序的方法。首先介绍了 java.util.Locale 类和 java.utilResourceBundle 类。然后，给出了一个国际化应用程序的示例。

第22章 网　　络

计算机网络通过两台计算机之间的通信连接而成。如今，这种交互形式随处可见。无论何时，当你在互联网上冲浪的时候，你的计算机在和远程的服务器交换信息。当你通过一个 FTP 通道传输一个文件的时候，还要使用某种类型的网络服务。Java 带有 java.net 包，其中包含了使得网络编程更为容易的一些类型。在本章中，我们首先提供网络的一个概览，然后介绍其中的一些类型。最后，还会给出一些示例供你研究。

22.1　网络概览

网络是能够彼此通信的计算机的集合。根据范围的宽度，网络可以分为局域网（local area network，LAN）和广域网（wide area network，WAN）。LAN 通常限定在一个有效的地理区域之内，例如建筑之内，最少由 3 台计算机，最多由数百台计算机组成。而 WAN 相反，由地理上分隔开的多个 LAN 组成。当然，最大的网络还是互联网。

在网络之中，通信的媒介可能是线缆、电话线、高速光缆等。随着无线技术变得越来越成熟和便宜，如今，无线局域网（wireless local area network，WLAN）变得越来越常见。

就像人们使用一种共同的语言来对话一样，两台计算机也使用彼此认同的一种共同"语言"来通信。在计算机术语中，这种"语言"叫作协议。容易令人混淆之处在于，协议分几个层。这是因为，在物理层，两台计算机之间通过交换位流而通信。位流是 0 和 1 的集合，应用程序和人类都很难看懂。因此，还有另外一个层，将位流翻译为更易于理解的内容，或者按照相反方向进行转换。

最容易的协议是位于应用层的协议。编写应用程序需要你理解应用层中的协议。该层还有几种协议，如 HTTP、FTP、telnet 等。

应用层协议使用了传输层的协议。传输层常见的两种协议是 TCP 和 UDP。传输层的协议反过来利用了该层之下的协议。图 22.1 展示了网络中的一些层。

基于这种策略，我们只需要关心应用层中的协议，而不必管其他层中的协议。Java 甚至更进一步，提供了类来封装应用层协议。例如，使用 Java，你不需要理解 HTTP，就能够向一个 HTTP 服务器发送消息。本章后面将会介绍 HTTP 这一最为流行的协议，以帮助你更深入地了解它。

另外，网络使用一种地址系统来区分计算机，就像我们的房屋拥有一个地址，以便邮递员能够派送邮件一样。互联网上的街道地址就是 IP 地址。每台计算机都分配了一个唯一的 IP 地址。

IP 地址并非网络地址系统中的最小的单位。端口才是。这就好比一栋公寓楼都拥有相同的街道地址，但是它有很多的房间，每一个房间都有自己的房间号码。

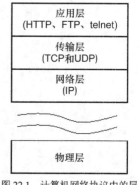

图 22.1　计算机网络协议中的层

22.2　超文本传输协议（HTTP）

HTTP 是允许 Web 服务器和浏览器之间通过互联网发送和接收数据的协议。它是一种请求和响应协议。

客户端请求一个文件,而服务器则响应该请求。HTTP 使用可靠的 TCP 连接,默认是 80 号端口上的 TCP。HTTP 的第一个版本是 HTTP/0.9,随后就被 HTTP/1.0 所替代。替代 HTTP/1.0 的当前的版本是 HTTP/1.1,该版本在 RFC 2616 中定义,可以从 http://www.w3.org/Protocols/HTTP/1.1/rfc2616.pdf 中下载该文档。

在 HTTP 中,总是由客户端先建立一个连接并发送一个 HTTP 请求,从而发起一次事务。Web 服务器总是被动地响应客户端,或者对客户端进行一次回调连接。客户端或服务器都可以提前终止一次连接。例如,当使用一款 Web 浏览器的时候,可以单击浏览器上的 Stop 按钮来停止文件的下载,从而有效地关闭到 Web 服务器的 HTTP 连接。

22.2.1 HTTP 请求

一次 HTTP 请求包含 3 个部分:
- 方法——统一资源标识符(Uniform Resource Identifier,URI)——协议/版本。
- 请求头。
- 请求实体。

如下是一个 HTTP 请求的例子:

```
POST /examples/default.jsp HTTP/1.1
Accept: text/plain; text/html
Accept-Language: en-gb
Connection: Keep-Alive
Host: localhost
User-Agent: Mozilla/5.0 (Macintosh; U; Intel Mac OS X 10.5; en-US;
    rv:1.9.2.6) Gecko/20100625 Firefox/3.6.6
Content-Length: 33
Content-Type: application/x-www-form-urlencoded
Accept-Encoding: gzip, deflate

lastName=Franks&firstName=Michael
```

方法-URI-协议版本出现在请求的第 1 行。

```
POST /examples/default.jsp HTTP/1.1
```

其中,POST 是请求方法,/examples/default.jsp 是 URI,HTTP/1.1 是协议/版本号。

每个 HTTP 请求都可以使用 HTTP 标准中指定的众多请求方法之一。HTTP 1.1 支持 7 种类型的请求:GET、POST、HEAD、OPTIONS、PUT、DELETE 和 TRACE。GET 和 POST 是互联网应用程序中最常使用的请求。

URI 指定了一个互联网资源。它通常相对于服务器的根目录来进行解析。因此,它应该总是以一个反斜杠/开头。统一资源定位符(Uniform Resource Locator,URL)实际上是一种类型的 URI(参见 http://www.ietf.org/rfc/rfc2396.txt)。协议版本表示所使用的 HTTP 协议的版本。

请求头包含了关于客户端环境和请求实体的有用信息。例如,它可能包含浏览器所设置的语言,请求实体的长度等。每个头部都用一个回车/换行(CRLF)序列隔开。

在请求头和请求实体之间,有一个空行(CRLF),它对于 HTTP 请求格式来说很重要。这个 CRLF 告诉 HTTP 服务器请求实体是从哪里开始的。一些互联网编程图书将这个 CRLF 当做是一个 HTTP 请求的第 4 个部分。

在前面的 HTTP 请求中,请求实体只是如下的这一行:

```
lastName=Franks&firstName=Michael
```

在典型的 HTTP 请求中,这个请求实体很容易变得更长。

22.2.2 HTTP 响应

和 HTTP 请求相似,HTTP 响应也包含 3 个部分:

- 协议-状态码-说明。
- 响应头。
- 响应实体。

如下是一个 HTTP 响应的示例:

```
HTTP/1.1 200 OK
Server: Apache-Coyote/1.1
Date: Thu, 12 Aug 2010 13:13:33 GMT
Content-Type: text/html
Last-Modified: Thu, 5 Aug 2010 13:13:12 GMT
Content-Length: 112

<html>
<head>
<title>HTTP Response Example</title>
</head>
<body>
Welcome to Brainy Software
</body>
</html>
```

响应头的第 1 行和请求头的第 1 行类似。第 1 行告诉你所使用的协议是 HTTP 1.1,请求成功了(200 是成功的代码),并且一些都正常。

响应头中包含了和请求头中类似的有用信息。响应的实体就是响应自身的 HTML 内容。响应头和响应实体之间用一个 CRLF 序列隔开。

22.3 java.net.URL

URL 是互联网资源的唯一的地址。例如,互联网上的每一页都有一个不同的 URL。如下是一个 URL:

```
http://www.yahoo.com:80/en/index.html
```

URL 有几个部分。第 1 部分表示用来获取资源的协议。在上面的例子中,协议是 HTTP。第 2 部分 www.yahoo.com 是主机。它告诉你资源驻留在什么位置。主机后面的数字 80 是一个端口号。最后一部分 /en/index.html,指定了到 URL 的路径。默认情况下,HTTP 使用端口 80。

HTTP 是 URL 中最常使用的协议。然而,它并非唯一的协议。例如,如下这个 URL 引用了本地计算机中的一个 jpeg 文件。

```
file://localhost/C:/data/MyPhoto.jpg
```

从如下的文档,可以找到有关 URL 的详细定义:

```
http://www.ietf.org/rfc/rfc2396.txt
```

在 Java 中,一个 URL 通过一个 java.net.URL 对象来表示。可以通过调用 URL 类的构造方法来构建一个 URL。如下是一些较为简单的构造方法:

```
public URL(java.lang.String spec)
public URL(java.lang.String protocol, java.lang.String host,
        java.lang.String file)
public URL(java.lang.String protocol, java.lang.String host,
        int port, java.lang.String file)
public URL(URL context, String spec)
```

如下是一个示例:

```
URL myUrl = new URL("http://www.brainysoftware.com/");
```

由于没有指定页面,假设使用默认的页面。

作为另一个示例,如下的代码行创建了相同的 URL 对象。

```
URL yahoo1 = new URL("http://www.yahoo.com/index.html");
URL yahoo2 = new URL("http", "www.yahoo.com", "/index.html");
URL yahoo3 = new URL("http", "www.yahoo.com", 80, "/index.html");
```

22.3.1 解析 URL

可以使用如下的方法来获取一个 URL 的各个部分:

```
public java.lang.String getFile ()
public java.lang.String getHost ()
public java.lang.String getPath ()
public int getPort ()
public java.lang.String getProtocol ()
public java.lang.String getQuery ()
```

例如,代码清单 22.1 创建了一个 URL 并打印出各不同的部分。

代码清单 22.1 解析 URL

```java
package app22;
import java.net.URL;

public class URLDemo1 {
    public static void main(String[] args) throws Exception {
        URL url = new URL(
            "http://www.yahoo.com:80/en/index.html?name=john#first");
        System.out.println("protocol:" + url.getProtocol());
        System.out.println("port:" + url.getPort());
        System.out.println("host:" + url.getHost());
        System.out.println("path:" + url.getPath());
        System.out.println("file:" + url.getFile());
        System.out.println("query:" + url.getQuery());
        System.out.println("ref:" + url.getRef());
    }
}
```

运行 URLDemo1 类的结果如下所示。

```
protocol:http
port:80
host:www.yahoo.com
path:/en/index.html
file:/en/index.html?name=john
query:name=john
ref:first
```

22.3.2 读取 Web 资源

可以使用 URL 类的 openStream 方法来读取一个 Web 资源。该方法的签名如下:

```
public final java.io.InputStream openStream()
        throws java.io.IOException
```

例如,代码清单 22.2 中的 URLDemo2 类打印出了 http://www.google.com 中的内容。

代码清单 22.2 打开一个 URL 的流

```java
package app22;
import java.io.BufferedReader;
import java.io.IOException;
import java.io.InputStream;
```

```java
import java.io.InputStreamReader;
import java.net.MalformedURLException;
import java.net.URL;

public class URLDemo2 {
    public static void main(String[] args) {
        try {
            URL url = new URL("http://www.google.com/");
            InputStream inputStream = url.openStream();
            BufferedReader bufferedReader = new BufferedReader(
                    new InputStreamReader(inputStream));
            String line = bufferedReader.readLine();
            while (line!= null) {
                System.out.println(line);
                line = bufferedReader.readLine();
            }
            bufferedReader.close();
        }
        catch (MalformedURLException e) {
             e.printStackTrace();
        }
        catch (IOException e) {
            e.printStackTrace();
        }
    }
}
```

> **注　意**
>
> 使用 URL 只能读取一个 Web 资源。要向服务器写内容，需要使用 java.net.URLConnection 对象。

22.4　java.net.URLConnection

　　URLConnection 表示到远程机器的一次连接。使用它读取资源并写到一台远程机器中。URLConnection 类并没有公共的构造方法，因此，你无法使用 new 关键字来构造一个 URLConnection 实例。要获取 URLConnection 的一个实例，可以在一个 URL 对象上调用 openConnection 方法。

　　URLConnection 类有两个布尔类型的字段，doInput 和 doOutput，它们分别表示 URLConnection 是用于读还是写。doInput 的默认值是 true，表示可以使用一个 URLConnection 来读取一个 Web 资源。doOutput 的默认值是 false，表示一个 URLConnection 不能用于写。可以使用 setDoInput 和 setDoOutput 方法来设置 doInput 和 doOutput 的值。

```java
public void setDoInput(boolean value)
public void setDoOutput(boolean value)
```

可以使用如下的方法来获取 doInput 和 doOutput 的值：

```java
public boolean getDoInput()
public boolean getDoOutput()
```

　　要使用一个 URLConnection 对象进行读取，可以调用其 getInputStream 方法。该方法返回一个 java.io.InputStream 对象，类似于 URL 类中的 openStream 方法。也就是说，

```java
URL url = new URL("http://www.google.com/");
InputStream inputStream = url.openStream();
```

和下面的代码具有相同的效果:

```
URL url = new URL("http://www.google.com/");
URLConnection urlConnection = url.openConnection();
InputStream inputStream = urlConnection.getInputStream();
```

然而,URLConnection 比 URL.openStream 更强大,因为你还可以读取响应头并写到服务器。如下是可以用来读取响应头的一些方法:

public java.lang.String getHeaderField (int *n*)

返回第 n 个头部的值。

public java.lang.String getHeaderField(java.lang.String *headerName*)

返回指定的头部的值。

public long getHeaderFieldDate (java.lang.String *headerName*,
        long *default*)

将指定的字段的值作为日期返回。结果是从 GMT 时间 1970 年 1 月 1 日后经过的毫秒数。如果没有这个字段,返回 default。

public java.util.Map getHeaderFields ()

返回一个 java.util.Map,其中包含了响应头。
如下是其他的有用的方法:

public java.lang.String getContentEncoding ()

返回 content-encoding 头部的值。

public int getContentLength ()

返回 content-length 头部的值。

public java.lang.String getContentType ()

返回 content-type 头部的值。

public long getDate ()

返回 data 头部的值。

public long getExpiration ()

返回 expires 头部的值。

22.4.1 读 Web 资源

代码清单 22.3 展示了一个类,它从服务器读取响应头部并进行显示。

代码清单 22.3 读取一个 Web 资源的头部和内容

```
package app22;
import java.io.BufferedReader;
import java.io.IOException;
import java.io.InputStream;
import java.io.InputStreamReader;
import java.net.MalformedURLException;
import java.net.URL;
import java.net.URLConnection;
import java.util.List;
import java.util.Map;
import java.util.Set;

public class URLConnectionDemo1 {
```

```java
        public static void main(String[] args) {
            try {
                URL url = new URL("http://www.java.com/");
                URLConnection urlConnection = url.openConnection();
                Map<String, List<String>> headers =
                        urlConnection.getHeaderFields();
                Set<Map.Entry<String, List<String>>> entrySet =
                        headers.entrySet();
                for (Map.Entry<String, List<String>> entry : entrySet){
                    String headerName = entry.getKey();
                    System.out.println("Header Name:" + headerName);
                    List<String> headerValues = entry.getValue();
                    for (String value : headerValues) {
                        System.out.print("Header value:" + value);
                    }
                    System.out.println();
                    System.out.println();
                }
                InputStream inputStream =
                        urlConnection.getInputStream();
                BufferedReader bufferedReader = new BufferedReader(
                        new InputStreamReader(inputStream));
                String line = bufferedReader.readLine();
                while (line != null) {
                    System.out.println(line);
                    line = bufferedReader.readLine();
                }
                bufferedReader.close();
            } catch (MalformedURLException e) {
                e.printStackTrace();
            } catch (IOException e) {
                e.printStackTrace();
            }
        }
    }
```

响应的前几行就是头部（你看到的可能有所差异）。

```
Header Name:Connection
Header value:keep-alive

Header Name:Last-Modified
Header value:Sat, 24 Nov 2014 02:01:26 UTC

Header Name:Server
Header value:Oracle-Application-Server-11g

Header Name:Content-type
Header value:text/html; charset=UTF-8

Header Name:null
Header value:HTTP/1.1 200 OK
```

头部后面跟着的就是资源的内容（为了节省篇幅，这里没有显示出来）。

22.4.2 写到一个 Web 服务器

可以使用一个URLConnection来发送一个HTTP请求。例如，如下的代码段向http://www.mydomain.com/form.jsp 页面发送了一个表单。

```
URL url = new URL("http://www.mydomain.com/form.jsp");
```

```
URLConnection connection = url.openConnection();
connection.setDoOutput(true);
PrintWriter out = new PrintWriter(connection.getOutputStream());
out.println("firstName=Joe");
out.println("lastName=Average");
out.close();
```

尽管你可以使用一个 URLConnection 来发送消息，但通常不应该为了这个目的而使用它。相反，你可以使用 22.5 节和 22.6 节将要介绍的更为强大的 java.net.Socket 和 java.net.ServerSocket 类。

22.5　java.net.Socket

套接字是一个网络连接的端点。套接字使得应用程序能够从网络读取或者向网络写入信息。位于两台不同的计算机上的软件，通过一个连接来发送和接受位数据流，就可以彼此通信。要从你的应用程序向另一个应用程序发送一条消息，需要知道另一个应用程序的 IP 地址以及套接字的端口号。在 Java 中，使用一个 java.net.Socket 对象来表示一个套接字。

要创建一个套接字，可以使用 Socket 类的众多构造方法之一。其中一个构造方法，接受主机名和端口号：

```
public Socket(java.lang.String host, int port)
```

其中，host 是远程机器名或 IP 地址，port 是远程应用程序的端口号。例如，要通过 80 号端口连接到 yahoo.com，使用如下的 Socket 对象：

```
new Socket("yahoo.com", 80)
```

一旦成功地创建了 Socket 类的一个实例，就可以使用它发送或接收字节流。要发送字节流，必须先调用 Socket 类的 getOutputStream 方法来获取一个 java.io.OutputStream 对象。要向远程应用程序发送文本，通常要从返回的 OutputStream 对象构建一个 java.io.PrintWriter 对象。要接收来自连接的另一端的字节流，可以调用 Socket 类的 getInputStream 方法，它返回一个 java.io.InputStream。

代码清单 22.4 中的代码使用套接字模拟了一个 HTTP 客户端。它向主机发送一个 HTTP 请求，并且显示来自服务器的响应。

代码清单 22.4　一个简单的 HTTP 客户端

```java
package app22;
import java.io.BufferedReader;
import java.io.IOException;
import java.io.InputStreamReader;
import java.io.OutputStream;
import java.io.PrintWriter;
import java.net.Socket;

public class SocketDemo1 {
    public static void main(String[] args) {
        String host = "books.brainysoftware.com";
        try {
            Socket socket = new Socket(host, 80);
            OutputStream os = socket.getOutputStream();
            boolean autoflush = true;
            PrintWriter out = new
                    PrintWriter(socket.getOutputStream(),
                    autoflush);
            BufferedReader in = new BufferedReader(
                    new InputStreamReader(socket.getInputStream()));

            // send an HTTP request to the web server
```

```
            out.println("GET / HTTP/1.1");
            out.println("Host: " + host + ":80");
            out.println("Connection: Close");
            out.println();

            // read the response
            boolean loop = true;
            StringBuilder sb = new StringBuilder(8096);
            while (loop) {
                if (in.ready()) {
                    int i = 0;
                    while (i != -1) {
                        i = in.read();
                        sb.append((char) i);
                    }
                    loop = false;
                }
            }

            // display the response to the out console
            System.out.println(sb.toString());
            socket.close();
        } catch (IOException e) {
            e.printStackTrace();
        }
    }
}
```

要从 Web 服务器得到正确的响应，你需要发送符合 HTTP 协议的一个 HTTP 请求。如果你学习过前面的内容，应该能够理解上面的代码中的 HTTP 请求。

注 意

来自 Apache HTTP Components（http://hc.apache.org）项目的 HttpClient 库，提供了可以用做一个更为复杂的 HTTP 客户端的类。

22.6 java.net.ServerSocket

Socket 表示一个"客户端"套接字，即当你想要连接到一个远程服务器应用的时候，可以构造的一个套接字。然而，如果你想要实现一个服务器应用程序，例如一个 HTTP 服务器或一个 FTP 服务器，你需要一种不同的方法。服务器必须随时待命，因为它不知道客户端应用程序什么时候会尝试连接它。为了让应用程序能够做到这一点，你需要使用 java.net.ServerSocket 类。ServerSocket 是服务器套接字的一个实现。

ServerSocket 和 Socket 不同。服务器套接字的角色是，等待来自客户端的连接请求。一旦服务器套接字获得了一个连接请求，它会创建一个 Socket 实例，以处理和客户端的通信。

要创建服务器套接字，你需要使用 ServerSocket 类提供的 4 个构造方法之一。你需要指定服务器套接字将要监听的 IP 地址和端口号。通常，IP 地址将会是 127.0.0.1，这表示服务器套接字将要监听本地机器。服务器套接字将要监听的 IP 地址，称为绑定地址。服务器套接字的另一个重要的属性是 backlog，这是在服务器套接字开始拒绝入向请求之前，入向请求队列所能达到的最大长度。

ServerSocket 类的构造方法之一，具有如下的签名：

```
public ServerSocket(int port, int backLog,
        InetAddress bindingAddress);
```

注意该构造方法，绑定地址必须是 java.net.InetAddress 类的一个实例。构造一个 InetAddress 对象的一种比较容易的方法是调用其静态方法 getByName，传入包含了主机名的一个 String，如下面的代码所示。

```
InetAddress.getByName("127.0.0.1");
```

如下的代码行，构造了一个监听本地机器的 8080 端口的 ServerSocket。这个 ServerSocket 的 backlog 是 1。

```
new ServerSocket(8080, 1, InetAddress.getByName("127.0.0.1"));
```

一旦有了一个 ServerSocket，可以让它在服务器套接字监听的端口上，等待对绑定地址的一个入向连接请求。可以通过调用 ServerSocket 类的 accept 方法来做到这一点。只有当有一个连接请求的时候，accept 方法才会返回，并且其返回值是 Socket 类的一个实例。这个 Socket 对象随后可以用来从客户端应用程序接受字节流，或者向其发送字节流，就像 22.5 节介绍的那样。实际上，accept 方法是本章给出的应用程序中用到的唯一方法。

22.7 节中的 Web 服务器应用程序，展示了 ServerSocket 的用法。

22.7 一个 Web 服务器应用程序

这个应用程序展示了使用 ServerSocket 类和 Socket 类来实现和远程计算机的通信。这个 Web 服务器应用程序包含了属于 app22.webserver 包的 3 个类：

- HttpServer
- Request
- Response

这个应用程序的入口点是 HttpServer 类的 main 方法。该方法创建了 HttpServer 类的一个实例，并且调用其 await 方法。正如其名称所示，await 方法等待指定的端口上的 HTTP 请求并处理它们，并且将响应发送回客户端。它继续等待，直到接收到一条关闭命令。

除了发送静态资源，例如位于某个目录中的 HTML 文件和图像文件，该应用程序还可以做更多的事情。它还会在控制台显示入向 HTTP 请求字节流。但是，它不会向浏览器发送任何头部，例如日期或 cookie。

下面我们来介绍这 3 个类。

22.7.1 HttpServer 类

HttpServer 类表示一个 Web 服务器，如代码清单 22.5 所示。为了节省篇幅，代码清单 22.6 所给出的 await 方法，并没有包含在代码清单 22.5 中。

代码清单 22.5　HttpServer 类

```java
package app22.webserver;
import java.net.Socket;
import java.net.ServerSocket;
import java.net.InetAddress;
import java.io.InputStream;
import java.io.OutputStream;
import java.io.IOException;

public class HttpServer {

    // shutdown command
    private static final String SHUTDOWN_COMMAND = "/SHUTDOWN";

    // the shutdown command received
    private boolean shutdown = false;

    public static void main(String[] args) {
```

```java
            HttpServer server = new HttpServer();
            server.await();
        }

        public void await() {
            ServerSocket serverSocket = null;
            int port = 8080;
            try {
                serverSocket = new ServerSocket(port, 1, InetAddress
                        .getByName("127.0.0.1"));
            } catch (IOException e) {
                e.printStackTrace();
                System.exit(1);
            }
            // Loop waiting for a request
            while (!shutdown) {
                Socket socket = null;
                InputStream input = null;
                OutputStream output = null;
                try {
                    socket = serverSocket.accept();
                    input = socket.getInputStream();
                    output = socket.getOutputStream();
                    // create Request object and parse
                    Request request = new Request(input);
                    request.parse();

                    // create Response object
                    Response response = new Response(output);
                    response.setRequest(request);
                    response.sendStaticResource();

                    // Close the socket
                    socket.close();

                    // check if the previous URI is a shutdown command
                    shutdown =
                            request.getUri().equals(SHUTDOWN_COMMAND);
                } catch (Exception e) {
                    e.printStackTrace();
                    continue;
                }
            }
        }
```

这段代码包含一个名为 webroot 的目录,其中包含了一些可以用于测试应用程序的静态资源。要请求一个静态资源,需要在浏览器的 Address 或 URL 栏中输入如下的 URL:

```
http://machineName:port/staticResource
```

如果从运行应用程序的机器之外的一台的机器上发送了一个请求,machineName 是运行该应用程序的机器名或 IP 地址。如果你的浏览器位于同一台机器之上,可以使用 localhost 作为机器名。port 是 8080, staticResource 是所请求的文件,所请求的文件必须位于 web root 目录中。

例如,如果使用相同的计算机来测试该应用程序,并且想要让 HttpServer 对象发送 index.html 文件,可以使用如下的 URL:

```
http://localhost:8080/index.html
```

要停止服务器,应该通过在浏览器的 Address 或 URL 框中,在 URL 的 host:port 部分之后,输入预定义的字符串,以发送一条关闭命令。这条关闭命令是由 HttpServer 类中的静态 final 变量 SHUTDOWN 定义的。

22.7 一个 Web 服务器应用程序

```
private static final String SHUTDOWN_COMMAND = "/SHUTDOWN";
```

因此，要停止服务器，使用如下的 URL：

```
http://localhost:8080/SHUTDOWN
```

现在，我们来看看代码清单 22.6 给出的 await 方法。

代码清单 22.6　HttpServer 类的 await 方法

```
public void await() {
    ServerSocket serverSocket = null;
    int port = 8080;
    try {
        serverSocket = new ServerSocket(port, 1, InetAddress
                .getByName("127.0.0.1"));
    } catch (IOException e) {
        e.printStackTrace();
        System.exit(1);
    }
    // Loop waiting for a request
    while (!shutdown) {
        Socket socket = null;
        InputStream input = null;
        OutputStream output = null;
        try {
            socket = serverSocket.accept();
            input = socket.getInputStream();
            output = socket.getOutputStream();
            // create Request object and parse
            Request request = new Request(input);
            request.parse();

            // create Response object
            Response response = new Response(output);
            response.setRequest(request);
            response.sendStaticResource();

            // Close the socket
            socket.close();

            // check if the previous URI is a shutdown command
            shutdown = request.getUri().equals(SHUTDOWN_COMMAND);
        } catch (Exception e) {
            e.printStackTrace();
            continue;
        }
    }
}
```

该方法的名称之所以使用 await 而没有使用 wait，是因为后者是 java.lang.Object 中的一个重要的方法的名称，而这个 wait 方法在多线程编程中经常使用。

await 方法首先创建了 ServerSocket 类的一个实例，然后进入了一个 while 循环。

```
serverSocket = new ServerSocket(port, 1,
        InetAddress.getByName("127.0.0.1"));
...
// Loop waiting for a request
while (!shutdown) {
    ...
}
```

while 循环中的代码在 ServerSocket 实例的 accept 方法处停止,阻塞直到在端口 8080 上接收到一个 HTTP 请求:

```
socket = serverSocket.accept();
```

当接收到一个请求时,await 方法从 accept 方法返回的 Socket 获取一个 java.io.InputStream 以及一个 java.io.OutputStream。

```
input = socket.getInputStream();
output = socket.getOutputStream();
```

然后,await 方法创建了一个 Request 实例,并且调用其 parse 方法来解析 HTPP 请求的元数据。

```
// create Request object and parse
Request request = new Request(input);
request.parse();
```

然后,await 方法创建了一个 Response 实例,将 Request 对象赋值给它,并且调用其 sendStaticResource 方法。

```
// create Response object
Response response = new Response(output);
response.setRequest(request);
response.sendStaticResource();
```

最后,await 方法关闭了 Socket 并且调用 Request 的 getUri 方法,来检查该 HTTP 请求的 URI 是否是一条关闭命令。如果是,将 shutdown 变量设置为 true,并且程序退出 while 循环。

```
// Close the socket
socket.close();

//check if the previous URI is a shutdown command
shutdown = request.getUri().equals(SHUTDOWN_COMMAND);
```

22.7.2 Request 类

Request 类表示一个 HTTP 请求。该类的示例是通过传入从 Socket 对象获取的 java.io.InputStream 对象来构造的,而该 Socket 对象负责处理和客户端的通信。在 InputStream 上调用 read 方法之一,来获取 HTTP 请求的元数据。

代码清单 22.7 给出了 Request 类。它有两个公有的方法,parse 和 getUri,这两个方法分别在代码清单 22.8 和代码清单 22.9 中给出。

代码清单 22.7　Request 类

```
package app22.webserver;
import java.io.InputStream;
import java.io.IOException;

public class Request {
    private InputStream input;
    private String uri;

    public Request(InputStream input) {
        this.input = input;
    }

    public void parse() {
        ...
    }

    private String parseUri(String requestString) {
```

```
            ...
        }
        public String getUri() {
            return uri;
        }
}
```

  parse 方法解析 HTTP 请求中的元数据。该方法所做的事情并不多。它需要使用的唯一信息，就是 HTTP 的 URI，它通过调用私有方法 parseUri 来获取该信息。parseUri 将 URI 存储到 uri 变量中。可以调用公有的 getUri 方法来返回 HTTP 请求的 URL。

  要理解 parse 和 parseUri 是如何工作的，需要知道 HTTP 请求的结构，这在 22.2.1 节中介绍过。在本小节中，我们只是对 HTTP 请求的第一部分感兴趣，也就是请求行。请求行以一个方法标记开头，后面跟着请求 URI 和协议版本，以一个回车换行字符结束。请求行中的元素使用一个空格符隔开。例如，使用 GET 方法请求一个 index.html 的请求行，如下所示。

```
GET /index.html HTTP/1.1
```

  parse 方法从传递给的 Request 套接字的 InputStream 读取整个字节流，并将字节数组存储到一个缓存中。然后，使用缓存字节数组中的内容来填充给一个叫作 request 的 StringBuilder，并且将该 StringBuilder 的字符串表示传递给 parseUri 方法。

  parse 方法在代码清单 22.8 中给出。

代码清单 22.8　Request 类的 parse 方法

```
public void parse() {
    // Read a set of characters from the socket
    StringBuilder request = new StringBuilder(2048);
    int i;
    byte[] buffer = new byte[2048];
    try {
        i = input.read(buffer);
    } catch (IOException e) {
        e.printStackTrace();
        i = -1;
    }
    for (int j = 0; j < i; j++) {
        request.append((char) buffer[j]);
    }
    System.out.print(request.toString());
    uri = parseUri(request.toString());
}
```

  然后，parseUri 方法从请求行获取了 URL。代码清单 22.9 给出了 parseUri 方法。该方法在请求中搜索第一个和第二个空格，并且从中获取 URI。

代码清单 22.9　Request 类的 parseUri 方法

```
private String parseUri(String requestString) {
    int index1 = requestString.indexOf(' ');
    int index2;
    if (index1 != -1) {
        index2 = requestString.indexOf(' ', index1 + 1);
        if (index2 > index1) {
            return requestString.substring(index1 + 1, index2);
        }
    }
    return null;
}
```

22.7.3 Response 类

Response 类表示一个 HTTP 响应，如代码清单 22.10 所示。

代码清单 22.10　Response 类

```java
package app22.webserver;
import java.io.OutputStream;
import java.io.IOException;
import java.io.InputStream;
import java.nio.file.Files;
import java.nio.file.Path;
import java.nio.file.Paths;
/*
HTTP Response =
Status-Line (( general-header | response-header | entity-header ) CRLF)
CRLF
[ message-body ]
Status-Line = HTTP-Version SP Status-Code SP Reason-Phrase CRLF
*/

public class Response {

    private static final int BUFFER_SIZE = 1024;
    Request request;
    OutputStream output;

    public Response(OutputStream output) {
        this.output = output;
    }

    public void setRequest(Request request) {
        this.request = request;
    }

    public void sendStaticResource() throws IOException {
        byte[] bytes = new byte[BUFFER_SIZE];
        Path path = Paths.get(System.getProperty("user.dir"),
                "webroot", request.getUri());
        if (Files.exists(path)) {
            try (InputStream inputStream =
                         Files.newInputStream(path)) {
                int ch = inputStream.read(bytes, 0, BUFFER_SIZE);
                while (ch != -1) {
                    output.write(bytes, 0, ch);
                    ch = inputStream.read(bytes, 0, BUFFER_SIZE);
                }
            } catch (IOException e) {
                e.printStackTrace();
            }
        } else {
            // file not found
            String errorMessage = "HTTP/1.1 404 File Not Found\r\n"
                    + "Content-Type: text/html\r\n"
                    + "Content-Length: 23\r\n" + "\r\n"
                    + "<h1>File Not Found</h1>";
            output.write(errorMessage.getBytes());
        }
    }
}
```

22.7 一个 Web 服务器应用程序

首先注意，Response 类的构造方法接收一个 java.io.OutputStream 对象：

```
public Response (OutputStream output) {
    this.output = output;
}
```

通过传递从套接字获取的 OutputStream 对象，使用 HttpServer 类的 await 方法来构造一个 Response 对象。

Response 类有两个公有的方法：setRequest 和 sendStaticResource 方法。setRequest 方法用于将一个 Request 对象传递给 Response 对象。

sendStaticResource 方法用于发送一个静态资源，例如一个 HTML 文件。它首先创建一个 path 实例，指向用户目录下面的 webroot 目录中的一个资源：

```
Path path = Paths.get(System.getProperty("user.dir"),
        "webroot", request.getUri());
```

然后，测试资源是否存在。如果存在，sendStaticResource 方法调用 Files.newInputStream 并得到连接到该资源文件的一个 InputStream。然后，它调用 InputStream 的 read 方法，并且将字节数组写入到 OutputStream 以输出。注意，在这个例子中，静态资源的内容作为原始数据发送给浏览器。

```
if (Files.exists(path)) {
    try (InputStream inputStream =
            Files.newInputStream(path)) {
        int ch = inputStream.read(bytes, 0, BUFFER_SIZE);
        while (ch != -1) {
            output.write(bytes, 0, ch);
            ch = inputStream.read(bytes, 0, BUFFER_SIZE);
        }
    } catch (IOException e) {
        e.printStackTrace();
    }
```

如果资源不存在，sendStaticResource 方法向浏览器发送一条错误消息。

```
String errorMessage = "HTTP/1.1 404 File Not Found\r\n" +
    "Content-Type: text/html\r\n" +
    "Content-Length: 23\r\n" +
    "\r\n" +
    "<h1>File Not Found</h1>";
output.write(errorMessage.getBytes());
```

22.7.4 运行应用程序

要运行应用程序，从工作目录开始，输入如下内容：

```
java app22.webserver.HttpServer
```

要测试应用程序，打开浏览器并在 URL 或地址栏中输入如下内容：

```
http://localhost:8080/index.html
```

将会看到，index.html 页面显示在浏览器中，如图 22.2 所示。

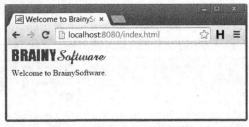

图 22.2　来自 Web 服务器的输出

在控制台上，会看到 HTTP 请求，如下所示：

```
GET /index.html HTTP/1.1
Accept:image/gif,image/x-xbitmap,image/jpeg,image/pjpeg,application/vnd.ms-excel,application/mswo
rd, application/vnd.ms-powerpoint, application/x-shockwave-flash, application/pdf, */*
Accept-Language: en-us
Accept-Encoding: gzip, deflate
User-Agent: Mozilla/5.0 (Macintosh; U; Intel Mac OS X 10.5; en-US; rv:1.9.2.6) Gecko/20100625 Firefox/3.6.6
Host: localhost:8080
Connection: Keep-Alive

GET /images/logo.gif HTTP/1.1
Accept: */*
Referer: http://localhost:8080/index.html
Accept-Language: en-us
Accept-Encoding: gzip, deflate
User-Agent: Mozilla/5.0 (Macintosh; U; Intel Mac OS X 10.5; en-US; rv:1.9.2.6) Gecko/20100625 Firefox/3.6.6
Host: localhost:8080
Connection: Keep-Alive
```

注　意

这个简单的 Web 服务器应用程序取自于我的另一本图书《How Tomcat Works: A Guide to Developing Your Own Java Servlet Container》。要了解关于 Web 服务器和 servlet 容器工作的更多细节，请参考该书。

22.8　本章小结

随着互联网的出现，计算机网络已经成为当今生活不可或缺的部分。Java 通过其 java.net 包，使得网络编程很容易。本章介绍了 java.net 包中较为重要的类型，包括 URL、URLConnection、Socket 和 ServerSocket。本章最后一节介绍了一个简单的 Web 应用程序，它展示了 Socket 和 ServerSocket 的用法。

第 23 章 Android 简介

Android 是当今最流行的移动平台，它带有一组完备的 API，使得开发者可以很容易地编写、测试和部署 App。使用这些 API，你可以很容易地显示用户交互（UI）组件、播放和录制音频和视频、创建游戏和动画、存储和访问数据、在互联网上搜索等。

Android 应用程序开发的软件开发工具包（SDK）是免费的，其中包含了一个模拟器，它是可以配置来模拟一台硬件设备的一个计算机程序。这意味着，不需要物理设备，你就可以开发、调试和测试你的应用程序。

23.1 概览

Android 操作系统是一种多用户的 Linux 系统。每个应用程序作为单独的 Linux 进程中的一个不同的用户而运行。同样，一个应用程序是和其他的 App 隔离开来运行的。

Android 快速到达巅峰的原因之一是，它使用 Java 作为编程语言。但是，Android 真的就是 Java 吗？答案是肯定的，也是否定的。诚然，Java 是开发 Android 应用程序的默认语言；但是，Android 应用程序并不会像 Java 应用程序那样，在 Java 虚拟机上运行。相反，在 Android 4.4 之前，所有的 Android 应用程序都在一个名为 Dalvik 的虚拟机上运行。在 Android 5.0 及其以后的版本中，Android 源代码最终使用一个叫作 ART（Android Runtime）的新的运行时来编译为机器代码和应用程序。Android 4.4 是 Dalvik 和 ART 的转折点和分水岭。

至于开发过程，最初用 Java 编写的代码编译为 Java 字节码。随后，字节码跨编译平台地编译为一个 dex（Dalvik 可执行文件），其中包含了一个或多个 Java 类。dex 文件、资源文件和其他的文件随后使用 apkbuilder 工具打包为一个 apk 文件，它是一个基本的 zip 文件，可以使用 unzip 或 Winzip 来解压缩。APK 表示应用程序包（application package）。

apk 文件就是部署 App 的方式。任何人得到该文件的一个版本，就可以在自己的 Android 设备上安装和运行它。

在 Android 5.0 之前，apk 文件运行于 Dalvik 之上。在 Android 5.0 及其以后的版本中，在安装应用程序的时候，apk 中的 dex 文件被转换为机器码。当用户运行该应用程序的时候，执行机器码。这些对于开发者来说都是透明的，你不必详细了解 dex 格式以及运行时的内部工作机制。

apk 文件可以在一台物理设备或模拟器上运行。部署一个 Android 应用程序很容易。可以让 apk 文件通过下载而可用，并且使用一台 Android 设备就可以下载并安装它。还可以将 apk 文件通过 email 发送给自己，并且在 Android 设备上打开并安装它。然而，要将应用程序发布到 Google Play 上的话，你需要使用 jarsigner 工具来签名一个 apk 文件。好在使用 Android 应用程序开发的官方集成开发工具（IDE）Android Studio 来签名一个 apk 是很容易的。

如果你对于了解 Android 构建过程的更多内容感兴趣，如下这个页面详细地介绍了 Android 的构建过程。

https://developer.android.com/tools/building/index.html

23.2 应用程序开发简介

在开启成为一名专业 Android 应用开发者的漫长旅途之前，你应该知道什么在前面等着你。

在开始项目之前，你应该对于以什么样的 Android 设备作为目标有了想法。大多数应用程序都以智能手机和平板电脑为目标。但是，当前的 Android 发布已经允许你开发针对智能电视和可穿戴设备的 App 了。然而，本书主要关注针对智能手机和平板电脑开发的应用程序。

然后，你需要确定要支持哪个版本的 Android。Android 在 2008 年发布，但是，在编写本书的时候，它已经有了 22 个 API Level 可用，即从 Level 1 到 Level 22。当然，Level 越高，可用的功能越多。但是，很多较旧的手机和平板电脑并不能运行最新的 Android 版本，并且无法运行以比安装的 API Level 更高的 API 为目标的那些应用程序。例如，如果你使用了 API Level 21 的功能，你的应用程序不能够在支持 API Level 21 的 Android 设备中运行，更不要说只支持 API Level 2 的设备了。好在 Android 是向后兼容的。针对较早的版本编写的应用程序，总是能够在新的版本上运行。换句话说，如果你使用 API Level10 编写应用程序，你的应用程序将能够在支持 API Level 10 及其以后版本的设备上运行。因此，你应该瞄准可能的最低的 API Level。这个主题将在本节后面再次介绍。

一旦确定了以何种 Android 设备为目标，以及用什么样的 API Level 来编写程序，你就可以开始看看 API 了。有 4 种 Android 应用程序组件：

- 活动（Activity）：包含用户交互组件的一个窗口。
- 服务（Service）：在后台长时间运行的操作。
- 广播接收者（Broadcast receiver）：一个监听器，负责对系统或应用程序声明做出响应。
- 内容提供者（Content provider）：管理要和其他应用程序分享的一组数据的一个组件。

应用程序可以包含多种组件类型，即便是初学者，通常也可以从拥有一个或两个活动的一个应用程序开始起步。你可以把活动看作是窗口。可以使用 Android 用户界面组件或控件来装饰一个活动，并以此作为和用户交互的一种方式。如果你使用一个 IDE，可以直接在计算机屏幕上拖曳控件来设计一个活动。

为了鼓励代码复用，应用程序组件可以提供给其他的应用程序使用。实际上，你应该利用这一共享机制的优点以加速开发。例如，可以利用默认的 Camera 应用程序组件，而不是自己编写拍照组件。可以使用系统的 Email 应用程序来从你自己的 App 发送 Email，而不是多此一举，编写一个 Email 发送组件。

Android 编程中的另一个重要的概念是意图（intent）。意图是一条消息，发送给系统或另一个应用程序，以要求执行一个动作。可以使用意图来做很多不同的事情，但通常使用意图来启动一个活动，启动一个服务或者发送一条广播。

每个应用程序都必须有一个清单（manifest），描述该应用程序。清单以 XML 文件的形式给出，其中包含了如下的一项或几项：

- 运行该应用程序所需的最小 API Level。
- 应用程序的名称。这个名称将会显示在设备上。
- 当用户在其手机或平板电脑的主屏幕上触碰该应用程序的图标的时候，将会打开的第一个活动（窗口）。
- 是否允许从其他的应用程序调用你的应用程序组件。为了促进代码复用，只要应用程序的开发者同意分享，就可以从其他应用程序调用该应用程序的功能。例如，可以从需要照片和视频拍摄功能的应用程序中，调用默认的 Camera 应用程序。
- 对于在目标设备上安装的应用程序，用户必须保证一组什么样的许可。如果用户不能保证所有必须的许可，将不会安装该应用程序。

是的，很多事情需要用户许可。例如，如果应用程序需要将数据存储到外部存储或者需要访问互联网，应用程序必须要求用户许可然后才能安装。如果当设备启动的时候应用程序需要自动启动，也需要一个许可。实际上，在 Android 设备上安装一个应用程序之前，应用程序大概需要 150 多种许可。

大多数应用程序足够简单，只需要活动而不需要其他类型的应用程序组件。即便只是活动，也有很多内容需要学习：UI 控件、事件和监听器、片段、动画、多线程、图形和位图处理等。一旦掌握了这些，你可能想要了解服务、广播接收者和内容提供者。本书将介绍所有这些内容。

23.3 Android 版本

Android 最早于 2008 年 9 月发布,现在已经成为一个稳定而成熟的平台。当前的版本是 5.1,这是所发布的第 22 个 Level 的 Android API。表 23.1 列出了所有 Android 重要发布的代码名、API Level 和发布日期。

表 23.1   Android 版本

版本	代码名	API Level	发布日期
1.0		1	2008 年 9 月 23 日
1.1		2	2009 年 2 月 9 日
1.5	Cupcake	3	2009 年 4 月 30 日
1.6	Donut	4	2009 年 9 月 15 日
2.0	Eclair	5	2009 年 10 月 26 日
2.0.1	Eclair	6	2009 年 12 月 3 日
2.1	Eclair	7	2010 年 1 月 12 日
2.2	Froyo	8	2010 年 5 月 20 日
2.3	Gingerbread	9	2010 年 12 月 6 日
2.3.3	Gingerbread	10	2011 年 2 月 9 日
3.0	Honeycomb	11	2011 年 2 月 22 日
3.1	Honeycomb	12	2011 年 5 月 10 日
3.2	Honeycomb	13	2011 年 7 月 15 日
4.0	Ice Cream Sandwich	14	2011 年 10 月 19 日
4.0.3	Ice Cream Sandwich	15	2011 年 12 月 16 日
4.1	Jelly Bean	16	2012 年 7 月 9 日
4.2	Jelly Bean	17	2012 年 11 月 13 日
4.3	Jelly Bean	18	2013 年 7 月 24 日
4.4	Kitkat	19	2013 年 12 月 31 日
4.4w	Kitkat	20	2014 年 7 月 22 日
5.0	Lollipop	21	2014 年 11 月 3 日
5.1	Lollipop	22	2015 年 3 月 9 日

注 意

版本 4.4w 和 4.4 相同,但是前者带有支持可穿戴设备的扩展。

每一个新的版本,都会添加新的功能。同样,如果你的目标是最新的 Android 发布版,可以使用大多数的功能。然而,并不是所有的 Android 手机和平板电脑都运行最新的发布版,因为针对旧的 API 的 Android 设备可能不支持最新的发布版,并且软件的升级也并不总是自动的。表 23.2 给出了当前在使用中的 Android 版本。

表 23.2 中的数据取自于如下的 Web 页面:

https://developer.android.com/about/dashboards/index.html

如果你在 Google Play 上发布你的应用程序(这是最流行的 Android 应用程序市场),那么,能够下载你的应用程序的最低 Android 版本是 2.2,因为比 2.2 更早的版本无法访问 Google Play。通常,你会希望获得尽可能广泛的用户基础,这意味着,要支持 2.2 及其以上的版本。例如,如果你支持 4.0 及其以上的版本，你可能漏掉了 5.9%的 Android 设备，这可能会很好，也可能会有问题。

表 23.2　　　　　　当前在使用中的 Android 版本（2015 年 6 月）

版本	代码名	API Level	分布比例
2.2	Froyo	8	0.3%
2.3.3-2.3.7	Gingerbread	10	5.6%
4.0.3-4.0.4	Ice Cream Sandwich	15	5.1%
4.1.x	Jelly Bean	16	14.7%
4.2.x		17	17.5%
4.3		18	5.2%
4.4	KitKat	19	39.2%
5	Lollipop	21	11.6%
5.1		22	0.8%

版本越低，所支持的功能越少。一些人冒着抛弃一些用户的风险，为了使用较新的功能。为了弥补这个问题，Google 提供了一个支持库，允许你在旧的设备中使用最新的功能，如果没有这个库的话，这些设备就不能享受这些功能了。我们将在本书中学习如何使用这个支持库。

23.4　在线资源

Android 程序员新手面临的第一项挑战，就是理解 Android 中的组件是如何变得可用的。好在，文档很充分，并且很容易通过 Internet 找到帮助。所有 Android 类和接口的文档，都可以从 Android 的官方 Web 站点找到：

http://developer.android.com/reference/packages.html

毫无疑问，只要你使用 Android，就会经常访问这个站点。如果你有机会浏览这个 Web 站点，你就会知道第一批类型属于 Android 包及其子包。在此之后，是能够在 Android 应用程序中使用的 java 和 javax 包。不能够在 Android 中使用的 Java 包，例如 javax.swing 和 java.nio.file 等，并没有在这里列出。

23.5　应该使用哪个版本的 Java

要使用诸如 Android Studio 这样的工具来开发 Android 应用程序，你需要使用 JDK 6 或更高的版本。如果你想要使用 Android 5 的功能，则需要使用 JDK 7 或更高的版本。

在编写本书的时候，还没有针对 Java 8 的官方支持。但是，如果你使用 Android Studio 并且安装了 JDK 8，那么，你可以使用 Lambda 表达式，这是 Java 8 中的一项重要的新功能。

第 24 章　初识 Android

要开发、调试和测试应用程序，你需要 Android 软件开发工具包（Software Development Kit，SDK）。这个 SDK 中包含了各种工具，包括一个不需要物理设备就能够测试应用程序的模拟器。当前的 SDK 在 Windows、Mac OS X 和 Linux 等操作系统上均可用。

此外，还需要一个集成开发环境（integrated development environment，IDE）以加速开发效率。没有 IDE 也可以构建应用程序，但是，那会更加困难，而且这种做法也不明智。当前有两个 IDE 可用，二者都是免费的：

- Android Studio。这是基于 IntelliJ IDEA 的一款流行的 IDE。该软件包包含了 Android SDK。
- Android Developer Tools（ADT）Bundle。这是包含了 Android SDK 和 Eclipse 的一个软件包。Eclipse 是另一款流行的 Java IDE。

Android Studio 发布于 2014 年 12 月，是首选的 IDE；ADT 包未来将不再得到支持。因此，应该使用 Android Studio，除非你有很好的理由要选择 ADT 包。本书假设你会使用 Android Studio。

在本章中，我们将学习如何下载和安装 Android Studio。在你成功地安装了 IDE 之后，就可以编写和构建自己的第一个 Android 应用程序并且在模拟器上运行它了。

Android 应用程序开发还需要 JDK。对于 Android 5 及其后的版本来说，或者，如果你使用 Android Studio 进行开发的话，你需要 JDK 7 及其以后的版本。对于 Android 5 以前的版本，你需要 JDK 6 及其以后的版本。

24.1　下载和安装 Android Studio

可以从如下 Web 页面下载 Android Studio：

http://developer.android.com/sdk/index.html

Android Studio 对于 Windows、Mac OS X 和 Linux 系统均可用。安装 Android Studio 也会下载和安装 Android SDK。

安装过程很简单，通过向导可以完成安装过程。如果你在使用一台 Windows 系统机器，可能需要创建 JAVA_HOME 环境变量，以帮助 Android Studio 找到 JRE 或 JDK。

24.1.1　在 Windows 系统上安装

按照如下的步骤在 Windows 系统上安装 Android Studio。

1．双击下载的 exe 文件，以启动安装向导。如果有 Android Studio 的一个老版本，将会询问你是否想要卸载它。卸载它并单击 Next 按钮。你将会看到如图 24.1 所示的向导的欢迎页面。

如果由于某些原因，安装程序不能找到你的 Java 安装，你需要创建一个 JAVA_HOME 环境变量来帮助它。选择 Start menu > Computer > System Properties > Advanced System Properties。然后，打开 Advanced tab > Environment Variables 并添加一个新的 JAVA_HOME 系统变量，它指向你的 JDK 文件夹，例如 C:\Program Files\Java\jdk1.8.0_51。

2．单击 Next 按钮继续。

3．将会看到安装向导的下一个对话框，如图 24.2 所示。这里，可以选择要安装的组件。保留所有的组件选中，并且再次单击 Next 按钮。

4．下一个对话框如图 24.3 所示，显示了同意许可。如果想要使用 Android Studio 的话，你真的别无选择，只能选择"同意"，即必须单击 I Agree 按钮。

图 24.1　Android Studio 安装程序

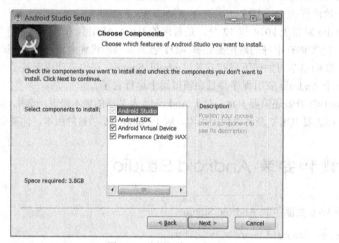

图 24.2　选择组件

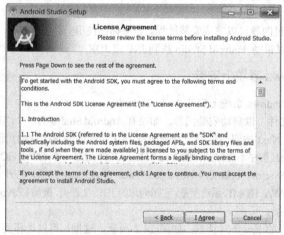

图 24.3　同意许可

5. 在出现的下一个对话框中，如图 24.4 所示，可以选择 Android Studio 和 Android SDK 的安装位置。Android Studio 带有建议的位置。接受建议的位置是个好主意。一旦为软件选定了位置，单击 Next 按钮。

24.1 下载和安装 Android Studio

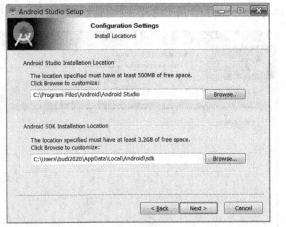

图 24.4 选择安装位置

6. 下一个对话框如图 24.5 所示，显示了模拟器的配置页面。单击 Next 按钮。

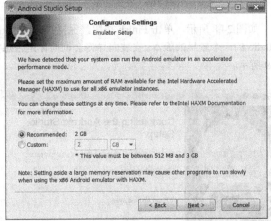

图 24.5 模拟器安装

7. 下一个对话框如图 24.6 所示，这是安装之前的最后一个对话框。在这里，可以选择一个开始菜单文件夹。直接接受默认值，并且单击 Install 按钮。Android Studio 将会开始安装。

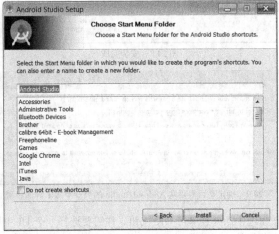

图 24.6 选择开始菜单文件夹

8. 一旦完成安装，你将会看到图 24.7 所示的另一个对话框。单击 Next 按钮。

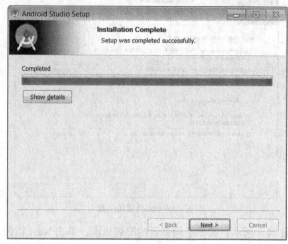

图 24.7　安装完成

9. 在下一个对话框中，如图 24.8 所示，单击 Finish 按钮，保持"Start Android Studio"复选框选中。如果已经安装了 Android Studio 的一个较早的版本，安装向导将会询问你是否想要从 Android Studio 的前一个版本导入设置。如图 24.9 所示。

图 24.8　安装完成

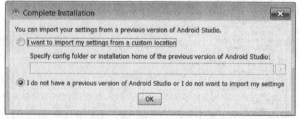

图 24.9　确定是否需要从 Android Studio 的另一个版本导入设置

10. 保持第二个单选按钮选中，并且单击 OK 按钮。你需要选择一个 UI 主题。选择一个并单击 Next 按钮。安装向导将会继续下载组件。

11. 此外，安装向导将会确认 SDK 是最新的，并且很快创建一个 Android 虚拟设备，并向你报告安装完成（参见图 24.10）。

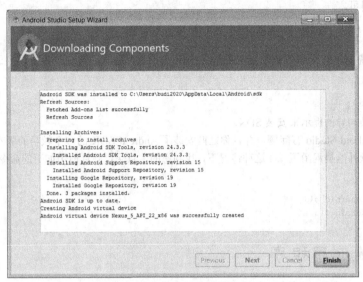

图 24.10　安装向导已经创建了一个 AVD

12. 单击 Finish 按钮。最终，Android Studio 已经可用了。欢迎对话框如图 24.11 所示。

图 24.11　Android Studio 的欢迎对话框

24.1.2　在 Mac OS X 系统上安装

要在 Mac OS X 上安装 Android Studio，按照如下的步骤进行：
1. 运行下载的 dmg 文件。
2. 将 Android Studio 拖动到 Applications 文件夹。
3. 打开 Android Studio 并按照安装向导来安装 SDK。

当你尝试启动 Android Studio 的时候,如果看到一条警告,说这个包毁坏了,打开 System Preferences > Security & Privacy,并且在 Allow applications downloaded from 下,选择 Anywhere。然后,再次打开 Android Studio 即可。

24.1.3 在 Linux 系统上安装

在 Linux 系统上,解压缩下载的 zip 文件,打开一个终端并将目录修改为安装目录下的 bin 目录,并且输入:

```
./studio.sh
```

然后按照安装向导的提示来安装 SDK。

如果运行 Android Studio 有问题,并且你之前安装了 Android SDK 的一个较早的版本,那可能是因为安装向导被旧的软件给搞混淆了。在这种情况下,找到您的主目录,并且使用如下的命令来重命名.android 和 Android 目录:

```
mv .android .android-old
mv Android Android-old
```

24.2 创建应用程序

使用 Android Studio 创建一个 Android 应用程序很容易,只需要单击几下鼠标就可以了。本节将介绍如何创建一个 Hello World 应用程序,打包并在模拟器上运行它。请确保你已经按照前面小节介绍的步骤安装了 Android SDK 和 Android Studio。

如果由于 Android Studio 查找不到 JDK 的正确位置,单击 File > Project Structure > SDK Location,然后浏览以找到 JDK 的位置。

要创建一个应用程序,按照如下步骤进行。

1. 在 Android Studio 中单击 File 菜单,并且选择 New Project。Create New Project 向导的第 1 个对话框如图 24.12 所示。

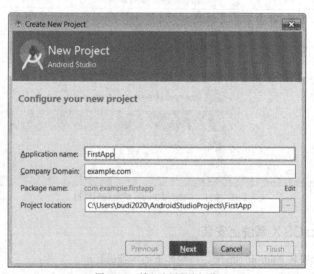

图 24.12　输入应用程序细节

2. 输入新的应用程序的细节。在 Application name 字段中,输入在 Android 设备上出现的名称。在 Company Domain 字段中,输入公司的域名。如果还没有域名,使用 example.com。公司的域名倒序之后,将用作应用程序的基本的包名。

包名唯一地标识了应用程序。可以通过单击字段右边的 Edit 按钮来修改包名。在默认情况下，项目会创建于 AndroidStudioProjects 目录下，这个目录是安装 Android Studio 的时候创建的。如果你愿意的话，可以修改这个位置。

3．单击 Next 按钮。下一个对话框打开了，如图 24.13 所示。在这里，你需要选择一个目标（手机和平板电脑、TV 等）以及最小的 API Level。本书只是介绍针对手机和平板电脑的 Android 应用程序开发，因此，让保持选择的选项为选中状态。至于最小的 API Level，Level 越低，能够运行你的应用程序的设备越多，但是，可用的功能也越少。现在，保持 Android Studio 已经为你选定的 API Level。

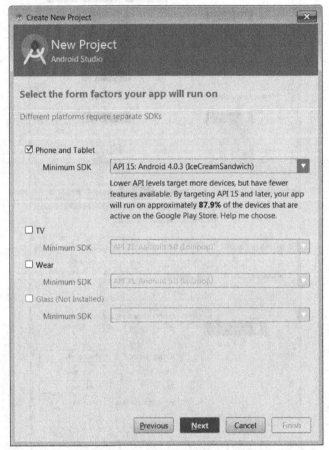

图 24.13　选择一个目标

4．再次单击 Next 按钮。将会出现图 2.14 所示的对话框。Android Studio 将询问你是否想要为应用程序添加一个活动，如果是的，添加什么样的活动。现在，你可能还不知道什么是活动，只需要将其当作一个窗口就行了，并且给项目添加一个空白的活动。因此，接受所选择的活动类型。

5．再次单击 Next 按钮。下一个对话框出现了，如图 24.15 所示。在这个对话框中，可以为活动类输入一个类名，以及用于活动窗口的一个标题和一个布局名称。现在，只要接受默认的设置就好了。

6．单击 Finish 按钮。Android Studio 将准备好你的项目，它可能需要一些时间。当它完成的时候，你将会在 Android Studio 中看到自己的项目，如图 24.16 所示。

252　第 24 章　初识 Android

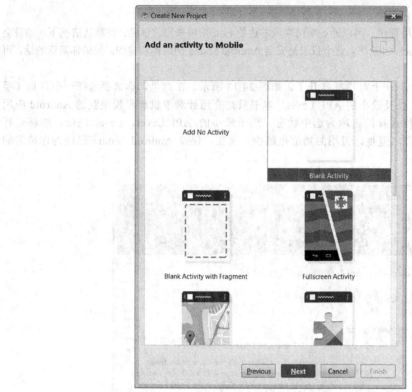

图 24.14　添加一个活动

图 24.15　输入活动类名和其他的细节

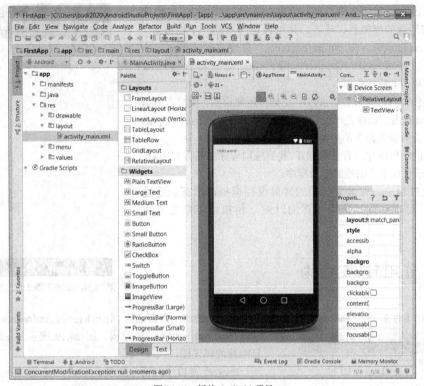

图 24.16　新的 Android 项目

24.3 节将介绍如何在模拟器上运行应用程序。

24.3　在模拟器上运行应用程序

既然已经有了应用程序，可以通过单击 Run 按钮来运行它。此时会要求你选择一个设备，如图 24.17 所示。

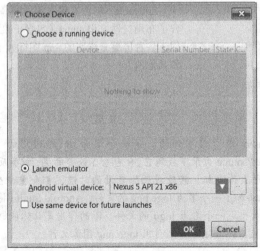

图 24.17　选择运行应用程序的一个设备

如果还没有创建一个模拟器，那现在就做。如果有了，你将会看到所有运行的模拟器。或者，你可以选择启动一个模拟器。选中"Use same device for future launches"以便将来使用相同的模拟器。

现在，单击 OK 按钮。

需要数秒钟的时间来启动 AVD。正如你所知道的，模拟器模拟一个 Android 设备。就像是一台物理设备一样，在初次运行 App 的时候，你需要解锁模拟器的屏幕。

如果你的应用程序没有自动打开，找到应用程序图标并双击它。图 24.18 展示了你刚才创建的应用程序。

在开发过程中，在编辑代码的时候保持模拟器运行。通过这种方法，每次你测试应用程序的时候，模拟器不需要再次加载。

24.4 应用程序结构

图 24.18　在模拟器上运行的应用程序

现在，在运行第一个 Android 应用程序并感受到乐趣和小兴奋之后，让我们回到 Android Studio 并看看一个 Android 应用程序的结构。图 24.19 展示其左边的包含项目组件的树视图。

Project 窗口中有两个主要的节点，app 和 Gradle Scripts。app 节点包含了应用程序中所有的组件。Gradle Scripts 节点包含了 Gradle 构件脚本，供 Android Studio 构建你的项目。我不会介绍这些脚本，但是熟悉 Gradle 对你来说可能是一个好主意。

app 节点下面有如下的 3 个节点：

- manifests。包含了一个 AndroidManifest.xml 文件，它描述了应用程序。我们将在下面的 24.4.1 节中详细介绍它。
- java。包含了所有的 Java 应用程序和测试类。
- res。包含了资源文件。在这个目录下还有一些目录：drawable（包含了用于各种屏幕分辨率的图像），layout（包含了布局文件）和 menu（包含了菜单文件），mipmap（包含了用于各种屏幕分辨率的 app 图标），还有 values（包含了字符串和其他值）。

图 24.19　应用程序结构

R 类

Android Studio 中所看不到的，是一个名为 R 的通用的 Java 类，可以在项目的 app/build/generated/source 目录下找到它。R 包含了嵌套的类，该类反过来包含了你的所有的资源的资源 ID。每次你添加、修改或删除资源的时候，都会重新生成 R。例如，如果你向 res/drawable 目录添加了一个名为 logo.png 的文件，Android Studio 将在 drawable 类下面（这是 R 的一个嵌套类）生成一个名为 logo 的文件。R 的作用是让你能够引用代码中的一个资源。例如，可以使用 R.drawable.logo 来引用 logo.png 图像文件。

24.4.1 Android 清单

每个 Android 应用程序都必须有一个叫作 AndroidManifest.xml 的清单文件,它用来描述应用程序。代码清单 24.1 展示了一个示例清单文件。

代码清单 24.1　一个示例清单文件

```xml
<?xml version="1.0" encoding="utf-8"?>
<manifest xmlns:android="http://schemas.android.com/apk/res/android"
    package="com.example.firstapp" >

    <application
        android:allowBackup="true"
        android:icon="@drawable/ic_launcher"
        android:label="@string/app_name"
        android:theme="@style/AppTheme" >
        <activity
            android:name="com.example.firstapp.MainActivity"
            android:label="@string/app_name" >
            <intent-filter>
                <action android:name="android.intent.action.MAIN" />
                <category android:name="android.intent.category.LAUNCHER" />
            </intent-filter>
        </activity>
    </application>
</manifest>
```

清单文件是一个 XML 文档,使用 mainfest 作为其根元素。mainfest 元素的 package 属性为应用程序指定了一个唯一的标识符。Android 工具还将使用这一信息来生成相应的 Java 类,以便于写 Java 资源的时候使用。

在<manifest>之下,是一个 application 元素,它描述了应用程序。它包含了一个或多个 activity 元素,描述了 App 中的活动。应用程序通常有一个主活动,充当应用程序的入口点。activity 元素的 name 属性,指定了一个活动类。它可以是一个完全限定名称或者只是类名。如果是后者的话,这个类应该位于 manifest 元素的 package 属性所指定的包中。换句话说,上面的 activity 元素的 name 属性可以写成如下形式之一:

```
android:name="MainActivity"
android:name=".MainActivity"
```

可以使用这种格式来引用清单文件(以及项目中的其他 XML 文件)中的一个资源:

`@resourceType/name`

例如,该应用程序元素中的一些属性,如代码清单 24.1 所示:

```
android:icon="@drawable/ic_launcher"
android:label="@string/app_name"
android:theme="@style/AppTheme"
```

第 1 个属性 android:icon,引用一个名为 ic_launcher 的图像。如果在 Android Studio 中浏览项目,会在 res/drawable 下看到一个 ic_launcher.png 文件。

第 2 个属性 android:label 引用一个名为 app_name 的字符串资源。所有的字符串属性都位于 res/values 下的 strings.xml 文件中。

最后,第 3 个属性 android:theme,引用了一个名为 AppTheme 的样式。所有的样式都定义于 res/values 之下的 styles.xml 文件中。样式和主题将在本书第 33 章中介绍。

还有一些元素出现在 Android 清单中,在本书后面,你还将学习使用很多的元素。可以在下面网址中找到这些元素的完整列表:

http://developer.android.com/guide/topics/manifest/manifest-element.html

24.4.2 apk 文件

Android 应用程序打包为一个 apk 文件，这基本上是一个 zip 文件，并且可以使用 WinZip 或类似的程序打开它。所有的应用程序都使用一个私有的键签名。这个过程听起来有点难，但是好在有 Android Studio 负责一切。当你在 Android Studio 运行一个 Android 应用程序的时候，一个 apk 文件将会自动构建和签名。这个文件将会命名为 app-debug.apk，并且存储在项目目录下的 app/build/outputs/apk 目录中。Android Studio 还将该位置告知模拟器和目标设备，以便能够找到并执行 apk 文件。

自动生成的 apk 文件还包含调试信息，以确保其能够以调试模式运行。

图 24.20 展示了当你运行自己的应用程序的时候所创建的 apk 文件的结构。

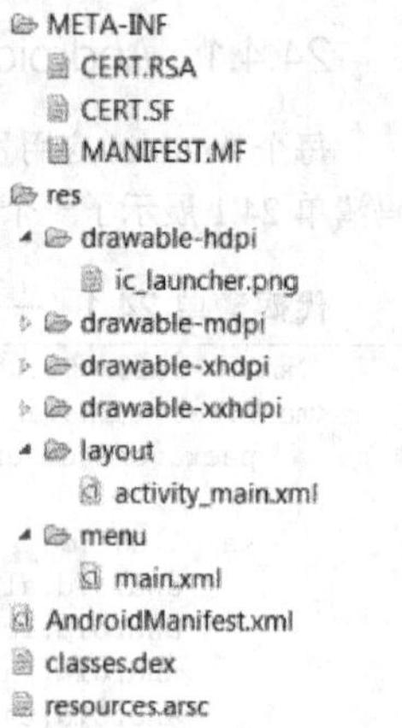

这里有清单文件，还有资源文件。AndroidManifest.xml 文件也编译了，因此，你无法用一个文本编辑器来读取它。还有一个 classes.dex 文件，包含了你的 Java 类到 Dalvik 可执行文件的二进制翻译。注意，即便你的应用程序中有多个 Java 文件，也只有一个 classes.dex 文件。

图 24.20 Android 应用程序结构

24.5 调试应用程序

Android Studio 有很多有用的功能，可以快速地开发和测试应用程序。其中的一项功能就是支持调试。如下是调试应用程序的一些方法。

24.5.1 日志

调试一个应用程序的最简单的方法，是使用日志消息。Java 程序员可能要使用日志工具，例如 Commons Logging 和 Log4J 来记录日志消息。Android 框架提供了 android.util.Log 类用于记录日志消息。Log 类带有以不同的日志级别进行日志消息的方法。方法名很简单，d（debug）、i（info）、v（verbose）、w（warning）、e（error）和 wtf（what a terrible failure）。

这个方法允许你写一个标签和文本。例如，

Log.e("activity", "Something went wrong");

在开发过程中，可以在 Android Studio 主屏幕的底部看到 Android DDMS 视图。

关于 LogCat，不同日志级别的消息以不同的颜色来显示。此外，每条消息都有一个标签，这使得大家很容易找到一条消息。此外，LogCat 允许将消息保存到一个文件中并过滤消息，以使得对你有用的消息能够被看到。

LogCat 视图如图 24.21 所示。

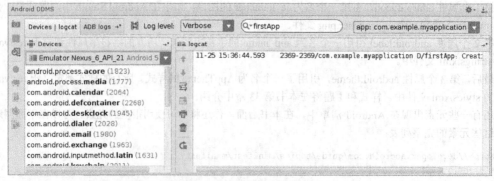

图 24.21 Android DDMS 中的 LogCat

任何运行时异常的抛出，包括栈轨迹，都会显示在 LogCat 中。因此，你可以很容易地识别出是哪一行代码导致了问题。

24.5.2 设置断点

调试一个应用程序的最容易的方式是使用日志消息。但是，如果这些消息帮不上忙，并且你需要跟踪应用程序，那么，可以使用 Android Studio 中的其他调试工具。

尝试在一行上单击，并且选择 Run > Toggle Line Breakpoint，即可在代码中添加一行断点。图 24.22 展示了代码编辑器中的一行断点。

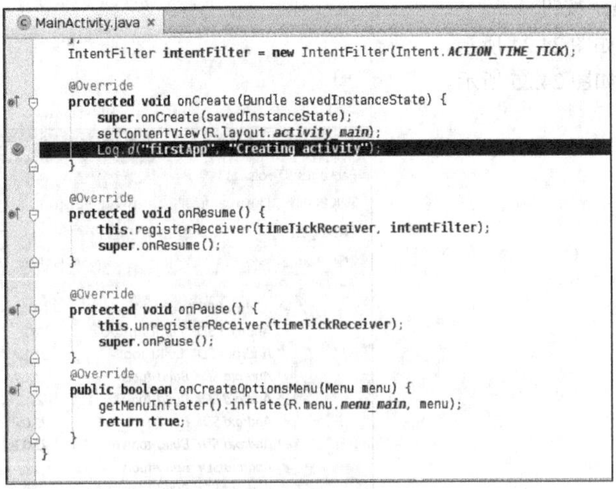

图 24.22　设置一行断点

现在，选择 Run > Debug app 来调试应用程序。

调试视图如图 24.23 所示。

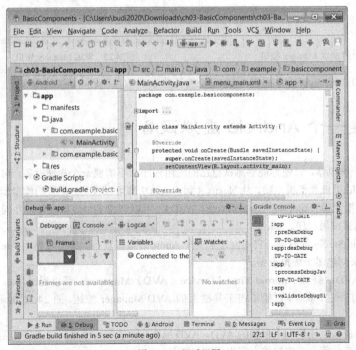

图 24.23　调试视图

在这里，可以进入代码、浏览变量等。

24.6　Android SDK Manager

当你安装 Android Studio 的时候，安装程序还会下载最新的 Android SDK。你可以使用 Android SDK Manager 来管理 Android SDK 中的包。

要启动 Android SDK Manager，在 Android Studio 中单击 Tools > Android > SDK Manager。或者，单击工具栏上的 SDK Manager 按钮。

SDK Manager 按钮如图 24.24 所示。

SDK Manager 窗口如图 24.25 所示。

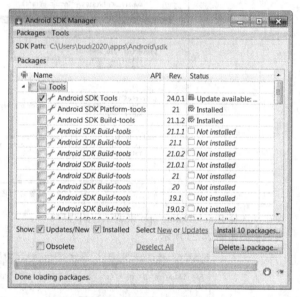

图 24.24　工具栏上的 SDK Manager 按钮　　　　图 24.25　SDK Manager 窗口

在 Android SDK Manager 中，可以下载 SDK 的其他版本，或者删除需要的组件。

24.7　创建一个 Android 虚拟设备

SDK 带有一个模拟器，以便你能够测试自己的应用程序而不需要一个物理设备。可以配置模拟器，以模仿不同的 Android 手机和平板电脑，从 Nexus S 到 Nexus 9 都可以模仿。配置的模拟器的每一个实例，叫作一个 Android 虚拟设备（android virtual device，AVD）。可以创建多个虚拟设备，并同步地运行它们，以便在多种设备上测试应用程序。

当安装 Android Studio 的时候，它还创建了一个 Android 虚拟设备。你可以使用 Android Virtual Device（AVD）Manager 来创建多个虚拟设备。

要创建一个 AVD，打开 Android Virtual Device（AVD）Manager。可以通过单击 Tools > Android > AVD Manager 来打开它。或者，直接单击工具栏上的 AVD Manager 按钮。图 24.26 展示了 AVD Manager 按钮。

如果你没有在机器上创建一个单独的 AVD，AVD Manager 的第一个窗口看上去如图 24.27 所示。如果之前创建了虚拟设备，第一个窗口将会列出所有的设备。

24.7 创建一个 Android 虚拟设备

图 24.26 工具栏上的 AVD Manager 按钮　　　图 24.27 AVD Manager 的欢迎界面

要创建一个 AVD，按照如下步骤进行。

1. 单击 Create a virtual device 按钮。你将会看到和图 24.28 类似的窗口。

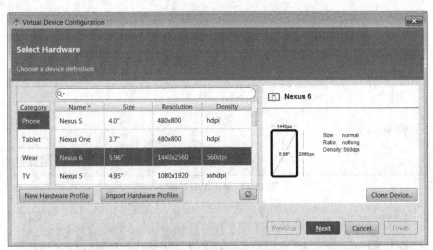

图 24.28 选择一个手机参数

2. 从 Category 中选择 Phone，然后，从中间的窗口中选择一个设备。接下来，单击 Next 按钮。将会显示下一个窗口，如图 24.29 所示。

3. 选择一个 API 层级和应用程序二进制接口（application binary interface，ABI）。如果使用了 32 位的 Intel CPU 的话，它必须是 x86。如果使用的是 64 位的 Intel CPU，可能需要 x86-64。

4. 单击 Next 按钮。下一步需要你为所创建的 AVD 的配置细节（如图 24.30 所示）。

5. 单击 Finish 按钮。AVD Manager 需要花几秒钟的时间来创建一个新的模拟器。一旦完成，你将会看到图 24.31 所示的一个列表。

对于每一个 AVD，最右边一列都有 3 个动作按钮。第一个图标是一个绿色的箭头，用于启动模拟器。第 2 个图标是一个铅笔，用于编辑模拟器细节。最后一个图标是一个向下的箭头，显示诸如 Delete 和 View Details 等更多操作。

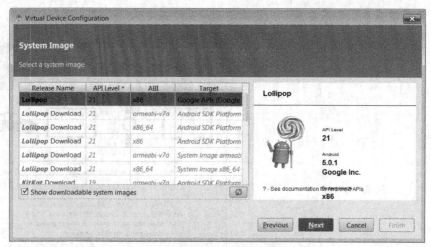

图 24.29 选择一个 API 层级和 ABI

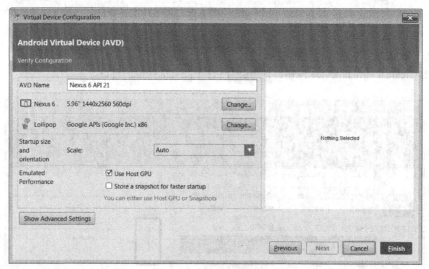

图 24.30 验证 AVD 的细节

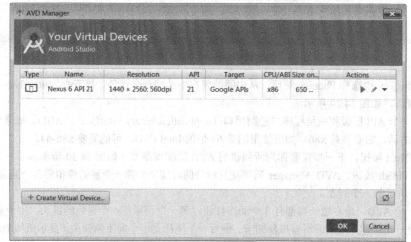

图 24.31 可用 AVD 的一个列表

24.8 在物理设备上运行应用程序

有几个原因使你想要在一台真正的设备上测试应用程序。最有说服力的的原因就是当你发布应用程序之前，应该在一台真实的设备上测试它。其他的原因还包括速度。模拟器可能不会像一台新的 Android 设备那么快。此外，在模拟器上模拟某种用户输入并不是那么容易。例如，对于一台真实设备，你可以很容易地修改屏幕方向。对于模拟器，则必须按下 Ctrl+F12 组合键。

要在真实设备上运行应用程序，需要按照如下的步骤进行：

1. 通过在清单文件的 application 元素中添加 android:debuggable="true"语句，将应用程序声明为可调试的。

2. 在设备上打开 USB 调试。在 Android 3.2 或较早的版本中，该选项位于 Settings > Applications > Development 菜单之下。在 Android 4.0 及其以后的版本中，该选项位于 Settings > Developer Options 之下。在 Android 4.2 及其以后的版本中，Developer Options 默认地隐藏了。要使其可见，需要到 Settings > About phone 菜单下，并点击 Build number 7 次。

接下来，设置系统以检测设备。这个步骤取决于你所运行的操作系统。对于 Mac 用户来说，可以略过此步骤。

对于 Windows 用户来说，需要为 Android Debug Bridge（ABD）安装 USB 驱动，这是使得你能够和模拟器或连接的 Android 设备通信的一个工具。你可以通过如下的站点来找到驱动程序。

http://developer.android.com/tools/extras/oem-usb.html

Linux 用户请按照这里的说明进行。

http://developer.android.com/tools/device.html

24.9 在 Android Studio 中打开一个项目

可以从出版社的网站下载本书配套的 Android Studio 项目。要打开一个项目，选择菜单 File > Open 并浏览到应用程序目录。图 24.32 显示了 Open Project 窗口的样子。

图 24.32 打开一个项目

24.10　使用 Java 8

在默认情况下，Android Studio 可以使用 Java 7 语言的语法来编译源文件。但是，你也可以使用 Java 8 语言的功能，即便 Java 8 还没有得到正式的支持。不用说，要使用较高级的语言功能，你需要 JDK 8 或者以后的版本。此外，即便你可以用 Java 8 的语言功能，仍然不能使用 Java 8 所带的库，例如 Date Time API 或 Stream API。

如果你真的想使用 Java 8 来编写 Android 应用程序，下面介绍如何在 Android Studio 中将 Java 语言从 Java 7 升级到 Java 8。

1. 在 Project 视图上打开 Gradle Scripts 节点。将会在列表中看到两个 build.gradle 节点。双击第 2 个构建文件以打开它。将会看到如下的内容：

```
android {
    compileSdkVersion 22
    buildToolsVersion "22.0.1"

    defaultConfig {
        ...
    }
    buildTypes {
        ...
    }
}
```

2. 向构建文件中添加粗体所示的内容，从而将语言级别修改为 Java 8。

```
android {
    compileSdkVersion 22
    buildToolsVersion "22.0.1"

    defaultConfig {
        ...
    }
    buildTypes {
        ...
    }
    compileOptions {
        sourceCompatibility JavaVersion.VERSION_1_8
        targetCompatibility JavaVersion.VERSION_1_8
    }
}
```

随着语言级别的修改，也给项目增加了复杂性，本书将一直使用 Java 7。

24.11　删除支持的库

当你要使用 Android Studio 创建一个新的项目的时候，它使用 Android 支持库来构造应用程序，因此，你的应用程序可以使用较低 Level 的 API 来运行。但是，在很多实际的情况下，你可能不想要支持库。通过如下的步骤，可以很容易地删除支持库。

1. 在 app 的 build.gradle 文件中，通过删除或注释掉相应的行，从而删除对 appcompat-v7 的依赖。

```
dependencies {
  compile fileTree(dir: 'libs', include: ['*.jar'])
  // compile 'com.android.support:appcompat-v7:22.2.0'
}
```

2．保存 build.gradle 文件。一条淡黄色消息会出现在编辑器的顶部，询问你是否要同步该项目。单击 Sync now。

3．在 res/values/styles.xml 文件中，将 android:Theme.Holo 或 android:Theme.Holo.Light 赋值给 parent 属性，如下所示。

```
<style name="AppTheme" parent="android:Theme.Holo">
    <!-- Customize your theme here. -->
</style>
```

4．将每一个活动类中的 ActionBarActivity 修改为 Activity，并且删除掉导入 ActionBarActivity 的 import 语句。在 Android Studio 中，做到这一点的快捷组合键是 Ctrl+Alt+O。

5．在所有的 menu.xml 文件中，用 android:showAsAction 替换 app:showAsAction。例如，使用

```
android:showAsAction="never"
```

来替换掉

```
app:showAsAction="never"
```

6．选择菜单 Project > Rebuild Project，重新构建项目。

24.12 本章小结

本章介绍了如何安装所需的软件以及创建第一个应用程序。你还学习了如何创建一个虚拟的设备，以便不需要物理设备就能够在多个设备中测试 App。

第 25 章 活 动

在第 24 章中,我们学习了如何编写一个简单的应用程序。现在,我们深入到 Android 应用程序开发的之中。本章将讨论 Android 编程中最重要的组件类型之一,即活动(activity)。

25.1 活动的生命周期

你需要熟悉的第一个应用程序组件就是活动。活动是包含了用户界面组件的一个窗口,用户可以和这些用户界面组件交互。启动一个活动,往往意味着显示一个窗口。

活动是 android.app.Activity 类的一个实例。一个典型的 Android 应用程序,都是从启动一个活动开始的,也就是说,启动一个活动就意味着要显示一个窗口。应用程序所创建的第一个窗口,叫作主活动(main activity),它充当应用程序的入口点。不必说,Android 应用程序可以包含多个活动,并且通过在应用程序清单文件中声明来指定主活动。

例如,Android 清单中的 application 元素定义了两个活动,其中之一使用 intent-filter 元素声明为主活动。要让一个活动成为应用程序的主活动,其 intent-filter 元素必须包含 MAIN 的 action 和 LAUNCHER 的 category,如下所示。

```xml
<application ... >
    <activity
            android:name="com.example.MainActivity"
            android:label="@string/app_name" >
        <intent-filter>
            <action android:name="android.intent.action.MAIN"/>
            <category
                android:name="android.intent.category.LAUNCHER"/>
        </intent-filter>
    </activity>
    <activity
            android:name="com.example.SecondActivity"
            android:label="@string/title_activity_second" >
    </activity>
</application>
```

在上面的代码段中,不难看出,第一个活动是主活动。

当用户从主屏幕选择一个应用程序图标的时候,系统将会查找应用程序的主活动并启动它。启动一个活动涉及实例化活动类(这在清单中的 activity 元素的 android:name 属性中指定),并且调用其生命周期方法。理解这些方法对于正确地编写代码是很重要的。

如下是 Activity 的生命周期方法。其中的一些将在应用程序的生命周期中调用一次,一些可能会调用多次。

- onCreate
- onStart
- onResume
- onPause
- onStop
- onRestart
- onDestroy

为了完全理解这些生命周期方法是如何应用的，考虑图 25.1。

系统从调用 onCreate 方法创建活动开始。你应该将构造 UI 的代码放在这里。一旦 onCreate 完成了，就是说活动处于 Created 状态。onCreate 方法在活动声明周期内只调用一次。

接下来，系统调用活动的 onStart 方法。当调用 onStart 方法的时候，活动变得可见。一旦该方法完成，活动就处于 Started 状态。在活动生命周期中，onStart 方法可以调用多次。

OnStart 方法后面跟着 onResume 方法，一旦 onResume 方法完成，活动进入 Resumed 状态。我们是多么希望能够将活动称为 Running，而不是 Resumed，实际上，这是活动完全运行的一个状态。在活动生命周期中，onResume 可以调用多次。

如果这个过程没有什么波折的话，onCreated、onStart 和 onResume 将会依次调用。一旦进入 Resumed 状态，活动基本上处在运行中，并且处于这个状态，直到某些事情发生以改变它。例如，由于设备要进入睡眠状态而关闭闹钟或者关闭屏幕，或者可能是因为其他的活动启动了。

将要离开 Resumed 状态的活动，会调用其 onPause 方法。一旦 onPause 方法完成了，活动就进入了 Paused 状态。在活动生命周期中，onPause 可以调用多次。

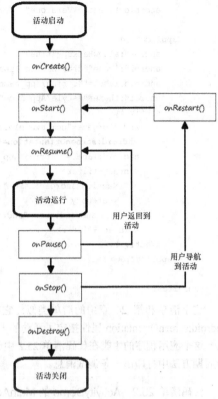

图 25.1　活动声明周期

在 onPause 方法之后会发生什么取决于活动是否变得完全不可见。如果是的，将会调用 onStop 方法，并且活动进入 Stopped 状态。另一方面，如果在 onPause 方法之后，活动再次变为激活的，系统会调用 onResume 方法，并且活动重新进入 Resumed 状态。

处于 Stopped 状态的一个活动，如果用户选择回到该活动的话，或者由于某些原因使其回到前台的话，它可能会重新激活。在这种情况下，会调用 onRestart 方法，然后调用 onStart 方法。

最后，当活动停止的时候，将会调用其 onDestroy 方法。这个方法和 onCreate 方法一样，在活动的生命周期中只能够调用一次。

25.2　ActivityDemo 示例

本例中的 ActivityDemo 应用程序展示了活动的生命周期方法是在何时调用的。代码清单 25.1 给出了该应用程序的清单。

代码清单 25.1　ActivityDemo 的清单

```
<?xml version="1.0" encoding="utf-8"?>
<manifest xmlns:android="http://schemas.android.com/apk/res/android"
    package="com.example.activitydemo"
    android:versionCode="1"
    android:versionName="1.0" >

    <uses-sdk
        android:minSdkVersion="8"
```

```xml
        android:targetSdkVersion="21" />

    <application
        android:allowBackup="true"
        android:icon="@drawable/ic_launcher"
        android:label="@string/app_name"
        android:theme="@style/AppTheme" >
        <activity
            android:name="com.example.activitydemo.MainActivity"
            android:screenOrientation="landscape"
            android:label="@string/app_name" >
            <intent-filter>
                <action android:name="android.intent.action.MAIN" />
                <category
                    android:name="android.intent.category.LAUNCHER" />
            </intent-filter>
        </activity>
    </application>

</manifest>
```

这个清单和第 24 章中的清单类似。它有一个活动，即主活动。但是，请注意，我使用活动元素的 android:screenOrientation 属性指定了活动的方向。

这个应用程序的主类在代码清单 25.2 中给出。此类覆盖了 Activity 的所有生命周期，并且在每一个生命周期方法中打印出一条调试消息。

代码清单 25.2　ActivityDemo 的 MainActivity 类

```java
package com.example.activitydemo;
import android.os.Bundle;
import android.app.Activity;
import android.util.Log;
import android.view.Menu;

public class MainActivity extends Activity {

    @Override
    protected void onCreate(Bundle savedInstanceState) {
        super.onCreate(savedInstanceState);
        Log.d("lifecycle", "onCreate");
        setContentView(R.layout.activity_main);
    }

    @Override
    public boolean onCreateOptionsMenu(Menu menu) {
        // Inflate the menu; this adds items to the action bar
        // if it is present.
        getMenuInflater().inflate(R.menu.menu_main, menu);
        return true;
    }

    @Override
    public void onStart() {
        super.onStart();
        Log.d("lifecycle", "onStart");
    }

    @Override
```

25.3 修改应用程序图标

```
    public void onRestart() {
        super.onRestart();
        Log.d("lifecycle", "onRestart");
    }

    @Override
    public void onResume() {
        super.onResume();
        Log.d("lifecycle", "onResume");
    }

    @Override
    public void onPause() {
        super.onPause();
        Log.d("lifecycle", "onPause");
    }

    @Override
    public void onStop() {
        super.onStop();
        Log.d("lifecycle", "onStop");
    }

    @Override
    public void onDestroy() {
        super.onDestroy();
        Log.d("lifecycle", "onDestroy");
    }
}
```

注意，如果你覆盖了一个活动的生命周期方法，必须调用父类中被覆盖的方法。

在运行应用程序之前，创建一个 Logcat 消息过滤器，从而只显示来自该应用程序的消息，而过滤掉系统消息，按照如下的步骤来创建。

从 Log Level 下拉菜单中选择 Debug。

在搜索框中输入过滤器文本，例如，"lifecycle"。图 25.2 显示了 Logcat 窗口。

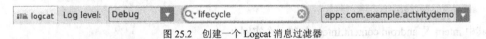

图 25.2　创建一个 Logcat 消息过滤器

运行该应用程序，并且注意应用程序的朝向。它应该是横向的。现在，尝试运行另一个应用程序，然后切换回 ActivityDemo 应用程序。检查 Logcat 中所打印出来的消息。

当你使用 Android Studio 创建一个新的应用程序的时候，该活动类不会扩展 Activity，而是扩展 ActionBarActivity。ActionBarActivity 是支持库中的一个类，它支持在 Android 3.0 之前的设备中使用操作栏（这将会在第 29 章中介绍）。如果你没有使用操作栏，并且不打算在 Android 3.0 之前的设备上部署，可以使用 Activity 来替代 ActionBarActivity。

25.3　修改应用程序图标

如果你不喜欢所选择的应用程序图标，可以通过如下的步骤很容易地替换它。

- 在 res/drawable 中保存一个 jpeg 文件或 png 文件。png 是首选的，因为这个格式支持透明度。
- 编辑清单文件的 android:icon 属性，以指向新的图像。可以使用如下的格式来引用图像文件：@drawable/fileName，其中，fileName 是不带扩展名的图像文件的名称。

25.4 使用 Android 资源

Android 内容很丰富，它带有大量的资源，可供在你的 App 中使用。要浏览可用的资源，在 Android Studio 中打开应用程序清单，并且通过输入"@android:"，后面跟着 Ctrl+space 组合键，从而填入一个属性值。Android Studio 将会显示出资源的列表（如图 25.3 所示）。

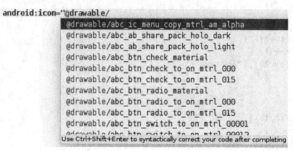

图 25.3 使用 Android 资源

例如，要查看有哪些图像/图标可用，选择@android:drawable/。要为应用程序使用不同的图标，修改 android:icon 属性的值。

```
android:icon="@android:drawable/ic_menu_day"
```

25.5 启动另一个活动

Android 应用程序的主活动，是当用户从主屏幕选择 App 图标的时候，通过系统自身而启动的。在拥有多个活动的应用程序中，有可能（并且很容易）会启动另一个活动。实际上，从一个活动启动另一个活动，可以通过调用 startActivity 方法而直接做到，如下所示：

```
startActivity(intent);
```

其中 intent 是 android.content.Intent 类的一个实例。

举一个例子，查看本书中的 SecondActivityDemo 项目。它有两个活动，MainActivity 和 SecondActivity。MainActivity 包含了一个按钮，单击该按钮的时候，就会启动 SecondActivity。这个项目还展示了如何编写一个事件监听程序。

SecondActivityDemo 的清单文件如代码清单 25.3 所示。

代码清单 25.3　SecondActivityDemo 的清单

```
<?xml version="1.0" encoding="utf-8"?>
<manifest xmlns:android="http://schemas.android.com/apk/res/android"
    package="com.example.secondactivitydemo"
    android:versionCode="1"
    android:versionName="1.0" >

    <uses-sdk
        android:minSdkVersion="8"
        android:targetSdkVersion="19" />

    <application
        android:allowBackup="true"
        android:icon="@drawable/ic_launcher"
```

```xml
        android:label="@string/app_name"
        android:theme="@style/AppTheme" >
        <activity
            android:name="com.example.secondactivitydemo.MainActivity"
            android:label="@string/app_name" >
            <intent-filter>
                <action android:name="android.intent.action.MAIN"/>
                <category android:name="android.intent.category.LAUNCHER"/>
            </intent-filter>
        </activity>
        <activity
            android:name="com.example.secondactivitydemo.SecondActivity"
            android:label="@string/title_activity_second" >
        </activity>
    </application>
</manifest>
```

和前面的应用程序不同,本项目有两个活动,其中一个声明为主活动。

代码清单 25.4 和代码清单 25.5 分别列出了主活动和第 2 个活动的布局文件。

代码清单 25.4　activity_main.xml 文件

```xml
<RelativeLayout
    xmlns:android="http://schemas.android.com/apk/res/android"
    xmlns:tools="http://schemas.android.com/tools"
    android:layout_width="match_parent"
    android:layout_height="match_parent"
    android:paddingBottom="@dimen/activity_vertical_margin"
    android:paddingLeft="@dimen/activity_horizontal_margin"
    android:paddingRight="@dimen/activity_horizontal_margin"
    android:paddingTop="@dimen/activity_vertical_margin"
    tools:context=".MainActivity" >

    <TextView
        android:id="@+id/textView1"
        android:layout_width="wrap_content"
        android:layout_height="wrap_content"
        android:text="@string/first_screen" />

</RelativeLayout>
```

代码清单 25.5　activity_second.xml 文件

```xml
<RelativeLayout
    xmlns:android="http://schemas.android.com/apk/res/android"
    xmlns:tools="http://schemas.android.com/tools"
    android:layout_width="match_parent"
    android:layout_height="match_parent"
    android:paddingBottom="@dimen/activity_vertical_margin"
    android:paddingLeft="@dimen/activity_horizontal_margin"
    android:paddingRight="@dimen/activity_horizontal_margin"
    android:paddingTop="@dimen/activity_vertical_margin"
    tools:context=".SecondActivity" >

    <TextView
        android:id="@+id/textView1"
        android:layout_width="wrap_content"
        android:layout_height="wrap_content" />

</RelativeLayout>
```

这两个活动都包含一个 TextView。触碰主活动中的 TextView，将会启动第 2 个活动，并且将一条消息传递给后者。第 2 个活动会在其 TextView 中显示该消息。

主活动的活动类如代码清单 25.6 所示。

代码清单 25.6　MainActivity 类

```
package com.example.secondactivitydemo;
import android.app.Activity;
import android.content.Intent;
import android.os.Bundle;
import android.view.Menu;
import android.view.MotionEvent;
import android.view.View;
import android.view.View.OnTouchListener;
import android.widget.TextView;

public class MainActivity extends Activity implements
        OnTouchListener {

    @Override
    protected void onCreate(Bundle savedInstanceState) {
        super.onCreate(savedInstanceState);
        setContentView(R.layout.activity_main);
        TextView tv = (TextView) findViewById(R.id.textView1);
        tv.setOnTouchListener(this);
    }

    @Override
    public boolean onCreateOptionsMenu(Menu menu) {
        // Inflate the menu; this adds items to the action bar if it
        // is present.
        getMenuInflater().inflate(R.menu.menu_main, menu);
        return true;
    }

    @Override
    public boolean onTouch(View arg0, MotionEvent event) {
        Intent intent = new Intent(this, SecondActivity.class);
        intent.putExtra("message", "Message from First Screen");
        startActivity(intent);
        return true;
    }
}
```

为了处理触碰事件，MainActivity 类实现 OnTouchListener 接口，并且覆盖了其 onTouch 方法。在这个方法中，我们创建了一个 Intent，并且在其中放置了一条消息。然后，调用 startActivity 方法来启动第 2 个活动。SecondActivity 类如代码清单 25.7 所示。

代码清单 25.7　SecondActivity 类

```
package com.example.secondactivitydemo;
import android.app.Activity;
import android.content.Intent;
import android.os.Bundle;
import android.view.Menu;
import android.widget.TextView;

public class SecondActivity extends Activity {

    @Override
```

```
protected void onCreate(Bundle savedInstanceState) {
    super.onCreate(savedInstanceState);
    setContentView(R.layout.activity_second);
    Intent intent = getIntent();
    String message = intent.getStringExtra("message");
    ((TextView) findViewById(R.id.textView1)).setText(message);
}

@Override
public boolean onCreateOptionsMenu(Menu menu) {
    getMenuInflater().inflate(R.menu.menu_second, menu);
    return true;
}
}
```

在 SecondActivity 的 onCreate 方法中，我们像通常一样设置视图内容。接着，调用 getIntent 方法并且通过其 getStringExtra 方法获取一条消息，然后，将该消息传递给 TextView 的 setText 方法。通过调用 findViewById 方法来访问 TextView。

主活动和第 2 个活动分别如图 25.4 和图 25.5 所示。

图 25.4　SecondActivityDemo 中的主活动

图 25.5　SecondActivityDemo 中的第 2 个活动

25.6　活动相关的意图

在 SecondActivityDemo 项目中，我们学习了可以通过给 startActivity 方法传递一个意图来启动一个新的活动。如果想要得到调用活动的一个结果，还可以调用 startActivityForResult 方法。

如下是该项目中激活一个活动的代码：

```
Intent intent = new Intent(this, SecondActivity.class);
startActivity(intent);
```

通常，要给调用的活动传递额外的信息，可以通过给意图附加信息来实现。在前面的例子中，通过调用 Intent 的 putExtra 方法来做到这一点：

```
Intent intent = new Intent(this, SecondActivity.class);
intent.putExtra("message", "Message from First Screen");
startActivity(intent);
```

通过传递给意图一个活动类而构造的意图，叫作显式意图。SecondActivityDemo 中的 Intent，就是这样的一个例子。

也可以创建一个隐式意图，在这种情况下，我们没有指定一个意图类。相反，我们给 Intent 类的构造方法传递一个动作，例如 ACTION_SEND，并且让系统来决定启动哪一个活动。如果有多个活动可以处理该意图，系统通常会让用户来选择。

ACTION_SEND 是 Intent 类中的一个常量。表 25.1 展示了在 Intent 类中定义的、能够启动一个活动的动作的列表。

表 25.1　　　　　　　　　　　　启动一个活动的意图动作

动作	说明
ACTION_MAIN	将活动当作一个主入口点启动
ACTION_VIEW	查看附加给意图的数据
ACTION_ATTACH_DATA	将已经添加给意图的数据附加到其他的某个地方
ACTION_EDIT	编辑附加给意图的数据
ACTION_PICK	从数据中选取一项
ACTION_CHOOSER	显示能够处理意图的所有应用程序
ACTION_GET_CONTENT	允许用户选择一种特定的数据并返回它
ACTION_DIAL	拨打附加给意图的号码
ACTION_CALL	呼叫意图中指定的人
ACTION_SEND	发送附加给意图的数据
ACTION_SENDTO	向意图数据中指定的人发送一条消息
ACTION_ANSWER	应答一个入向呼叫
ACTION_INSERT	向指定的容器中插入一个空的项
ACTION_DELETE	从其容器中删除指定的数据
ACTION_RUN	运行附加的数据
ACTION_SYNC	执行一次数据同步
ACTION_PICK_ACTIVITY	从一组活动中选取一个活动
ACTION_SEARCH	使用指定的字符串作为搜索键进行一次搜索
ACTION_WEB_SEARCH	使用指定的字符串作为搜索键进行一次 Web 搜索
ACTION_FACTORY_TEST	表明这是进行工厂测试的主入口点

并不是所有的意图都可以用来启动活动。要确保一个 Intent 能够启动一个活动，需要在将其传递给 startActivity 之前，调用其 resolveActivity 方法：

```
if (intent.resolveActivity(getPackageManager()) != null) {
    startActivity(intent);
}
```

不能解析为一个动作的意图，如果传递给了 startActivity，将会抛出一个异常。

例如，如下是发送 Email 的一个意图。

```
Intent intent = new Intent(Intent.ACTION_SEND);
intent.setType("message/rfc822"); // required
intent.putExtra(Intent.EXTRA_EMAIL,
        new String[] {"walter@example.com"}); // optional
intent.putExtra(Intent.EXTRA_SUBJECT, "subject"); // optional
intent.putExtra(Intent.EXTRA_TEXT   , "body"); // optional

// Verify that the intent will resolve to an activity
```

```
if (intent.resolveActivity(getPackageManager()) != null) {
    startActivity(intent);
} else {
    Toast.makeText(this, "No email client found.",
            Toast.LENGTH_LONG).show();
}
```

如果有多个应用程序能够处理一个 Intent，用户将决定将来使用选定的应用程序，还是只是这一次使用它。可以每次都强制出现一个选择器（不管用户是否决定使用相同的 app），使用如下代码即可：

```
startActivity(Intent.createChooser(intent, dialogTitle));
```

其中 dialogTitle 是选择器对话框的标题。

作为另一个例子，如下的代码发送一个 ACTION_WEB_SEARCH 意图。在接收到该消息的时候，系统将打开默认的 Web 浏览器并告诉浏览器用 Google 搜索该搜索键。

```
String searchKey = "Buffalo";
Intent intent = new Intent(Intent.ACTION_WEB_SEARCH );
intent.putExtra(SearchManager.QUERY, searchKey);
startActivity(intent);
```

25.7 本章小结

在本章中，我们学习了活动的生命周期，并且创建了两个应用程序。第 1 个应用程序允许你观察每一个生命周期方法的调用情况。第 2 个应用程序展示了如何从一个活动启动另一个活动。

第 26 章 UI 组件

在创建 Android 应用程序的时候，所做的第一件事情就是为主活动构建用户交互（user interface，UI）。这是一个相对容易的任务，因为 Android 已经提供了很多可供使用的 UI 组件。

本章将介绍一些较为重要的 UI 组件。

26.1 概览

Android SDK 提供了叫作微件（widget）的众多简单的和复杂的组件。微件的例子，包括很多按钮、文本字段和进度条等。此外，还需要选择一个布局来放置 UI 组件。微件和布局，都在 android.view.View 类中实现。视图是占据屏幕的一个矩形区域。View 类是最重要的 Android 类型之一。但是，除非你要创建一个定制的视图，通常不需要直接使用这个类。相反，你常常要花时间来为活动选择和使用布局和 UI 组件。

图 26.1 展示了一些 Android UI 组件。

图 26.1　Android UI 组件

26.2 使用 Android Studio UI 工具

使用 Android Studio 创建 UI 很容易。你只需要打开一个活动的布局文件，并且将 UI 组件拖曳到布局上即可。活动的布局文件位于应用程序的 res/layout 目录中。

图 26.2 展示了创建 Android UI 的 UI 工具。这就是当你打开一个活动文件时候所看到的样子。工具窗口划分为 3 个主要的区域。左边是微件，分为为 Layouts、Widgets、Text Fields 和 Containers 等不同的种类。单击一个分类的标签头，可以看到该分类下有哪些微件可用。

要选择一个微件，单击该微件并将其拖曳到中间的活动屏幕上。图 26.2 中的屏幕显示了两个字段和按钮。也可以从 Devices 下拉菜单中选择一个设备，来查看你的屏幕在不同的设备上看上去的样子。

每个微件和布局都有一组属性，这些属性派生自 View 类或者添加到实现类。要修改这些属性，可以在绘图区域的微件上单击，或者从右边的 Structure 窗口中的 Outline 面板上选择它。属性将会在 Layout 面板下面的小面板中列出。

图 26.2 使用 UI 工具

使用 UI 工具所做的事情，都会反映到布局文件中，以 XML 元素的形式体现出来。要查看你生成了什么，单击 UI 工具底部的 XML 视图即可。

26.3 使用基本组件

BasicComponents 项目是一个简单的示例，它是只有一个活动的一个 Android 应用程序。活动屏幕包含两个文本字段和一个按钮。

你可以打开本书附带的应用程序，或者按照第 24 章的说明，自己创建一个应用程序。我将通过给出该应用程序的清单文件来说明它，这个清单文件是一个名为 AndroidManifest.xml 的 XML 文件，它位于根目录之下。

代码清单 26.1 给出了 BasicComponents 项目的 AndroidManifest.xml 文件。

代码清单 26.1 BasicComponents 项目的清单文件

```xml
<?xml version="1.0" encoding="utf-8"?>
<manifest xmlns:android="http://schemas.android.com/apk/res/android"
    package="com.example.basiccomponents"
    android:versionCode="1"
    android:versionName="1.0">

    <uses-sdk
        android:minSdkVersion="8"
        android:targetSdkVersion="17" />

    <application
        android:allowBackup="true"
        android:icon="@drawable/ic_launcher"
        android:label="@string/app_name"
        android:theme="@style/AppTheme" >
```

```xml
        <activity
            android:name="com.example.basiccomponents.MainActivity"
            android:label="@string/app_name" >
            <intent-filter>
                <action android:name="android.intent.action.MAIN"/>
                <category
                    android:name="android.intent.category.LAUNCHER"/>
            </intent-filter>
        </activity>
    </application>
</manifest>
```

首先要注意的是 manifest 标签的 package 属性,它指定了 com.example.basiccomponents 作为所生成的类的 Java 包。还要注意,application 元素定义了一个活动,即主活动。application 元素还为该应用程序指定了图标、标签和主题。

```
android:icon="@drawable/ic_launcher"
android:label="@string/app_name"
android:theme="@style/AppTheme">
```

间接地引用一个资源是一种好的做法,就像我在这里所做的一样。android:icon 的值@drawable/ic_launcher,引用了位于 res/drawable 目录下的一个 drawable 对象(通常是一个图像文件)。ic_launcher 可能表示 ic_launcher.png 或 ic_launcher.jpg 文件。

所有的字符串引用都是以@string 开头的。在上面的示例中,@string/app_name 引用 res/values/strings.xml 文件中的 app_name 键。对于该应用程序,strings.xml 文件如代码清单 26.2 所示。

代码清单 26.2　res/values 下的 strings.xml 文件

```xml
<?xml version="1.0" encoding="utf-8"?>
<resources>
    <string name="app_name">BasicComponents</string>
    <string name="action_settings">Settings</string>
    <string name="prompt_email">Email</string>
    <string name="prompt_password">Password</string>
    <string name="action_sign_in"><b>Sign in</b></string>
</resources>
```

现在看一下主活动。一个活动有两个相关的资源,即活动的布局文件以及从 android.app.Activity 派生的 Java 类。这个项目的布局文件在代码清单 26.3 中给出,活动类(MainActivity)在代码清单 26.4 中给出。

代码清单 26.3　布局文件

```xml
<LinearLayout
    xmlns:android="http://schemas.android.com/apk/res/android"
    xmlns:tools="http://schemas.android.com/tools"
    android:layout_width="match_parent"
    android:layout_height="match_parent"
    android:layout_gravity="center"
    android:gravity="center_horizontal"
    android:orientation="vertical"
    android:padding="120dp"
    tools:context=".MainActivity" >

    <EditText
        android:id="@+id/email"
        android:layout_width="match_parent"
        android:layout_height="wrap_content"
        android:hint="@string/prompt_email"
```

```xml
        android:inputType="textEmailAddress"
        android:maxLines="1"
        android:singleLine="true" />

    <EditText
        android:id="@+id/password"
        android:layout_width="match_parent"
        android:layout_height="wrap_content"
        android:hint="@string/prompt_password"
        android:imeActionId="@+id/login"
        android:imeOptions="actionUnspecified"
        android:inputType="textPassword"
        android:maxLines="1"
        android:singleLine="true" />

    <Button
        android:id="@+id/sign_in_button"
        android:layout_width="wrap_content"
        android:layout_height="wrap_content"
        android:layout_gravity="right"
        android:layout_marginTop="16dp"
        android:paddingLeft="32dp"
        android:paddingRight="32dp"
        android:text="@string/action_sign_in" />

</LinearLayout>
```

这个布局文件包含了一个 LinearLayout 元素，它带有 3 个子元素，即两个 EditText 组件和一个按钮。

代码清单 26.4　BasicComponents 项目的 MainActivity 类

```java
package com.example.basiccomponents;
import android.os.Bundle;
import android.app.Activity;
import android.view.Menu;

public class MainActivity extends Activity {

    @Override
    protected void onCreate(Bundle savedInstanceState) {
        super.onCreate(savedInstanceState);
        setContentView(R.layout.activity_main);
    }

    @Override
    public boolean onCreateOptionsMenu(Menu menu) {
        // Inflate the menu; this adds items to the action bar if it
        // is present.
        getMenuInflater().inflate(R.menu.menu_main, menu);
        return true;
    }
}
```

代码清单 26.4 中的 MainActivity 类是由 Android Studio 创建的一个模板类，它覆盖了 onCreate 和 onCreateOptionsMenu 方法。OnCreate 方法是一个生命周期方法，当创建应用程序的时候会调用它。在代码清单 26.4 中，它直接使用布局文件设置了活动的内容视图。onCreateOptionsMenu 方法初始化了活动的选项菜单的内容。要让菜单显示，它必须返回 true。

运行该应用程序，你将会看到图 26.3 所示的活动。

图 26.3　BasicComponents 项目

26.4　Toast

Toast 是一个小的弹出对话框，用于显示一条消息作为给用户的反馈。Toast 并不会替代当前的活动，并且只是占据了一条消息那么大的空间。

图 26.4 显示了一个 Toast，它显示了"Downloading file..."。当到了预先定义的时间段以后，这条 Toast 会消失。

android.widget.Toast 类是创建 Toast 的模板。要创建一个 Toast，调用它唯一的构造方法，接收 Context 作为一个参数：

图 26.4　一个 Toast

```
public Toast(android.content.Context context)
```

Toast 还提供了两个静态的 makeText 方法来创建 Toast 的实例。该方法的两种重载形式的签名如下。

```
public static Toast makeText (android.content.Context context,
        int resourceId, int duration)
public static Toast makeText (android.content.Context context,
        java.lang.CharSequence text, int duration)
```

这两种重载形式都需要传入一个 Context（即可能的激活活动）作为第一个参数。此外，两种重载形式都接受一个字符串，字符串可能来自一个 strings.xml 文件或一个 String 对象，还接受显示 Toast 的时间长度。这个时间长度的两个有效值是 Toast 中的静态 final 变量 LENGTH_LONG 和 LENGTH_SHORT。

要显示一个 Toast，调用其 show 方法。该方法不接受参数。

如下的代码段展示了如何在一个活动类中创建并显示一个 Toast。

```
Toast.makeText(this, "Downloading...", Toast.LENGTH_LONG).show();
```

在默认情况下，一个 Toast 会显示在靠近激活活动的底部。但是，也可以在调用其 show 方法之前调用其 setGravity 方法从而修改其显示位置。如下是 setGravity 方法的签名。

```
public void setGravity(int gravity, int xOffset, int yOffset)
```

gravity 的有效值是 android.view.Gravity 类中的静态 final 变量之一，包括 CENTER_HORIZONTAL 和 CENTER_VERTICAL。

也可以创建自己的布局文件，并将其传递给 Toast 的 setView 方法，以增强一个 Toast 的外观。如下是创建一个定制的 Toast 的示例：

```
LayoutInflater inflater = getLayoutInflater();
View layout = inflater.inflate(R.layout.toast_layout,
        (ViewGroup) findViewById(R.id.toast_layout_root));
Toast toast = new Toast(getApplicationContext());
toast.setView(layout);
toast.show();
```

在这个例子中，R.layout.toast_layout 是 Toast 的布局标识符，而 R.id.toast_layout_root 是布局文件中的 root 元素的 id。

和 Toast 相似，AlertDialog 也是一个为用户提供反馈的窗口。Toast 能够淡出自己，与之不同，AlertDialog 会一直显示，直到其失去焦点。此外，一个 AlertDialog 最多可以包含 3 个按钮和一个可选项目的列表。添加到 AlertDialog 中的一个按钮，可以连接到一个监听器，当单击该按钮的时候，就会触发该监听器。

图 26.5 展示了一个 AlertDialog 示例。

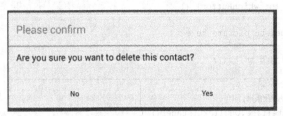

图 26.5　一个 AlertDialog

android.app.AlertDialog 类是创建 AlertDialog 的模板，该类中的所有的构造方法都是受保护的，因此，除非子类化该类，否则是不能使用其构造方法的。相反，可以使用 AlertDialog.Builder 类来创建 AlertDialog。可以使用 AlertDialog.Builder 的两个构造方法之一。

```
public AlertDialog.Builder(android.content.Context context)
public AlertDialog.Builder(android.content.Context context,
        int theme)
```

一旦有了 AlertDialog.Builder 的实例，可以调用其 create 方法来返回一个 AlertDialog。但是，在调用 create 方法之前，你可以调用 AlertDialog.Builder 的各种方法来装饰最终的 AlertDialog。有趣的是，AlertDialog.Builder 中的方法返回相同的 AlertDialog.Builder 实例，因此，可以将方法级联化。如下是 AlertDialog.Builder 中的一些方法。

```
public AlertDialog.Builder setIcon(int resourceId)
```

使用 resourceId 所指向的 Drawable 来设置最终的 AlertDialog 的图标。

```
public AlertDialog.Builder setMessage(java.lang.CharSequence message)
```

设置最终的 AlertDialog 的消息。

```
public AlertDialog.Builder setTitle(java.lang.CharSequence title)
```

设置最终的 AlertDialog 的标题。

```
public AlertDialog.Builder setNegativeButton(
        java.lang.CharSequence text,
        android.content.DialogInterface.OnClickListener listener)
```

分配一个按钮，用户可以单击它以提供否定的响应。

```
public AlertDialog.Builder setPositiveButton(
```

```
            java.lang.CharSequence text,
            android.content.DialogInterface.OnClickListener listener)
```

分配一个按钮,用户可以单击它以提供肯定的响应。

```
public AlertDialog.Builder setNeutralButton(
    java.lang.CharSequence text,
    android.content.DialogInterface.OnClickListener listener)
```

分配一个按钮,用户可以单击它以提供中性的响应。

例如,如下的代码生成了一个 AlertDialog,如图 26.5 所示。

```
new AlertDialog.Builder(this)
    .setTitle("Please confirm")
    .setMessage(
        "Are you sure you want to delete " +
        "this contact?")
    .setPositiveButton("Yes",
        new DialogInterface.OnClickListener() {
            public void onClick(
                    DialogInterface dialog,
                    int whichButton) {

                // delete picture here

                dialog.dismiss();
            }
        })
    .setNegativeButton("No",
        new DialogInterface.OnClickListener() {
            public void onClick(
                    DialogInterface dialog,
                    int which) {
                dialog.dismiss();
            }
        })
    .create()
    .show();
```

按下 Yes 按钮,将会执行传递给 setPositiveButton 方法的监听器,按下 No 按钮,将会执行传递给 setNegativeButton 方法的监听器。

26.5 通知

通知是出现在状态栏的一条消息。和 Toast 不同,通知是持久的,并且将保持显示,直到关闭它或者关闭设备。

通知是 android.app.Notification 的实例。创建一个通知的最方便的方法,是使用一个叫作 Builder 的嵌套类,可以通过传递一个 Context 来实例化该类。然后,可以在该 Builder 上调用 build 方法来创建一个 Notification。

```
Notification n = new Notification.Builder(context).build();
```

Notification.Builder 类拥有一些方法可以用来装饰最终的通知,这些方法包括 addAction、setAutoCancel、setColor、setContent、setContentTitle、setContentIntent、setLargeIcon、setSmallIcon 和 setSound。

这些方法中的大部分一看就明白了,但是,addAction 和 setContentIntent 方法特别重要,你可以使用它们添加一个动作,当用户触碰通知的时候,就执行该动作。在这个例子中,通知动作用一个 PendingIntent 类来表示。如下是 addAction 和 setContentIntent 方法的签名,这两个方法都接受一个 PendingIntent 类。

```
public Notification.Builder addAction(int icon,
        java.lang.CharSequence title,
    android.app.PendingIntent intent)
```

```
public Notification.Builder setContentIntent(
    android.app.PendingIntent intent)
```

当用户触碰了通知,将会调用 PendingIntent 的 send 方法。参见后面介绍 PendingIntent 的部分。

SetAutoCancel 方法也很重要,给它传入 true,以允许当用户在通知绘制区上触碰通知的时候通知消失。通知绘制区是当向下滑动状态栏的时候打开的一个区域。通知绘制区显示了系统已经接受到而还没有消失的所有通知。

Notification.Builder 中的方法返回相同的 Builder 对象,因此,它们也是可以级联的。

```
Notification notification = new Notification.Builder(context)
        .setContentTitle("New notification")
        .setContentText("You've got one!")
        .setSmallIcon(android.R.drawable.star_on)
        .setContentIntent(pendingIntent)
        .setAutoCancel(false)
        .addAction(android.R.drawable.star_big_on,
            "Open", pendingIntent)
        .build();
```

要听到一个铃声、闪烁亮光并且让设备振动,可以使用 OR 将默认的标志连接起来,如下所示:

```
notification.defaults |= Notification.DEFAULT_SOUND;
notification.defaults |= Notification.DEFAULT_LIGHTS;
notification.defaults |= Notification.DEFAULT_VIBRATE;
```

此外,要制作重复的声音,可以设置 FLAG_INSISTENT 标志。

```
notification.flags |= Notification.FLAG_INSISTENT;
```

PendingIntent 类

PendingIntent 类封装了一个 Intent 和一个动作,当调用该类的 send 方法的时候,将会执行该动作。由于 PendingIntent 类是一个待处理的意图,这个动作通常是在将来的某个时刻要调用的一个操作,很可能是系统要调用的。例如,一个 PendingIntent 类可以用于构造一个 Notification,以便当用户触碰该通知的时候,能够发生一些事情。

PendingIntent 类中的动作是 Context 类中的几个方法之一,例如 startActivity、startService 或 sendBroadcast。

你已经学习了如何将一个 Intent 传递给一个 Context 的 startActivity 方法,从而启动一个活动。

```
Intent intent = ...
context.startActivity(intent);
```

使用一个 PendingIntent 来启动一个活动的对等的代码,如下所示:

```
Intent intent = ...
PendingIntent pendingIntent = PendingIntent.getActivity(context, 0, intent, 0);
pendingIntent.send();
```

静态方法 getActivity 是返回 PendingIntent 类的一个实例的几个方法之一。其他的方法还有 getActivities、getService 和 getBroadcast。这些方法决定了最终 PendingIntent 所能执行的动作。通过调用 getActivity 方法来构造一个 PendingIntent 类会返回一个实例,该实例可以启动一个活动。使用 getService 方法来创建一个 PendingIntent 类,从而得到了一个实例,可以用它来启动一个服务。如果想要用一个 PendingIntent 来发送广播的话,可以调用 getBroadcast 方法。

要发布一个通知,可以使用 NotificationManager,这是 Android 系统中的内建服务之一。由于 NotificationManager 是一个已有的系统服务,可以通过在活动上调用 getSystemService 方法来获取它,如下所示:

```
NotificationManager notificationManager = (NotificationManager)
        getSystemService(NOTIFICATION_SERVICE);
```

然后,在该 NotificationManager 上调用 notify 方法来发布一个通知,需要传递唯一的 ID 和通知。

```
notificationManager.notify(notificationId, notification);
```

通知 ID 是一个可以选取的整数。只有在想要取消通知的时候,才需要这个 ID。在这种情况下,将 ID 传递给 NotificationManager 的 cancel 方法即可:

```
notificationManager.cancel(notificationId);
```

NotificationDemo 项目展示了如何使用通知。App 的主活动包含了两个按钮,一个用于发布通知,一个用于取消通知。在发布了通知之后,打开它将会激活另一个活动。

代码清单 26.5 给出了布局文件,代码清单 26.6 给出了活动类。

代码清单 26.5 NotificationDemo 的主活动的布局文件

```xml
<LinearLayout
    xmlns:android="http://schemas.android.com/apk/res/android"
    xmlns:tools="http://schemas.android.com/tools"
    android:layout_width="wrap_content"
    android:layout_height="wrap_content"
    android:orientation="horizontal">

    <Button
        android:layout_width="wrap_content"
        android:layout_height="wrap_content"
        android:onClick="setNotification"
        android:text="Set Notification" />

    <Button
        android:layout_width="wrap_content"
        android:layout_height="wrap_content"
        android:onClick="clearNotification"
        android:text="Clear Notification" />
</LinearLayout>
```

代码清单 26.6 主活动类

```java
package com.example.notificationdemo;
import android.app.Activity;
import android.app.Notification;
import android.app.NotificationManager;
import android.app.PendingIntent;
import android.content.Intent;
import android.os.Bundle;
import android.view.Menu;
import android.view.View;

public class MainActivity extends Activity {
    int notificationId = 1001;

    @Override
    protected void onCreate(Bundle savedInstanceState) {
        super.onCreate(savedInstanceState);
        setContentView(R.layout.activity_main);
    }
```

```java
@Override
public boolean onCreateOptionsMenu(Menu menu) {
    getMenuInflater().inflate(R.menu.menu_main, menu);
    return true;
}

public void setNotification(View view) {
    Intent intent = new Intent(this, SecondActivity.class);
    PendingIntent pendingIntent =
            PendingIntent.getActivity(this, 0, intent, 0);

    Notification notification  = new Notification.Builder(this)
            .setContentTitle("New notification")
            .setContentText("You've got a notification!")
            .setSmallIcon(android.R.drawable.star_on)
            .setContentIntent(pendingIntent)
            .setAutoCancel(true)
            .addAction(android.R.drawable.ic_menu_gallery,
                    "Open", pendingIntent)
            .build();
    NotificationManager notificationManager =
            (NotificationManager) getSystemService(
                    NOTIFICATION_SERVICE);
    notificationManager.notify(notificationId, notification);
}

public void clearNotification(View view) {
    NotificationManager notificationManager =
            (NotificationManager) getSystemService(
                    NOTIFICATION_SERVICE);
    notificationManager.cancel(notificationId);
}
```

当运行该应用程序的时候，将会看到主活动中有两个按钮，如图 26.6 所示。
如果单击了 Set Notification 按钮，通知图标（一个橙色的星）将会出现在状态栏上，如图 26.7 所示。

图 26.6 NotificationDemo 项目

图 26.7 操作栏上的通知图标

现在，将状态栏向屏幕的右下方拖动以打开通知绘制区（如图 26.8 所示）。

图 26.8 所示的通知绘制区中有一条通知。通知 UI 上面的部分中有一个标题是"New notification"。文本"You've got a notification"是这条通知的内容。UI 组件的下面的部分，表示一个动作。通过将通知的 autoClose 设置为 true，如果用户触碰了内容，通知将会取消。但是，如果用户触碰了动作 UI，通知不会关闭。遗憾的是，要实现触碰这两个区域的时候都会取消掉通知的效果，需要绕点弯路。为了弥补这种情况，可以使用一个广播接收器，参见本书第 48 章。

在这个示例中，触碰通知会启动 SecondActivity，如图 26.9 所示。

图 26.8　通知绘制区中的通知

图 26.9　由通知激活的第 2 个活动

26.6　本章小结

在本章中，我们学习了 Android 中可用的 UI 组件。还学习了如何使用 Toast、对话框和通知。

第 27 章 布　　局

布局很重要，因为它们直接影响到应用程序的外观。从技术上讲，布局是一个视图，负责排列添加到其中的子视图。Android 带有很多内建的布局，范围从最容易使用的 LinearLayout 到功能最强大的 RelativeLayout。

本章介绍 Android 中的各种布局。

27.1　概览

作为一个重要的 Android 组件，布局定义了 UI 组件的可视化结构。布局是 android.view.ViewGroup 的子类，该类反过来又派生自 android.view.View 类。ViewGroup 是一个特殊的视图，它可以包含其他的视图，可以在一个布局文件中声明布局，或者在运行时通过编程添加布局。

如下是 Android 中的一些布局。
- LinearLayout。将所有子视图以相同的方向（或者水平地或者垂直地）对齐的一个布局。
- RelativeLayout。根据子视图的一个或多个同级视图的位置来排列它的一个布局。
- FrameLayout。将每一个子视图放在另一个子视图顶部的一种布局。
- TableLayout。将子视图按照行和列来组织的一种布局。
- GridLayout。将子视图放置到一个栅格中的一种布局。

在大多数情况下，布局中的一个视图必须拥有 layout_width 和 layout_height 属性，以便布局知道如何调整视图的大小。layout_width 和 layout_height 属性可以赋值为 match_parent（和父视图的宽度和高度一致）、wrap_content（与其内容的宽度和高度一致），或者是一个度量单位。

AbsoluteLayout 提供了子视图的精确定位，它现在已经废弃了，并且不应该再使用它。现在使用 RelativeLayout 来取代它。

27.2　LinearLayout

LinearLayout 是根据其 orientation 属性，将子视图水平地或垂直地排列的一种布局。LinearLayout 是最容易使用的布局。

代码清单 27.1 中的布局，是使用水平方向的 LinearLayout 的一个示例。它包含了 3 个子视图，一个 ImageButton、一个 TextView 和一个 Button。

代码清单 27.1　一个水平的 LinearLayout

```
<LinearLayout
    xmlns:android="http://schemas.android.com/apk/res/android"
    xmlns:tools="http://schemas.android.com/tools"
    android:orientation="horizontal"
    android:layout_width="match_parent"
    android:layout_height="match_parent">

    <ImageButton
        android:src="@android:drawable/btn_star_big_on"
        android:layout_width="wrap_content"
        android:layout_height="wrap_content"/>

    <TextView
```

```
        android:layout_width="wrap_content"
        android:layout_height="wrap_content"
        android:text="@string/hello_world" />
    <Button android:text="Button1"
        android:layout_width="wrap_content"
        android:layout_height="wrap_content"/>

</LinearLayout>
```

图 27.1 展示了代码清单 27.1 中的 LinearLayout。

代码清单 27.2 中的布局是一个垂直的 LinearLayout,它带有 3 个子视图,一个 ImageButton、一个 TextView 和一个 Button。

代码清单 27.2 垂直的 LinearLayout

```
<LinearLayout
    xmlns:android="http://schemas.android.com/apk/res/android"
    xmlns:tools="http://schemas.android.com/tools"
    android:orientation="vertical"
    android:layout_width="match_parent"
    android:layout_height="match_parent">

    <ImageButton
        android:src="@android:drawable/btn_star_big_on"
        android:layout_gravity="center"
        android:layout_width="wrap_content"
        android:layout_height="wrap_content"/>
    <TextView
        android:layout_gravity="center"
        android:layout_width="wrap_content"
        android:layout_height="wrap_content"
        android:layout_marginLeft="15dp"
        android:text="@string/hello_world"/>
    <Button android:text="Button1"
        android:layout_gravity="center"
        android:layout_width="wrap_content"
        android:layout_height="wrap_content"/>
</LinearLayout>
```

图 27.2 展示了垂直的 LinearLayout。

图 27.1 水平的 LinearLayout 的示例

图 27.2 垂直的 LinearLayout 示例

注意，布局中的每一个视图都可以通过 layout_gravity 属性来确定其在坐标轴中的位置。例如，将 layout_gravity 属性设置为 center，会将其居中放置。

LinearLayout 也可以有 gravity 属性，会影响到其垂直对齐方式。例如，代码清单 27.3 中的布局是一个垂直的 LinearLayout，其 gravity 属性设置为 bottom。

代码清单 27.3　gravity 属性设置为 bottom 的垂直的 LinearLayout

```
<LinearLayout
    xmlns:android="http://schemas.android.com/apk/res/android"
    xmlns:tools="http://schemas.android.com/tools"
    android:orientation="vertical"
    android:layout_width="match_parent"
    android:layout_height="match_parent"
    android:gravity="bottom">

    <ImageButton
        android:src="@android:drawable/btn_star_big_on"
        android:layout_gravity="center"
        android:layout_width="wrap_content"
        android:layout_height="wrap_content"/>
    <TextView
        android:layout_gravity="center"
        android:layout_width="wrap_content"
        android:layout_height="wrap_content"
        android:layout_marginLeft="15dp"
        android:text="@string/hello_world"/>
    <Button android:text="Button1"
        android:layout_gravity="center"
        android:layout_width="wrap_content"
        android:layout_height="wrap_content"/>
</LinearLayout>
```

图 27.3 展示了代码清单 27.3 中的垂直的 LinearLayout。

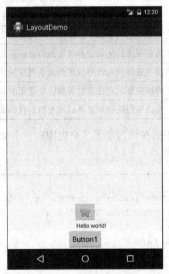

图 27.3　带有 gravity 属性的垂直的 LinearLayout

27.3　RelativeLayout

RelativeLayout 是可用的功能最强大的布局。RelativeLayout 中的所有子视图都可以相对于彼此或者相对于它们的父视图来定位。例如，可以告诉一个视图放置在另一个视图的左边或者右边。或者，可以指定一个视图与其父视图的底边或顶边对齐。

定位 RelativeLayout 中的一个子视图，可以使用表 27.1 中的属性来做到的。

表 27.1　　　　　　　　　RelativeLayout 的子视图的属性

属性	说明
layout_above	将该视图的底边放置在指定的视图 ID 之上
layout_alignBaseline	将该视图的基线放置到指定的视图 ID 的基线上
layout_alignBottom	将该视图的底部和指定的视图对齐
layout_alignEnd	将该视图的结束边界和指定的视图的结束边界对齐
layout_alignLeft	将该视图的左边界和指定视图的左边界对齐
layout_alignParentBottom	为 true 值的话，会将该视图的底部与其父视图对齐
layout_alignParentEnd	为 true 值的话，会将该视图的结束边界与其父视图的结束边界对齐
layout_alignParentLeft	为 true 值的话，会将该视图的左边界与其父视图的左边界对齐
layout_alignParentRight	为 true 值的话，会将该视图的右边界与其父视图的右边界对齐
layout_alignParentStart	为 true 值的话，会将该视图的起始边界与其父视图的起始边界对齐
layout_alignParentTop	为 true 值的话，会将该视图的上边界与其父视图的上边界对齐
layout_alignRight	为 true 值的话，会将该视图的右边界与其父视图的右边界对齐
layout_alignStart	将该视图的起始边界与其父视图的起始边界对齐
layout_alignTop	将该视图的上边界与其父视图的上边界对齐
layout_alignWithParentIfMissing	当无法为 layout_toLeftOf、layout_toRightOf 等找到锚点的时候，如果该值为 true，会将父视图设置为锚点
layout_below	将该视图的上边界放在给定的视图之下
layout_centerHorizontal	如果该值为 true，将该视图在其父视图中水平地居中
layout_centerInParent	如果该值为 true，将该视图在其父视图中水平地和垂直地居中
layout_centerVertical	如果该值为 true，将该视图在其父视图中垂直地居中
layout_toEndOf	将该视图的起始边界放置到给定视图的结束边界
layout_toLeftOf	将该视图的右边界放置到给定视图的左边界
layout_toRightOf	将该视图的左边界放置到给定视图的右边界
layout_toStartOf	将该视图的结束边界放置到给定视图的起始边界

作为一个示例，代码清单 27.4 中的布局指定了 3 个视图和一个 RelativeLayout 的位置。

代码清单 27.4　　RelativeLayout

```
<RelativeLayout
     xmlns:android="http://schemas.android.com/apk/res/android"
    xmlns:tools="http://schemas.android.com/tools"
    android:layout_width="match_parent"
    android:layout_height="match_parent"
    android:paddingLeft="2dp"
    android:paddingRight="2dp">

    <Button
        android:id="@+id/cancelButton"
        android:layout_width="wrap_content"
        android:layout_height="wrap_content"
        android:text="Cancel" />
```

27.3 RelativeLayout

```xml
<Button
    android:id="@+id/saveButton"
    android:layout_width="wrap_content"
    android:layout_height="wrap_content"
    android:layout_toRightOf="@id/cancelButton"
    android:text="Save" />

<ImageView
    android:layout_width="150dp"
    android:layout_height="150dp"
    android:layout_marginTop="230dp"
    android:padding="4dp"
    android:layout_below="@id/cancelButton"
    android:layout_centerHorizontal="true"
    android:src="@android:drawable/ic_btn_speak_now" />

<LinearLayout
    android:id="@+id/filter_button_container"
    android:layout_width="match_parent"
    android:layout_height="wrap_content"
    android:layout_alignParentBottom="true"
    android:gravity="center|bottom"
    android:background="@android:color/white"
    android:orientation="horizontal" >

    <Button
        android:id="@+id/filterButton"
        android:layout_width="wrap_content"
        android:layout_height="fill_parent"
        android:text="Filter" />

    <Button
        android:id="@+id/shareButton"
        android:layout_width="wrap_content"
        android:layout_height="fill_parent"
        android:text="Share" />

    <Button
        android:id="@+id/deleteButton"
        android:layout_width="wrap_content"
        android:layout_height="fill_parent"
        android:text="Delete" />
</LinearLayout>
</RelativeLayout>
```

添加一个标识符

代码清单27.4中的第1个按钮包含了如下的id属性，以便可以在代码中引用它。

```
android:id="@+id/cancelButton"
```

@后面的加号（+）表示正在使用这个声明添加一个标识符（在这个例子中，是cancelButton），而没有在一个资源文件中声明它。

图27.4展示了代码清单27.4中的RelativeLayout。

图 27.4 RelativeLayout

27.4 FrameLayout

一个 FrameLayout 将其子视图定位于另一个子视图之上。通过调整一个视图的边缘和补白,将该视图布局在另一个视图之下也是可能的,如代码清单 27.5 所示。

代码清单 27.5　使用一个 FrameLayout

```
<FrameLayout
    xmlns:android="http://schemas.android.com/apk/res/android"
    xmlns:tools="http://schemas.android.com/tools"
    android:orientation="horizontal"
    android:layout_width="match_parent"
    android:layout_height="match_parent">

    <Button android:text="Button1"
        android:layout_width="wrap_content"
        android:layout_height="wrap_content"
        android:layout_marginTop="100dp"
        android:layout_marginLeft="100dp" />
    <ImageButton
        android:src="@android:drawable/btn_star_big_on"
        android:alpha="0.35"
        android:layout_width="wrap_content"
        android:layout_height="wrap_content"
        android:layout_marginTop="90dp"
        android:layout_marginLeft="90dp" />
</FrameLayout>
```

代码清单 27.5 中的布局使用了带有一个 Button 和一个 ImageButton 的 FrameLayout。ImageButton 放置在 Button 之上,如图 27.5 所示。

图 27.5　使用 FrameLayout

27.5　TableLayout

TableLayout 用于将子视图排列成行和列。TableLayout 类是 LinearLayout 的子类。要在一个 TableLayout 中添加一行，需要使用 TableRow 元素。直接添加到一个 TableLayout 中（而没有一个 TableRow）的一个视图，将会占据一行，而这一行跨越多个列。

代码清单 27.6 中的布局展示了一个带有 4 行的 TableLayout，其中的两行是使用 TableRow 元素创建的。

代码清单 27.6　使用 TableLayout

```
<TableLayout
        xmlns:android="http://schemas.android.com/apk/res/android"
    android:layout_width="wrap_content"
    android:layout_height="wrap_content"
    android:layout_gravity="center" >

    <TableRow
        android:id="@+id/tableRow1"
        android:layout_width="500dp"
        android:layout_height="wrap_content"
        android:padding="5dip" >

        <ImageView android:src="@drawable/ic_launcher" />
        <ImageView android:src="@android:drawable/btn_star_big_on" />
        <ImageView android:src="@drawable/ic_launcher" />
    </TableRow>

    <TableRow
        android:id="@+id/tableRow2"
        android:layout_width="wrap_content"
        android:layout_height="wrap_content" >

        <ImageView android:src="@android:drawable/btn_star_big_off" />
```

```xml
            <TextClock />
            <ImageView android:src="@android:drawable/btn_star_big_on" />
        </TableRow>

    <EditText android:hint="Your name" />

    <Button
        android:layout_height="wrap_content"
        android:text="Go" />

</TableLayout>
```

图 27.6 展示了代码清单 27.6 中的 TableLayout 的效果。

图 27.6　使用 TableLayout

27.6　GridLayout

GridLayout 类似于 TableLayout，但是，必须要使用 columnCount 属性来指定列的数目。代码清单 27.7 展示了一个 GridLayout 的示例。

代码清单 27.7　GridLayout 示例

```xml
<GridLayout
        xmlns:android="http://schemas.android.com/apk/res/android"
    android:layout_width="wrap_content"
    android:layout_height="wrap_content"
    android:layout_gravity="center"
    android:columnCount="3">

    <!-- 1st row, spanning 3 columns -->
    <TextView
        android:layout_width="wrap_content"
        android:layout_height="wrap_content"
        android:text="Enter your name"
        android:layout_columnSpan="3"
        android:textSize="26sp"
```

```xml
    />
<!-- 2nd row -->
<TextView android:text="First Name"/>
<EditText
    android:id="@+id/firstName"
    android:layout_width="200dp"
    android:layout_columnSpan="2"/>

<!-- 3rd row -->
<TextView android:text="Last Name"/>
<EditText
    android:id="@+id/lastName"
    android:layout_width="200dp"
    android:layout_columnSpan="2"/>

<!-- 4th row, spanning 3 columns -->
<Button
    android:layout_width="wrap_content"
    android:layout_height="wrap_content"
    android:layout_column="2"
    android:layout_gravity="right"
    android:text="Submit"/>
</GridLayout>
```

图 27.7 展示了代码清单 27.7 中的 GridLayout 的效果。

图 27.7　使用 GridLayout

27.7　通过编程来创建布局

创建布局的最常见的方式是使用一个 XML 文件，就像你在这个示例中所见到的一样。但是，也可以通过编程来创建布局，即实例化布局类并且将其传递给一个活动类的 addContentView 方法。例如，如下的代码是一个活动的 onCreate 方法的一部分，它通过编程创建了一个 LinearLayout，设置了几个属性，并且将其传递给 addContentView 方法。

```
LinearLayout root = new LinearLayout(this);
LinearLayout.LayoutParams matchParent = new
        LinearLayout.LayoutParams(
                LinearLayout.LayoutParams.MATCH_PARENT,
                LinearLayout.LayoutParams.MATCH_PARENT);
root.setOrientation(LinearLayout.VERTICAL);
root.setGravity(Gravity.CENTER_VERTICAL);        addContentView(root, matchParent);
```

27.8 本章小结

布局负责排列子视图，可以直接影响到应用程序的观感。在本章中，我们学习了 Android 中一些可用的布局，包括 LinearLayout、RelativeLayout、FrameLayout、TableLayout 和 GridLayout。

第28章 监 听 器

和众多的 GUI 系统一样，Android 也是基于事件的。使用活动中的一个视图进行的用户交互，可能会触发一个事件，而且你可以编写当事件发生的时候所执行的代码。包含了响应某一个事件的代码的类，叫作事件监听器（event listener）。

在本章中，我们将学习如何处理事件以及编写事件监听器。

28.1 概览

大多数 Android 程序都是可交互的。通过 Android 框架所提供的事件驱动的编程泛型，用户可以很容易地与应用程序交互。当用户和一个活动交互的时候可能发生的事件包括点击、长按、触碰和按键等。

要让程序响应某一个事件，需要为该事件编写一个监听器。做到这一点的方式，是实现嵌入在 android.view.View 类中的一个接口。表 28.1 给出了 View 中的一些监听器接口，以及当相应的事件发生的时候在每个接口中将会调用的方法。

表 28.1   View 中的监听器接口

接口	方法
OnClickListener	onClick()
OnLongClickListner	OnLongClick()
OnFocusChangeListener	OnFocusChange()
OnKeyListener	OnKey()
OnTouchListener	OnTouch()

一旦创建了一个监听器接口的实现，可以将其传递给你想要监听的视图的相应的 setOnXXXListener 方法，其中 XXX 是事件名称。例如，要为一个按钮创建一个点击事件监听器，可以在活动类中编写如下代码。

```
private OnClickListener clickListener = new OnClickListener() {
    public void onClick(View view) {
        // code to execute in response to the click event
    }
};

protected void onCreate(Bundle savedValues) {
    ...
    Button button = (Button)findViewById(...);
    button.setOnClickListener(clickListener);
    ...
}
```

此外，也可以让活动类实现监听器接口，并且将所需的方法的一个实现作为活动类的一部分。

```
public class MyActivity extends Activity
        implements View.OnClickListener {
    protected void onCreate(Bundle savedValues) {
```

```
    ...
    Button button = (Button)findViewById(...);
    button.setOnClickListener(this);
    ...
}

// implementation of View.OnClickListener
@Override
public void onClick(View view) {
    // code to execute in response to the click event
}

...
}
```

此外,处理点击事件有一种快捷方式。可以在布局文件的目标视图的声明中使用 onClick 属性,并且在活动类中编写一个公有方法。该公有方法必须没有返回值,并且接受一个 View 参数。例如,如果你的活动类中有如下所示的方法:

```
public void showNote(View view) {
    // do something
}
```

可以在视图中使用这个 onClick 属性,将该方法附加给该视图的点击事件。

```
<Button android:onClick="showNote" .../>
```

在后台,Android 会创建 OnClickListener 接口的一个实现,并且将其附加给视图。

在后面的示例应用程序中,我们将学习如何编写事件监听器。

注　　意

监听器在主线程上运行。这意味着,如果你的监听器花较长的时间运行的话(例如,超过 200 毫秒),你应该使用一个不同的线程。否则的话,应用程序看上去在线程代码的执行期间是不响应的。有两种方法来解决这个问题。可以使用一个处理程序或一个 AsyncTask。处理程序会在第 45 章中介绍,AsyncTask 会在第 46 章介绍。对于长时间运行的任务,应该考虑使用 Java 并发工具。

28.2　使用 onClick 属性

作为使用 onClick 属性处理视图的点击事件的例子,考虑一下本书所附带的 MulticolorClock 项目。这是一个带有单个活动的示例程序,它显示了一个时钟,可以点击它来更改其颜色。AnalogClock 是 Android 上可用的微件之一,因此,编写该应用程序的视图是很容易完成的。这个项目的主要目标是展示如何在布局文件中使用一个回调方法,从而编写一个监听器。

MulticolorClock 的代码如代码清单 28.1 所示。没有什么特殊的内容,你应该很容易理解它。

代码清单 28.1　MulticolorClock 的清单

```
<?xml version="1.0" encoding="utf-8"?>
<manifest xmlns:android="http://schemas.android.com/apk/res/android"
    package="com.example.multicolorclock"
    android:versionCode="1"
    android:versionName="1.0" >
```

```xml
<uses-sdk
    android:minSdkVersion="8"
    android:targetSdkVersion="17" />

<application
    android:allowBackup="true"
    android:icon="@drawable/ic_launcher"
    android:label="@string/app_name"
    android:theme="@style/AppTheme" >
    <activity
        android:name="com.example.multicolorclock.MainActivity"
        android:label="@string/app_name" >
        <intent-filter>
            <action android:name="android.intent.action.MAIN" />
            <category android:name="android.intent.category.LAUNCHER" />
        </intent-filter>
    </activity>
</application>
</manifest>
```

现在来看看重要的部分,也就是布局文件。其名称为 activity_main.xml,位于 res/layout 目录之下。布局文件如代码清单 28.2 所示。

代码清单 28.2　MulticolorClock 中的布局文件

```xml
<RelativeLayout
    xmlns:android="http://schemas.android.com/apk/res/android"
    xmlns:tools="http://schemas.android.com/tools"
    android:layout_width="match_parent"
    android:layout_height="match_parent"
    android:paddingBottom="@dimen/activity_vertical_margin"
    android:paddingLeft="@dimen/activity_horizontal_margin"
    android:paddingRight="@dimen/activity_horizontal_margin"
    android:paddingTop="@dimen/activity_vertical_margin"
    tools:context=".MainActivity">

    <AnalogClock
        android:id="@+id/analogClock1"
        android:layout_width="wrap_content"
        android:layout_height="wrap_content"
        android:layout_alignParentTop="true"
        android:layout_centerHorizontal="true"
        android:layout_marginTop="90dp"
        android:onClick="changeColor"
    />

</RelativeLayout>
```

这个布局文件定义了一个 RelativeLayout,其中包含一个 AnalogClock。重要的部分是 AnalogClock 声明中的 onClick 属性。

```
android:onClick="changeColor"
```

这意味着,当用户按下 AnalogClock 微件的时候,将会调用活动类中的 changeColor 方法。为了让类似于 changeColor 这样的回调方法工作,它必须没有返回值,并且接受一个 View 类型的参数。系统将会调用这个方法并传入所按下的微件。

changeColor 方法是 MainActivity 类的一部分,详细内容参见代码清单 28.3。

代码清单 28.3　MulticolorClock 中的 MainActivity 类

```java
package com.example.multicolorclock;
import android.app.Activity;
import android.graphics.Color;
import android.os.Bundle;
import android.view.Menu;
import android.view.View;
import android.widget.AnalogClock;

public class MainActivity extends Activity {

    int counter = 0;
    int[] colors = { Color.BLACK, Color.BLUE, Color.CYAN,
            Color.DKGRAY, Color.GRAY, Color.GREEN, Color.LTGRAY,
            Color.MAGENTA, Color.RED, Color.WHITE, Color.YELLOW };

    @Override
    protected void onCreate(Bundle savedInstanceState) {
        super.onCreate(savedInstanceState);
        setContentView(R.layout.activity_main);
    }

    @Override
    public boolean onCreateOptionsMenu(Menu menu) {
        // Inflate the menu; this adds items to the action bar if it
        // is present.
        getMenuInflater().inflate(R.menu.menu_main, menu);
        return true;
    }

    public void changeColor(View view) {
        if (counter == colors.length) {
            counter = 0;
        }
        view.setBackgroundColor(colors[counter++]);
    }
}
```

需要特别注意 MainActivity 类中的 changeColor 方法。当用户按下（或触碰）时钟的时候，将会调用该方法并接受时钟对象。要修改时钟的颜色，调用其 setBackgroundColor 方法，传入一个颜色对象。在 Android 中，颜色是由 android.graphics.Color 类表示的，该类拥有预定义的颜色，可以很容易创建颜色对象。预定义的颜色包括 Color.BLACK、Color.Magenta 和 Color.GREEN 等。MainActivity 类定义了一个 int 数组，其中包含 android.graphics.Color 中的一些预定义颜色。

```java
int[] colors = { Color.BLACK, Color.BLUE, Color.CYAN,
        Color.DKGRAY, Color.GRAY, Color.GREEN, Color.LTGRAY,
        Color.MAGENTA, Color.RED, Color.WHITE, Color.YELLOW };
```

还有一个计数器来指向 colors 中当前索引位置。changeColor 方法将查询 counter 的值，如果该值等于数组的长度，将其修改为 0。然后，将指向的颜色传递给 AnalogClock 的 setBackgroundColor 方法。

```java
view.setBackgroundColor(colors[counter++]);
```

应用程序运行效果如图 28.1 所示。

图 28.1　MulticolorClock 应用程序

触碰时钟可以改变其颜色。

28.3　实现一个监听器

作为本章的第 2 个示例，GestureDemo 应用程序展示了如何实现 View.OnTouchListener 接口来控制触碰事件。该应用程序只有一个活动，其中包含了单元格组成的一个栅格，这些单元格能够互相交换。如图 28.2 所示。

图 28.2　GestureDemo 应用程序

每一个图像都是 CellView 类的一个实例，该类在代码清单 28.4 中给出。它直接扩展了 ImageView 类并且添加了 x 和 y 字段以保存在栅格中的位置。

代码清单 28.4 CellView 类

```java
package com.example.gesturedemo;
import android.content.Context;
import android.widget.ImageView;

public class CellView extends ImageView {
    int x;
    int y;

    public CellView(Context context, int x, int y) {
        super(context);
        this.x = x;
        this.y = y;
    }
}
```

该活动没有布局类，因为它通过编程来构建布局。参见代码清单 28.5 中的 MainActivity 类的 onCreate 方法。

代码清单 28.5 MainActivity 类

```java
package com.example.gesturedemo;
import android.app.Activity;
import android.graphics.drawable.Drawable;
import android.os.Bundle;
import android.view.Gravity;
import android.view.Menu;
import android.view.MotionEvent;
import android.view.View;
import android.view.View.OnTouchListener;
import android.view.ViewGroup;
import android.widget.ImageView;
import android.widget.LinearLayout;

public class MainActivity extends Activity {

    int rowCount = 7;
    int cellCount = 7;
    ImageView imageView1;
    ImageView imageView2;
    CellView[][] cellViews;
    int downX;
    int downY;
    boolean swapping = false;

    @Override
    protected void onCreate(Bundle savedInstanceState) {
        super.onCreate(savedInstanceState);

        LinearLayout root = new LinearLayout(this);
        LinearLayout.LayoutParams matchParent =
                new LinearLayout.LayoutParams(
                LinearLayout.LayoutParams.MATCH_PARENT,
                LinearLayout.LayoutParams.MATCH_PARENT);
        root.setOrientation(LinearLayout.VERTICAL);
        root.setGravity(Gravity.CENTER_VERTICAL);

        addContentView(root, matchParent);

        // create row
```

```java
        cellViews = new CellView[rowCount][cellCount];
        LinearLayout.LayoutParams rowLayoutParams =
                new LinearLayout.LayoutParams(
                        LinearLayout.LayoutParams.MATCH_PARENT,
                        LinearLayout.LayoutParams.WRAP_CONTENT);

        ViewGroup.LayoutParams cellLayoutParams =
                new ViewGroup.LayoutParams(
                        ViewGroup.LayoutParams.WRAP_CONTENT,
                        ViewGroup.LayoutParams.WRAP_CONTENT);

        int count = 0;
        for (int i = 0; i < rowCount; i++) {
            CellView[] cellRow = new CellView[cellCount];
            cellViews[i] = cellRow;

            LinearLayout row = new LinearLayout(this);
            row.setLayoutParams(rowLayoutParams);
            row.setOrientation(LinearLayout.HORIZONTAL);
            row.setGravity(Gravity.CENTER_HORIZONTAL);
            root.addView(row);
            // create cells
            for (int j = 0; j < cellCount; j++) {
                CellView cellView = new CellView(this, j, i);
                cellRow[j] = cellView;
                if (count == 0) {
                    cellView.setImageDrawable(
                            getResources().getDrawable(
                                    R.drawable.image1));
                } else if (count == 1) {
                    cellView.setImageDrawable(
                            getResources().getDrawable(
                                    R.drawable.image2));
                } else {
                    cellView.setImageDrawable(
                            getResources().getDrawable(
                                    R.drawable.image3));
                }
                count++;
                if (count == 3) {
                    count = 0;
                }
                cellView.setLayoutParams(cellLayoutParams);
                **cellView.setOnTouchListener(touchListener);**
                row.addView(cellView);
            }
        }
    }

    @Override
    public boolean onCreateOptionsMenu(Menu menu) {
        getMenuInflater().inflate(R.menu.menu_main, menu);
        return true;
    }

    private void swapImages(CellView v1, CellView v2) {
        Drawable drawable1 = v1.getDrawable();
        Drawable drawable2 = v2.getDrawable();
        v1.setImageDrawable(drawable2);
        v2.setImageDrawable(drawable1);
```

```java
        }
        OnTouchListener touchListener = new OnTouchListener() {
            @Override
            public boolean onTouch(View v, MotionEvent event) {
                CellView cellView = (CellView) v;

                int action = event.getAction();
                switch (action) {
                case (MotionEvent.ACTION_DOWN):
                    downX = cellView.x;
                    downY = cellView.y;
                    return true;
                case (MotionEvent.ACTION_MOVE):
                    if (swapping) {
                        return true;
                    }
                    float x = event.getX();
                    float y = event.getY();
                    int w = cellView.getWidth();
                    int h = cellView.getHeight();
                    if (downX < cellCount - 1
                            && x > w && y >= 0 && y <= h) {
                        // swap with right cell
                        swapping = true;
                        swapImages(cellView,
                                cellViews[downY][downX + 1]);
                    } else if (downX > 0 && x < 0
                            && y >=0 && y <= h) {
                        // swap with left cell
                        swapping = true;
                        swapImages(cellView,
                                cellViews[downY][downX - 1]);
                    } else if (downY < rowCount - 1
                            && y > h && x >= 0 && x <= w) {
                        // swap with cell below
                        swapping = true;
                        swapImages(cellView,
                                cellViews[downY + 1][downX]);
                    } else if (downY > 0 && y < 0
                            && x >= 0 && x <= w) {
                        // swap with cell above
                        swapping = true;
                        swapImages(cellView,
                                cellViews[downY - 1][downX]);
                    }
                    return true;
                case (MotionEvent.ACTION_UP):
                    swapping = false;
                    return true;
                default:
                    return true;
                }
            }
        };
    }
```

MainActivity 类包含了一个名为 touchListener 的 View.OnTouchListener，它将会附加给栅格中单个的 CellView。OnTouchListener 接口有一个必须实现的 onTouch 方法，如下是 onTouch 的签名。

```java
public boolean onTouch(View view, MotionEvent event)
```

如果已经消费了该事件的话，这个方法返回 true，这意味着，该事件不应该再传递给其他的视图。否则，该方法返回 false。

用户单次的触碰动作会导致调用 onTouch 方法几次。当用户触碰视图的时候，就会调用该方法。当用户移动手指的时候，也会调用 onTouch 方法。同样，当用户抬起手指的时候，也会调用 onTouch 方法。onTouch 方法的第 2 个参数 MotionEvent，包含了事件的相关信息。你可以通过在 MotionEvent 上调用 getAction 方法，来查询事件所触发的动作的类型。

```
int action = event.getAction();
```

返回值是 MotionEvent 类中定义的静态 final int 变量之一。对于这个应用程序，我们感兴趣的是 MotionEvent.ACTION_DOWN、MotionEvent.ACTION_MOVE 和 MotionEvent.ACTION_UP。当用户触碰该视图时，getAction 方法返回一个 MotionEvent.ACTION_DOWN。如下代码直接将事件的位置存储到 x 和 y 中，并且返回 true。

```
case (MotionEvent.ACTION_DOWN):
    downX = cellView.x;
    downY = cellView.y;
    return true;
```

如果用户将手指移动到相邻的单元格，触碰操作将会返回一个 MotionEvent.ACTION_MOVE，你需要将最初的单元格的图像和目标单元格的图像进行交换，并且将 swapping 字段设置为 true。这会防止在手指抬起之前再进行另一次交换。

最后，当用户抬起手指的时候，将 swapping 字段设置为 false 以允许另一次交换。

活动的布局是在活动类的 onCreate 方法中动态地构建的。每一个 CellView 实例都传递给 OnTouchListener，以便监听器能够处理 CellView 的触碰事件。

```
cellView.setOnTouchListener(touchListener);
```

28.4　本章小结

在本章中，我们学习了 Android 事件处理的基本知识，以及如何通过在 View 类中实现一个嵌套的接口来编写监听器。我们还学习了处理点击事件的快捷方式。

第 29 章 操作栏

操作栏是一个矩形窗口区域，包含了应用程序图标、应用程序名称以及其他的导航按钮。操作栏通常出现在窗口的顶部。

本章介绍如何使用 API Level 11（Android 3.0）或更高 Level 的 API 装饰 Android 上的操作栏。

29.1 概览

操作栏使用 android.app. ActionBar 类来表示。对于 Android 用户来说，它看上去应该是类似的。图 29.1 展示了 Messaging 应用程序的操作栏，图 29.2 展示了 Calendar 的操作栏。

图 29.1　Messaging 的操作栏

图 29.2　Calendar 的操作栏

操作栏左边的应用程序图标和名称是默认的，它们都是可选的，并且不需要编写程序来显示它们。系统将使用清单中的应用程序元素的 android: icon 和 android: label 属性的值。其他的项目类型，例如导航栏标签或一个可选的菜单，则必须使用代码来添加。

操作栏最右侧的图标（带有 3 个小点的那个图标），叫作（操作）溢出图标。当按下该按钮的时候，溢出按钮显示了一些操作项，如果选择这些项的话，也可以执行相应的操作。重要的操作项可以配置为直接在操作栏上显示，而不是隐藏在溢出按钮中。显示在操作栏上的操作项，叫作操作按钮。操作按钮可以有一个图标、一个标签或者二者都有。例如，图 29.1 所示的操作栏包含了两个操作按钮，New Message 和 Search。New Message 操作按钮既有图标又有标签。Search 操作按钮只有图标。图 29.2 所示的操作栏也包括两个操作按钮。

在 Android 3.0 或更高的版本中，操作栏是自动显示的。如果愿意的话，也可以隐藏操作栏，只要在活动的 onCreate 方法中添加如下代码就可以了。

```
getActionBar().hide();
```

要显示隐藏的操作栏，调用 show 方法即可：

```
getActionBar().show();
```

29.2 节将介绍如何添加操作项和下拉式导航。

注　意

可以下载 Android 的图标包，其中包含了来自该站点的可用于操作栏的图标。网址如下：

```
http://developer.android.com/downloads/design/
Android_Design_Icons_20131106.zip
```

29.2 添加操作项

要给操作溢出添加操作项，可以采用如下的步骤。

1. 在一个 XML 文件中创建菜单，并且将其保存到 res/menu 目录下。Android Studio 将会给 R.menu 类添加一个字段，以便可以在应用程序中加载菜单。字段的名称和 XML 的文件名称相同，只不过没有扩展名。例如，如果 XML 文件叫作 main_activity_menu.xml，字段将会叫作 main_activity_menu。

2. 在活动类中，覆盖 onCreateOptionsMenu 方法并且调用 getMenuInflater().inflate()，将要加载的菜单传递给该方法，如下所示：

```
@Override
public boolean onCreateOptionsMenu(Menu menu) {
    getMenuInflater().inflate(R.menu.main, menu);
    return true;
}
```

一个什么也不做的操作项是无用的。为了让一个操作项能够响应选取，必须覆盖活动类中的 onOptionsItemSelected 方法。每次选取一项菜单的时候，将会调用该方法，并且系统会传入所选的 MenuItem 实例。该方法的签名如下所示：

```
public boolean onOptionsItemSelected(MenuItem item);
```

可以通过在 MenuItem 参数上调用 getItemId 方法，查看选择了哪一个菜单项。通常，可以像下面这样使用一条 switch 语句：

```
switch (item.getItemId()) {
    case R.id.action_1:
        // do something
        return true;
    case R.id.action_2:
        // do something else
        return true;
...
```

既然知道了原理，让我们添加一些操作项。ActionBarDemo 应用程序展示了如何做到这一点。它向操作栏添加了 3 个操作项。

和往常一样，让我们先从清单开始，请参见代码清单 29.1。

代码清单 29.1　ActionBarDemo 的清单

```xml
<?xml version="1.0" encoding="utf-8"?>
<manifest xmlns:android="http://schemas.android.com/apk/res/android"
    package="com.example.actionbardemo"
    android:versionCode="1"
    android:versionName="1.0" >

    <uses-sdk
        android:minSdkVersion="11"
        android:targetSdkVersion="18" />

    <application
        android:allowBackup="true"
        android:icon="@drawable/ic_launcher"
        android:label="@string/app_name"
        android:theme="@style/AppTheme" >
```

```xml
    <activity
        android:name="com.example.actionbardemo.MainActivity"
        android:label="@string/app_name" >
        <intent-filter>
            <action android:name="android.intent.action.MAIN"/>
            <category
android:name="android.intent.category.LAUNCHER" />
        </intent-filter>
    </activity>
  </application>
</manifest>
```

在资源中列出操作名称是一种好的做法。代码清单 29.2 给出了 strings.xml 文件，它包含了用于操作项的 3 个字符串，分别是 action_capture、action_profile 和 action_about。

代码清单 29.2   res/values/strings.xml

```xml
<?xml version="1.0" encoding="utf-8"?>
<resources>
    <string name="app_name">ActionBarDemo</string>
    <string name="action_capture">Capture</string>
    <string name="action_profile">Profile</string>
    <string name="action_about">About</string>
    <string name="hello_world">Hello world!</string>
</resources>
```

接下来，在 res/menu 目录下创建一个 XML 文件。如果使用 Android Studio 创建 Android 应用程序，那么它已经为你创建了一个 XML 文件。你只需要将 item 元素添加到其中就可以了。代码清单 29.3 展示了操作项的菜单。

代码清单 29.3   res/menu/menu_main.xml

```xml
<menu xmlns:android="http://schemas.android.com/apk/res/android">
    <item
        android:id="@+id/action_capture"
        android:orderInCategory="100"
        android:showAsAction="ifRoom|withText"
        android:icon="@drawable/icon1"
        android:title="@string/action_capture"/>

    <item
        android:id="@+id/action_profile"
        android:orderInCategory="200"
        android:showAsAction="ifRoom|withText"
        android:icon="@drawable/icon2"
        android:title="@string/action_profile"/>

    <item
        android:id="@+id/action_about"
        android:orderInCategory="50"
        android:showAsAction="never"
        android:title="@string/action_about"/>
</menu>
```

item 元素可以拥有如下的元素：
- android:id。唯一的一个标识符，引用程序中的操作项。
- android:orderInCategory。项的顺序编号。编号较小的项将会出现在编号较大的项的前面。
- android:icon。如果操作项显示为一个操作按钮的话（直接位于操作栏之上），这是操作项的图标。
- android:title。操作标签。

- android:showAsAction。这个值可以是如下值的一个或多个的组合：ifRoom、never、withText、always 和 collapseActionView。使用 never 来填充属性，表示该项不会直接出现在操作栏上。另外，always 迫使系统总是将该项显示为一个操作按钮。然而，当使用这个值的时候要小心，如果操作栏上没有足够的空间的话，将会如何显示是不可预期的。相反，使用 ifRoom 的话，如果有空间，就可以将一项显示为操作按钮。如果一个项将要显示为一个操作按钮的话，withText 值将会作为附带标签显示该项。

item 元素的属性的完整列表，可以在这里找到：

http://developer.android.com/guide/topics/resources/menu-resource.html

最后，代码清单 29.4 给出了该应用程序的 MainActivity 类。

代码清单 29.4　MainActivity 类

```java
package com.example.actionbardemo;
import android.app.Activity;
import android.app.AlertDialog;
import android.os.Bundle;
import android.view.Menu;
import android.view.MenuItem;

public class MainActivity extends Activity {

    @Override
    protected void onCreate(Bundle savedInstanceState) {
        super.onCreate(savedInstanceState);
        setContentView(R.layout.activity_main);
    }

    @Override
    public boolean onCreateOptionsMenu(Menu menu) {
        getMenuInflater().inflate(R.menu.menu_main, menu);
        return true;
    }

    @Override
    public boolean onOptionsItemSelected(MenuItem item) {
        // Handle presses on the action bar items
        switch (item.getItemId()) {
            case R.id.action_profile:
                showAlertDialog("Profile", "You selected Profile");
                return true;
            case R.id.action_capture:
                showAlertDialog("Settings",
                        "You selected Settings");
                return true;
            case R.id.action_about:
                showAlertDialog("About", "You selected About");
                return true;
            default:
                return super.onOptionsItemSelected(item);
        }
    }

    private void showAlertDialog(String title, String message) {
        AlertDialog alertDialog = new
                AlertDialog.Builder(this).create();
        alertDialog.setTitle(title);
```

```
        alertDialog.setMessage(message);
        alertDialog.show();
    }
}
```

注意到了吗，该活动类覆盖了 onOptionsItemSelected 方法。选择一个操作项将会调用 showAlertDialog 方法来显示一个 AlertDialo。

图 29.3 显示了 ActionBarDemo 中的 3 个操作项。其中的两项显示为操作按钮。

图 29.3　ActionBarDemo 应用程序

29.3　添加下拉式导航

一个下拉式的列表可以用作一种导航模式。下拉列表和一个选项式菜单之间的视觉区别是，下拉式列表总是显示操作栏上的项而隐藏其他的选项。另外，一个选项菜单可以隐藏所有的项或显示所有的项，或者只是显示作为操作按钮的那些选项。图 29.4 展示了 Calendar 中的下拉式导航。

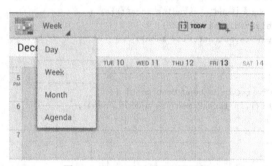

图 29.4　Calendar 中的下拉式导航

要给操作栏添加下拉式的导航，需要按照如下的步骤进行。

1. 在 res/values 下的 strings.xml 文件中声明一个字符串数组。
2. 在活动类中，添加 ActionBar.OnNavigationListener 的一个实现，以对项的选取做出响应。
3. 在活动的 onCreate 方法中创建一个 SpinnerAdapter，把 ActionBar.NAVIGATION_MODE_LIST 传递给 ActionBar 的 setNavigationMode 方法，并且把 SpinnerAdapter 和 OnNavigationListener 传递给 ActionBar 的 setListNavigationCallbacks 方法。

```
SpinnerAdapter spinnerAdapter =
        ArrayAdapter.createFromResource(this,
        R.array.colors,
        android.R.layout.simple_spinner_dropdown_item);
ActionBar actionBar = getActionBar();
actionBar.setNavigationMode(
        ActionBar.NAVIGATION_MODE_LIST);
actionBar.setListNavigationCallbacks(spinnerAdapter,
        onNavigationListener);
```

作为一个示例，DropDownNavigationDemo 应用程序展示了如何给操作栏添加下拉式导航。该应用程序给操作栏添加了 5 种颜色的列表。选取一种颜色，将会使用所选择颜色来更改窗口的背景颜色。

应用程序的清单见代码清单 29.5。

代码清单 29.5　DropDownNavigationDemo 清单

```xml
<?xml version="1.0" encoding="utf-8"?>
<manifest xmlns:android="http://schemas.android.com/apk/res/android"
    package="com.example.dropdownnavigationdemo"
    android:versionCode="1"
    android:versionName="1.0" >

    <uses-sdk
        android:minSdkVersion="14"
        android:targetSdkVersion="18" />

    <application
        android:allowBackup="true"
        android:icon="@drawable/ic_launcher"
        android:label="@string/app_name"
        android:theme="@style/AppTheme" >
        <activity
            android:name="com.example.dropdownnavigationdemo.MainActivity"
            android:label="@string/app_name"
            android:theme="@style/MyTheme">
            <intent-filter>
                <action android:name="android.intent.action.MAIN"/>
                <category android:name="android.intent.category.LAUNCHER" />
            </intent-filter>
        </activity>
    </application>
</manifest>
```

代码清单 29.6 展示了一个 string-array 元素，它用来填充下拉列表。该数组中有 5 个项。

代码清单 29.6　res/values/strings.xml 文件

```xml
<?xml version="1.0" encoding="utf-8"?>
<resources>
    <string name="app_name">DropDownNavigationDemo</string>
    <string name="action_settings">Settings</string>
    <string name="hello_world">Hello world!</string>

    <string-array name="colors">
        <item>White</item>
        <item>Red</item>
        <item>Green</item>
        <item>Blue</item>
        <item>Yellow</item>
    </string-array>
</resources>
```

代码清单 29.7 给出了该应用程序的 MainActivity 类。

代码清单 29.7　MainActivity 类

```java
package com.example.dropdownnavigationdemo;
import android.app.ActionBar;
import android.app.ActionBar.OnNavigationListener;
import android.app.Activity;
import android.graphics.Color;
import android.os.Bundle;
import android.view.Menu;
import android.widget.ArrayAdapter;
import android.widget.SpinnerAdapter;

public class MainActivity extends Activity {
```

```java
@Override
protected void onCreate(Bundle savedInstanceState) {
    super.onCreate(savedInstanceState);
    setContentView(R.layout.activity_main);
    SpinnerAdapter spinnerAdapter =
            ArrayAdapter.createFromResource(this,
            R.array.colors,
            android.R.layout.simple_spinner_dropdown_item);
    ActionBar actionBar = getActionBar();
    actionBar.setNavigationMode(
            ActionBar.NAVIGATION_MODE_LIST);
    actionBar.setListNavigationCallbacks(spinnerAdapter,
            onNavigationListener);
}

@Override
public boolean onCreateOptionsMenu(Menu menu) {
    getMenuInflater().inflate(R.menu.menu_main, menu);
    return true;
}

OnNavigationListener onNavigationListener = new
        OnNavigationListener() {
    @Override
    public boolean onNavigationItemSelected(
            int position, long itemId) {
        String[] colors = getResources().
                getStringArray(R.array.colors);
        String selectedColor = colors[position];

        getWindow().getDecorView().setBackgroundColor(
                Color.parseColor(selectedColor));
        return true;
    }
};
}
```

图 29.5 展示了操作栏上的下拉式导航。

图 29.5 操作栏上的下拉式导航

注意，操作栏已经使用代码清单 29.8 中的 styles.xml 文件进行了样式化。

代码清单 29.8 res/values/styles.xml 文件

```xml
<resources>
    <style name="AppBaseTheme" parent="android:Theme.Light">
    </style>

    <style name="AppTheme" parent="AppBaseTheme">
    </style>

    <style name="MyTheme"
            parent="@android:style/Widget.Holo.Light">
        <item name="android:actionBarStyle">@style/MyActionBar</item>
    </style>

    <style name="MyActionBar" parent="@android:style/Widget.Holo.Light.ActionBar.Solid.Inverse">
        <item name="android:background">@android:color/holo_blue_bright</item>
    </style>
</resources>
```

要了解关于样式化 UI 组件的更多信息，请参阅本书第 33 章。

29.4 回退一步

可以在一个活动的操作栏中设置应用程序图标和活动标签，以便当按下该图标的时候，应用程序能够向上回退一个层级。图 29.6 展示了一个操作栏，其 displayHomeAsUp 属性设置为 true（用图标左边的向左箭头来表示）。将其与图 29.7 中的操作栏进行比较，后者之中 displayHomeAsUp 属性设置为 false。

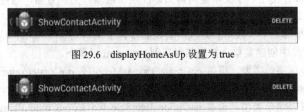

图 29.6 displayHomeAsUp 设置为 true

图 29.7 displayHomeAsUp 设置为 false

为了支持 displayHomeAsUp，，需要在 Android 清单的活动声明中设置 parentActivityName 元素：

```xml
<activity android:name="com.example.d1.ShowContactActivity"
    android:parentActivityName=".MainActivity">
</activity>
```

必须让操作栏的 displayHomeAsUpEnabled 属性保留其默认值（true）。如果像下面的代码那样，将其设置为 false，将会关闭它。

```
getActionBar().setDisplayHomeAsUpEnabled(false);
```

29.5 本章小结

操作栏为应用程序图标、应用程序名称和导航模式提供了一个空间。本章介绍了给操作栏添加操作项和下拉式导航的方法。

第 30 章 菜 单

菜单是很多图形化用户界面系统中的常见功能，其主要的作用是为某些操作提供快捷方式。
本章详细介绍 Android 菜单，并且给出 3 个示例应用程序。

30.1 概览

Android 3.0 之前的设备带有一个（硬件）按钮来显示活动应用程序中的菜单。从 Android 3.0 开始，推荐使用操作栏来做同样的事情，这使得硬件 Menu 按钮成为多余的东西。随着硬件菜单退出，软件菜单变得比以前更为重要。

Android 中有 3 种类型的菜单：
- 选项菜单。
- 上下文菜单。
- 弹出式菜单。

选项菜单是通常可以加入到操作栏中的菜单，操作栏我们已经在第 29 章中介绍过了。在本章中，我们将进一步学习选项菜单，并了解其他两种菜单。不管你在自己的 App 中使用何种类型的菜单，都会使用相同的 API。并且，你可以在同一应用程序中使用不同类型的菜单。

和 Android 中的其他事情一样，菜单可以声明性地定义或者通过编程来定义。第一种方法比第二种方法更为灵活，因为它允许你使用一个文本编辑器来修改菜单选项。另一方面，通过编程做到这一点的话，当你需要编辑自己的菜单的时候，都要修改程序并重新编译。

如下是使用选项菜单和上下文菜单的时候需要做的 3 件事情。
1. 在一个 XML 文件中创建菜单，并将其保存到 res/menu 目录下。
2. 在活动类中，根据菜单类型，覆盖 onCreateOptionsMenu 或 onCreateContextMenu 方法。然后，在覆盖的方法中，调用 getMenuInflater().inflate()传入要使用的菜单。
3. 在活动类中，根据菜单类型，覆盖 onOptionsItemSelected 或 onContextItemSelected 方法。

弹出式菜单略微不同。要使用它们，需要做如下的事情：
1. 在一个 XML 文件中创建菜单，并将其保存到 res/menu 目录下。
2. 在活动类中，创建一个 PopupMenu 对象和一个 PopupMenu.OnMenuItemClickListener 对象。在监听器类中，定义一个方法，当选择一个弹出式菜单选项的时候，该方法将处理点击事件。

30.2 菜单文件

要通过声明创建一个菜单，首先要创建一个 XML 文件，并且将其放置到 res/menu 目录下。该 XML 文件的结构必须如下所示：

```
<menu xmlns:android="http://schemas.android.com/apk/res/android">
    <group>...</group>
    <group>...</group>
    ...
    <item>...</item>
```

```xml
        <item>...</item>
        ...
</menu>
```

根元素是 menu，并且它包含了任意多个 group 和 item 元素。

group 元素表示一个菜单分组，item 元素表示一个菜单项。

对于所创建的每一个菜单文件，Android Studio 会给 R.menu 类添加一个字段，以便可以在应用程序中加载菜单。字段名称和 XML 文件的名称相同，只是去掉扩展名。例如，如果 XML 文件名为 main_activity_menu.xml，R.menu 中的字段名为 main_activity_menu。

30.3 选项菜单

OptionsMenuDemo 应用程序是一个简单的应用程序，它在操作栏中使用一个选项菜单。本应用程序和第 29 章中创建的展示操作栏的应用程序类似。

这个应用程序的清单（AndroidManifest.xml 文件）如代码清单 30.1 所示。

代码清单 30.1 OptionsMenuDemo 的清单

```xml
<?xml version="1.0" encoding="utf-8"?>
<manifest xmlns:android="http://schemas.android.com/apk/res/android"
    package="com.example.optionsmenudemo"
    android:versionCode="1"
    android:versionName="1.0" >

    <uses-sdk
        android:minSdkVersion="18"
        android:targetSdkVersion="18" />

    <application
        android:allowBackup="true"
        android:icon="@drawable/ic_launcher"
        android:label="@string/app_name"
        android:theme="@style/AppTheme" >
        <activity
            android:name="com.example.optionsmenudemo.MainActivity"
            android:label="@string/app_name" >
            <intent-filter>
                <action android:name="android.intent.action.MAIN"/>
                <category android:name="android.intent.category.LAUNCHER"/>
            </intent-filter>
        </activity>
    </application>
</manifest>
```

该清单文件声明了一个活动，其类名为 MainActivity。

该应用程序的菜单在 res/menu/options_menu.xml 文件中定义，参见代码清单 30.2。它有 3 个菜单项。

代码清单 30.2 options_menu.xml 文件

```xml
<menu xmlns:android="http://schemas.android.com/apk/res/android">
    <item
        android:id="@+id/action_capture"
        android:orderInCategory="100"
```

```
            android:showAsAction="ifRoom|withText"
            android:icon="@drawable/icon1"
            android:title="@string/action_capture"/>

    <item
            android:id="@+id/action_profile"
            android:orderInCategory="200"
            android:showAsAction="ifRoom|withText"
            android:icon="@drawable/icon2"
            android:title="@string/action_profile"/>

    <item
            android:id="@+id/action_about"
            android:orderInCategory="50"
            android:showAsAction="never"
            android:title="@string/action_about"/>
</menu>
```

正如第 27 章所介绍的，id 属性中的加号，表示使用该声明添加了一个标识符。

菜单项的标题的引用字符串，定义于 res/values/strings.xml 文件中，参见代码清单 30.3。

代码清单 30.3　用于 OptionsMenuDemo 的 strings.xml

```
<?xml version="1.0" encoding="utf-8"?>
<resources>
    <string name="app_name">OptionsMenuDemo</string>
    <string name="action_capture">Capture</string>
    <string name="action_profile">Profile</string>
    <string name="action_about">About</string>
    <string name="hello_world">Hello world!</string>
</resources>
```

该应用程序的活动类 MainActivity 类，如代码清单 30.4 所示。

代码清单 30.4　OptionsMenuDemo 的 MainActivity

```
package com.example.optionsmenudemo;
import android.app.Activity;
import android.app.AlertDialog;
import android.os.Bundle;
import android.view.Menu;
import android.view.MenuItem;

public class MainActivity extends Activity {
    @Override
    protected void onCreate(Bundle savedInstanceState) {
        super.onCreate(savedInstanceState);
        setContentView(R.layout.activity_main);
    }

    @Override
    public boolean onCreateOptionsMenu(Menu menu) {
        getMenuInflater().inflate(R.menu.options_menu, menu);
        return true;
    }

    @Override
    public boolean onOptionsItemSelected(MenuItem item) {
        // Handle click on menu items
        switch (item.getItemId()) {
            case R.id.action_profile:
                showAlertDialog("Profile", "You selected Profile");
                return true;
```

```
        case R.id.action_capture:
            showAlertDialog("Settings",
                    "You selected Settings");
            return true;
        case R.id.action_about:
            showAlertDialog("About", "You selected About");
            return true;
        default:
            return super.onOptionsItemSelected(item);
        }
    }

    private void showAlertDialog(String title, String message) {
        AlertDialog alertDialog = new
                AlertDialog.Builder(this).create();
        alertDialog.setTitle(title);
        alertDialog.setMessage(message);
        alertDialog.show();
    }
}
```

要使用选项菜单，需要覆盖 onCreateOptionsMenu 和 onOptionsItemSelected 方法。当构建该活动的时候，会调用 onCreateOptionsMenu 方法。这里应该调用菜单的 inflate 方法来填充菜单。此外，onOptionsItemSelected 方法负责处理菜单选项的选择。

注意，选项菜单和活动整合了，以便你不用创建自己的监听器就可以处理选项选择。

如果运行该应用程序，会看到图 30.1 所示的活动。查看操作栏，并且尝试选择一个菜单选项。每次你选择一个菜单选项，都会出现一个 AlertDialog 来通知你选择了什么。

在图 30.1 中，操作栏上的按钮会渲染但不带有文本，因为应用程序在一个较低分辨率的屏幕上运行。如果在一个具有较高分辨率的屏幕的设备上运行该程序，可能会看到每个按钮的右边的文本。

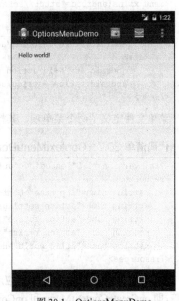

图 30.1 OptionsMenuDemo

30.4 上下文菜单

ContextMenuDemo 应用程序展示了如何在应用程序中使用上下文菜单，该应用程序的主活动使用了一个图像按钮，可以长按该按钮以显示一个上下文菜单。

该应用程序的 AndroidManifest.xml 文件如代码清单 30.5 所示。

代码清单 30.5　ContextMenuDemo 的 AndroidMenifest.xml

```
<?xml version="1.0" encoding="utf-8"?>
<manifest xmlns:android="http://schemas.android.com/apk/res/android"
    package="com.example.contextmenudemo"
    android:versionCode="1"
    android:versionName="1.0" >

    <uses-sdk
        android:minSdkVersion="18"
        android:targetSdkVersion="18" />

    <application
```

```xml
            android:allowBackup="true"
            android:icon="@drawable/ic_launcher"
            android:label="@string/app_name"
            android:theme="@style/AppTheme" >
            <activity
                android:name="com.example.contextmenudemo.MainActivity"
                android:label="@string/app_name" >
                <intent-filter>
                    <action android:name="android.intent.action.MAIN"/>
                    <category android:name="android.intent.category.LAUNCHER"/>
                </intent-filter>
            </activity>
        </application>
</manifest>
```

代码清单 30.6 中的 context_menu.xml 文件，定义了应用程序的上下文菜单中所使用的菜单项。

代码清单 30.6　ContextMenuDemo 的 context_menu.xml

```xml
<menu xmlns:android="http://schemas.android.com/apk/res/android">
    <item
        android:id="@+id/action_rotate"
        android:title="@string/action_rotate"/>
    <item
        android:id="@+id/action_resize"
        android:title="@string/action_resize"/>
</menu>
```

菜单文件定义了两个菜单项，其标题通过代码清单 30.7 中的 res/values/strings.xml 文件来获取其值。

代码清单 30.7　ContextMenuDemo 的 strings.xml

```xml
<?xml version="1.0" encoding="utf-8"?>
<resources>
    <string name="app_name">ContextMenuDemo</string>
    <string name="action_settings">Settings</string>
    <string name="action_rotate">Rotate</string>
    <string name="action_resize">Resize</string>
    <string name="hello_world">Hello world!</string>
</resources>
```

最后，代码清单 30.8 给出了该应用程序的 MainActivity 类。要使用一个上下文菜单，有两个方法需要覆盖，即 onCreateContextMenu 和 onContextItemSelected。当创建该活动的时候，会调用 onCreateContextMenu 方法。应该在这里填充菜单。

每次在上下文菜单中选中一个菜单项的时候，都会调用 onContextItemSelected 方法。

代码清单 30.8　ContextMenuDemo 的 MainActivity

```java
package com.example.contextmenudemo;
import android.app.Activity;
import android.app.AlertDialog;
import android.os.Bundle;
import android.view.ContextMenu;
import android.view.ContextMenu.ContextMenuInfo;
import android.view.MenuInflater;
import android.view.MenuItem;
import android.view.View;
import android.widget.ImageButton;

public class MainActivity extends Activity {
    @Override
    protected void onCreate(Bundle savedInstanceState) {
```

```
    super.onCreate(savedInstanceState);
    setContentView(R.layout.activity_main);
    ImageButton imageButton = (ImageButton)
        findViewById(R.id.button1);
    registerForContextMenu(imageButton);
}
@Override
public void onCreateContextMenu(ContextMenu menu, View v,
        ContextMenuInfo menuInfo) {
    super.onCreateContextMenu(menu, v, menuInfo);
    MenuInflater inflater = getMenuInflater();
    inflater.inflate(R.menu.context_menu, menu);
}
@Override
public boolean onContextItemSelected(MenuItem item) {
    switch (item.getItemId()) {
        case R.id.action_rotate:
            showAlertDialog("Rotate", "You selected Rotate ");
            return true;
        case R.id.action_resize:
            showAlertDialog("Resize", "You selected Resize");
            return true;
        default:
            return super.onContextItemSelected(item);
    }
}

private void showAlertDialog(String title, String message) {
    AlertDialog alertDialog = new
            AlertDialog.Builder(this).create();
    alertDialog.setTitle(title);
    alertDialog.setMessage(message);
    alertDialog.show();
}
```

图 30.2 显示了应用程序。如果按下图像按钮足够长的时间,将会显示一个上下单菜单。注意,来自 Android 系统的图像定义于布局文件之中。

图 30.2 一个上下文菜单

30.5 弹出式菜单

弹出式菜单和一个视图相关联,每次该视图中发生一个事件的时候,就会显示这个菜单。PopupMenuDemo 应用程序展示了如何使用一个弹出式菜单。它使用一个按钮,当点击该按钮的时候,就会显示一个弹出式菜单。代码清单 30.9 给出了 PopupMenuDemo 的 AndroidManifest.xml 文件。

代码清单 30.9 PopupMenuDemo 的 AndroidManifest.xml 文件

```xml
<?xml version="1.0" encoding="utf-8"?>
<manifest xmlns:android="http://schemas.android.com/apk/res/android"
    package="com.example.popupmenudemo"
    android:versionCode="1"
    android:versionName="1.0" >

    <uses-sdk
        android:minSdkVersion="18"
        android:targetSdkVersion="18" />

    <application
        android:allowBackup="true"
        android:icon="@drawable/ic_launcher"
        android:label="@string/app_name"
        android:theme="@style/AppTheme" >
        <activity
            android:name="com.example.popupmenudemo.MainActivity"
            android:label="@string/app_name" >
            <intent-filter>
                <action android:name="android.intent.action.MAIN"/>
                <category
android:name="android.intent.category.LAUNCHER"/>
            </intent-filter>
        </activity>
    </application>
</manifest>
```

代码清单 30.9 中的清单是一个标准的 XML 文件,你可能已经见到过很多次了。它有一个活动,其中带有一个按钮,该按钮会激活代码清单 30.10 所示的菜单。

代码清单 30.10 PopupMenuDemo 的 popup_menu.xml

```xml
<menu xmlns:android="http://schemas.android.com/apk/res/android">
    <item
        android:id="@+id/action_delete"
        android:title="@string/action_delete"/>
    <item
        android:id="@+id/action_copy"
        android:title="@string/action_copy"/>
</menu>
```

代码清单 30.10 中的菜单有两个菜单选项。使用代码清单 30.11 中 res/values/strings.xml 文件中定义的字符串来引用菜单项的标题。

代码清单 30.11 PopupMenuDemo 的 strings.xml

```xml
<?xml version="1.0" encoding="utf-8"?>
<resources>
    <string name="app_name">PopupMenuDemo</string>
    <string name="action_settings">Settings</string>
```

```xml
        <string name="action_delete">Delete</string>
        <string name="action_copy">Copy</string>
        <string name="show_menu">Show Popup</string>
</resources>
```

最后,代码清单 30.12 显示了应用程序的 MainActivity 类。

代码清单 30.12　PopupMenuDemo 的 MainActivity

```java
package com.example.popupmenudemo;
import android.app.Activity;
import android.os.Bundle;
import android.util.Log;
import android.view.MenuItem;
import android.view.View;
import android.widget.Button;
import android.widget.PopupMenu;

public class MainActivity extends Activity {

    PopupMenu popupMenu;
    PopupMenu.OnMenuItemClickListener menuItemClickListener;

    @Override
    protected void onCreate(Bundle savedInstanceState) {
        super.onCreate(savedInstanceState);
        setContentView(R.layout.activity_main);
        menuItemClickListener =
                new PopupMenu.OnMenuItemClickListener() {
            @Override
            public boolean onMenuItemClick(MenuItem item) {
                switch (item.getItemId()) {
                case R.id.action_delete:
                    Log.d("menu", "Delete clicked");
                    return true;
                case R.id.action_copy:
                    Log.d("menu", "Copy clicked");
                    return true;
                default:
                    return false;
                }
            }
        };
        Button button = (Button) findViewById(R.id.button1);
        popupMenu = new PopupMenu(this, button);
        popupMenu.setOnMenuItemClickListener(menuItemClickListener);
        popupMenu.inflate(R.menu.popup_menu);
    }

    public void showPopupMenu(View view) {
        popupMenu.show();
    }
}
```

与选项菜单和上下文菜单不同,弹出式菜单需要创建一个菜单对象以及一个处理选项选择的监听器对象。

在 MainActivity 的 onCreate 方法中,创建了一个 PopupMenu 对象和一个 PopupMenu.OnMenuItemClickListener 对象。然后,将监听器传递给 PopupMenu。监听器类处理菜单选项点击。

在主活动的布局文件中,使用 onClick 属性将 MainActivity 的 showPopupMenu 方法和按钮关联起来,这个方法就会显示弹出菜单。

图 30.3 显示了一个弹出式菜单,展示了点击按钮时候的样子。

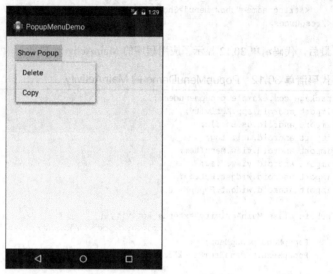

图 30.3　一个弹出式菜单

30.6　本章小结

在本章中,我们学习了如何使用菜单来为某些操作提供快捷方式。Android 中有 3 种类型的菜单,分别是选项菜单、上下文菜单和弹出式菜单。

第 31 章 ListView

　　ListView 是一个可以显示滚动的列表项的一个视图，列表项可能来自于一个列表适配器或一个数组适配器。选取 ListView 中的一项，将会触发一个事件，我们可以编写该事件的监听器。

　　如果一个活动只包含一个 ListView 视图，可以扩展 ListActivity 而不是 Activity 来作为你的活动类。使用 ListActivity 很方便，因为它带有很多有用的功能。

　　本章通过 3 个示例，展示如何使用 ListView 和 ListActivity，展示如何创建一个定制的 ListAdapter 以及样式化一个 ListView。

31.1　概览

　　从技术上讲，android.widget.ListView 是创建一个 ListView 的模板，它是 View 类的子类。可以像使用其他的视图一样来使用它。ListView 之所以难以使用，是因为你必须获取一个 ListAdapter 形式的数据源。ListAdapter 还为 ListView 上的每一项提供了布局，因此，ListAdapter 实际上在 ListView 的生命中扮演一个非常重要的角色。

　　android.widget.ListAdapter 接口是 android.widget.Adapter 接口的一个子接口。此接口的相关接口及实现如图 31.1 所示。

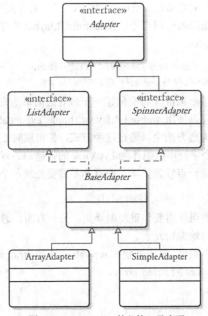

图 31.1　ListAdapter 的父接口及实现

　　31.2 节将会介绍创建一个 ListAdapter 的方法。一旦有了一个 ListAdapter，可以将其传递给 ListView 的 setAdapter 方法：

```
listView.setAdapter(listAdapter);
```

也可以编写实现 AdapterView.OnItemClickListener 的一个监听器,将它传递给 ListView 的 setOnItemClickListener 方法。每次选中一个列表项的时候,监听器将会得到通知,你可以编写代码来处理它,如下所示。

```
listView.setOnItemClickListener(new
        AdapterView.OnItemClickListener() {
    @Override
    public void onItemClick(AdapterView<?> parent, final View view,
            int position, long id) {
        // handle item
    }
});
```

31.2　创建一个 ListAdapter

正如 31.1 节所提到的,使用 ListView 最难的部分就是为其创建一个数据源。你需要一个 ListAdapter,正如你在图 31.1 中所看到的,ListAdapter 至少有两个实现可以使用。

ListAdapter 的具体的实现之一是 ArrayAdapter 类。ArrayAdapter 类是由对象的一个数组来支持的。每一个对象的 toString 方法所返回的字符串,用于填充 ListView 中的每一项。

ArrayAdapter 类提供了几个构造方法,所有构造方法都需要传入一个 Context 以及一个资源标识符,后者指向一个包含 TextView 的布局。这是因为 ListView 中的每一项都是一个 TextView。如下是 ArrayAdapter 类中的一些构造方法。

```
public ArrayAdapter(android.content.Context context, int resourceId)
public ArrayAdapter(android.content.Context context, int resourceId,
        T[] objects)
```

如果没有给构造方法传入一个对象数组,稍后必须传入一个。对于资源标识符,Android 为 ListAdapter 提供了一些预定义的布局,这些布局的标识符可以在 android.R.layout 类中找到。例如,可以在活动中使用如下的代码段创建一个 ArrayAdapter。

```
ArrayAdapter<String> adapter = new ArrayAdapter<String>(this,
        android.R.layout.simple_list_item_1, objects);
```

使用 android.R.layout.simple_list_item_1 将会创建一个带有最简单的布局的 ListView,其中每一项的文本都以黑色打印出来。或者,你可以使用 android.R.layout.simple_expandable_list_item_1。但是你可能想要创建自己的布局,并将其传入到构造方法中。通过这种方式,你可以对 ListView 的观感有更多的控制。

大多数时候,你可以使用一个字符串数组作为 ListView 的数据源。可以通过编程或声明的方式来创建一个字符串数组。通过编程做到这一点较为简单,而且你不需要处理一个外部资源:

```
String[] objects = { "item1", "item2","item-n" };
```

这个方法的缺点是,要更新数组就需要你重新编译类。另一方面,通过声明创建一个字符串数组,可以更具有灵活性,因为可以更容易地编辑元素。

要通过声明来创建一个字符串数组,首先需要在 res/values 下的 strings.xml 文件中创建一个 string-array 元素。例如,如下是一个名为 players 的 string-array。

```xml
<string-array name="players">
    <item>Player 1</item>
    <item>Player 2</item>
    <item>Player 3</item>
    <item>Player 4</item>
</string-array>
```

当保存该 strings.xml 文件的时候,Android Studio 将会更新你的 R 生成类,并且添加一个名为 array 的静态类（如果不存在这个类的话），还会为 array 类的 string-array 元素添加一个资源标识符。最终，你可以在代码中使用这个资源标识符来访问字符串数组：

```
R.array.players
```

要将用户定义的字符串数组转换为一个 Java 字符串数组，可以使用如下的代码。

```
String[] values = getResources().getStringArray(R.array.players);
```

然后，使用这个字符串数组来创建一个 ArrayAdapter 实例。

31.3 使用一个 ListView

ListViewDemo1 应用程序展示了如何使用一个 Listview，这个 Listview 通过一个 ArrayAdapter 得到支持。为 ArrayAdapter 提供值的数组，是在 strings.xml 文件中定义的一个字符串数组。代码清单 31.1 给出了这个 strings.xml 文件。

代码清单 31.1 ListViewDemo1 的 res/values/strings.xml 文件

```xml
<?xml version="1.0" encoding="utf-8"?>
<resources>
    <string name="app_name">ListViewDemo1</string>
    <string name="action_settings">Settings</string>

    <string-array name="players">
        <item>Player 1</item>
        <item>Player 2</item>
        <item>Player 3</item>
        <item>Player 4</item>
        <item>Player 5</item>
    </string-array>
</resources>
```

ArrayAdapter 的布局文件定义在代码清单 31.2 中给出的 list_item.xml 文件中。它位于 res/layout 目录之下，并且包含了一个 TextView 元素。这个布局文件将会用作 ListView 中的每一项的布局。

代码清单 31.2 list_item.xml 文件

```xml
<?xml version="1.0" encoding="utf-8"?>
<TextView xmlns:android="http://schemas.android.com/apk/res/android"
    android:id="@+id/list_item"
    android:layout_width="fill_parent"
    android:layout_height="fill_parent"
    android:padding="7dip"
    android:textSize="16sp"
    android:textColor="@android:color/holo_green_dark"
    android:textStyle="bold" >
</TextView>
```

这个应用程序只包含一个活动，即 MainActivity。代码清单 31.3 给出了活动的布局文件（activity_main.xml），代码清单 31.4 给出了 MainActivity 类。

代码清单 31.3 ListViewDemo1 的 activity_main.xml 文件

```xml
<LinearLayout
    xmlns:android="http://schemas.android.com/apk/res/android"
    android:orientation="vertical"
    android:layout_width="fill_parent"
```

```xml
        android:layout_height="fill_parent">
    <ListView
        android:id="@+id/listView1"
        android:layout_width="wrap_content"
        android:layout_height="wrap_content" />
</LinearLayout>
```

代码清单 31.4 ListViewDemo1 的 MainActivity 类

```java
package com.example.listviewdemo1;
import android.app.Activity;
import android.app.AlertDialog;
import android.os.Bundle;
import android.util.Log;
import android.view.Menu;
import android.view.View;
import android.widget.AdapterView;
import android.widget.ArrayAdapter;
import android.widget.ListView;

public class MainActivity extends Activity {
    @Override
    protected void onCreate(Bundle savedInstanceState) {
        super.onCreate(savedInstanceState);
        setContentView(R.layout.activity_main);
        String[] values = getResources().getStringArray(
                R.array.players);

        ArrayAdapter<String> adapter = new ArrayAdapter<String>(
                this, R.layout.list_item, values);

        ListView listView = (ListView) findViewById(R.id.listView1);
        listView.setAdapter(adapter);
        listView.setOnItemClickListener(new
                AdapterView.OnItemClickListener() {
            @Override
            public void onItemClick(AdapterView<?> parent,
                    final View view, int position, long id) {
                String item = (String)
                        parent.getItemAtPosition(position);
                AlertDialog.Builder builder = new
                        AlertDialog.Builder(MainActivity.this);
                builder.setMessage("Selected item: "
                        + item).setTitle("ListView");
                builder.create().show();
                Log.d("ListView", "Selected item : " + item);
            }
        });
    }

    @Override
    public boolean onCreateOptionsMenu(Menu menu) {
        getMenuInflater().inflate(R.menu.menu_main, menu);
        return true;
    }
}
```

图 31.2 显示了该应用程序的运行效果。

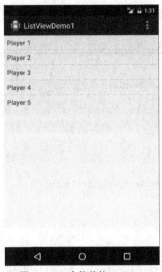

图 31.2 一个简单的 ListView

31.4 扩展 ListActivity 并编写一个定制的适配器

如果你的活动只有一个 ListView 组件,你应该考虑扩展 ListActivity 类而不是 Activity。使用 ListActivity 不需要活动的布局文件。ListActivity 已经包含了一个 ListView,你不需要再给它附加一个监听器。ListActivity 类已经定义了一个 setListAdapter 方法,因此,你只需要在自己的 onCreate 方法中调用它。此外,你需要覆盖 ListActivity 的 onListItemClick 方法(当选中了 ListView 上的一项的时候,将会调用该方法),而不是创建一个 AdapterView.OnItemClickListener。

应用程序 ListViewDemo2 展示了如何使用 ListActivity。该应用程序也展示了如何通过扩展 ArrayAdapter 类来创建一个定制的 ListAdapter,以及为定制的 ListAdapter 创建一个布局文件。

ListViewDemo2 中定制的 ListAdapter 的布局文件,参见代码清单 31.5。这是一个名为 pretty_adapter.xml 的文件,位于 res/layout 目录之下。

代码清单 31.5　pretty_adapter.xml 文件

```xml
<?xml version="1.0" encoding="utf-8"?>
<LinearLayout
    xmlns:android="http://schemas.android.com/apk/res/android"
    android:layout_width="match_parent"
    android:layout_height="match_parent">

    <ImageView
        android:id="@+id/icon"
        android:layout_width="36dp"
        android:layout_height="fill_parent"/>
    <TextView
        android:id="@+id/label"
        android:layout_width="fill_parent"
        android:layout_height="fill_parent"
        android:gravity="center_vertical"
        android:padding="12dp"
        android:textSize="18sp"
        android:textColor="@android:color/holo_blue_bright"/>
</LinearLayout>
```

代码清单 31.6 给出了定制的适配器类，名为 PrettyAdapter。

代码清单 31.6　PrettyAdapter 类

```java
package com.example.listviewdemo2;
import android.content.Context;
import android.graphics.drawable.Drawable;
import android.view.LayoutInflater;
import android.view.View;
import android.view.ViewGroup;
import android.widget.ArrayAdapter;
import android.widget.ImageView;
import android.widget.TextView;

public class PrettyAdapter extends ArrayAdapter<String> {
    private LayoutInflater inflater;
    private String[] items;
    private Drawable icon;
    private int viewResourceId;

    public PrettyAdapter(Context context,
            int viewResourceId, String[] items, Drawable icon) {
        super(context, viewResourceId, items);
        inflater = (LayoutInflater) context
                .getSystemService(Context.LAYOUT_INFLATER_SERVICE);
        this.items = items;
        this.icon = icon;
        this.viewResourceId = viewResourceId;
    }

    @Override
    public int getCount() {
        return items.length;
    }

    @Override
    public String getItem(int position) {
        return items[position];
    }

    @Override
    public long getItemId(int position) {
        return 0;
    }

    @Override
    public View getView(int position, View convertView,
            ViewGroup parent) {
        convertView = inflater.inflate(viewResourceId, null);

        ImageView imageView = (ImageView)
                convertView.findViewById(R.id.icon);
        imageView.setImageDrawable(icon);

        TextView textView = (TextView)
                convertView.findViewById(R.id.label);
        textView.setText(items[position]);
        return convertView;
    }
}
```

定制的适配器必须覆盖几个方法，特别要注意 getView 方法，它必须返回一个 View，并且将会用于 ListView 上的每一个项。在这个示例中，该视图包括一个 ImageView 实例和一个 TextView 实例。TextView 的文本取自于传递给 PrettyAdapter 实例的数组。

代码清单 31.7 中的 MainActivity 类是该应用程序的最后一段。它扩展了 ListActivity，并且是应用程序中唯一的一个活动。程序运行效果如图 31.3 所示。

代码清单 31.7　ListViewDemo2 的 MainActivity

```java
package com.example.listviewdemo2;
import android.app.ListActivity;
import android.content.Context;
import android.content.res.Resources;
import android.graphics.drawable.Drawable;
import android.os.Bundle;
import android.util.Log;
import android.view.View;
import android.widget.ListView;

public class MainActivity extends ListActivity {

    @Override
    public void onCreate(Bundle savedInstanceState) {
        super.onCreate(savedInstanceState);
        // Since we're extending ListActivity, we do
        // not need to call setContentView();

        Context context = getApplicationContext();
        Resources resources = context.getResources();

        String[] items = resources.getStringArray(
                R.array.players);
        Drawable drawable = resources.getDrawable(
                R.drawable.pretty);

        setListAdapter(new PrettyAdapter(context,
                R.layout.pretty_adapter, items, drawable));
    }

    @Override
    public void onListItemClick(ListView listView,
            View view, int position, long id) {
        Log.d("listView2", "listView:" + listView +
            ", view:" + view.getClass() +
            ", position:" + position );
    }
}
```

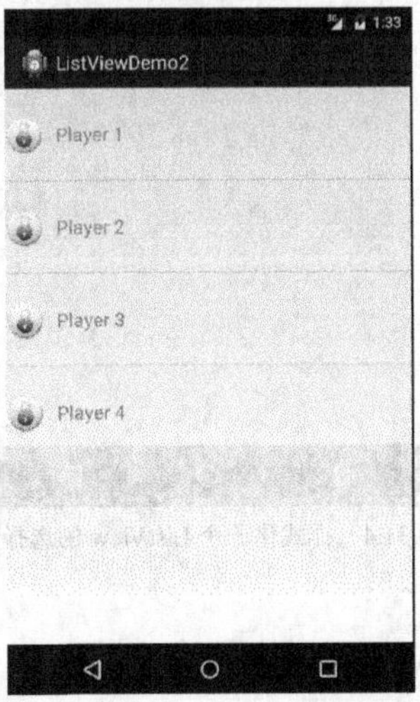

图 31.3　在 ListActivity 中使用定制适配器

31.5 样式化选取的项

用户能够清晰地看到 ListView 中当前选择的项，这常常是想要的效果。为了让选取的项看上去和剩下的其他项有所区别，可以将 ListView 的选择模式设置为 CHOICE_MODE_SINGLE，如下所示。

```
listView.setChoiceMode(ListView.CHOICE_MODE_SINGLE);
```

当你构建底层的 ListAdapter 的时候，需要使用具有合适的样式的布局。最容易的方法是，传入 simple_list_item_activated_1 字段。例如，当在一个 ListView 中使用的时候，如下的 ArrayAdapter 将会导致选择的项有一个蓝色的背景。

```
ArrayAdapter<String> adapter = new ArrayAdapter<String>(
        context, android.R.layout.simple_list_item_activated_1,
        array);
```

如果默认的样式并不吸引你，你可以通过创建一个选择器来创建自己的样式。选择器是一个 drawable 资源，可以在 TextView 中用作一个背景 drawable 资源。如下是一个示例，其中选择器文件必须保存在 res/drawable 目录中。

```xml
<selector
    xmlns:android="http://schemas.android.com/apk/res/android">
    <item android:state_activated="true"
        android:drawable="@drawable/activated"/>
</selector>
```

选择器必须是其 state_activated 属性设置为 true 的一个项，并且其 drawable 属性引用另一个 drawable 资源。ListViewDemo3 应用程序包含了一个活动，它使用了两个并排放置的 ListView。第一个 ListView 在左边，给定它一个默认的样式；而第二个 ListView 则使用定制的样式来装饰。图 31.4 展示了该应用程序。

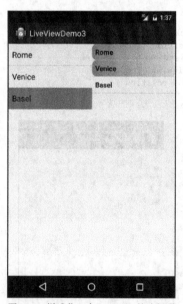

图 31.4 样式化一个 ListView 的选择项

现在，我们来查看代码。
首先查看活动的布局文件，参见代码清单 31.8。

代码清单 31.8　主活动的布局文件（activity_main.xml）

```xml
<LinearLayout
    xmlns:android="http://schemas.android.com/apk/res/android"
    android:layout_width="match_parent"
    android:layout_height="match_parent"
    android:orientation="horizontal">
    <ListView
        android:id="@+id/listView1"
        android:layout_weight="1"
        android:layout_width="0dp"
        android:layout_height="match_parent"/>
    <ListView
        android:id="@+id/listView2"
        android:layout_weight="1"
        android:layout_width="0dp"
        android:layout_height="match_parent"/>
</LinearLayout>
```

该布局使用了一个水平的 LinearLayout，其中包含了两个 ListView，即 listView1 和 listView2。这两个 ListView 的 layout_weight 属性都接受相同的值，因此在渲染的时候它们具有相同的宽度。

代码清单 31.9 中的 MainActivity 类表示应用程序的活动。其 onCreate 方法加载了两个 ListView，并且给它们传递了一个 ListAdapter。此外，第 1 个 ListView 的选择模式设置为 CHOICE_MODE_SINGLE，这使得一次只有一个项可选。第 2 个 ListView 的选择模式设置为 CHOICE_MODE_MULTIPLE，这使得一次有多个项可选。

代码清单 31.9　MainActivity 类

```java
package com.example.listviewdemo3;
import android.app.Activity;
import android.os.Bundle;
import android.widget.ArrayAdapter;
import android.widget.ListView;
public class MainActivity extends Activity {

    @Override
    protected void onCreate(Bundle savedInstanceState) {
        super.onCreate(savedInstanceState);
        setContentView(R.layout.activity_main);
        String[] cities = {"Rome", "Venice", "Basel"};
        ArrayAdapter<String> adapter1 = new
                ArrayAdapter<String>(this,
                android.R.layout.simple_list_item_activated_1,
                cities);
        ListView listView1 = (ListView)
                findViewById(R.id.listView1);
        listView1.setAdapter(adapter1);
        listView1.setChoiceMode(ListView.CHOICE_MODE_SINGLE);

        ArrayAdapter<String> adapter2 = new
                ArrayAdapter<String>(this,
                R.layout.list_item, cities);
        ListView listView2 = (ListView)
                findViewById(R.id.listView2);
        listView2.setAdapter(adapter2);
        listView2.setChoiceMode(ListView.CHOICE_MODE_MULTIPLE);
    }
}
```

第 1 个 ListView 的 ListAdapter 给定了默认的布局（simple_list_item_activated_1），第 2 个 ListView 的 ListAdapter 则设置为使用 R.layout.list_item 所指向的一个布局。此处引用了 res/layout/list_item.xml 文件，参见代码清单 31.10。

代码清单 31.10　list_item.xml 文件

```xml
<?xml version="1.0" encoding="utf-8"?>
<TextView xmlns:android="http://schemas.android.com/apk/res/android"
    android:id="@+id/list_item"
    android:layout_width="fill_parent"
    android:layout_height="fill_parent"
    android:padding="7dip"
    android:textSize="16sp"
    android:textStyle="bold"
    android:background="@drawable/list_selector"
/>
```

一个 ListView 的布局文件必须包含一个 TextView，正如 list_item.xml 文件所做的那样。注意，其 background 属性给定了值 drawable/list_selector，这需要引用代码清单 31.11 中的 list_selector.xml 文件。这是一个选择器文件，将会用于样式化 listView2 上的选择项。selector 元素包含了一个项，其 state_activated 属性设置为 true，这意味着，将会使用它来样式化所选择的项。其 drawable 属性设置为 drawable/activated，引用了代码清单 31.12 中的 drawable/activated.xml 文件。

代码清单 31.11　drawable/list_selector.xml 文件

```xml
<?xml version="1.0" encoding="utf-8"?>
<selector
    xmlns:android="http://schemas.android.com/apk/res/android">
    <item android:state_activated="true"
        android:drawable="@drawable/activated"/>
</selector>
```

代码清单 31.12　drawable/activated.xml 文件

```xml
<shape xmlns:android="http://schemas.android.com/apk/res/android"
    android:shape="rectangle">
    <corners android:radius="8dp"/>
    <gradient
        android:startColor="#FFFF0000"
        android:endColor="#FFFFF00"
        android:angle="45"/>
</shape>
```

代码清单 31.12 中的 drawable 资源是基于一个 XML 文件的，其中包含了一个图形，该图形带有渐变的颜色。

运行该应用程序，将会给出如图 3.14 所示的一个活动。

31.6　本章小结

ListView 是包含了可滚动的项的一个列表的视图，它通过一个 ListAdapter 来获取其数据源和布局，这个 ListAdapter 创建自一个 ArrayAdapter。在本章中，我们学习如何使用 ListView。我们还学习了如何使用 ListActivity 以及如何样式化从 ListView 上选择的项。

第 32 章　GridView

GridView 是能够在一个表格中显示可滚动的项的一个列表的视图。它和 ListView 相似，只不过它在多个列中显示项目，而不像 ListView 那样，只是在单个的列中显示项。和 ListView 一样，GridView 也通过一个 ListAdapter 获取数据源和布局。

本章介绍如何使用 GridView 微件并展示一个示例程序。在学习本章之前，必须先阅读第 31 章。

32.1　概览

android.widget.GridView 类是一个创建 GridView 的模板。GridView 和 ListView 类，都是 android.view.AbsListView 的直接子类。和 ListView 一样，GridView 也通过一个 ListAdapter 获取数据源和布局。请参阅第 31 章，以了解关于 ListAdapter 的更多信息。

可以像使用其他视图一样使用 GridView，即在布局文件中声明一个节点。在使用 GridView 的时候，应该使用如下的 GridView 元素：

```
<GridView
    android:id="@+id/gridView1"
    android:layout_width="fill_parent"
    android:layout_height="fill_parent"
    android:columnWidth="120dp"
    android:numColumns="auto_fit"
    android:verticalSpacing="10dp"
    android:horizontalSpacing="10dp"
    android:stretchMode="columnWidth"
/>
```

可以使用 findViewById 方法在活动类中找到一个 GridView，并且给它传递一个 ListAdapter。

```
GridView gridView = (GridView) findViewById(R.id.gridView1);
gridView.setAdapter(listAdapter);
```

可以给一个 GridView 的 setOnItemClickListener 方法传递一个 AdapterView.OnItemClick Listener，以响应其项的选取：

```
gridview.setOnItemClickListener(
    new AdapterView.OnItemClickListener() {
    public void onItemClick(AdapterView<?> parent, View v, int
        position, long id) {

        // do something here

    }
});
```

32.2　使用 GridView

GridViewDemo1 应用程序展示了如何使用 GridView。该应用程序只有一个活动，它使用一个 GridView

来填充整个的显示区。GridView 反过来针对其选择项和布局使用一个定制的 ListAdapter。

代码清单 32.1 给出了应用程序的清单。

代码清单 32.1　AndroidManifest.xml 文件

```xml
<?xml version="1.0" encoding="utf-8"?>
<manifest xmlns:android="http://schemas.android.com/apk/res/android"
    package="com.example.gridviewdemo1"
    android:versionCode="1"
    android:versionName="1.0" >

    <uses-sdk
        android:minSdkVersion="18"
        android:targetSdkVersion="18" />

    <application
        android:allowBackup="true"
        android:icon="@drawable/ic_launcher"
        android:label="@string/app_name"
        android:theme="@style/AppTheme" >
        <activity
            android:name="com.example.gridviewdemo1.MainActivity"
            android:label="@string/app_name">
            <intent-filter>
                <action android:name="android.intent.action.MAIN"/>
                <category android:name="android.intent.category.LAUNCHER"/>
            </intent-filter>
        </activity>
    </application>
</manifest>
```

定制的 ListAdapter 使用 GridViewAdapter 的一个实例来填充 GridView，GridViewAdapter 类参见代码清单 32.2。GridViewAdapter 扩展了 android.widget.BaseAdapter，后者反过来又实现了 android.widget.ListAdapter 接口。因此，一个 GridViewAdapter 也是一个 ListAdapter，并且可以将其传递给 GridView 的 setAdapter 方法。

代码清单 32.2　GridViewAdapter 类

```java
package com.example.gridviewdemo1;
import android.content.Context;
import android.view.View;
import android.view.ViewGroup;
import android.widget.BaseAdapter;
import android.widget.GridView;
import android.widget.ImageView;

public class GridViewAdapter extends BaseAdapter {
    private Context context;

    public GridViewAdapter(Context context) {
        this.context = context;
    }
    private int[] icons = {
            android.R.drawable.btn_star_big_off,
            android.R.drawable.btn_star_big_on,
            android.R.drawable.alert_light_frame,
            android.R.drawable.alert_dark_frame,
            android.R.drawable.arrow_down_float,
            android.R.drawable.gallery_thumb,
            android.R.drawable.ic_dialog_map,
```

```java
        android.R.drawable.ic_popup_disk_full,
        android.R.drawable.star_big_on,
        android.R.drawable.star_big_off,
        android.R.drawable.star_big_on
};

@Override
public int getCount() {
    return icons.length;
}

@Override
public Object getItem(int position) {
    return null;
}

@Override
public long getItemId(int position) {
    return 0;
}

@Override
public View getView(int position, View convertView, ViewGroup parent) {
    ImageView imageView;
    if (convertView == null) {
        imageView = new ImageView(context);
        imageView.setLayoutParams(new GridView.LayoutParams(100, 100));
        imageView.setScaleType(ImageView.ScaleType.CENTER_CROP);
        imageView.setPadding(10, 10, 10, 10);
    } else {
        imageView = (ImageView) convertView;
    }
    imageView.setImageResource(icons[position]);
    return imageView;
}
```

GridViewAdapter 提供了 getView 方法的一个实现，它返回了一个 ImageView 实例，后者显示了 Androd 的默认 drawable 资源之一：

```java
private int[] icons = {
        android.R.drawable.btn_star_big_off,
        android.R.drawable.btn_star_big_on,
        android.R.drawable.alert_light_frame,
        android.R.drawable.alert_dark_frame,
        android.R.drawable.arrow_down_float,
        android.R.drawable.gallery_thumb,
        android.R.drawable.ic_dialog_map,
        android.R.drawable.ic_popup_disk_full,
        android.R.drawable.star_big_on,
        android.R.drawable.star_big_off,
        android.R.drawable.star_big_on
};
```

既然知道了 GridViewAdapter 做什么，现在可以关注该活动了。该活动的布局文件参见代码清单 32.3。它只包含一个组件，即一个 GridView。

代码清单 32.3 activity_main.xml 文件

```xml
<?xml version="1.0" encoding="utf-8"?>
<GridView xmlns:android="http://schemas.android.com/apk/res/android"
```

```xml
    android:id="@+id/gridview"
    android:layout_width="fill_parent"
    android:layout_height="fill_parent"
    android:columnWidth="90dp"
    android:numColumns="auto_fit"
    android:verticalSpacing="10dp"
    android:horizontalSpacing="10dp"
    android:stretchMode="columnWidth"
    android:gravity="center"
/>
```

代码清单 32.4 给出了 MainActivity 类。

代码清单 32.4　MainActivity 类

```java
package com.example.gridviewdemo1;
import android.app.Activity;
import android.os.Bundle;
import android.view.Menu;
import android.view.View;
import android.widget.AdapterView;
import android.widget.AdapterView.OnItemClickListener;
import android.widget.GridView;
import android.widget.Toast;

public class MainActivity extends Activity {

    @Override
    protected void onCreate(Bundle savedInstanceState) {
        super.onCreate(savedInstanceState);
        setContentView(R.layout.activity_main);

        GridView gridview = (GridView) findViewById(R.id.gridview);
        gridview.setAdapter(new GridViewAdapter(this));

        gridview.setOnItemClickListener(new OnItemClickListener() {
            public void onItemClick(AdapterView<?> parent,
                    View view, int position, long id) {
                Toast.makeText(MainActivity.this, "" + position,
                        Toast.LENGTH_SHORT).show();
            }
        });
    }

    @Override
    public boolean onCreateOptionsMenu(Menu menu) {
        getMenuInflater().inflate(R.menu.menu_main, menu);
        return true;
    }
}
```

MainActivity 是一个简单的类，其主要内容都在 onCreate 方法之中。这里，它从布局文件加载一个 GridView，并且将 GridViewAdapter 的一个实例传递给 GridView 的 setAdapter 方法。它还为 GridView 创建了一个 OnItemClickListener 方法，以便每次在 GridView 上选择一个项的时候，都会调用监听器中的 onItemClick 方法。在这个例子中，onItemClick 方法直接创建了一个 Toast，其中显示了所选择的项的位置。

运行 GridViewDemo1，将会得到图 32.1 所示的活动。

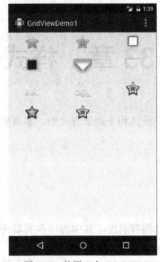

图 32.1 使用一个 GridView

32.3 本章小结

GridView 是包含了显示在表格中的可滚动项的一个列表的视图。就像 ListView 一样，GridView 也通过一个 ListAdapter 获取数据和布局。此外，GridView 还能够接受一个 AdapterView.OnItemClick Listener 以处理项的选取。

第 33 章 样式和主题

应用程序的外观都是由它所使用的样式和主题来管理的。本章将讨论这两个重要的话题,并展示如何使用它们。

33.1 概览

在布局文件中的一个视图声明可以拥有属性,其中的很多属性都是和样式相关的,包括 textColor、textSize、background 以及 textAppearance。

应用程序中和样式相关的属性,可以放入到一个组之中,可以给这个组起一个名字,并将其放入到一个 styles.xml 文件中。保存在 res/values 目录下的 styles.xml 文件中,将会被应用程序识别为一个样式文件,并且文件中的样式会用来样式化应用程序中的视图。要对一个视图应用样式,需要使用 style 属性。创建一个样式的优点在于,能够让样式变得可复用和可共享。样式支持继承,因此,可以扩展一个样式以创建一个新的样式。如下是 styles.xml 文件中的样式的一个示例。

```xml
<style name="Style1">
    <item name="android:layout_width">wrap_content</item>
    <item name="android:layout_height">wrap_content</item>
    <item name="android:textColor">#FFFFFF</item>
    <item name="android:textStyle">bold</item>
    <item name="android:textSize">25sp</item>
</style>
```

要对视图应用样式,需要将样式的名称分配给 style 属性。

```xml
<TextView
    android:id="@+id/textView1"
    style="@style/Style1"
    android:text="Style 1"/>
```

注意 style 属性,和其他的属性不同,它没有使用 android 前缀。因此,其形式为 style 而不是 android:style。上面的 TextView 元素的声明,等同于如下内容:

```xml
<TextView
    android:id="@+id/textView1"
    android:layout_width="wrap_content"
    android:layout_height="wrap_content"
    android:textColor="#FFFFFF"
    android:textStyle="bold"
    android:textSize="25sp"
    android:text="Style 1"/>
```

如下的样式扩展了另一个样式。

```xml
<style name="Style2" parent="Style1">
    <item name="android:background">
        @android:color/holo_green_light
    </item>
</style>
```

系统提供了大量的样式集合,可供你在自己的应用程序中使用。在 android.R.style 类中,可以找到所有可用的样式的引用。要在该类中使用你的布局文件中列出的样式,使用一个句点替换样式名称中的所有的下划线即可。例如,可以使用@android:style/Holo.ButtonBar 来应用 Holo_ButtonBar 样式。

```
<Button
    style="@android:style/Holo.ButtonBar"
    android:text="@string/hello_world"/>
```

在 style 属性的值前加上 android 的前缀,表示要使用一种系统样式。

系统 styles.xml 文件的一个副本,可以通过以下链接看到:

https://android.googlesource.com/platform/frameworks/base/+/refs/heads/master/core/res/res/values/styles.xml

33.2 使用样式

StyleDemo1 应用程序展示了如何创建自己的样式。

代码清单 33.1 展示了应用程序在 res/values 目录下的 styles.xml 文件。

代码清单 33.1 styles.xml 文件

```xml
<resources
    xmlns:android="http://schemas.android.com/apk/res/android">
    <!-- Base application theme, dependent on API level. This theme
         is replaced by AppBaseTheme from res/values-vXX/styles.xml
         on newer devices.
    -->
    <style name="AppBaseTheme" parent="android:Theme.Light">
        <!-- Theme customizations available in newer API levels can
             go in res/values-vXX/styles.xml, while customizations
             related to backward-compatibility can go here.
        -->
    </style>

    <!-- Application theme. -->
    <style name="AppTheme" parent="AppBaseTheme">
        <!-- All customizations that are NOT specific to a
             particular API-level can go here. -->
    </style>

    <style name="WhiteOnRed">
        <item name="android:layout_width">wrap_content</item>
        <item name="android:layout_height">wrap_content</item>
        <item name="android:textColor">#FFFFFF</item>
        <item name="android:background">
            @android:color/holo_red_light
        </item>
        <item name="android:typeface">serif</item>
        <item name="android:textStyle">bold</item>
        <item name="android:textSize">25sp</item>
        <item name="android:padding">30dp</item>
    </style>
    <style name="WhiteOnRed.Italic">
        <item name="android:textStyle">bold|italic</item>
    </style>
    <style name="WhiteOnGreen" parent="WhiteOnRed">
        <item name="android:background">
            @android:color/holo_green_light
        </item>
    </style>
</resources>
```

在代码清单 33.1 所示的 styles.xml 文件中定义了 5 种样式。前两种是在应用程序创建的时候由 Android Studio 添加的。我们将在 33.4 节中介绍它们。

应用程序的主活动所使用的另外 3 种样式,位于该活动的布局文件中。布局文件如代码清单 33.2 所示。

代码清单 33.2　activity_main.xml 布局文件

```xml
<RelativeLayout
    xmlns:android="http://schemas.android.com/apk/res/android"
    xmlns:tools="http://schemas.android.com/tools"
    android:layout_width="match_parent"
    android:layout_height="match_parent"
    android:paddingBottom="@dimen/activity_vertical_margin"
    android:paddingLeft="@dimen/activity_horizontal_margin"
    android:paddingRight="@dimen/activity_horizontal_margin"
    android:paddingTop="@dimen/activity_vertical_margin"
    tools:context=".MainActivity" >

    <TextView
        android:id="@+id/textView1"
        style="@style/WhiteOnRed"
        android:text="Style WhiteOnRed" />
    <TextView
        android:id="@+id/textView2"
        android:layout_below="@id/textView1"
        android:layout_marginLeft="20sp"
        android:layout_marginTop="10sp"
        style="@style/WhiteOnRed.Italic"
        android:text="Style WhiteOnRed.Italic" />
    <TextView
        android:id="@+id/textView3"
        android:layout_below="@id/textView2"
        android:layout_toEndOf="@id/textView2"
        style="@style/WhiteOnGreen"
        android:text="Style WhiteOnGreen" />

    <TextView
        android:id="@+id/textView4"
        android:text="Style TextAppearance.Holo.Medium.Inverse"
        android:layout_below="@id/textView2"
        android:layout_width="wrap_content"
        android:layout_height="wrap_content"
        style="@android:style/TextAppearance.Holo.Medium"/>
</RelativeLayout>
```

代码清单 33.3 展示了一个活动,它使用代码清单 33.2 中的布局文件。

代码清单 33.3　MainActivity 类

```java
package com.example.styledemo1;
import android.os.Bundle;
import android.app.Activity;
import android.view.Menu;

public class MainActivity extends Activity {

    @Override
    protected void onCreate(Bundle savedInstanceState) {
        super.onCreate(savedInstanceState);
        setContentView(R.layout.activity_main);
    }
```

```
@Override
public boolean onCreateOptionsMenu(Menu menu) {
    // Inflate the menu; this adds items to the action bar if it
    // is present.
    getMenuInflater().inflate(R.menu.menu_main, menu);
    return true;
}
```
}

图 33.1 展示了 StyleDemo1 应用程序的效果。

图 33.1 StyleDemo1 应用程序的效果

33.3 使用主题

主题是应用于应用程序中的一个活动或所有活动的一个样式。要对一个活动应用一个主题，可以使用清单文件中的 activity 元素中的 android:theme 属性。例如，如下的 activity 元素使用了 Theme.Holo.Light 主题。

```
<activity
    android:name="..."
    android:theme="@android:style/Theme.Holo.Light">
</activity>
```

要对整个应用程序应用一个主题,可设在 Android 清单文件的 application 元素中添加 android:theme 属性。

```
<application
    android:icon="@drawable/ic_launcher"
    android:label="@string/app_name"
    android:theme="@android:style/Theme.Black.NoTitleBar">
...
</application>
```

Android 提供了一个能够在应用程序中使用的主题的集合。可以在下面的链接中找到主题文件的一个副本：

https://android.googlesource.com/platform/frameworks/base/+/refs/heads/master/core/res/res/values/themes.xml

图 33.2～图 33.4 展示了 Android 自带的一些主题。

图 33.2　Theme.Holo.Dialog.NoActionBar　　图 33.3　Theme.Light　　图 33.4　Theme.Holo.Light.DarkActionBar

33.4　本章小结

样式是直接影响到一个视图的外观的属性的集合。可以在布局文件中的视图的声明中使用 style 属性，从而对一个视图应用样式。主题是应用于一个活动或整个应用程序的一个样式。

第 34 章 位图处理

有了 Android Bitmap API，我们可以操作 JPG、PNG 或 GIF 格式的图像。例如，修改图像中的每一个元素的颜色或透明度。此外，可以使用这个 API 来将一个较大的图像压缩取样，以节约内存。因此，即便你不需要编写一个图像编辑器或一个图像处理应用程序，知道如何使用这个 API 也很有用。

本章介绍如何操作位图，并且提供了一个示例。

34.1 概览

位图（bitmap）是一种图像文件格式，它可以独立于显示设备来存储数字图像。位图的简单的含义就是位的地图。如今，这个术语还包括支持有损压缩和无损压缩的其他格式，包括 JPEG、GIF 和 PNG 格式。GIF 和 PNG 格式支持透明度和无损压缩，而 JPEG 格式支持有损压缩，并且不支持透明度。表示数字图像的另一种方式是使用数学表达式。这样的图像叫作矢量图。

Android 框架提供了一个 API 用于处理位图图像。这个 API 的呈现形式是 android.graphics 包及其子包中的类、接口和枚举类型。Bitmap 类对一个位图建模。Bitmap 可以显示在一个使用了 ImageView 微件的活动中。

加载位图的最容易的方式，是使用 BitmapFactory 类。此类提供了静态的方法，可以从一个文件、一个字节数组、一个 Android 资源或一个 InputStream 来构建一个 Bitmap。如下是该类的一些方法。

```
public static Bitmap decodeByteArray(byte[] data, int offset,
        int length)
public static Bitmap decodeFile(java.lang.String pathName)
public static Bitmap decodeResource(
        android.content.res.Resources res, int id)
public static Bitmap decodeStream (java.io.InputStream is)
```

例如，要在一个活动类中从一个资源来构建一个 Bitmap，应该这样编写代码。

```
Bitmap bmp = BitmapFactory.decodeResource(getResources(),
        R.drawable.image1);
```

这里，getResources 是 android.content.Context 类中的方法，它返回了应用程序的资源（Context 是 Activity 的父类）。标识符（R.drawable.image1）允许 Android 从资源中选取正确的图像。

BitmapFactory 类还提供了静态方法，它接收 BitmapFactory.Options 对象的选项。

```
public static Bitmap decodeByteArray (byte[] data, int offset,
        int length, BitmapFactory.Options opts)
public static Bitmap decodeFile (java.lang.String pathName,
        BitmapFactory.Options opts)
public static Bitmap decodeResource (android.content.res.Resources
        res, int id, BitmapFactory.Options opts)
public static Bitmap decodeStream (java.io.InputStream is,
        Rect outPadding, BitmapFactory.Options opts)
```

使用一个 BitmapFactory.Options 可以做两件事情。第一件事情是，允许你将最终的位图配置为一个类，从而可以对位图缩小取样（down-sample），将位图设置为可变，并且配置其精度。第二件事情是，可以使用 BitmapFactory.Options 来读取一幅位图的属性而不需要真正加载它。例如，可以给 BitmapFactory 中的一个 decode 方法传入一个 BitmapFactory.Options，并读取图像的大小。如果认为这个尺寸太大了，那么可以对其缩小取样，以节省内存。当缩小取样不会影响到渲染质量的时候，它对于较大的图像是有意义的。例如，一个 20 000×10 000 的位图，可以缩小到 2 000×1 000 而不会影响质量，假设设备屏幕的分辨率不会超过 2 000×1 000。在这个过程中，它节约了很多内存。

要解码一个 Bitmap 图像，而并不真正地加载该位图，将 BitmapFactory.Options 对象的 inJustDecode-Bounds 字段设置为 true。

```
BitmapFactory.Options opts = new BitmapFactory.Options()
opts.inJustDecodeBounds = true;
```

如果给 BitmapFactory 中的一个 decode 方法传入选项，该方法将会返回空，并且直接使用你传递的选项填充 BitmapFactory.Options 对象。通过这个对象，可以访问位图的大小和其他属性：

```
int imageHeight = options.outHeight;
int imageWidth = options.outWidth;
String imageType = options.outMimeType;
```

BitmapFactor.Options 的 inSampleSize 字段告诉系统如何对一个位图采样。大于 1 的值表示图像应该缩小采样。例如，将 inSampleSize 字段设置为 4，将会返回一个大小为原来的图像的大小的四分之一的图像。

关于这个字段，Android 文档指明了解码器使用了基于 2 的幂的一个最终值，这意味着，应该给它赋值为 2 的幂，例如，2、4、8 等。但是，我自己进行的测试显示，这只适用于 JPG 格式的图像，而不适用于 PNG 格式的图像。例如，如果一个 PNG 图像的宽度是 1 200，将 3 赋给这个字段将会得到一个宽度为 400 像素的图像，这意味着 inSampleSize 值不一定必须是 2 的幂。

一旦从一个 BitmapFactory 得到了一个 Bitmap，可以将这个 Bitmap 传递给 ImageView 以显示：

```
ImageView imageView1 = (ImageView) findViewById(...);
imageView1.setImageBitmap(bitmap);
```

34.2 位图处理

BitmapDemo 应用程序展示了一个活动，它展示了一个 ImageView，后者显示了一个可以缩小采样的 Bitmap。其中包含了 4 个位图（两个 JPEG，一个 GIF 和一个 PNG），并且应用程序提供了一个按钮来修改位图。该应用程序的主活动（也是唯一的活动）如图 34.1 所示。

代码清单 34.1 展示了该应用程序的 AndroidManifest.xml 文件。

代码清单 34.1　AndroidManifest.xml 文件

```xml
<?xml version="1.0" encoding="utf-8"?>
<manifest xmlns:android="http://schemas.android.com/apk/res/android"
    package="com.example.bitmapdemo"
    android:versionCode="1"
    android:versionName="1.0" >
    <uses-sdk
        android:minSdkVersion="18"
        android:targetSdkVersion="18" />
    <application
        android:allowBackup="true"
        android:icon="@drawable/ic_launcher"
        android:label="@string/app_name"
        android:theme="@style/AppTheme" >
        <activity
            android:name="com.example.bitmapdemo.MainActivity"
            android:label="@string/app_name" >
            <intent-filter>
```

```xml
            <action android:name="android.intent.action.MAIN"/>
            <category android:name="android.intent.category.LAUNCHER"/>
          </intent-filter>
      </activity>
   </application>
</manifest>
```

图 34.1　BitmapDemo 应用程序

该应用程序中有唯一的一个活动，该活动的布局文件在代码清单 34.2 中给出。

代码清单 34.2　activity_main.xml 文件

```xml
<LinearLayout xmlns:android="http://schemas.android.com/apk/res/android"
    xmlns:tools="http://schemas.android.com/tools"
    android:layout_width="match_parent"
    android:layout_height="match_parent"
    android:orientation="vertical"
    android:gravity="bottom"
    tools:context=".MainActivity" >

    <ImageView
        android:id="@+id/image_view1"
        android:layout_width="wrap_content"
        android:layout_height="wrap_content"
        android:contentDescription="@string/text_content_desc"/>

    <LinearLayout
        android:layout_width="match_parent"
        android:layout_height="wrap_content"
        android:orientation="horizontal" >

        <TextView
            android:layout_width="wrap_content"
            android:layout_height="wrap_content"
            android:text="@string/text_sample_size"/>
        <TextView
            android:id="@+id/sample_size"
            android:layout_width="wrap_content"
            android:layout_height="wrap_content"
        />
```

```xml
        <Button
            android:onClick="scaleUp"
            android:layout_width="wrap_content"
            android:layout_height="wrap_content"
            android:text="@string/action_scale_up" />

        <Button
            android:onClick="scaleDown"
            android:layout_width="wrap_content"
            android:layout_height="wrap_content"
            android:text="@string/action_scale_down" />

    </LinearLayout>
    <LinearLayout
        android:layout_width="match_parent"
        android:layout_height="wrap_content"
        android:orientation="horizontal" >

        <Button
            android:onClick="changeImage"
            android:layout_width="wrap_content"
            android:layout_height="wrap_content"
            android:text="@string/action_change_image" />
        <TextView
            android:id="@+id/image_info"
            android:layout_width="wrap_content"
            android:layout_height="wrap_content"/>
    </LinearLayout>
</LinearLayout>
```

该布局文件包含了一个 LinearLayout，它反过来包含了一个 ImageView 和两个 LinearLayout。第 1 个内部布局文件包含了两个 TextView 按钮，以及用来放大和缩小位图的按钮。第 2 个内部布局文件包含了一个 TextView，用来显示位图的元数据以及一个修改位图的按钮。

MainActivity 类如代码清单 34.3 所示。

代码清单 34.3　MainActivity 类

```java
package com.example.bitmapdemo;
import android.app.Activity;
import android.graphics.Bitmap;
import android.graphics.BitmapFactory;
import android.os.Bundle;
import android.view.Menu;
import android.view.View;
import android.widget.ImageView;
import android.widget.TextView;

public class MainActivity extends Activity {
    int sampleSize = 2;
    int imageId = 1;

    @Override
    protected void onCreate(Bundle savedInstanceState) {
        super.onCreate(savedInstanceState);
        setContentView(R.layout.activity_main);
        refreshImage();
    }

    @Override
    public boolean onCreateOptionsMenu(Menu menu) {
```

```java
        getMenuInflater().inflate(R.menu.menu_main, menu);
        return true;
    }

    public void scaleDown(View view) {
        if (sampleSize < 8) {
            sampleSize++;
            refreshImage();
        }
    }

    public void scaleUp(View view) {
        if (sampleSize > 2) {
            sampleSize--;
            refreshImage();
        }
    }
    private void refreshImage() {
        BitmapFactory.Options options = new BitmapFactory.Options();
        options.inJustDecodeBounds = true;
        BitmapFactory.decodeResource(getResources(),
                R.drawable.image1, options);
        int imageHeight = options.outHeight;
        int imageWidth = options.outWidth;
        String imageType = options.outMimeType;

        StringBuilder imageInfo = new StringBuilder();

        int id = R.drawable.image1;
        if (imageId == 2) {
            id = R.drawable.image2;
            imageInfo.append("Image 2.");
        } else if (imageId == 3) {
            id = R.drawable.image3;
            imageInfo.append("Image 3.");
        } else if (imageId == 4) {
            id = R.drawable.image4;
            imageInfo.append("Image 4.");
        } else {
          imageInfo.append("Image 1.");
        }
        imageInfo.append(" Original Dimension: " + imageWidth
                + " x " + imageHeight);
        imageInfo.append(". MIME type: " + imageType);
        options.inSampleSize = sampleSize;
        options.inJustDecodeBounds = false;
        Bitmap bitmap1 = BitmapFactory.decodeResource(
                getResources(), id, options);
        ImageView imageView1 = (ImageView)
                findViewById(R.id.image_view1);
        imageView1.setImageBitmap(bitmap1);

        TextView sampleSizeText = (TextView)
                findViewById(R.id.sample_size);
        sampleSizeText.setText("" + sampleSize);
        TextView infoText = (TextView)
              findViewById(R.id.image_info);
        infoText.setText(imageInfo.toString());

    }
```

```
    public void changeImage(View view) {
        if (imageId < 4) {
            imageId++;
        } else {
            imageId = 1;
        }
        refreshImage();
    }
}
```

scaleDown、scaleUp 和 changeImage 方法连接到 3 个按钮。所有方法最终都调用 refreshImage 方法。refreshImage 方法使用 BitmapFactory.decodeResource 方法来读取位图资源的属性，通过传入一个 inJustDecodeBounds 字段设置为 true 的 BitmapFactory.Options 来做到这一点。还记得吧，这是一种策略，避免加载一个较大的图像而导致占用了太多本来就不够用的内存。

```
BitmapFactory.Options options = new BitmapFactory.Options();
options.inJustDecodeBounds = true;
BitmapFactory.decodeResource(getResources(),
        R.drawable.image1, options);
```

然后，读取位图的大小和图像类型。

```
int imageHeight = options.outHeight;
int imageWidth = options.outWidth;
String imageType = options.outMimeType;
```

接下来，它将 inJustDecodeBounds 字段设置为 false，并且使用 sampleSize 值（用户可以通过点击 Scale Up 或 Scale Down 按钮来修改该值）来设置 BitmapFactory.Options 的 inSampleSize 字段，然后，将位图解码以供第 2 次使用。

```
options.inSampleSize = sampleSize;
options.inJustDecodeBounds = false;
Bitmap bitmap1 = BitmapFactory.decodeResource(
        getResources(), id, options);
```

最终的位图的大小将会由 inSampleSize 字段值决定。

34.3 本章小结

Android Bitmap API 以 BitmapFactory 和 Bitmap 类为核心。前者提供了静态的方法从一个 Android 资源、文件、一个 InputStream 或者一个字节数组构建一个 Bitmap 对象。其中的一些方法能够接受 BitmapFactory.Options 来确定将要生成何种类型的位图。最终的位图可以赋值给一个 ImageView 以进行显示。

第 35 章 图形和定制视图

得益于 Android 的广泛的库，我们有数十个视图和微件可以使用。如果还不能满足你的需求，你可以创建一个定制视图并直接使用 Android Graphics API 在其上绘制。

本章将介绍如何使用 Graphics API 的一些成员在画布上绘制以及创建定制的视图。在本章最后，给出了一个叫作 CanvasDemo 的示例程序。

35.1 概览

Android Graphics API 包含了 android.graphics 包的成员。在该包中的 2D 图形中，Canvas 类扮演了核心的角色。可以从系统得到 Canvas 类的一个实例，而不需要创建自己的实例。一旦有了 Canvas 类的实例，可以调用其各种方法，例如，drawColor、drawArc、drawRec、drawCircle 和 drawText 等方法。

除了 Canvas，Color 和 Paint 也经常使用。Color 对象用一个 int 型数据来表示颜色代码。Color 类定义了多个颜色代码字段，以及用于创建和转换颜色 int 的方法。Color 中定义的颜色代码字段包括 BLACK、CYAN、MAGENTA、YELLOW、WHITE、RED、GREEN 和 BLUE。

以 Canvas 中的 drawColor 方法为例，该方法接受一个颜色代码作为参数。

```
public void drawColor(int color);
```

drawColor 方法使用指定的颜色修改画布的颜色。要将画布的颜色修改为洋红色，可以编写如下的代码：

```
canvas.drawColor(Color.MAGENTA);
```

当绘制一个形状或文本的时候，需要使用 Paint 类。Paint 定义了要绘制的形状或文本的颜色和透明度，以及文本的字体和样式。

要创建一个 Paint，使用 Paint 类的构造方法之一：

```
public Paint()
public Paint(int flags)
public Paint(Paint anotherPaint)
```

如果使用第 2 个构造方法，可以传入 Paint 类中定义的一个或多个字段。例如，如下的代码通过传入 LINEAR_TEXT_FLAG 和 ANTI_ALIAS_FLAG 字段来创建一个 Paint 实例。

```
Paint paint = new Paint(
        Paint.LINEAR_TEXT_FLAG | Paint.ANTI_ALIAS_FLAG);
```

35.2 硬件加速

现代的智能手机和平板都带有一个图形处理单元（graphic processing unit，GPU），这是专门用于图像创建和渲染的电子电路。从 Android 3.0 开始，Android 框架将会利用它在设备上所能找到的任何的 GPU，通过硬件加速来进行性能提升。对于以 Android APILevel 14 及其以上版本为目标的应用程序来说，硬件加速是默认可用的。

遗憾的是，当硬件加速打开的时候，并不是所有的绘制操作都能有效地进行。你可以将 Android 清单文件中的 application 或 activity 中的 android:hardwareAccelerated 属性设置为 false，来关闭硬件加速。例如，要针对整个应用程序关闭硬件加速，可以使用：

```
<application android:hardwareAccelerated="false">
```

要在一个活动中关闭硬件加速，可以使用：

```
<activity android:hardwareAccelerated="false" />
```

也可以在应用程序级别和活动级别同时使用 android:hardwareAccelerated 属性。例如，如下的代码表示应用程序中除了一个活动以外，都应该使用硬件加速：

```
<application android:hardwareAccelerated="true">
    <activity ... />
    <activity android:hardwareAccelerated="false" />
</application>
```

注　意

要尝试本章中的示例，必须关闭硬件加速。

35.3　创建一个定制视图

要创建一个定制视图，需要扩展 android.view.View 类或者其一个子类，并且覆盖其 onDraw 方法。如下是 onDraw 方法的签名。

```
protected void onDraw (android.graphics.Canvas canvas)
```

系统调用 onDraw 方法并且传入一个 Canvas 实例。你可以使用 Canvas 中的方法来绘制图形和文本，也可以创建路径和区域来绘制更多的形状。

在应用程序生命周期中，可以多次调用 onDraw 方法。因此，这里不应该执行太昂贵的操作，例如回收对象等。在 onDraw 方法中需要使用的对象，可以在任何地方创建。

例如，Canvas 中的大多数的绘制方法都需要一个 Paint。你应该在类级别创建 Paint，并让其可以在 onDraw 方法中使用，而不是在 onDraw 方法中创建 Canvas。如下的类说明了这一点。

```
public class MyCustomView extends View {
    Paint paint;
    {
        paint = ... // create a Paint object here
    }
    @Override
    protected void onDraw(Canvas canvas) {
        // use paint here.
    }
}
```

35.4　绘制基本形状

Canvas 类定义了 drawLine、drawCircle 和 drawRect 等方法来绘制形状。例如，如下的代码展示了如何在方法 onDraw 中绘制形状。

```
Paint paint = new Paint(Paint.FAKE_BOLD_TEXT_FLAG);
protected void onDraw(Canvas canvas) {
```

```
// change canvas background color.
canvas.drawColor(Color.parseColor("#bababa"));

// draw basic shapes
canvas.drawLine(5,  5, 200,  5, paint);
canvas.drawLine(5, 15, 200, 15, paint);
canvas.drawLine(5, 25, 200, 25, paint);

paint.setColor(Color.YELLOW);
canvas.drawCircle(50, 70, 35, paint);

paint.setColor(Color.GREEN);
canvas.drawRect(new Rect(100, 60, 150, 80), paint);

paint.setColor(Color.DKGRAY);
canvas.drawOval(new RectF(160, 60, 250, 80), paint);

...
}
```

图 35.1 展示了绘制结果。

图 35.1 基本形状

35.5 绘制文本

在画布上绘制文本，要使用 drawText 方法和一个 Paint。例如，如下的代码使用不同的颜色来绘制文本。

```
// draw text
textPaint.setTextSize(22);
canvas.drawText("Welcome", 20, 100, textPaint);
textPaint.setColor(Color.MAGENTA);
textPaint.setTextSize(40);
canvas.drawText("Welcome", 20, 140, textPaint);
```

图 35.2 展示了绘制的文本。

图 35.2 绘制文本

35.6 透明度

Android Graphics API 支持透明度。可以通过给绘制中使用的 Paint 赋一个 alpha 值来设置透明度。如下的代码显示了一些透明度的设置。

```
// transparency
textPaint.setColor(0xFF465574);
textPaint.setTextSize(60);
canvas.drawText("Android Rocks", 20, 340, textPaint);
// opaque circle
```

```
canvas.drawCircle(80, 300, 20, paint);
// semi-transparent circles
paint.setAlpha(110);
canvas.drawCircle(160, 300, 39, paint);
paint.setColor(Color.YELLOW);
paint.setAlpha(140);
canvas.drawCircle(240, 330, 30, paint);
paint.setColor(Color.MAGENTA);
paint.setAlpha(30);
canvas.drawCircle(288, 350, 30, paint);
paint.setColor(Color.CYAN);
paint.setAlpha(100);
canvas.drawCircle(380, 330, 50, paint);
```

图 35.3 展示了一些半透明的圆形。

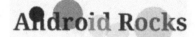

图 35.3　透明度

35.7　Shader

Shader 类是颜色的一个范围。在如下的代码中，我们定义了两种颜色，从而创建了一个 Shader 实例。

```
// shader
Paint shaderPaint = new Paint();
Shader shader = new LinearGradient(0, 400, 300, 500, Color.RED,
        Color.GREEN, Shader.TileMode.CLAMP);
shaderPaint.setShader(shader);
canvas.drawRect(0, 400, 200, 500, shaderPaint);
```

图 35.4 显示了一个线性渐变的 shader。

图 35.4　使用一个线性的渐变的 shader

35.8　裁剪

裁剪是在画布上分配一个区域以用于绘制的一个过程。裁剪的区域可以是一个矩形、一个圆形，或者你能够想象到的任何的形状。一旦裁剪了画布，在该区域以外所渲染的其他的绘制都将会被忽略。

图 35.5 展示了一个星形的裁剪区域。在裁剪了画布之后，只有裁剪区域之中的绘制文本可见。

Canvas 类提供了如下的方法用于裁剪：clipRect、clipPath 和 clipRegion。clipRect 方法使用一个 Rect 作为裁剪区域，以及一个 clipPath 用作 Path。例如，图 35.5 所示的裁剪区域，是通过如下的代码来创建的。

图 35.5　裁剪的一个示例

```
canvas.clipPath(starPath);
```

```
// starPath is a Path in the shape of a star, see next section
// on how to create it.
textPaint.setColor(Color.parseColor("yellow"));
canvas.drawText("Android", 350, 550, textPaint);
textPaint.setColor(Color.parseColor("#abde97"));
canvas.drawText("Android", 400, 600, textPaint);
canvas.drawText("Android Rocks", 300, 650, textPaint);
canvas.drawText("Android Rocks", 320, 700, textPaint);
canvas.drawText("Android Rocks", 360, 750, textPaint);
canvas.drawText("Android Rocks", 320, 800, textPaint);
```

我们将在 35.9 节更多地介绍裁剪。

35.9 使用路径

Path 是任意多个直线线段、二次曲线和三次曲线的组合。Path 可以用于裁剪，或者将文本绘制在它上面。作为例子，下面这个方法创建了一条星型的路径。它接受一个坐标，该坐标表示其中心点的位置。

```
private Path createStarPath(int x, int y) {
    Path path = new Path();
    path.moveTo(0 + x, 150 + y);
    path.lineTo(120 + x, 140 + y);
    path.lineTo(150 + x, 0 + y);
    path.lineTo(180 + x, 140 + y);
    path.lineTo(300 + x, 150 + y);
    path.lineTo(200 + x, 190 + y);
    path.lineTo(250 + x, 300 + y);
    path.lineTo(150 + x, 220 + y);
    path.lineTo(50 + x, 300 + y);
    path.lineTo(100 + x, 190 + y);
    path.lineTo(0 + x, 150 + y);
    return path;
}
```

如下的代码展示了如何沿着一条 Path 的曲线来绘制文本。

```
public class CustomView extends View {
    Path curvePath;
    Paint textPaint = new Paint(Paint.LINEAR_TEXT_FLAG);
    {
        Typeface typeface = Typeface.create(Typeface.SERIF,
                Typeface.BOLD);
        textPaint.setTypeface(typeface);
        curvePath = createCurvePath();
    }

    private Path createCurvePath() {
        Path path = new Path();
        path.addArc(new RectF(400, 40, 780, 300), -210, 230);
        return path;
    }

    protected void onDraw(Canvas canvas) {
        ...
        // draw text on path
        textPaint.setColor(Color.rgb(155, 20, 10));
        canvas.drawTextOnPath("Nice artistic touches",
                curvePath, 10, 10, textPaint);
        ...
```

```
    }
}
```

图 35.6 展示了所绘制的文本。

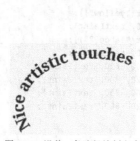

图 35.6　沿着一条路径绘制文本

35.10　CanvasDemo 应用程序

CanvasDemo 应用程序利用了一个定制的视图,并且包含了本章中所给出的所有的代码段。图 35.7 展示了该应用程序的主活动。

图 35.7　CanvasDemo 应用程序

代码清单 35.1 给出了该应用程序的 AndroidManifest.xml 文件。它只包含一个活动。

代码清单 35.1　AndroidManifest.xml 文件

```
<?xml version="1.0" encoding="utf-8"?>
<manifest xmlns:android="http://schemas.android.com/apk/res/android"
    package="com.example.canvasdemo"
    android:versionCode="1"
    android:versionName="1.0" >

    <uses-sdk
        android:minSdkVersion="18"
        android:targetSdkVersion="18" />

    <application
        android:hardwareAccelerated="false"
        android:allowBackup="true"
```

```xml
            android:icon="@drawable/ic_launcher"
            android:label="@string/app_name"
            android:theme="@style/AppTheme" >
            <activity
                android:name="com.example.canvasdemo.MainActivity"
                android:label="@string/app_name" >
                <intent-filter>
                    <action android:name="android.intent.action.MAIN"/>
                    <category android:name="android.intent.category.LAUNCHER" />
                </intent-filter>
            </activity>
    </application>
</manifest>
```

该应用程序的主要部分,是代码清单35.2给出的CustomView类。它扩展了View类,并且覆盖了onDraw方法。

代码清单35.2　CustomView 类

```java
package com.example.canvasdemo;
import android.content.Context;
import android.graphics.Canvas;
import android.graphics.Color;
import android.graphics.LinearGradient;
import android.graphics.Paint;
import android.graphics.Path;
import android.graphics.Rect;
import android.graphics.RectF;
import android.graphics.Shader;
import android.graphics.Typeface;
import android.view.View;

public class CustomView extends View {

    public CustomView(Context context) {
        super(context);
    }
    Paint paint = new Paint(Paint.FAKE_BOLD_TEXT_FLAG);
    Path starPath;
    Path curvePath;


    Paint textPaint = new Paint(Paint.LINEAR_TEXT_FLAG);
    Paint shaderPaint = new Paint();
    {
        Typeface typeface = Typeface.create(
                Typeface.SERIF, Typeface.BOLD);
        textPaint.setTypeface(typeface);
        Shader shader = new LinearGradient(0, 400, 300, 500,
                Color.RED, Color.GREEN, Shader.TileMode.CLAMP);
        shaderPaint.setShader(shader);
        // create star path
        starPath = createStarPath(300, 500);
        curvePath = createCurvePath();
    }

    protected void onDraw(Canvas canvas) {
        // draw basic shapes
        canvas.drawLine(5,  5, 200,  5, paint);
        canvas.drawLine(5, 15, 200, 15, paint);
```

```java
canvas.drawLine(5, 25, 200, 25, paint);

paint.setColor(Color.YELLOW);
canvas.drawCircle(50, 70, 35, paint);

paint.setColor(Color.GREEN);
canvas.drawRect(new Rect(100, 60, 150, 80), paint);

paint.setColor(Color.DKGRAY);
canvas.drawOval(new RectF(160, 60, 250, 80), paint);


// draw text
textPaint.setTextSize(22);
canvas.drawText("Welcome", 20, 150, textPaint);
textPaint.setColor(Color.MAGENTA);
textPaint.setTextSize(40);
canvas.drawText("Welcome", 20, 190, textPaint);

// transparency
textPaint.setColor(0xFF465574);
textPaint.setTextSize(60);
canvas.drawText("Android Rocks", 20, 340, textPaint);
// opaque circle
canvas.drawCircle(80, 300, 20, paint);
// semi-transparent circle
paint.setAlpha(110);
canvas.drawCircle(160, 300, 39, paint);
paint.setColor(Color.YELLOW);
paint.setAlpha(140);
canvas.drawCircle(240, 330, 30, paint);
paint.setColor(Color.MAGENTA);
paint.setAlpha(30);
canvas.drawCircle(288, 350, 30, paint);
paint.setColor(Color.CYAN);
paint.setAlpha(100);
canvas.drawCircle(380, 330, 50, paint);

// draw text on path
textPaint.setColor(Color.rgb(155, 20, 10));
canvas.drawTextOnPath("Nice artistic touches",
        curvePath, 10, 10, textPaint);


// shader
canvas.drawRect(0, 400, 200, 500, shaderPaint);


// create a star-shaped clip
canvas.drawPath(starPath, textPaint);
textPaint.setColor(Color.CYAN);
canvas.clipPath(starPath);
textPaint.setColor(Color.parseColor("yellow"));
canvas.drawText("Android", 350, 550, textPaint);
textPaint.setColor(Color.parseColor("#abde97"));
canvas.drawText("Android", 400, 600, textPaint);
canvas.drawText("Android Rocks", 300, 650, textPaint);
canvas.drawText("Android Rocks", 320, 700, textPaint);
canvas.drawText("Android Rocks", 360, 750, textPaint);
canvas.drawText("Android Rocks", 320, 800, textPaint);
```

```
    }
    private Path createStarPath(int x, int y) {
        Path path = new Path();
        path.moveTo(0 + x, 150 + y);
        path.lineTo(120 + x, 140 + y);
        path.lineTo(150 + x, 0 + y);
        path.lineTo(180 + x, 140 + y);
        path.lineTo(300 + x, 150 + y);
        path.lineTo(200 + x, 190 + y);
        path.lineTo(250 + x, 300 + y);
        path.lineTo(150 + x, 220 + y);
        path.lineTo(50 + x, 300 + y);
        path.lineTo(100 + x, 190 + y);
        path.lineTo(0 + x, 150 + y);
        return path;
    }
    private Path createCurvePath() {
        Path path = new Path();
        path.addArc(new RectF(400, 40, 780, 300),
                -210, 230);
        return path;
    }
}
```

MainActivity 类如代码清单 35.3 所示，它实例化了 CustomView 类，并且为其 setContentView 方法传入了一个实例。这和本书中的大多数的应用程序不同，在那些应用程序中，我们将一个布局资源标识符传递给 setContentView 方法的另一个重载形式。

代码清单 35.3　MainActivity 类

```
package com.example.canvasdemo;
import android.app.Activity;
import android.os.Bundle;
public class MainActivity extends Activity {
    @Override
    protected void onCreate(Bundle savedInstanceState) {
        super.onCreate(savedInstanceState);
        CustomView customView = new CustomView(this);
        setContentView(customView);
    }
}
```

35.11　本章小结

Android SDK 带有各种广泛的视图，可以在你的应用程序中使用它们。如果这些都不符合你的需要，可以创建一个定制视图并且在其上绘制。本章介绍了如何创建一个定制视图，以及如何在画布上绘制多个形状。

第36章 片　　段

Android 3.0（APILevel 11）添加了一个强大的功能就是片段（fragment），它是能够嵌入到活动中的组件。和定制视图不同，片段有自己的生命周期，并且可以有，也可以没有用户界面。

本章将介绍什么是片段并展示如何使用它。

36.1　片段的生命周期

通过扩展 android.app.Fragment 类或者其子类来创建一个片段。一个片段可以有，也可以没有用户界面。没有用户界面的片段，充当该片段所嵌入到的活动的一个 worker。如果一个片段没有用户界面，它可能包含布局文件中所排列的视图，在片段创建之后，将会加载这些视图。在很多时候，编写一个片段类似于编写一个活动。

为了有效地创建片段，你需要了解一个片段的生命周期。图 36.1 展示了一个片段的生命周期。

片段的生命周期类似于活动的生命周期。例如，它拥有 onCreate、onResume 和 onPause 等回调方法。此外，还有诸如 onAttach、onActivityCreated 和 onDetach 等方法。在片段和一个活动关联之后，调用 onAttach 方法；在包含了片段的活动完成之后，调用 onCreate 方法。在片段和一个活动解除关联之前，调用 onDetach 方法。

- onAttach。在片段与其活动关联之后就调用。
- onCreate。初次创建片段的时候调用。
- onCreateView。当为片段创建布局的时候调用。它必须返回片段的根视图。
- onActivityCreated。调用来告诉片段，其活动的 onCreate 方法已经完成。
- onStart。当片段的视图对用户可见的时候调用。
- onResume。当包含的活动进入到 Resumed 状态的时候，也就意味着活动开始运行了，调用该方法。
- onPause。当包含的活动暂停的时候，调用该方法。
- onStop。当包含活动停止的时候调用。
- onDestroyView。调用以允许片段释放用于其视图的资源。
- onDestroy。在片段销毁之前调用，以允许片段进行最后的清理工作。
- onDetach。当片段与其活动解除关联的时候调用。

一个活动和一个片段之间有一些细微的区别。在一个活动中，通常会在活动的 onCreate 方法中，使用 setContentView 方法来设置活动的视图。

```
protected void onCreate(android.os.Bundle savedInstanceState) {
    super(savedInstanceState);
    setContentView(R.layout.activity_main);
    ...
}
```

如果是一个片段的话，通常在其 onCreateView 方法中创建一个视图。如下是 onCreateView 方法的签名。

```
public View onCreateView(android.view.LayoutInflater inflater,
        android.view.ViewGroup container,
        android.os.Bundle savedInstanceState);
```

36.1 片段的生命周期

注意到了吗？传递给 onCreateView 方法的参数有 3 个。第 1 个参数是一个 LayoutInflater，用来将任意的视图填充到片段中。第 2 个参数是要附加的片段的父视图。第 3 个参数是一个 Bundle，如果它不为空的话，包含了之前保存的状态信息。

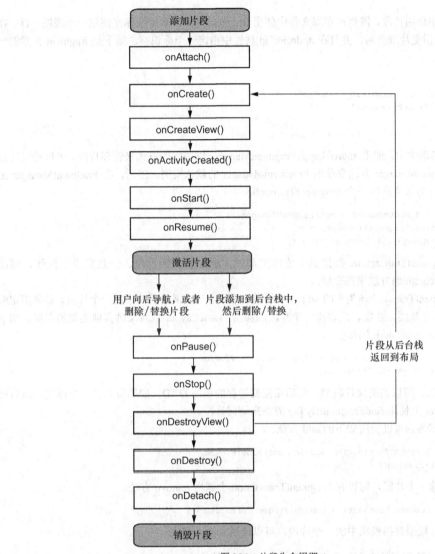

图 36.1 片段生命周期

在一个活动中，可以通过调用活动的 findViewById 方法来获取对视图的一个引用。在片段中，可以通过在父视图上调用 findViewById 来找到一个视图。

```
View root = inflater.inflate(R.layout.fragment_names,
        container, false);
View aView = (View) root.findViewById(id);
```

还要注意，片段不应该了解其视图或其他片段的任何事情。如果你需要监听在一个片段中所发生的事件，而它可能影响到活动或其他视图或片段，那么，不要在片段类中编写监听器。相反，触发一个新的事件作为对片段事件的响应，并且让活动来处理它。

我们将在本章后面学习创建一个片段的方法。

36.2 片段管理

要在一个活动中使用片段,需要在布局文件中使用 fragment 元素,就好像你在使用一个视图一样。在 android:name 属性中指定片段类名,并且在 android: id 属性中指定一个标识符。如下是 fragment 元素的一个示例。

```
<fragment
    android:name="com.example.MyFragment"
    android:id="@+id/fragment1"
    ...
/>
```

或者,可以在活动类中,使用 android.app. FragmentManager 以编程的方式来管理片段。可以通过在活动类中调用 getFragmentManager 方法来获取 FragmentManager 的默认实例。然后,在 FragmentManager 上调用 beginTransaction 方法来获取一个 FragmentTransaction。

```
FragmentManager fragmentManager = getFragmentManager();
FragmentTransaction fragmentTransaction =
        fragmentManager.beginTransaction();
```

android.app.FragmentTransaction 类提供了方法来添加、删除和替换片段。一旦完成了操作,调用 FragmentTransaction.commit()方法来提交修改。

可以使用 FragmentTransaction 类中的 add 方法的重载形式之一,来给活动添加一个片段。必须指定应该把片段添加到哪一个视图。通常,应该将一个片段添加到 FrameLayout 或者某种其他类型的布局。如下是 FragmentTransaction 中的 add 方法之一。

```
public abstract FragmentTransaction add(int containerViewId,
        Fragment fragment, String tag)
```

要使用 add 方法,可以实例化片段类,然后指定要添加的视图的 ID。如果传入了一个标签,随后可以在 FragmentManager 上使用 findFragmentByTag 方法来访问片段。

如果没有使用标签,可以使用如下的 add 方法。

```
public abstract FragmentTransaction add(int containerViewId,
        Fragment fragment)
```

要从活动中删除一个片段,可以在 FragmentTransaction 上调用 remove 方法。

```
public abstract FragmentTransaction remove(Fragment fragment)
```

要使用另一个片段来替换视图中的一个片段,可以使用 replace 方法。

```
public abstract FragmentTransaction replace(int containerViewId,
        Fragment fragment, String tag)
```

最后一步,当你完成了片段的管理之后,需要在 FragmentTransaction 上调用 commit 方法。

```
public abstract int commit()
```

36.3 使用片段

FragmentDemo1 应用程序是一个示例应用程序,它带有一个活动,该活动使用了两个片段。第 1 个片段列出了一些城市。选择一个城市,会导致第 2 个片段显示所选的城市的一幅图片。正确的设计认为一个片段不应该知道其周边的事情,第 1 个片段根据接受的用户选择触发了一个事件。活动处理这个新的事件,并导致第 2 个片段发生改变。

图 36.2 展示了 FragmentDemo1 的样子。

图 36.2　使用片段

代码清单 36.1 给出了该应用程序的清单文件。

代码清单 36.1　FragmentDemo1 的 AndroidManifest.xml 文件

```xml
<?xml version="1.0" encoding="utf-8"?>
<manifest xmlns:android="http://schemas.android.com/apk/res/android"
    package="com.example.fragmentdemo1"
    android:versionCode="1"
    android:versionName="1.0" >

    <uses-sdk
        android:minSdkVersion="18"
        android:targetSdkVersion="18" />

    <application
        android:allowBackup="true"
        android:icon="@drawable/ic_launcher"
        android:label="@string/app_name"
        android:theme="@style/AppTheme">
        <activity
            android:name="com.example.fragmentdemo1.MainActivity"
            android:label="@string/app_name" >
            <intent-filter>
                <action android:name="android.intent.action.MAIN"/>
                <category
    android:name="android.intent.category.LAUNCHER"/>
            </intent-filter>
        </activity>
    </application>
</manifest>
```

这里没有什么特殊的内容，它只是为应用程序声明了一个活动。

使用一个片段，就像使用视图和微件一样，只要在活动的布局文件中声明它，或者通过编程来添加一个片段就行了。对于 FragmentDemo1，我们给应用程序的主活动的布局添加了两个片段。布局文件如代码清单 36.2 所示。

代码清单 36.2 主活动的布局文件

```xml
<LinearLayout
    xmlns:android="http://schemas.android.com/apk/res/android"
    android:orientation="horizontal"
    android:layout_width="match_parent"
    android:layout_height="match_parent">
    <fragment
        android:name="com.example.fragmentdemo1.NamesFragment"
        android:id="@+id/namesFragment"
        android:layout_weight="1"
        android:layout_width="0dp"
        android:layout_height="match_parent" />
    <fragment
        android:name="com.example.fragmentdemo1.DetailsFragment"
        android:id="@+id/detailsFragment"
        android:layout_weight="2.5"
        android:layout_width="0dp"
        android:layout_height="match_parent" />
</LinearLayout>
```

主活动的布局使用了一个水平的 LinearLayout，它将屏幕分割为两个面板。两个面板的宽度比是 1:2.5，这是由 fragment 元素的 layout_weight 属性定义的。每个面板都用一个片段填充。第 1 个面板用 Names_ Fragment 类表示，第 2 个面板用 DetailsFragment 类表示。

第 1 个片段 NamesFragment，从代码清单 36.3 所示的 fragment_names.xml 文件中获取其布局，该文件位于 res/layout 目录下。

代码清单 36.3 fragment_names.xml 文件

```xml
<ListView
    xmlns:android="http://schemas.android.com/apk/res/android"
    android:id="@+id/listView1"
    android:layout_width="wrap_content"
    android:layout_height="wrap_content"
    android:background="#FFFF55"/>
```

NamesFragment 的布局非常简单。它包含了一个单个的视图，就是 ListView，该布局在片段类的 onCreateView 方法中加载（参见代码清单 36.4）。

代码清单 36.4 NamesFragment 类

```java
package com.example.fragmentdemo1;
import android.app.Activity;
import android.app.Fragment;
import android.os.Bundle;
import android.view.LayoutInflater;
import android.view.View;
import android.view.ViewGroup;
import android.widget.AdapterView;
import android.widget.ArrayAdapter;
import android.widget.ListView;

public class NamesFragment extends Fragment {
    @Override
    public View onCreateView(LayoutInflater inflater,
            ViewGroup container, Bundle savedInstanceState) {
        final String[] names = {"Amsterdam", "Brussels", "Paris"};
        // use android.R.layout.simple_list_item_activated_1
        // to have the selected item in a different color
        ArrayAdapter<String> adapter = new ArrayAdapter<String>(
                getActivity(),
                android.R.layout.simple_list_item_activated_1,
```

```java
            names);
        View view = inflater.inflate(R.layout.fragment_names,
            container, false);
        final ListView listView = (ListView) view.findViewById(
            R.id.listView1);

        listView.setChoiceMode(ListView.CHOICE_MODE_SINGLE);
        listView.setOnItemClickListener(new
            AdapterView.OnItemClickListener() {
          @Override
          public void onItemClick(AdapterView<?> parent,
              final View view, int position, long id) {
            if (callback != null) {
              callback.onItemSelected(names[position]);
            }
          }
        });
        listView.setAdapter(adapter);
        return view;
    }


    public interface Callback {
        public void onItemSelected(String id);
    }

    private Callback callback;

    @Override
    public void onAttach(Activity activity) {
        super.onAttach(activity);
        if (activity instanceof Callback) {
            callback = (Callback) activity;
        }
    }
    @Override
    public void onDetach() {
        super.onDetach();
        callback = null;
    }
}
```

NamesFragment 类定义了一个 Callback 接口,其活动必须实现该接口以监听其 ListView 的项目选择事件。该活动可以使用它来驱动第 2 个片段。onAttach 方法确保了实现类是一个 Activity。

第 2 个片段 DetailsFragment,拥有代码清单 36.5 所示的布局文件。它包含了一个 TextView 和一个 ImageView。TextView 显示了所选择的城市的名称,而 ImageView 显示了所选择的城市的图片。

代码清单 36.5 fragment_details.xml 文件

```xml
<LinearLayout
    xmlns:android="http://schemas.android.com/apk/res/android"
    android:orientation="vertical"
    android:background="#FAFAD2"
    android:layout_width="match_parent"
    android:layout_height="match_parent">
    <TextView
        android:id="@+id/text1"
        android:layout_width="wrap_content"
        android:layout_height="wrap_content"
        android:textSize="30sp"/>
```

```xml
<ImageView
    android:id="@+id/imageView1"
    android:layout_width="match_parent"
    android:layout_height="match_parent"/>
</LinearLayout>
```

DetailsFragment 类如代码清单 36.6 所示。它拥有一个 showDetails 方法，可以调用该方法来修改 TextView 和 ImageView 的内容。

代码清单 36.6　DetailsFragment 类

```java
package com.example.fragmentdemo1;
import android.app.Fragment;
import android.os.Bundle;
import android.view.LayoutInflater;
import android.view.View;
import android.view.ViewGroup;
import android.widget.ImageView;
import android.widget.ImageView.ScaleType;
import android.widget.TextView;
public class DetailsFragment extends Fragment {

    @Override
    public View onCreateView(LayoutInflater inflater,
            ViewGroup container, Bundle savedInstanceState) {
        return inflater.inflate(R.layout.fragment_details,
                container, false);
    }

    public void showDetails(String name) {
        TextView textView = (TextView)
                getView().findViewById(R.id.text1);
        textView.setText(name);

        ImageView imageView = (ImageView) getView().findViewById(
                R.id.imageView1);
        imageView.setScaleType(ScaleType.FIT_XY); // stretch image
        if (name.equals("Amsterdam")) {
            imageView.setImageResource(R.drawable.amsterdam);
        } else if (name.equals("Brussels")) {
            imageView.setImageResource(R.drawable.brussels);
        } else if (name.equals("Paris")) {
            imageView.setImageResource(R.drawable.paris);
        }
    }
}
```

代码清单 36.7 中给出了 FragmentDemo1 的活动类。

代码清单 36.7　FragmentDemo1 的活动类

```java
package com.example.fragmentdemo1;
import android.app.Activity;
import android.os.Bundle;

public class MainActivity extends Activity
        implements NamesFragment.Callback {

    @Override
    protected void onCreate(Bundle savedInstanceState) {
        super.onCreate(savedInstanceState);
        setContentView(R.layout.activity_main);
    }
    @Override
    public void onItemSelected(String value) {
        DetailsFragment details = (DetailsFragment)
```

```
            getFragmentManager().findFragmentById(
                    R.id.detailsFragment);
    details.showDetails(value);
    }
}
```

需要注意，活动类实现了 NamesFragment.Callback 接口，以便它可以捕获片段中的选项点击事件。onItemSelected 方法是 Callback 接口的一个实现。它在第 2 个片段中调用 showDetails 方法，以修改文本以及所选的城市的图片。

36.4 扩展 ListFragment 并使用 FragmentManager

FragmentDemo1 展示了如何在活动的布局文件中使用 fragment 元素给一个活动添加一个片段。在第 2 个示例应用程序 FragmentDemo2 中，我们将学习如何通过编程给一个活动添加一个片段。

在功能上，FragmentDemo2 和 FragmentDemo1 相似，只有几处区别。第 1 个区别是所选择的城市的名称和图片的更新方式。在 FragmentDemo1 中，包含活动在第 2 个片段中调用 showDetails 方法，传入了城市的名称。在 FragmentDemo2 中，当选择一个城市的时候，活动创建了 DetailsFragment 的一个新的实例，并用它来替代旧的实例。

第 2 个区别是，第 1 个片段扩展了 ListFragment 而不是 Fragment。ListFragment 是 Fragment 的一个子类，包含了一个 ListView 用来填充其整个视图。当子类化 ListFragment 的时候，你需要覆盖其 onCreate 方法，并且调用其 setListAdapter 方法。这在代码清单 36.8 中的 NamesListFragment 类中展示了出来。

代码清单 36.8　NamesListFragment 类

```
package com.example.fragmentdemo2;
import android.app.Activity;
import android.app.ListFragment;
import android.os.Bundle;
import android.view.View;
import android.widget.AdapterView;
import android.widget.ArrayAdapter;
import android.widget.ListView;

/* we don't need fragment_names-xml anymore */
public class NamesListFragment extends ListFragment {

    final String[] names = {"Amsterdam", "Brussels", "Paris"};

    @Override
    public void onCreate(Bundle savedInstanceState) {
        super.onCreate(savedInstanceState);
        ArrayAdapter<String> adapter = new ArrayAdapter<String>(
                getActivity(),
                android.R.layout.simple_list_item_activated_1,
                names);
        setListAdapter(adapter);
    }

    @Override
    public void onViewCreated(View view,
            Bundle savedInstanceState) {
    // ListView can only be accessed here, not in onCreate()
    super.onViewCreated(view, savedInstanceState);
    ListView listView = getListView();
    listView.setChoiceMode(ListView.CHOICE_MODE_SINGLE);
    listView.setOnItemClickListener(new
            AdapterView.OnItemClickListener() {
```

```java
            @Override
            public void onItemClick(AdapterView<?> parent,
                    final View view, int position, long id) {
                if (callback != null) {
                    callback.onItemSelected(names[position]);
                }
            }
        });
    }

    public interface Callback {
        public void onItemSelected(String id);
    }

    private Callback callback;

    @Override
    public void onAttach(Activity activity) {
        super.onAttach(activity);
        if (activity instanceof Callback) {
            callback = (Callback) activity;
        }
    }

    @Override
    public void onDetach() {
        super.onDetach();
        callback = null;
    }
}
```

和 FragmentDemo1 中的 NamesFragment 类一样，FragmentDemo2 中的 NamesListFragment 类也定义了一个 Callback 接口，包含活动必须实现该接口才能监听 ListView 的 OnItemClick 事件。

代码清单 36.9 所示的第 2 个片段 DetailsFragment，期待其活动传入两个参数，一个名称和一个图像 ID。在其 onCreate 方法中，该片段接受了这些参数，并将其保存到类级别的变量 name 和 imageId 中。这些变量的值随后将会在 onCreateView 方法中用来填充其 TextView 和 ImageView。

代码清单 36.9　DetailsFragment 类

```java
package com.example.fragmentdemo2;
import android.app.Fragment;
import android.os.Bundle;
import android.view.LayoutInflater;
import android.view.View;
import android.view.ViewGroup;
import android.widget.ImageView;
import android.widget.ImageView.ScaleType;
import android.widget.TextView;

public class DetailsFragment extends Fragment {

    int imageId;
    String name;

    public DetailsFragment() {
    }

    @Override
    public void onCreate(Bundle savedInstanceState) {
        super.onCreate(savedInstanceState);
        if (getArguments().containsKey("name")) {
            name = getArguments().getString("name");
        }
```

```java
            if (getArguments().containsKey("imageId")) {
                imageId = getArguments().getInt("imageId");
            }
    }

    @Override
    public View onCreateView(LayoutInflater inflater,
            ViewGroup container, Bundle savedInstanceState) {

        View rootView = inflater.inflate(
                R.layout.fragment_details, container, false);
        TextView textView = (TextView)
                rootView.findViewById(R.id.text1);
        textView.setText(name);

        ImageView imageView = (ImageView) rootView.findViewById(
                R.id.imageView1);
        imageView.setScaleType(ScaleType.FIT_XY); //stretch image
        imageView.setImageResource(imageId);
        return rootView;
    }
}
```

既然已经看过了片段，接下来进一步看看活动。布局文件如代码清单 36.10 所示。FragmentDemo2 中的活动布局文件有一个片段元素和一个 FrameLayout，而不是像 FragmentDemo1 中那样有两个片段元素。FrameLayout 充当了第 2 个片段的容器。

代码清单 36.10　activity_main.xml 文件

```xml
<LinearLayout
    xmlns:android="http://schemas.android.com/apk/res/android"
    android:orientation="horizontal"
    android:layout_width="match_parent"
    android:layout_height="match_parent">
    <fragment
        android:name="com.example.fragmentdemo2.NamesListFragment"
        android:id="@+id/namesFragment"
        android:layout_weight="1"
        android:layout_width="0dp"
        android:layout_height="match_parent"/>
    <FrameLayout
        android:id="@+id/details_container"
        android:layout_width="0dp"
        android:layout_height="match_parent"
        android:layout_weight="2.5"/>
</LinearLayout>
```

FragmentDemo2 的活动类在代码清单 36.11 中给出。和 FragmentDemo1 中的活动类一样，它也实现了 Callback 接口。但是，其 onItemSelected 方法的实现有所不同。首先，它给 DetailsFragment 传入了两个参数。其次，每次调用 onItemSelected 的时候，都会创建一个新的 DetailsFragment 实例并传递给 FrameLayout。

代码清单 36.11　MainActivity 类

```java
package com.example.fragmentdemo2;
import android.app.Activity;
import android.app.FragmentManager;
import android.app.FragmentTransaction;
import android.os.Bundle;

public class MainActivity extends Activity
        implements NamesListFragment.Callback {

    @Override
```

```
    protected void onCreate(Bundle savedInstanceState) {
        super.onCreate(savedInstanceState);
        setContentView(R.layout.activity_main);

    }
    @Override
    public void onItemSelected(String value) {

        Bundle arguments = new Bundle();
        arguments.putString("name", value);
        if (value.equals("Amsterdam")) {
            arguments.putInt("imageId", R.drawable.amsterdam);
        } else if (value.equals("Brussels")) {
            arguments.putInt("imageId", R.drawable.brussels);
        } else if (value.equals("Paris")) {
            arguments.putInt("imageId", R.drawable.paris);
        }
        DetailsFragment fragment = new DetailsFragment();
        fragment.setArguments(arguments);
        FragmentManager fragmentManager = getFragmentManager();
        FragmentTransaction fragmentTransaction =
                fragmentManager.beginTransaction();
        fragmentTransaction.replace(
                R.id.details_container, fragment);
        fragmentTransaction.commit();
    }
}
```

图 36.3 展示了 FragmentDemo2。

图 36.3　FragmentDemo2

36.5　本章小结

片段是能够添加到一个活动中的组件。片段有自己的生命周期，拥有一些在其生命周期的某个阶段调用的方法。在本章中，我们学习了如何编写自己的片段。

第 37 章　多面板布局

Android 平板一般都有一个比手机大一点的屏幕。在很多情况下，你可能想要使用多面板的布局，利用平板电脑屏幕较大的优点，以显示更多的信息。

本章介绍使用第 36 章介绍的片段，来实现多面板布局。

37.1　概览

平板电脑的屏幕比手机要大一些，因此，在平板电脑上，可以显示比在手机上更多的信息。如果你打算编写一个要在两种类型的设备上显示得都不错的应用程序，通常的策略是支持两种布局。可以对手机使用单面板的布局，而对平板电脑使用多面板的布局。

图 37.1 展示了一个应用程序的双面板视图，图 37.2 以单面板的模式显示了相同的应用程序。

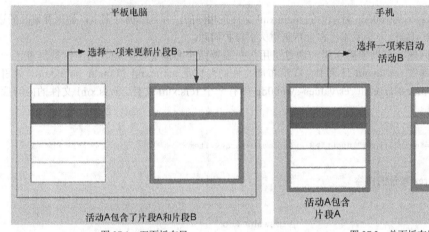

图 37.1　双面板布局　　　　　　　图 37.2　单面板布局

在单面板布局中，显示的活动通常包含单个的片段，这个片段往往反过来包含一个 ListView。选中 ListView 上的一项，将会开始另一个活动。

在多面板的布局中，通常有一个足够大容纳两个面板的活动。可以使用相同的片段，但是这一次，当选中一个项的时候，它将会更新第 2 个片段，而不是开始另一个活动。

问题是，如何告诉系统来挑选正确的布局？在 Android 3.2（APILevel 13）之前，根据一个屏幕大小，属于如下这几类之一：

- 较小，针对至少 426dp×320dp 的屏幕。
- 常规，针对至少 470dp × 320dp 的屏幕。
- 较大，针对至少 470dp ×320dp 的屏幕。
- 特大，针对至少 960dp ×720dp 的屏幕。

这里，dp 表示独立的像素的密度（density independent pixel）。可以通过 dp 和屏幕密度（每英寸中的点的数目，或 dpi）来计算像素数目，只要使用如下的公式：

```
px = dp * (dpi / 160)
```

要支持一种屏幕分类，可以将布局文件放在专门用于该分类的文件夹下，例如，res/layout-small 用于较小的屏幕，res/layout 用于常规的屏幕，res/layout-large 用于较大的屏幕，而 res/layout-xlarge 用于特大的屏幕。如果常规的屏幕和较大的屏幕都要支持，应该在 res/layout 和 res/layout-large 目录下均放置布局文件。

然而，这种系统有一定局限性。例如，一个 7 英寸的平板电脑和一个 10 英寸的平板电脑都属于特大屏幕的分类，它们提供不同大小的空间。考虑到 7 英寸的平板电脑和 10 英寸的平板电脑的不同布局，Android 3.2 改变了其工作的方式。在 Android 3.2 及其以后的版本中，使用一种新的技术，根据 dp 为单位的空间量来度量屏幕，而不是只使用 4 种屏幕大小，并试图让布局适应通用的大小分组。

有了新的系统，很容易为一个 600dp 屏幕宽度的平板电脑（如 7 英寸平板电脑）和 720dp 屏幕宽度的平板电脑（如 10 英寸平板电脑）提供不同的布局。此外，常见的手机拥有 320dp 的屏幕宽度。

现在，要支持 Android 3.2 的设备及其以后的版本的设备的大屏幕，需要将布局文件存储在 res/layout-large 和 res/layout-sw600dp 目录中。换句话说，对于每个布局，最终都有 3 个文件（假设布局文件名为 main.xml）：

- **res/layout/main.xml** 用于常规屏幕。
- **res/layout-large/main.xml** 用于运行 Android 3.2 之前的版本的设备的大屏幕。
- **res/layout-sw600dp/main.xml** 用于运行 Android 3.2 及其以后的版本、拥有较大屏幕的设备。

此外，如果你的应用程序拥有和 10 寸平板电脑不同的屏幕，你还需要一个 res/layout-sw720dp/main.xml 文件。

layout-large 和 layout-sw600dp 目录中的 main.xml 文件是相同的，并且都拥有副本，如果要修改的话，二者都要修改，如果只修改一个版本，将会带来重大的维护问题。

为了解决这个问题，可以使用引用。通过引用，只需要两个布局文件，一个用于常规屏幕，一个用于大屏幕，二者都在 res/layout 目录中。假设布局文件的名称是 main.xml 和 main_large.xml，要引用后者，需要在 res/values-large 和 res/values-sw600dp 中有一个 refs.xml 文件。refs.xml 文件的内容应该如下所示：

```
<resources>
    <item name="main" type="layout">@layout/main_large</item>
</resources>
```

图 37.3 展示了 res 目录的内容。

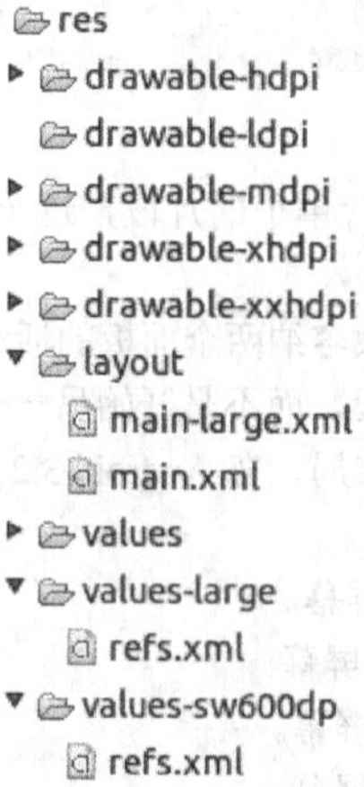

```
▼ res
  ▶ drawable-hdpi
    drawable-ldpi
  ▶ drawable-mdpi
  ▶ drawable-xhdpi
  ▶ drawable-xxhdpi
  ▼ layout
      main-large.xml
      main.xml
  ▶ values
  ▼ values-large
      refs.xml
  ▼ values-sw600dp
      refs.xml
```

图 37.3 支持布局引用的 res 目录的结构

通过这种方式，你有两个相同的文件，values-large 目录中的 refs.xml 文件和 values-sw600dp 目录中的 refs.xml 文件。但是，这些都是引用文件，如果布局修改的话，不用更新它们。

37.2 多面板示例

MultiPaneDemo 是支持较小屏幕和较大屏幕的一个应用程序。对于较大屏幕，它显示一个活动，该活动使用一个多面板布局，它由两个片段组成。对于较小的屏幕，将会显示另一个活动，其中只包含一个片段。

创建多面板应用程序的最简单的方式，是使用 Android Studio。通常，可以使用第 24 章中所介绍的 New Android Application 向导。然而，应该选择 Master/Detail Flow，而不是像在第 24 章中那样创建一个空白的活动，如图 37.4 所示。

图 37.4 选择 Master/Detail Flow 活动

在图 37.4 所示的窗口中，单击 Next。在随后出现的窗口中（如图 37.5 所示），选择项的名称并且单击 Finish 按钮。

Android Studio 支持通过为主活动创建两个版本的布局文件，来支持多面板布局和单面板布局。单面板版本存储在 res/layout 目录下，多面板布局存储在 res/layout-sw600dp 目录下。当应用程序启动的时候，主活动根据屏幕分辨率自动选择正确的布局文件。

Android Studio 还创建了一个多面板应用程序，它既支持 Android 3.0 及其以后的版本，也支持 Android 3.0 之前的版本。如果你不需要支持较早的设备，你可以删除该支持类。这么做的优点是，你将会拥有大约 30KB 大小的一个 apk 文件。

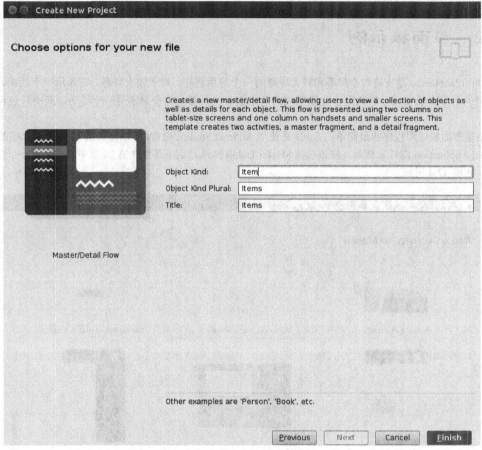

图 37.5 为项选择一个名称

该应用程序的 AndroidManifest.xml 文件如代码清单 37.1 所示。

代码清单 37.1　AndroidManifest.xml 文件

```xml
<?xml version="1.0" encoding="utf-8"?>
<manifest xmlns:android="http://schemas.android.com/apk/res/android"
    package="com.example.multipanedemo"
    android:versionCode="1"
    android:versionName="1.0" >

    <uses-sdk
        android:minSdkVersion="18"
        android:targetSdkVersion="18" />

    <application
        android:allowBackup="true"
        android:icon="@drawable/ic_launcher"
        android:label="@string/app_name"
        android:theme="@style/AppTheme" >
        <activity
            android:name=".ItemListActivity"
            android:label="@string/app_name" >
            <intent-filter>
                <action android:name="android.intent.action.MAIN" />
                <category
```

```xml
            android:name="android.intent.category.LAUNCHER" />
        </intent-filter>
    </activity>
    <activity
        android:name=".ItemDetailActivity"
        android:label="@string/title_item_detail"
        android:parentActivityName=".ItemListActivity" >
        <meta-data
            android:name="android.support.PARENT_ACTIVITY"
            android:value=".ItemListActivity" />
    </activity>
</application>

</manifest>
```

该应用程序有两个活动。主活动在单面板和多面板环境中都用到。第 2 个活动只是在单面板环境中使用。

37.2.1 布局和活动

正如你在清单 37.1 中所看到的，ItemListActivity 类是一个活动类，当应用程序启动的时候，它将会实例化。该类如代码清单 37.2 所示。

代码清单 37.2　ItemListActivity 类

```java
package com.example.multipanedemo;
import android.app.Activity;
import android.content.Intent;
import android.os.Bundle;

public class ItemListActivity extends Activity
        implements ItemListFragment.Callbacks {

    private boolean twoPane;

    @Override
    protected void onCreate(Bundle savedInstanceState) {
        super.onCreate(savedInstanceState);
        setContentView(R.layout.activity_item_list);

        if (findViewById(R.id.item_detail_container) != null) {
            twoPane = true;

            // In two-pane mode, list items should be given the
            // 'activated' state when touched.
            ((ItemListFragment) getFragmentManager()
                    .findFragmentById(R.id.item_list))
                    .setActivateOnItemClick(true);
        }
    }

    /**
     * Callback method from {@link ItemListFragment.Callbacks}
     * indicating that the item with the given ID was selected.
     */
    @Override
    public void onItemSelected(String id) {
        if (twoPane) {
            Bundle arguments = new Bundle();
            arguments.putString(ItemDetailFragment.ARG_ITEM_ID, id);
            ItemDetailFragment fragment = new ItemDetailFragment();
            fragment.setArguments(arguments);
```

```
            getFragmentManager().beginTransaction()
                    .replace(R.id.item_detail_container, fragment)
                    .commit();
        } else {
            // In single-pane mode, simply start the detail activity
            // for the selected item ID.
            Intent detailIntent = new Intent(this, ItemDetailActivity.class);
            detailIntent.putExtra(ItemDetailFragment.ARG_ITEM_ID, id);
            startActivity(detailIntent);
        }
    }
}
```

ItemListActivity 类中的 onCreate 方法，通过布局标识符 R.layout.activity_item_list 来加载布局。

```
    protected void onCreate(Bundle savedInstanceState) {
        super.onCreate(savedInstanceState);
        setContentView(R.layout.activity_item_list);
    ...
```

在拥有较小屏幕的设备中，将会加载 res/layout/activity_item_list.xml。在拥有较大屏幕的设备中，系统将尝试在 res/layout-large 或 res/layout-sw600dp 目录中查找 activity_item_list.xml 文件。

res/layout/sw600dp 中的多面板 activity_item_list.xml 文件，在拥有较大屏幕的设备中使用。该布局文件如代码清单 37.3 所示。

代码清单 37.3 res/layout-sw600dp/activity_item_list.xml 文件（用于多面板）

```xml
<LinearLayout
    xmlns:android="http://schemas.android.com/apk/res/android"
    xmlns:tools="http://schemas.android.com/tools"
    android:layout_width="match_parent"
    android:layout_height="match_parent"
    android:layout_marginLeft="16dp"
    android:layout_marginRight="16dp"
    android:baselineAligned="false"
    android:divider="?android:attr/dividerHorizontal"
    android:orientation="horizontal"
    android:showDividers="middle"
    tools:context=".ItemListActivity">

    <!--
    This layout is a two-pane layout for the Items
    master/detail flow.
    -->

    <fragment android:id="@+id/item_list"
        android:name="com.example.multipanedemo.ItemListFragment"
        android:layout_width="0dp"
        android:layout_height="match_parent"
        android:layout_weight="1"
        tools:layout="@android:layout/list_content" />

    <FrameLayout android:id="@+id/item_detail_container"
        android:layout_width="0dp"
        android:layout_height="match_parent"
        android:layout_weight="3" />

</LinearLayout>
```

activity_item_list.xml 布局文件使用一个水平的 LinearLayout，它将屏幕分隔为两个面板。左边的面板包含了一个片段,其中包含了一个 ListView;右边的面板包含了一个 FrameLayout,其中可以添加名为 ItemDetailFragment 的另一个实例。代码清单 37.4 展示了 ItemDetailFragment 的布局。

代码清单 37.4　fragment_item_detail.xml 文件

```xml
<TextView xmlns:android="http://schemas.android.com/apk/res/android"
    xmlns:tools="http://schemas.android.com/tools"
    android:id="@+id/item_detail"
    style="?android:attr/textAppearanceLarge"
    android:layout_width="match_parent"
    android:layout_height="match_parent"
    android:padding="16dp"
    android:textIsSelectable="true"
    tools:context=".ItemDetailFragment" />
```

对于较小的屏幕,将会使用两个活动。主活动将会加载代码清单 37.5 中的 activity_item_list.xml 布局文件。这个布局包含的片段和多面板布局中的左面板所使用的片段相同。

代码清单 37.5　res/layout/activity_item_list.xml file(用于单面板)

```xml
<fragment xmlns:android="http://schemas.android.com/apk/res/android"
    xmlns:tools="http://schemas.android.com/tools"
    android:id="@+id/item_list"
    android:name="com.example.multipanedemo.ItemListFragment"
    android:layout_width="match_parent"
    android:layout_height="match_parent"
    android:layout_marginLeft="16dp"
    android:layout_marginRight="16dp"
    tools:context=".ItemListActivity"
    tools:layout="@android:layout/list_content" />
```

37.2.2　片段类

两个片段类分别如代码清单 37.6 和代码清单 37.7 所示。

代码清单 37.6　ItemListFragment 类

```java
package com.example.multipanedemo;
import android.app.Activity;
import android.os.Bundle;
import android.app.ListFragment;
import android.view.View;
import android.widget.ArrayAdapter;
import android.widget.ListView;
import com.example.multipanedemo.dummy.DummyContent;

public class ItemListFragment extends ListFragment {

    private static final String STATE_ACTIVATED_POSITION = "activated_position";

    /**
     * The fragment's current callback object, which is notified of
     * list item clicks.
     */
    private Callbacks mCallbacks = sDummyCallbacks;

    /**
     * The current activated item position. Only used on tablets.
     */
    private int mActivatedPosition = ListView.INVALID_POSITION;

    /**
```

```java
     * A callback interface that all activities containing this
     * fragment must implement. This mechanism allows
     * activities to be notified of item selections.
     */
    public interface Callbacks {
        /**
         * Callback for when an item has been selected.
         */
        public void onItemSelected(String id);
    }

    /**
     * A dummy implementation of the {@link Callbacks} interface
     * that does nothing. Used only when this fragment is not
     * attached to an activity.
     */
    private static Callbacks sDummyCallbacks = new Callbacks() {
        @Override
        public void onItemSelected(String id) {
        }
    };

    /**
     * Mandatory empty constructor for the fragment manager to
     * instantiate the fragment (e.g. upon screen orientation
     * changes).
     */
    public ItemListFragment() {
    }

    @Override
    public void onCreate(Bundle savedInstanceState) {
        super.onCreate(savedInstanceState);

        // TODO: replace with a real list adapter.
        setListAdapter(new ArrayAdapter<DummyContent.DummyItem>(
                getActivity(),
                android.R.layout.simple_list_item_activated_1,
                android.R.id.text1,
                DummyContent.ITEMS));
    }

    @Override
    public void onViewCreated(View view, Bundle savedInstanceState) {
        super.onViewCreated(view, savedInstanceState);

        // Restore the previously serialized activated item
        // position.
        if (savedInstanceState != null
                && savedInstanceState.containsKey(
                    STATE_ACTIVATED_POSITION)) {
            setActivatedPosition(savedInstanceState.getInt(
                STATE_ACTIVATED_POSITION));
        }
    }

    @Override
    public void onAttach(Activity activity) {
        super.onAttach(activity);

        // Activities containing this fragment must implement its
        // callbacks.
        if (!(activity instanceof Callbacks)) {
            throw new IllegalStateException(
```

```
            "Activity must implement fragment's callbacks.");
    }

    mCallbacks = (Callbacks) activity;
}

@Override
public void onDetach() {
    super.onDetach();

    // Reset the active callbacks interface to the dummy
    // implementation.
    mCallbacks = sDummyCallbacks;
}

@Override
public void onListItemClick(ListView listView, View view, int
        position, long id) {
    super.onListItemClick(listView, view, position, id);

    // Notify the active callbacks interface (the activity, if
    // the fragment is attached to one) that an item has been
    // selected.
    mCallbacks.onItemSelected(DummyContent.ITEMS.get(
            position).id);
}

@Override
public void onSaveInstanceState(Bundle outState) {
    super.onSaveInstanceState(outState);
    if (mActivatedPosition != ListView.INVALID_POSITION) {
        // Serialize and persist the activated item position.
        outState.putInt(STATE_ACTIVATED_POSITION,
                mActivatedPosition);
    }
}

/**
 * Turns on activate-on-click mode. When this mode is on, list
 * items will be
 * given the 'activated' state when touched.
 */
public void setActivateOnItemClick(boolean activateOnItemClick) {
    // When setting CHOICE_MODE_SINGLE, ListView will
    // automatically
    // give items the 'activated' state when touched.
    getListView().setChoiceMode(activateOnItemClick
            ? ListView.CHOICE_MODE_SINGLE
            : ListView.CHOICE_MODE_NONE);
}

private void setActivatedPosition(int position) {
    if (position == ListView.INVALID_POSITION) {
        getListView().setItemChecked(mActivatedPosition, false);
    } else {
        getListView().setItemChecked(position, true);
    }
    mActivatedPosition = position;
}
}
```

ItemListFragment 类扩展了 ListFragment,并且通过一个 DummyContent 类获取其 ListView 的数据。它还提供了一个 Callbacks 接口,使用该片段的任何活动,都必须实现该接口才能处理 ListView 的 ListItem

Click 事件。在 onAttach 方法中，该片段确保了活动类实现了 Callbacks 接口，并且用活动替换 mCallbacks 的内容，实际上，这将事件处理委托给了活动。

代码清单 37.7　ItemDetailFragment 类

```java
package com.example.multipanedemo;
import android.os.Bundle;
import android.app.Fragment;
import android.view.LayoutInflater;
import android.view.View;
import android.view.ViewGroup;
import android.widget.TextView;
import com.example.multipanedemo.dummy.DummyContent;

/**
 * A fragment representing a single Item detail screen.
 * This fragment is either contained in a {@link ItemListActivity}
 * in two-pane mode (on tablets) or a {@link ItemDetailActivity}
 * on handsets.
 */
public class ItemDetailFragment extends Fragment {
    /**
     * The fragment argument representing the item ID that this
     * fragment represents.
     */
    public static final String ARG_ITEM_ID = "item_id";

    /**
     * The dummy content this fragment is presenting.
     */
    private DummyContent.DummyItem mItem;

    /**
     * Mandatory empty constructor for the fragment manager to
     * instantiate the fragment (e.g. upon screen orientation
     * changes).
     */
    public ItemDetailFragment() {
    }

    @Override
    public void onCreate(Bundle savedInstanceState) {
        super.onCreate(savedInstanceState);

        if (getArguments().containsKey(ARG_ITEM_ID)) {
            // Load the dummy content specified by the fragment
            // arguments. In a real-world scenario, use a Loader
            // to load content from a content provider.
            mItem = DummyContent.ITEM_MAP.get(
                    getArguments().getString(ARG_ITEM_ID));
        }
    }

    @Override
    public View onCreateView(LayoutInflater inflater, ViewGroup
            container, Bundle savedInstanceState) {
        View rootView =
                inflater.inflate(R.layout.fragment_item_detail,
                container, false);

        // Show the dummy content as text in a TextView.
        if (mItem != null) {
            ((TextView) rootView.findViewById(R.id.item_detail))
```

```
                    .setText(mItem.content);
        }
        return rootView;
    }
}
```

37.2.3 运行应用程序

图 37.6 和图 37.7 分别展示了 MultipaneDemo1 应用程序在平板电脑上和在手机上的样子。

图 37.6 较大屏幕上的多面板布局

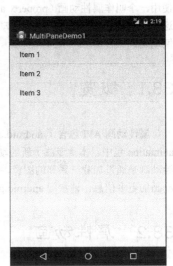

图 37.7 较小的屏幕上的单面板布局

37.3 本章小结

为了给用户带来最好的体验，你可能想要针对不同的屏幕大小使用不同的布局。在本章中，我们学习了一种较好的策略来做到这一点：针对平板电脑使用多面板布局，而针对手机使用单面板布局。

第 38 章 动　　画

动画是 Android 中的一种有趣的功能，很早的时候（从 API Level 1 开始）就可以使用了。本章将学习使用一个叫作属性动画（property animation）的 Animation API，它添加到了 Honeycomb（API Level 11）中。这个新的 API 比之前的所谓视图动画（view animation）的动画技术更为强大。在新的项目中，应该使用属性动画。

38.1 概览

属性动画 API 包含了 android.animation 包中的类型。较早的动画 API 叫作视图动画，位于 android.view.animation 包中。本章专注于新的动画 API，并且不会介绍旧的技术。本章也不会介绍可绘制的动画，可绘制动画是通过加载一系列的图像，向滚动电影一样一幅接着一幅地播放而产生的动画类型。要了解可绘制动画的更多信息，请参阅 android.graphics.drawable.AnimationDrawable 的文档。

38.2 属性动画

属性动画背后的动力就是 android.animation.Animator 类，这是一个抽象类，因此，不能直接使用这个类。相反，要使用其子类（即 ValueAnimator 或 ObjectAnimator）来创建动画。此外，AnimatorSet 类是 Animator 的另一个子类，设计用来以并行或连续的方式运行多个动画。

这些类都位于相同的包之中，本章将介绍这些类。

38.2.1 Animator

Animator 类是一个抽象类，并且提供了让子类来继承的方法。有一个方法用来设置要进行动画的目标对象（setTarget），还有一个方法用来设置时长（setDuration），还有一个方法用来启动动画（start）。可以在一个 Animator 对象上多次调用 start 方法。

此外，这个类提供了一个 addListener 方法，它接收一个 Animator.AnimatorListener 实例。AnimatorListener 接口定义于 Animator 类中，并且提供当特定的事件发生的时候系统所调用的方法。如果想要响应某一个事件的话，可以实现这些方法中的任何一个。

AnimatorListener 中的方法如下所示。

```
void onAnimationStart(Animator animation);
void onAnimationEnd(Animator animation);
void onAnimationCancel(Animator animation);
void onAnimationRepeat(Animator animation);
```

例如，当动画启动的时候调用 onAnimationStart 方法，当动画结束的时候调用 onAnimationEnd 方法。

38.2.2 ValueAnimator

ValueAnimator 通过计算一个从起始值向最终值过渡的一个值，从而创建动画。当构建 ValueAnimator 的时候，应该指定起始值和最终值。通过向 ValueAnimator 注册一个 UpdateListener，可以在每一帧都接受一个更新，从而有机会更新对象。

如下是可以用来构建一个 ValueAnimator 的两个静态工厂方法。

```java
public static ValueAnimator ofFloat(float... values)
public static ValueAnimator ofInt(int... values)
```

应该使用哪一个方法，取决于你是想要在每一帧接受一个 int 类型参数还是一个 float 类型参数。

一旦创建了一个 ValueAnimator，应该创建 AnimationUpdateListener 的一个实现，在其 onAnimationUpdate 方法中编写动画代码，并且使用 ValueAnimator 注册该监听器。如下是一个示例：

```java
valueAnimator.addUpdateListener(new
        ValueAnimator.AnimatorUpdateListener() {
    @Override
    public void onAnimationUpdate(ValueAnimator animation) {
        Float value = (Float) animation.getAnimatedValue();
        // use value to set a property or multiple properties
        // Example: view.setRotationX(value);
    }
});
```

最后，需要调用 ValueAnimator 的 setDuration 方法来设置时长，调用其 start 方法来启动动画。如果没有调用 setDuration 方法，将会使用默认的时长（300 毫秒）。

下面的示例更详细地介绍了如何使用 ValueAnimator。

38.2.3 ObjectAnimator

ObjectAnimator 类提供了对一个对象实现动画的最简单的方法，这个对象很可能是 View，通过持续更新其某一个属性来做到这一点。要创建一个动画，使用其工厂方法之一来创建一个 ObjectAnimator，传入目标对象、一个属性名称，以及该属性的起始值和最终值。由于属性可能有一个 int 类型值，一个 float 类型值，或者是其他类型的值，ObjectAnimator 提供了 3 个静态方法：ofInt、ofFloat 和 ofObject。这些方法的签名如下：

```java
public static ObjectAnimator ofInt(java.lang.Object target,
        java.lang.String propertyName, int... values)
public static ObjectAnimator ofFloat(java.lang.Object target,
        java.lang.String propertyName, float... values)
public static ObjectAnimator ofObject(java.lang.Object target,
        java.lang.String propertyName, java.lang.Object... values)
```

可以给 values 参数传入一个或两个参数。如果传入两个参数的话，第 1 个参数将用作起始值，而第 2 个参数将用作最终值。如果传入了一个参数，这个值将用作最终值，而该属性的当前值将用作起始值。

一旦有了一个 ObjectAnimator，可以在 ObjectAnimator 上调用 setDuration 方法以设置时长，并且调用 start 方法来启动动画。如下是对一个 View 的属性 rotation 实现动画的示例。

```java
ObjectAnimator objectAnimator = ObjectAnimator.ofFloat(view,
        "rotationY", 0F, 720.0F); // rotate 720 degrees.
objectAnimator.setDuration(2000); // 2000 milliseconds
objectAnimator.start();
```

运行该动画，将会导致视图在两秒钟之内转两个整圈。

正如你所看到的，你只需要两三行代码，就可以用 ObjectAnimator 创建一个属性动画。在下面的示例中，你将会学到 ObjectAnimator 的更多内容。

38.2.4 AnimatorSet

如果你想要按照一定的顺序播放一组动画的话，AnimatorSet 很有用。AnimatorSet 类是 Animator 的一个直接子类，它允许一个接着一个地播放多个动画。一旦确定如何调用动画，就可以在 AnimatorSet 上调用 start 方法来启动动画。

playTogether 方法将所提供的动画排列起来，以便一起播放。如下是该方法的两种重载形式。

```
public void playTogether(java.util.Collection<Animator> items)
public void playTogether(Animator... items)
```

playSequentially 方法将提供的动画排列起来以顺序播放。它有两种重载形式。

```
public void playSequentially(Animator... items)
public void playSequentially(java.util.List<Animator> items)
```

38.3 动画项目

AnimationDemo 项目使用 ValueAnimator、ObjectAnimator 和 AnimatorSet 来实现一个 ImageView 的动画。它提供了 3 个按钮,以播放不同的动画。

该应用程序的清单文件如代码清单 38.1 所示。

代码清单 38.1　AnimationDemo 的清单文件

```xml
<?xml version="1.0" encoding="utf-8"?>
<manifest xmlns:android="http://schemas.android.com/apk/res/android"
    package="com.example.animationdemo"
    android:versionCode="1"
    android:versionName="1.0" >

    <uses-sdk
        android:minSdkVersion="11"
        android:targetSdkVersion="18" />

    <application
        android:allowBackup="true"
        android:icon="@drawable/ic_launcher"
        android:label="@string/app_name"
        android:theme="@style/AppTheme" >
        <activity
            android:name="com.example.animationdemo.MainActivity"
            android:label="@string/app_name" >
            <intent-filter>
                <action android:name="android.intent.action.MAIN" />

                <category android:name="android.intent.category.LAUNCHER" />
            </intent-filter>
        </activity>
    </application>

</manifest>
```

注　意

最小的 SDKLevel 为 11(Honeycomb)。

该应用程序拥有一个活动,其布局如代码清单 38.2 所示。

代码清单 38.2　activity_main.xml 文件

```xml
<LinearLayout
    xmlns:android="http://schemas.android.com/apk/res/android"
    xmlns:tools="http://schemas.android.com/tools"
    android:layout_width="match_parent"
    android:layout_height="match_parent"
    android:paddingBottom="@dimen/activity_vertical_margin"
```

```xml
        android:paddingLeft="@dimen/activity_horizontal_margin"
        android:paddingRight="@dimen/activity_horizontal_margin"
        android:paddingTop="@dimen/activity_vertical_margin"
        android:orientation="vertical"
        tools:context=".MainActivity" >

        <LinearLayout
            android:layout_width="match_parent"
            android:layout_height="wrap_content">

            <Button
                android:id="@+id/button1"
                android:text="@string/button_animate1"
                android:textColor="#ff4433"
                android:layout_width="wrap_content"
                android:layout_height="wrap_content"
                android:onClick="animate1"/>
            <Button
                android:id="@+id/button2"
                android:text="@string/button_animate2"
                android:textColor="#33ff33"
                android:layout_width="wrap_content"
                android:layout_height="wrap_content"
                android:onClick="animate2"/>
            <Button
                android:id="@+id/button3"
                android:text="@string/button_animate3"
                android:textColor="#3398ff"
                android:layout_width="wrap_content"
                android:layout_height="wrap_content"
                android:onClick="animate3"/>

        </LinearLayout>
        <ImageView
            android:id="@+id/imageView1"
            android:layout_width="wrap_content"
            android:layout_height="wrap_content"
            android:layout_gravity="top|center"
            android:src="@drawable/photo1" />
</LinearLayout>
```

该布局文件定义了一个 ImageView 和 3 个 Button。

代码清单 38.3 给出了该应用程序的 MainActivity 类。有 3 个事件处理方法（animate1、animate2 和 animate3），每一个都使用一种不同的动画方法。

代码清单 38.3　MainActivity 类

```java
package com.example.animationdemo;
import android.animation.AnimatorSet;
import android.animation.ObjectAnimator;
import android.animation.ValueAnimator;
import android.app.Activity;
import android.os.Bundle;
import android.view.Menu;
import android.view.View;

public class MainActivity extends Activity {

    @Override
    protected void onCreate(Bundle savedInstanceState) {
```

```java
        super.onCreate(savedInstanceState);
        setContentView(R.layout.activity_main);
    }

    @Override
    public boolean onCreateOptionsMenu(Menu menu) {
        getMenuInflater().inflate(R.menu.menu_main, menu);
        return true;
    }

    public void animate1(View source) {
        View view = findViewById(R.id.imageView1);
        ObjectAnimator objectAnimator = ObjectAnimator.ofFloat(
                view, "rotationY", 0F, 720.0F);
        objectAnimator.setDuration(2000);
        objectAnimator.start();
    }

    public void animate2(View source) {
        final View view = findViewById(R.id.imageView1);
        ValueAnimator valueAnimator = ValueAnimator.ofFloat(0F,
                7200F);
        valueAnimator.setDuration(15000);

        valueAnimator.addUpdateListener(new
                ValueAnimator.AnimatorUpdateListener() {
            @Override
            public void onAnimationUpdate(ValueAnimator animation) {
                Float value = (Float) animation.getAnimatedValue();
                view.setRotationX(value);
                if (value < 3600) {
                    view.setTranslationX(value/20);
                    view.setTranslationY(value/20);
                } else {
                    view.setTranslationX((7200-value)/20);
                    view.setTranslationY((7200-value)/20);
                }
            }
        });
        valueAnimator.start();
    }
    public void animate3(View source) {
        View view = findViewById(R.id.imageView1);
        ObjectAnimator objectAnimator1 =
                ObjectAnimator.ofFloat(view, "translationY", 0F,
                        300.0F);
        ObjectAnimator objectAnimator2 =
                ObjectAnimator.ofFloat(view, "translationX", 0F,
                        300.0F);
        objectAnimator1.setDuration(2000);
        objectAnimator2.setDuration(2000);
        AnimatorSet animatorSet = new AnimatorSet();
        animatorSet.playTogether(objectAnimator1, objectAnimator2);

        ObjectAnimator objectAnimator3 =
                ObjectAnimator.ofFloat(view, "rotation", 0F,
                        1440F);
        objectAnimator3.setDuration(4000);
        animatorSet.play(objectAnimator3).after(objectAnimator2);
        animatorSet.start();
```

}
}

运行该应用程序，并且点击按钮来播放动画。图 38.1 展示了该应用程序。

图 38.1　动画示例

38.4　本章小结

在本章中，我们学习了 Android 中的新的动画 API，即属性动画系统。特别是我们学习了 android.animation.Animator 类及其子类 ValueAnimator 和 ObjectAnimator。我们还学习了使用 AnimatorSet 类来执行多个动画的方法。

第 39 章 偏 好

Android 带有一个 SharedPreferences 接口，它可以用来管理键/值对这样的应用程序设置。SharedPreferences 还负责向一个文件写入数据。此外，Android 还提供了 Preference API，它带有连接到默认的 SharedPreferences 实例的用户接口类，以便可以很容易地创建一个 UI 来修改应用程序设置。

本章将详细介绍 SharedPreferences 和 Preference API。

39.1 SharedPreference

android.content.SharedPreferences 接口提供了用于排序和读取应用程序设置的方法。你可以通过调用 PreferenceManager 的 getDefaultSharedPreferences 静态方法，传入一个 Context，以获取 SharedPreferences 的默认实例。

```
PreferenceManager.getDefaultSharedPreferences(context);
```

要从 SharedPreferences 读取一个值，可以使用如下的方法之一。

```
public int getInt(java.lang.String key, int default)
public boolean getBoolean(java.lang.String key, boolean default)
public float getFloat(java.lang.String key, float default)
public long getLong(java.lang.String key, long default)
public int getString(java.lang.String key, java.lang.String default)
public java.util.Set<java.lang.String> getStringSet(
    java.lang.String key, java.util.Set<java.lang.String> default)
```

getXXX 方法返回了和指定的键相关联的值（如果键值对存在的话）。如果键值对不存在，该方法将返回指定的默认值。

要先检查一个 SharedPreferences 是否包含一个键值对，可以使用 contains 方法，如果指定的键存在的话，它返回 true。

```
public boolean contains(java.lang.String key)
```

最后，可以使用 getAll 方法将所有的键值对获取为一个 Map。

```
public java.util.Map<java.lang.String, ?> getAll()
```

一个 SharedPreferences 中存储的值会自动持久化，并且将会在用户会话中存在。当应用程序卸载的时候，将会删除掉该值。

39.2 Preference API

要在一个 SharedPreferences 中存储一个键值对，通常使用 Android Preference API 来创建一个用户界面，使得用户能够编辑设置。android.preference.Preference 类是完成这一点的主要的类。其一些子类包括：

- CheckBoxPreference
- EditTextPreference
- ListPreference

- DialogPreference

Preference 子类的一个实例,对应一个设置。

可以在运行时创建一个 Preference 实例。但是,最好的方法是使用一个 XML 文件来布局偏好,然后使用一个 PreferenceFragment 来加载该 XML 文件。该 XML 文件必须有一个 PreferenceScreen 根元素,通常文件名为 preferences.xml,并且应该保存在 res 下的一个 xml 目录中。

注　意

在 Android 3.0 以前,PreferenceActivity 常常用来加载一个偏好 xml 文件。该类现在废弃了,并且不应该再使用。现在使用 PreferenceFragment 来替代它。

我们将在后面的示例中学习如何使用 Preference。

39.3　使用 Preference

PreferenceDemo1 应用程序展示了如何使用 SharedPreferences 和 Preference API。该应用程序有两个活动。第 1 个活动展示了 3 个应用程序设置的值,通过在活动恢复的时候读取这些值而做到这一点。第 2 个活动包含了一个 PreferenceFragment,它允许用户修改每一个设置。

图 39.1 和图 39.2 分别展示了主活动和第 2 个活动。

图 39.1　PreferenceDemo1 的主活动

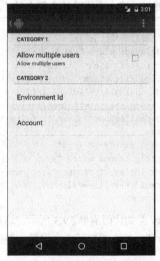

图 39.2　SettingsActivity 活动

该应用程序的 AndroidManifest.xml 文件描述了两个活动,如代码清单 39.1 所示。

代码清单 39.1　AndroidManifest.xml 文件

```
<?xml version="1.0" encoding="utf-8"?>
<manifest xmlns:android="http://schemas.android.com/apk/res/android"
    package="com.example.preferencedemo1"
    android:versionCode="1"
    android:versionName="1.0" >

    <uses-sdk
        android:minSdkVersion="19"
        android:targetSdkVersion="19" />
```

```xml
<application
    android:allowBackup="true"
    android:icon="@drawable/ic_launcher"
    android:label="@string/app_name"
    android:theme="@style/AppTheme" >
    <activity
        android:name="com.example.preferencedemo1.MainActivity"
        android:label="@string/app_name">
        <intent-filter>
            <action android:name="android.intent.action.MAIN"/>
            <category
android:name="android.intent.category.LAUNCHER" />
        </intent-filter>
    </activity>
    <activity
android:name="com.example.preferencedemo1.SettingsActivity"
        android:parentActivityName=".MainActivity"
        android:label="">
    </activity>
</application>
</manifest>
```

第 1 个活动有一个非常简单的布局，它利用了一个单独的 TextView，如代码清单 39.2 中的 activity_main.xml 文件所示。

代码清单 39.2　第 1 个活动的布局文件（activity_main.xml）

```xml
<RelativeLayout
    xmlns:android="http://schemas.android.com/apk/res/android"
    android:layout_width="match_parent"
    android:layout_height="match_parent"
    android:paddingBottom="@dimen/activity_vertical_margin"
    android:paddingLeft="@dimen/activity_horizontal_margin"
    android:paddingRight="@dimen/activity_horizontal_margin"
    android:paddingTop="@dimen/activity_vertical_margin">
    <TextView
        android:id="@+id/info"
        android:layout_width="wrap_content"
        android:layout_height="wrap_content"
        android:textSize="30sp"/>
</RelativeLayout>
```

MainActivity 类如代码清单 39.3 所示，这是第 1 个活动的活动类。它在自己的 onResume 方法中，从默认的 SharedPreferences 读取了 3 个设置，并在 TextView 中显示了这些值。

代码清单 39.3　MainActivity 类

```java
package com.example.preferencedemo1;
import android.app.Activity;
import android.content.Intent;
import android.content.SharedPreferences;
import android.os.Bundle;
import android.preference.PreferenceManager;
import android.view.Menu;
import android.view.MenuItem;
import android.widget.TextView;

public class MainActivity extends Activity {

    @Override
```

```java
protected void onCreate(Bundle savedInstanceState) {
    super.onCreate(savedInstanceState);
    setContentView(R.layout.activity_main);
}

@Override
public void onResume() {
    super.onResume();
    SharedPreferences sharedPref = PreferenceManager.
            getDefaultSharedPreferences(this);
    boolean allowMultipleUsers = sharedPref.getBoolean(
            SettingsActivity.ALLOW_MULTIPLE_USERS, false);
    String envId = sharedPref.getString(
            SettingsActivity.ENVIRONMENT_ID, "");
    String account = sharedPref.getString(
            SettingsActivity.ACCOUNT, "");
    TextView textView = (TextView) findViewById(R.id.info);
    textView.setText("Allow multiple users: " +
            allowMultipleUsers + "\nEnvironment Id: " + envId
            + "\nAccount: " + account);
}

@Override
public boolean onCreateOptionsMenu(Menu menu) {
    getMenuInflater().inflate(R.menu.menu_main, menu);
    return true;
}

@Override
public boolean onOptionsItemSelected(MenuItem item) {
    switch (item.getItemId()) {
        case R.id.action_settings:
            startActivity(new Intent(this,
                    SettingsActivity.class));
            return true;
        default:
            return super.onOptionsItemSelected(item);
    }
}
}
```

此外，MainActivity 类覆盖了 onCreateOptionsMenu 和 onOptionsItemSelected 方法，以使得一个设置操作出现在操作栏上，点击它的话可以启动第 2 个活动，也就是 SettingsActivity。

SettingsActivity 在代码清单 39.4 中给出，其中包含了一个默认的布局，当创建该活动的时候，这个布局将会由 SettingsFragment 的一个实例所替代。注意该类的 onCreate 方法。如果该方法中的最后几行代码看上去有点陌生，请先阅读本书第 36 章。

代码清单 39.4　SettingsActivity 类

```java
package com.example.preferencedemo1;
import android.app.Activity;
import android.os.Bundle;
import android.view.Menu;
public class SettingsActivity extends Activity {

    public static final String ALLOW_MULTIPLE_USERS =
            "allowMultipleUsers";
    public static final String ENVIRONMENT_ID = "envId";
    public static final String ACCOUNT = "account";
```

```java
    @Override
    protected void onCreate(Bundle savedInstanceState) {
        super.onCreate(savedInstanceState);
        getActionBar().setDisplayHomeAsUpEnabled(true);
        getFragmentManager()
                .beginTransaction()
                .replace(android.R.id.content,
                        new SettingsFragment()).commit();
    }

    @Override
    public boolean onCreateOptionsMenu(Menu menu) {
        getMenuInflater().inflate(R.menu.menu_settings, menu);
        return true;
    }
}
```

注　意

SettingsActivity 类声明了 3 个公有的静态 final 字段，它们定义了 3 个设置键。这些字段在内部以及其他类中使用。

SettingsFragment 类是 PreferenceFragment 类的一个子类。它是一个简单的类，直接调用了 addPreferences FromResource 方法来加载包含了 3 个 Preference 子类的布局的 XML 文档。SettingsFragment 类如代码清单 39.5 所示，XML 文件如代码清单 39.6 所示。

代码清单 39.5　SettingsFragment 类

```java
package com.example.preferencedemo1;
import android.os.Bundle;
import android.preference.PreferenceFragment;

public class SettingsFragment extends PreferenceFragment {

    @Override
    public void onCreate(Bundle savedInstanceState) {
        super.onCreate(savedInstanceState);

        // Load the preferences from an XML resource
        addPreferencesFromResource(R.xml.preferences);
    }
}
```

代码清单 39.6　res/xml/preferences.xml 文件

```xml
<PreferenceScreen
        xmlns:android="http://schemas.android.com/apk/res/android">

    <PreferenceCategory android:title="Category 1">
        <CheckBoxPreference
                android:key="allowMultipleUsers"
                android:title="Allow multiple users"
                android:summary="Allow multiple users" />
    </PreferenceCategory>

    <PreferenceCategory android:title="Category 2">
        <EditTextPreference
                android:key="envId"
                android:title="Environment Id"
                android:dialogTitle="Environment Id"/>
```

```xml
<EditTextPreference
    android:key="account"
    android:title="Account"/>
</PreferenceCategory>
</PreferenceScreen>
```

preferences.xml 文件将 Preference 子类分组为两类。在第 1 类中是一个 CheckBoxPreference，它连接到 allowMultipleUser 键。第 2 类中是两个 EditTextPreferences，分别连接到 envId 和 account。

39.4　本章小结

管理应用程序设置的一种较为容易的方式，是使用 Preference API 和默认的 SharedPreferences。本章介绍了如何使用二者。

第 40 章 操 作 文 件

在任何类型的应用程序中，从文件读取内容，或将内容写入到一个文件，都是最常见的操作，在 Android 应用程序中也是如此。在本章中，我们将学习 Android 存储区域的结构以及如何使用 Android File API。

40.1 概览

Android 设备提供了两种存储区域，内部的和外部的。内部存储对于应用程序来说是私有的，用户和其他的应用程序不能访问它。

外部存储中所存储的文件将会和其他的应用程序分享，其他用户也能够访问外部存储。例如，内建的 Camera 应用程序将数字图像文件存储在外部存储中，以便用户能够很容易地将其复制到计算机中。

40.1.1 内部存储

所有的应用程序都能够从内部存储读取或者向内部存储写入。内部存储的位置是/data/data/[app package]，因此，如果应用程序包是 com.example.myapp，这个应用程序的内部目录是/data/data/com.example.myapp。Context 类提供了各种方法，可用来从应用程序访问内部存储。你应该使用这些方法来访问在内部存储中存储的文件，而且不应该将内部存储的位置直接编写到代码中（还记得吧，Activity 是 Context 的一个子类，因此，你可以从活动类中调用 Context 中的公有方法和受保护的方法）。如下是 Context 中用于操作内部存储中的文件和流的方法。

```
public java.io.File getFilesDir()
```

返回内部存储中专门用于应用程序的目录的路径。

```
public java.io.FileOutputStream openFileOutput(
        java.lang.String name, int mode)
```

在应用程序的内部存储的部分，打开一个 FileOutputStream。

```
public java.io.FileInputStream openFileInput(java.lang.String name)
```

打开一个 FileInputStream 进行读取。Name 参数是要打开的文件的名称，不能包含任何路径分隔符。

```
public java.io.File getFilesDir()
```

获取保存内部文件的系统目录的绝对路径。

```
public java.io.File getDir(java.lang.String name, int mode)
```

创建或访问应用程序的内部存储空间中一个已有的目录。Name 参数是要访问的目录的名称，mode 参数应该是如下之一：

MODE_PRIVATE 表示默认的操作，MODE_WORLD_READABLE 或 MODE_WORLD_WRITEABLE 用来控制许可。

```
public boolean deleteFile(java.lang.String fileName)
```

删除在内部存储中保存的一个文件。如果成功地删除了，该方法返回 true。

```
public java.lang.String[] FileList()
```

返回一个字符串的数组,它指定了与其 Context 的应用程序包相关联的文件。

40.1.2 外部存储

有两种类型的文件能够写入到外部存储中,私有文件和公有文件。私有文件是应用程序所私有的,当应用程序卸载的时候,将会删除这些文件。公有文件是要和其他的应用程序共享的,用户也可以访问它。

外部存储也是可以删除的。因此,存储在内部存储中的文件和存储在外部存储中的公有文件之间有一点区别。内部存储中的文件是安全的,不能被用户或其他的应用程序访问。外部存储中的公有文件并不具有相同的安全等级,因为用户能够删除该存储,并且使用某种工具来访问该文件。

由于外部存储能够删除,当你试图读取或向其写入的时候,应该首先测试外部存储是否可用。当外部文件不可用的时候,试图访问它会导致应用程序崩溃。

要查询外部存储是否可用,使用如下的方法之一。

```
public boolean isExternalStorageWritable() {
    String state = Environment.getExternalStorageState();
    return Environment.MEDIA_MOUNTED.equals(state);
}

public boolean isExternalStorageReadable() {
    String state = Environment.getExternalStorageState();
    return (Environment.MEDIA_MOUNTED.equals(state) ||
            Environment.MEDIA_MOUNTED_READ_ONLY.equals(state));
}
```

可以在 Context 上使用 getExternalFilesDir 方法来获取在外部存储上保存的私有文件的目录。

公有文件能够存储在 android.os.Environment 类的 getExternalStoragePublicDirectory 方法所返回的目录中。如下是该方法的签名。

```
public static java.io.File getExternalStoragePublicDirectory(
        java.lang.String type)
```

这里,type 是根目录下的一个目录。Environment 类提供了如下的字段,可以将其用于各种文件类型。

- Directory_ALARMS
- Directory_DCIM
- Directory_DOCUMENTS
- Directory_DOWNLOADS
- Directory_MOVIES
- Directory_MUSIC
- Directory_NOTIFICATIONS
- Directory_PICTURES
- Directory_PODCASTS
- Directory_RINGTONES

例如,音乐文件应该存储在如下代码所返回的目录中。

```
File dir = Environment.getExternalStoragePublicDirectory(
        Environment.DIRECTORY_PICTURES)
```

写入到外部存储需要用户的许可。要请求用户允许你对外部存储进行读取和写入访问,在清单文件中添加如下内容。

```
<uses-permission
        android:name="android.permission.WRITE_EXTERNAL_STORAGE"/>
```

现在,如果应用程序只需要读取外部存储,你可能不需要特别的许可。但是,将来这一点将会改变,如果你需要读取外部存储的话,应该在清单文件中声明 uses-permission 元素,以便在修改生效之后应用程序能够继续工作。

```
<uses-permission
    android:name="android.permission.READ_EXTERNAL_STORAGE"/>
```

40.2 创建一个 Notes 应用程序

FileDemo1 应用程序是一个简单的应用，用于管理备忘。备忘有一个标题和一个正文，每个备忘都存储为一个文件，使用其标题作为文件名。用户可以浏览备忘的列表、查看一个备忘、创建一个新的备忘，以及删除一个备忘。

该应用程序有两个活动，MainActivity 和 AddNoteActivity。MainActivity 活动使用一个 ListView，它列出了系统中的所有备忘的标题。主活动包含一个 ListView，它列出了所有的备忘标题。从 ListView 中选取一个备忘标题，将会在 ListView 旁边的 TextView 中显示该备忘。

图 40.1 和图 40.2 分别显示了 MainActivity 活动和 AddNoteActivity 活动。MainActivity 活动包含了一个 ListView，列出了所有的备忘标题，还有一个 TextView，显示了所选的备忘的正文。其操作栏还包含两个按钮，Add 和 Delete。

Add 启动 AddNoteActivity 活动。Delete 删除所选的备忘。

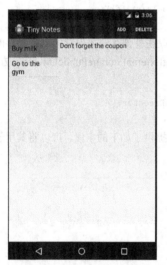 

图 40.1　MainActivity　　　　　图 40.2　AddNoteActivity

现在来看一下应用程序代码。代码清单 40.1 给出了该应用程序的 AndroidManifest.xml 文件。

代码清单 40.1　AndroidManifest.xml 文件

```xml
<?xml version="1.0" encoding="utf-8"?>
<manifest xmlns:android="http://schemas.android.com/apk/res/android"
    package="com.example.filedemo1"
    android:versionCode="1"
    android:versionName="1.0" >

    <uses-sdk
        android:minSdkVersion="19"
        android:targetSdkVersion="19" />

    <application
        android:allowBackup="true"
```

```xml
            android:icon="@drawable/ic_launcher"
            android:label="@string/app_name"
            android:theme="@style/AppTheme" >
            <activity
                android:name="com.example.filedemo1.MainActivity"
                android:label="@string/app_name" >
                <intent-filter>
                   <action android:name="android.intent.action.MAIN"/>
                   <category
android:name="android.intent.category.LAUNCHER"/>
                </intent-filter>
            </activity>
            <activity
                 android:name="com.example.filedemo1.AddNoteActivity"
                 android:label="@string/title_activity_add_note" >
            </activity>
       </application>
</manifest>
```

这个清单文件声明了应用程序中的两个活动。主活动的活动类是 MainActivity，在代码清单 40.2 中给出。

代码清单 40.2　MainActivity 类

```java
package com.example.filedemo1;
import java.io.BufferedReader;
import java.io.File;
import java.io.FileReader;
import java.io.IOException;
import android.app.Activity;
import android.content.Intent;
import android.os.Bundle;
import android.view.Menu;
import android.view.MenuItem;
import android.view.View;
import android.widget.AdapterView;
import android.widget.AdapterView.OnItemClickListener;
import android.widget.ArrayAdapter;
import android.widget.ListView;
import android.widget.TextView;

public class MainActivity extends Activity {
    private String selectedItem;

    @Override
    protected void onCreate(Bundle savedInstanceState) {
        super.onCreate(savedInstanceState);
        setContentView(R.layout.activity_main);
        ListView listView = (ListView) findViewById(
              R.id.listView1);
        listView.setChoiceMode(ListView.CHOICE_MODE_SINGLE);
        listView.setOnItemClickListener(
              new OnItemClickListener() {
            @Override
            public void onItemClick(AdapterView<?> adapterView,
                  View view, int position, long id) {
                readNote(position);
            }
        });
    }

    @Override
```

```java
    public void onResume() {
        super.onResume();
        refreshList();
    }

    @Override
    public boolean onCreateOptionsMenu(Menu menu) {
        getMenuInflater().inflate(R.menu.menu_main, menu);
        return true;
    }
    @Override
    public boolean onOptionsItemSelected(MenuItem item) {
        // Handle presses on the action bar items
        switch (item.getItemId()) {
            case R.id.action_add:
                startActivity(new Intent(this,
                        AddNoteActivity.class));
                return true;
            case R.id.action_delete:
                deleteNote();
                return true;
            default:
                return super.onOptionsItemSelected(item);
        }
    }

    private void refreshList() {
        ListView listView = (ListView) findViewById(
                R.id.listView1);
        String[] titles = fileList();
        ArrayAdapter<String> arrayAdapter =
                new ArrayAdapter<String>(
                this,
                android.R.layout.simple_list_item_activated_1,
                titles);
        listView.setAdapter(arrayAdapter);
    }

    private void readNote(int position) {
        String[] titles = fileList();
        if (titles.length > position) {
            selectedItem = titles[position];
            File dir = getFilesDir();
            File file = new File(dir, selectedItem);
            FileReader fileReader = null;
            BufferedReader bufferedReader = null;
            try {
                fileReader = new FileReader(file);
                bufferedReader = new BufferedReader(fileReader);
                StringBuilder sb = new StringBuilder();
                String line = bufferedReader.readLine();
                while (line != null) {
                    sb.append(line);
                    line = bufferedReader.readLine();
                }
                ((TextView) findViewById(R.id.textView1)).
                        setText(sb.toString());
            } catch (IOException e) {

            } finally {
```

```
            if (bufferedReader != null) {
                try {
                    bufferedReader.close();
                } catch (IOException e) {
                }
            }
            if (fileReader != null) {
                try {
                    fileReader.close();
                } catch (IOException e) {
                }
            }
        }
    }

    private void deleteNote() {
        if (selectedItem != null) {
            deleteFile(selectedItem);
            selectedItem = null;
            ((TextView) findViewById(R.id.textView1)).setText("");
            refreshList();
        }
    }
}
```

MainActivity 类包含了一个 ListView，其 onCreate 方法设置了 ListView 的选择模式并为其传入一个监听器。

```
ListView listView = (ListView) findViewById(
        R.id.listView1);
listView.setChoiceMode(ListView.CHOICE_MODE_SINGLE);
listView.setOnItemClickListener( ... )
```

在 onCreate 方法中，并没有给 ListView 传递列表适配器。相反，onResume 方法调用了 refreshNotes 方法，这会在每次调用 onResume 方法的时候，都将一个新的 ListAdapter 传递给 ListView。每次调用 onResume 方法的时候都需要创建一个新的 ListAdapter，原因在于，主活动能够调用 AddNoteActivity 以便让用户添加一个备忘。如果用户确实添加了一条备忘并且离开了 AddNoteActivity，主活动需要包含新的备忘，由此就需要刷新 ListView。

注　意

可以使用一个 Cursor 来实现一个 ListView 的自动刷新。参见本书第 41 章。

当选中一个列表项的时候，就会调用 readNote 方法，首先是获取内部存储中的所有文件名。

```
String[] titles = fileList();
```

然后，访问备忘的标题，并且使用它来创建一个文件，使用 getFilesDir 方法所返回的目录作为其父目录。

```
if (titles.length > position) {
    selectedItem = titles[position];
    File dir = getFilesDir();
    File file = new File(dir, selectedItem);
```

然后，readNote 方法使用一个 FileReader 实例和一个 BufferedReader 实例来读取备忘，一次读取一行，并且设置 TextView 的值。

```
        FileReader fileReader = null;
        BufferedReader bufferedReader = null;
```

```java
            try {
                fileReader = new FileReader(file);
                bufferedReader = new BufferedReader(fileReader);
                StringBuilder sb = new StringBuilder();
                String line = bufferedReader.readLine();
                while (line != null) {
                    sb.append(line);
                    line = bufferedReader.readLine();
                }
                ((TextView) findViewById(R.id.textView1)).
                        setText(sb.toString());
```

AddNoteActivity 类如代码清单 40.3 所示。

代码清单 40.3　AddNoteActivity 类

```java
package com.example.filedemo1;
import java.io.File;
import java.io.PrintWriter;
import android.app.Activity;
import android.app.AlertDialog;
import android.os.Bundle;
import android.view.View;
import android.widget.EditText;

public class AddNoteActivity extends Activity {

    @Override
    protected void onCreate(Bundle savedInstanceState) {
        super.onCreate(savedInstanceState);
        setContentView(R.layout.activity_add_note);
    }

    public void cancel(View view) {
        finish();
    }
    public void addNote(View view) {
        String fileName = ((EditText)
                findViewById(R.id.noteTitle))
                .getText().toString();
        String body = ((EditText) findViewById(R.id.noteBody))
                .getText().toString();
        File parent = getFilesDir();
        File file = new File(parent, fileName);
        PrintWriter writer = null;
        try {
            writer = new PrintWriter(file);
            writer.write(body);
            finish();
        } catch (Exception e) {
            showAlertDialog("Error adding note", e.getMessage());
        } finally {
            if (writer != null) {
                try {
                    writer.close();
                } catch (Exception e) {

                }
            }
        }
    }
```

```
    private void showAlertDialog(String title, String message) {
        AlertDialog alertDialog = new
                AlertDialog.Builder(this).create();
        alertDialog.setTitle(title);
        alertDialog.setMessage(message);
        alertDialog.show();
    }
}
```

AddNoteActivity 类有两个公有的方法,充当了其布局中的两个按钮 cancel 和 addNote 的点击监听器。Cancel 方法直接关闭活动。addNote 方法读取 TextViews 中的值,并且使用一个 PrintWriter 在内部存储中创建一个文件。

40.3 访问公共存储

本章中的第 2 个示例 FileDemo2,展示了如何访问公共存储。FileDemo2 是一个文件浏览器,它展示了标准目录中的内容。FileDemo2 中只有一个活动,如图 40.3 所示。

图 40.3　FileDemo2

该活动的布局文件如代码清单 40.4 所示。这是一个 LinearLayout,包含了两个 ListView。左边的 ListView 列出了几个常用的目录。右边的 ListView 显示了所选的目录中的内容。

代码清单 40.4　FileDemo2 的活动的布局文件

```xml
<LinearLayout xmlns:android="http://schemas.android.com/apk/res/android"
    android:layout_width="match_parent"
    android:layout_height="match_parent"
    android:orientation="horizontal">
    <ListView
        android:id="@+id/listView1"
        android:layout_width="0sp"
        android:layout_weight="1"
        android:layout_height="match_parent"
        android:background="#ababff"/>
    <ListView
        android:id="@+id/listView2"
```

```xml
            android:layout_width="0sp"
            android:layout_height="wrap_content"
            android:layout_weight="2"/>
</LinearLayout>
```

FileDemo2 中的活动类如代码清单 40.5 所示。

代码清单 40.5　MainActivity 类

```java
package com.example.filedemo2;
import java.io.File;
import java.util.Arrays;
import java.util.List;

import android.app.Activity;
import android.os.Bundle;
import android.os.Environment;
import android.view.Menu;
import android.view.View;
import android.widget.AdapterView;
import android.widget.AdapterView.OnItemClickListener;
import android.widget.ArrayAdapter;
import android.widget.ListView;

public class MainActivity extends Activity {
    class KeyValue {
        public String key;
        public String value;
        public KeyValue(String key, String value) {
            this.key = key;
            this.value = value;
        }
        @Override
        public String toString() {
            return key;
        }
    }

    @Override
    protected void onCreate(Bundle savedInstanceState) {
        super.onCreate(savedInstanceState);
        setContentView(R.layout.activity_main);
        final List<KeyValue> keyValues = Arrays.asList(
            new KeyValue("Alarms", Environment.DIRECTORY_ALARMS),
            new KeyValue("DCIM", Environment.DIRECTORY_DCIM),
            new KeyValue("Downloads",
                    Environment.DIRECTORY_DOWNLOADS),
            new KeyValue("Movies", Environment.DIRECTORY_MOVIES),
            new KeyValue("Music", Environment.DIRECTORY_MUSIC),
            new KeyValue("Notifications",
                    Environment.DIRECTORY_NOTIFICATIONS),
            new KeyValue("Pictures",
                    Environment.DIRECTORY_PICTURES),
            new KeyValue("Podcasts",
                    Environment.DIRECTORY_PODCASTS),
            new KeyValue("Ringtones",
                    Environment.DIRECTORY_RINGTONES)
        );
        ArrayAdapter<KeyValue> arrayAdapter = new
                ArrayAdapter<KeyValue>(this,
                    android.R.layout.simple_list_item_activated_1,
```

```java
                    keyValues);
        ListView listView1 = (ListView)
                findViewById(R.id.listView1);
        listView1.setChoiceMode(ListView.CHOICE_MODE_SINGLE);
        listView1.setAdapter(arrayAdapter);
        listView1.setOnItemClickListener(new
                OnItemClickListener() {
            @Override
            public void onItemClick(AdapterView<?> adapterView,
                    View view, int position, long id) {
                KeyValue keyValue = keyValues.get(position);
                listDir(keyValue.value);
            }
        });
    }

    @Override
    public boolean onCreateOptionsMenu(Menu menu) {
        getMenuInflater().inflate(R.menu.menu_main, menu);
        return true;
    }

    private void listDir(String dir) {
        File parent = Environment
                .getExternalStoragePublicDirectory(dir);
        String[] files = null;
        if (parent == null || parent.list() == null) {
            files = new String[0];
        } else {
            files = parent.list();
        }
        ArrayAdapter<String> arrayAdapter = new
                ArrayAdapter<String>(this,
                    android.R.layout.simple_list_item_activated_1,
                    files);
        ListView listView2 = (ListView)
                findViewById(R.id.listView2);
        listView2.setAdapter(arrayAdapter);
    }
}
```

首先需要注意的是活动类中的 KeyValue 类。这是一个简单的类，它保存了一对字符串。在 onCreate 方法中，它用来将选择的键和 Environment 类中定义的目录进行配对。

```java
            new KeyValue("Alarms", Environment.DIRECTORY_ALARMS),
            new KeyValue("DCIM", Environment.DIRECTORY_DCIM),
            new KeyValue("Downloads",
                Environment.DIRECTORY_DOWNLOADS),
            new KeyValue("Movies", Environment.DIRECTORY_MOVIES),
            new KeyValue("Music", Environment.DIRECTORY_MUSIC),
            new KeyValue("Notifications",
                Environment.DIRECTORY_NOTIFICATIONS),
            new KeyValue("Pictures",
                Environment.DIRECTORY_PICTURES),
            new KeyValue("Podcasts",
                Environment.DIRECTORY_PODCASTS),
            new KeyValue("Ringtones",
                Environment.DIRECTORY_RINGTONES)
```

然后，将用这些 KeyValue 实例来填充第一个 ListView。

```java
        ArrayAdapter<KeyValue> arrayAdapter = new
                ArrayAdapter<KeyValue>(this,
                    android.R.layout.simple_list_item_activated_1,
```

```
            keyValues);
ListView listView1 = (ListView)
        findViewById(R.id.listView1);
listView1.setChoiceMode(ListView.CHOICE_MODE_SINGLE);
listView1.setAdapter(arrayAdapter);
```

这个 ListView 还有一个监听器，用来监听其 OnItemClick 事件，当 ListView 中的一个目录被选中的时候，调用 listDir 方法。

```
listView1.setOnItemClickListener(new
        OnItemClickListener() {
    @Override
    public void onItemClick(AdapterView<?> adapterView,
            View view, int position, long id) {
        KeyValue keyValue = keyValues.get(position);
        listDir(keyValue.value);
    }
});
```

listDir 方法列出了选中的目录中的所有的文件，并且将它们填充到一个 ArrayAdapter 中，这个 ArrayAdapter 反过来传递给第 2 个 ListView。

```
private void listDir(String dir) {
    File parent = Environment
            .getExternalStoragePublicDirectory(dir);
    String[] files = null;
    if (parent == null || parent.list() == null) {
        files = new String[0];
    } else {
        files = parent.list();
    }
    ArrayAdapter<String> arrayAdapter = new
            ArrayAdapter<String>(this,
                android.R.layout.simple_list_item_activated_1,
                files);
    ListView listView2 = (ListView)
            findViewById(R.id.listView2);
    listView2.setAdapter(arrayAdapter);
}
```

40.4　本章小结

在 Android 应用程序中，我们使用 File API 来操作文件。除了掌握这个 API，要在 Android 中有效地操作文件，你还需要知道 Android 是如何组织存储系统的，以及 Context 和 Environment 类中定义的和文件相关的方法。

第 41 章　操作数据库

Android 拥有自己的技术来操作数据库，它和 Java 数据库连接（Java Database Connectivity，JDBC）无关，JDBC 是 Java 开发者用来访问关系数据库中的数据的一种技术。Android 带有 SQLite，这是一个开源的数据库。

本章介绍如何使用 Android Database API 和 SQLite 数据库。

41.1　概览

Android 带有自己的 Database API。这个 API 包含了两个包，它们是 android.database 和 android.database.sqlite。Android 带有 SQLite，这是一个开源的关系数据库，它部分地实现了 SQL-92，SQL-92 是 SQL 标准的第 3 个版本。

SQLite 当前的版本是 SQLite 3，提供了几种数据类型，包括 Integer、Real、Text、Blob 和 Numeric。SQLite 的一项有趣的功能就是，当插入一行的时候，有一个整数的主键自动增加，不需要为该字段传入一个值。

关于 SQLite 的更多消息，可以通过下面的链接找到：http://sqlite.org。

41.2　Database API

SQLiteDatabase 和 SQLiteOpenHelper 类，都属于 android.database.sqlite 包，它们是 Database API 中最常使用的两个类。在 android.database 包中，Cursor 接口是最重要的类型之一。

下面的小节中将详细介绍这 3 种类型。

41.2.1　SQLiteOpenHelper 类

要在 Android 应用程序中使用数据库，扩展 SQLiteOpenHelper 以帮助创建数据库和表，以及连接到数据库。在 SQLiteOpenHelper 的一个子类中，需要做如下的这些事情。
- 提供一个构造方法，它调用自己的超类，传入 Context 和数据库名称以及其他内容。
- 覆盖 onCreate 方法和 onUpgrade 方法。

例如，如下是 SQLiteOpenHelper 的一个子类的构造方法。

```
public SubClassOfSQLiteOpenHelper(Context context) {
    super(context,
        "mydatabase", // database name
        null,
        1          // db version
    );
}
```

需要覆盖的 onCreate 方法，其签名如下。

```
public void onCreate(SQLiteDatabase database)
```

在初次访问一个表的时候，系统必须调用 onCreate 方法。在这个方法实现中，应该在 SQLiteDatabase 上调用 execSQL 方法，并且传入创建表的 SQL 语句。如下面的示例所示。

```java
@Override
public void onCreate(SQLiteDatabase db) {
    String sql = "CREATE TABLE " + TABLE_NAME
        + " (" + ID_FIELD + " INTEGER, "
        + FIRST_NAME_FIELD + " TEXT,"
        + LAST_NAME_FIELD + " TEXT,"
        + PHONE_FIELD + " TEXT,"
        + EMAIL_FIELD + " TEXT,"
        + " PRIMARY KEY (" + ID_FIELD + "));";
    db.execSQL(sql);
}
```

SQLiteOpenHelper 自动管理到底层数据库的连接。要获取数据库实例，可以调用这些方法之一，这两个方法都会返回 SQLiteDatabase 的一个实例。

```
public SQLiteDatabase getReadableDatabase()
public SQLiteDatabase getWritableDatabase()
```

当初次调用这些方法中的一个时，如果数据库不存在的话，将会创建一个数据库。getReadableDatabase 和 getWritableDatabase 方法之间的区别在于，前者能够用于只读，而后者可以用于读和写入数据库。

41.2.2 SQLiteDatabase 类

一旦从 SQLiteOpenHelper 的 getReadableDatabase 或 getWritableDatabase 方法得到了一个 SQLiteDatabase，就可以通过调用 SQLiteDatabase 的 insert 或 execSQL 方法来操作数据库中的数据。例如，要添加一条记录，可以调用 insert 方法，其签名如下所示：

```
public long insert (String table, String nullColumnHack,
    ContentValues values)
```

这里，table 是表的名称，而 values 是一个 android.content.ContentValues，它包含了将要插入到表中的、成对的字段名/值。这个方法返回新插入的行的行标识符。

例如，如下的代码传入了 3 个字段值，向 employees 表中插入了一条记录。

```java
SQLiteDatabase db = this.getWritableDatabase();
// this is an instance of SQLiteOpenHelper
ContentValues values = new ContentValues();
values.put("first_name", "Joe");
values.put("last_name", "Average");
values.put("position", "System Analyst");
long id = db.insert("employees", null, values);
db.close();
```

要更新或删除一条记录，分别使用 update 或 delete 方法。这些方法的签名如下所示：

```
public int delete (java.lang.String table,
    java.lang.String whereClause, java.lang.String[] whereArgs)
public int update (java.lang.String table,
    android.content.ContentValues values,
    java.lang.String whereClause, java.lang.String[] whereArgs)
```

这两个方法的示例在本章的应用程序中给出。

要执行一条 SQL 语句，可以使用 execSQL 方法。

```
public void execSQL (java.lang.String sql)
```

要获取记录，使用 query 方法之一。该方法的一种重载形式的签名如下。

```
public android.database.Cursor query(java.lang.String table,
    java.lang.String[] columns, java.lang.String selection,
    java.lang.String[] selectionArgs,
    java.lang.String groupBy,
```

```
               java.lang.String having,
               java.lang.String orderBy, hava.lang.String limit)
```

可以在本章的示例应用程序中看到如何使用这一方法。

有一件事情需要注意，query 方法返回的数据包含在 Cursor 的一个实例中，41.2.3 将会介绍这一有趣的类型。

41.2.3 Cursor 接口

在 SQLiteDatabase 上调用 query 方法将返回一个 Cursor。Cursor 是 android.database.Cursor 接口的一个实现，它提供了对数据库查询所返回的结果集的读和写访问。

要通过 Cursor 来读取一行，首先需要通过调用其 moveToFirst、moveToNext、moveToPrevious、move ToLast 或 moveToPosition 方法，来把 Cursor 指向一个数据行。moveToFirst 将 Cursor 移动到第一行，moveToNext 将其移动到下一行。你可能已经猜到了，moveToLast 将其移动到最后一条记录，而 moveToPrevious 移动到前一行。moveToPosition 接受一个整数并将 Cursor 移动到指定的位置。

一旦将 Cursor 移动到一个数据行，你可以通过调用 Cursor 的 getInt、getFloat、getLong、getString、getShort 或 getDouble 方法，传入列的索引，来从一行中读取列。

Cursor 的一个有趣的方面是，可以使用它作为一个 ListAdapter 的数据源，而 ListAdapter 反过来可以用于填充一个 ListView。针对 ListView 使用一个 Cursor 的优点在于，Cursor 可以管理你的数据。换句话说，如果该数据更新了，Cursor 可以自行刷新 ListView。这是非常有用的功能，你可以少一件担心的事情。

41.3 示例

DatabaseDemo1 应用程序用于管理 SQLite 数据库中的联系人。联系人是一个数据结构，其中包括一个人的联系方式等细节。这个应用程序有 3 个活动，MainActivity、AddContactActivity 和 ShowContactActivity。

主活动显示了联系人的一个列表，如图 41.1 所示。

主活动在其操作栏上提供了一个 ADD 按钮，如果按下该按钮，将会启动 AddContactActivity 活动。此活动包含了一个表单，用于添加新的联系人，如图 41.2 所示。

主活动还使用一个 ListView 来显示数据库中的所有的联系人。按下列表中的一项，将会激活 ShowContactActivity 活动，如图 41.3 所示。

图 41.1 主活动

图 41.2 AddContactActivity

图 41.3 ShowContactActivity

ShowContactActivity 活动允许用户通过按下操作栏上的 DELETE 按钮来删除所显示的联系人。按下该按钮，将会提示用户确认，是否真的想要删除该联系人。用户可以按下活动的标签，以返回到主活动中。

应用程序中的 3 个活动，在代码清单 41.1 所示的清单中声明。

代码清单 41.1　AndroidManifest.xml 文件

```xml
<?xml version="1.0" encoding="utf-8"?>
<manifest xmlns:android="http://schemas.android.com/apk/res/android"
    package="com.example.databasedemo1"
    android:versionCode="1"
    android:versionName="1.0" >

    <uses-sdk
        android:minSdkVersion="11"
        android:targetSdkVersion="18" />

    <application
        android:allowBackup="true"
        android:icon="@drawable/ic_launcher"
        android:label="@string/app_name"
        android:theme="@style/AppTheme" >
        <activity
            android:name=".MainActivity"
            android:label="@string/app_name" >
            <intent-filter>
                <action android:name="android.intent.action.MAIN" />
                <category android:name="android.intent.category.LAUNCHER"/>
            </intent-filter>
        </activity>
        <activity android:name=".AddContactActivity"
            android:parentActivityName=".MainActivity"
            android:label="@string/title_activity_add_contact">
        </activity>
        <activity android:name=".ShowContactActivity"
            android:parentActivityName=".MainActivity"
            android:label="@string/title_activity_show_contact" >
        </activity>
    </application>
</manifest>
```

DatabaseDemo1 是一个示例应用程序，它使用一个对象模型，即代码清单 41.2 所示的 Contact 类。这是一个 POJO，它带有 5 个属性，id、firstName、lastName、phone 和 email。

代码清单 41.2　Contact 类

```java
package com.example.databasedemo1;
public class Contact {
    private long id;
    private String firstName;
    private String lastName;
    private String phone;
    private String email;

    public Contact() {
    }

    public Contact(String firstName, String lastName,
            String phone, String email) {
        this.firstName = firstName;
```

```
        this.lastName = lastName;
        this.phone = phone;
        this.email = email;
    }
    // get and set methods not shown to save space
}
```

现在,来看看应用程序中最重要的类,代码清单 41.3 所示的 DatabaseManager 类。这个类封装了访问数据库中的数据的方法。它扩展了 SQLiteOpenHelper,并且实现了其 onCreate 和 onUpdate 方法,并且提供了管理联系人的方法,如 addContact、deleteContact、updateContact、getAllContacts 和 getContact。

代码清单 41.3　DatabaseManager 类

```
package com.example.databasedemo1;
import java.util.ArrayList;
import java.util.List;
import android.content.ContentValues;
import android.content.Context;
import android.database.Cursor;
import android.database.sqlite.SQLiteDatabase;
import android.database.sqlite.SQLiteOpenHelper;
import android.util.Log;

public class DatabaseManager extends SQLiteOpenHelper {
    public static final String TABLE_NAME = "contacts";
    public static final String ID_FIELD = "_id";
    public static final String FIRST_NAME_FIELD = "first_name";
    public static final String LAST_NAME_FIELD = "last_name";
    public static final String PHONE_FIELD = "phone";
    public static final String EMAIL_FIELD = "email";
    public DatabaseManager(Context context) {
        super(context,
                /*db name=*/ "contacts_db2",
                /*cursorFactory=*/ null,
                /*db version=*/1);
    }
    @Override
    public void onCreate(SQLiteDatabase db) {
        Log.d("db", "onCreate");
        String sql = "CREATE TABLE " + TABLE_NAME
                + " (" + ID_FIELD + " INTEGER, "
                + FIRST_NAME_FIELD + " TEXT,"
                + LAST_NAME_FIELD + " TEXT,"
                + PHONE_FIELD + " TEXT,"
                + EMAIL_FIELD + " TEXT,"
                + " PRIMARY KEY (" + ID_FIELD + "));";
        db.execSQL(sql);

    }

    @Override
    public void onUpgrade(SQLiteDatabase db, int arg1, int arg2) {
        Log.d("db", "onUpdate");
        db.execSQL("DROP TABLE IF EXISTS " + TABLE_NAME);
        // re-create the table
        onCreate(db);
    }

    public Contact addContact(Contact contact) {
        Log.d("db", "addContact");
```

```java
        SQLiteDatabase db = this.getWritableDatabase();
        ContentValues values = new ContentValues();
        values.put(FIRST_NAME_FIELD, contact.getFirstName());
        values.put(LAST_NAME_FIELD, contact.getLastName());
        values.put(PHONE_FIELD, contact.getPhone());
        values.put(EMAIL_FIELD, contact.getEmail());
        long id = db.insert(TABLE_NAME, null, values);
        contact.setId(id);
        db.close();
        return contact;
    }

    // Getting single contact
    Contact getContact(long id) {
        SQLiteDatabase db = this.getReadableDatabase();
        Cursor cursor = db.query(TABLE_NAME, new String[] {
                ID_FIELD, FIRST_NAME_FIELD, LAST_NAME_FIELD,
                PHONE_FIELD, EMAIL_FIELD }, ID_FIELD + "=?",
                new String[] { String.valueOf(id) }, null,
                null, null, null);
        if (cursor != null) {
            cursor.moveToFirst();
            Contact contact = new Contact(
                    cursor.getString(1),
                    cursor.getString(2),
                    cursor.getString(3),
                    cursor.getString(4));
            contact.setId(cursor.getLong(0));
            return contact;
        }
        return null;
    }

    // Getting All Contacts
    public List<Contact> getAllContacts() {
        List<Contact> contacts = new ArrayList<Contact>();
        String selectQuery = "SELECT * FROM " + TABLE_NAME;

        SQLiteDatabase db = this.getWritableDatabase();
        Cursor cursor = db.rawQuery(selectQuery, null);

        while (cursor.moveToNext()) {
            Contact contact = new Contact();
            contact.setId(Integer.parseInt(cursor.getString(0)));
            contact.setFirstName(cursor.getString(1));
            contact.setLastName(cursor.getString(2));
            contact.setPhone(cursor.getString(3));
            contact.setEmail(cursor.getString(4));
            contacts.add(contact);
        }
        return contacts;
    }

    public Cursor getContactsCursor() {
        String selectQuery = "SELECT * FROM " + TABLE_NAME;
        SQLiteDatabase db = this.getWritableDatabase();
        return db.rawQuery(selectQuery, null);
    }

    public int updateContact(Contact contact) {
```

```java
        SQLiteDatabase db = this.getWritableDatabase();

        ContentValues values = new ContentValues();
        values.put(FIRST_NAME_FIELD, contact.getFirstName());
        values.put(LAST_NAME_FIELD, contact.getLastName());
        values.put(PHONE_FIELD, contact.getPhone());
        values.put(EMAIL_FIELD, contact.getEmail());

        return db.update(TABLE_NAME, values, ID_FIELD + " = ?",
                new String[] { String.valueOf(contact.getId()) });
    }

    public void deleteContact(long id) {
        SQLiteDatabase db = this.getWritableDatabase();
        db.delete(TABLE_NAME, ID_FIELD + " = ?",
                new String[] { String.valueOf(id) });
        db.close();
    }
}
```

3个活动类都使用了 DatabaseManager 类。MainActivity 类使用了一个 ListView，它从一个 ListAdapter 来获取数据和布局，而后者反过来从一个 Cursor 获取数据。AddContactActivity 类接受一个新的联系人的细节，并且通过调用 DatabaseManager 类的 addContact 方法将其插入到数据库中。ShowContactActivity 类获取了主活动中按下的联系人项的细节，并且使用 DatabaseManager 类的 getContact 方法来获取它。如果用户决定删除掉所显示的联系人，ShowContactActivity 将会请求 DatabaseManager 来删除它。

MainActivity 类、AddContactActivity 类和 ShowContactActivity 类分别在代码清单 41.4、代码清单 41.5 和代码清单 41.6 中给出。

代码清单 41.4　MainActivity 类

```java
package com.example.databasedemo1;
import android.app.Activity;
import android.content.Intent;
import android.database.Cursor;
import android.os.Bundle;
import android.support.v4.widget.CursorAdapter;
import android.view.Menu;
import android.view.MenuItem;
import android.view.View;
import android.widget.AdapterView;
import android.widget.AdapterView.OnItemClickListener;
import android.widget.ListAdapter;
import android.widget.ListView;
import android.widget.SimpleCursorAdapter;

public class MainActivity extends Activity {
    DatabaseManager dbMgr;
    @Override
    protected void onCreate(Bundle savedInstanceState) {
        super.onCreate(savedInstanceState);
        setContentView(R.layout.activity_main);
        ListView listView = (ListView) findViewById(
                R.id.listView);
        dbMgr = new DatabaseManager(this);

        Cursor cursor = dbMgr.getContactsCursor();
        startManagingCursor(cursor);

        ListAdapter adapter = new SimpleCursorAdapter(
```

```
                    this,
                    android.R.layout.two_line_list_item,
                    cursor,
                    new String[] {DatabaseManager.FIRST_NAME_FIELD,
                        DatabaseManager.LAST_NAME_FIELD},
                    new int[] {android.R.id.text1, android.R.id.text2},
                    CursorAdapter.FLAG_REGISTER_CONTENT_OBSERVER);

        listView.setAdapter(adapter);
        listView.setChoiceMode(ListView.CHOICE_MODE_SINGLE);
        listView.setOnItemClickListener(
                new OnItemClickListener() {
            @Override
            public void onItemClick(AdapterView<?> adapterView,
                    View view, int position, long id) {
                Intent intent = new Intent(
                        getApplicationContext(),
                        ShowContactActivity.class);
                intent.putExtra("id", id);
                startActivity(intent);
            }
        });
    }

    @Override
    public boolean onCreateOptionsMenu(Menu menu) {
        getMenuInflater().inflate(R.menu.menu_main, menu);
        return true;
    }

    @Override
    public boolean onOptionsItemSelected(MenuItem item) {
        switch (item.getItemId()) {
            case R.id.action_add:
                startActivity(new Intent(this,
                        AddContactActivity.class));
                return true;
            default:
                return super.onOptionsItemSelected(item);
        }
    }
}
```

代码清单 41.5 AddContactActivity 类

```
package com.example.databasedemo1;
import android.app.Activity;
import android.os.Bundle;
import android.view.Menu;
import android.view.View;
import android.widget.TextView;

public class AddContactActivity extends Activity {

    @Override
    protected void onCreate(Bundle savedInstanceState) {
        super.onCreate(savedInstanceState);
        setContentView(R.layout.activity_add_contact);
    }

    @Override
```

```java
    public boolean onCreateOptionsMenu(Menu menu) {
        getMenuInflater().inflate(R.menu.add_contact, menu);
        return true;
    }

    public void cancel(View view) {
        finish();
    }
    public void addContact(View view) {
        DatabaseManager dbMgr = new DatabaseManager(this);
        String firstName = ((TextView) findViewById(
                R.id.firstName)).getText().toString();
        String lastName = ((TextView) findViewById(
                R.id.lastName)).getText().toString();
        String phone = ((TextView) findViewById(
                R.id.phone)).getText().toString();
        String email = ((TextView) findViewById(
                R.id.email)).getText().toString();
        Contact contact = new Contact(firstName, lastName,
                phone, email);
        dbMgr.addContact(contact);
        finish();
    }
}
```

代码清单 41.6　ShowContactActivity 类

```java
package com.example.databasedemo1;
import android.app.Activity;
import android.app.AlertDialog;
import android.content.DialogInterface;
import android.os.Bundle;
import android.util.Log;
import android.view.Menu;
import android.view.MenuItem;
import android.widget.TextView;

public class ShowContactActivity extends Activity {
    long contactId;

    @Override
    protected void onCreate(Bundle savedInstanceState) {
        super.onCreate(savedInstanceState);
        setContentView(R.layout.activity_show_contact);
        getActionBar().setDisplayHomeAsUpEnabled(true);
        Bundle extras = getIntent().getExtras();
        if (extras != null) {
            contactId = extras.getLong("id");
            DatabaseManager dbMgr = new DatabaseManager(this);
            Contact contact = dbMgr.getContact(contactId);
            if (contact != null) {
                ((TextView) findViewById(R.id.firstName))
                        .setText(contact.getFirstName());
                ((TextView) findViewById(R.id.lastName))
                        .setText(contact.getLastName());
                ((TextView) findViewById(R.id.phone))
                        .setText(contact.getPhone());
                ((TextView) findViewById(R.id.email))
                        .setText(contact.getEmail());
            } else {
                Log.d("db", "contact null");
```

```java
            }
        }
    }

    @Override
    public boolean onCreateOptionsMenu(Menu menu) {
        getMenuInflater().inflate(R.menu.show_contact, menu);
        return true;
    }

    @Override
    public boolean onOptionsItemSelected(MenuItem item) {
        switch (item.getItemId()) {
        case R.id.action_delete:
            deleteContact();
            return true;
        default:
            return super.onOptionsItemSelected(item);
        }
    }

    private void deleteContact() {
        new AlertDialog.Builder(this)
            .setTitle("Please confirm")
            .setMessage(
                "Are you sure you want to delete " +
                "this contact?")
            .setPositiveButton("Yes",
                new DialogInterface.OnClickListener() {
                    public void onClick(
                            DialogInterface dialog,
                            int whichButton) {
                        DatabaseManager dbMgr =
                            new DatabaseManager(
                                getApplicationContext());
                        dbMgr.deleteContact(contactId);
                        dialog.dismiss();
                        finish();
                    }
                })
            .setNegativeButton("No",
                new DialogInterface.OnClickListener() {
                    public void onClick(
                            DialogInterface dialog,
                            int which) {
                        dialog.dismiss();
                    }
                })
            .create()
            .show();
    }
}
```

41.4 本章小结

Android Database API 使得操作关系数据库很容易。android.database 和 android.database.sqlite 包包含了支持访问一个 SQLite 数据库的类和接口，而 SQLite 是 Android 所带的默认的数据库。在本章中，我们学习了如何使用 3 种最常用的 API 类型，即 SQLiteOpenHelper 类、SQLiteDatabase 类和 Cursor 接口。

第 42 章 获 取 图 片

几乎所有的 Android 手机和平板电脑都带有一个或两个相机。可以使用一个相机来获取静止的图片，只要在内建的 Camera 应用程序中启动一个活动，或者使用 Camera API 就可以了。

本章介绍了如何使用这两种方法。

42.1 概览

Android 应用程序可以调用其他的应用程序，以使用后者所提供的一种或两种功能。例如，要从你的应用程序中发送一封 Email，可以使用默认的 Email 应用程序，而不是编写自己的 App。要获取一幅图片，最容易的方式是使用 Camera 应用程序。要激活 Camera，使用如下的代码。

```
int requestCode = ...;
Intent intent = new Intent(MediaStore.ACTION_IMAGE_CAPTURE);
startActivityForResult(intent, requestCode);
```

基本上，你需要给 Intent 类的构造方法传入 MediaStore.ACTION_IMAGE_CAPTURE 来创建一个 Intent。然后，需要传入该 Intent 和请求代码的活动，以调用 startActivityForResult 方法。请求代码可以是你心里想要的任何整数。稍后将会学习传入请求代码的目的。

要告诉 Camera 把获取的图片存储到哪里，可以给 Intent 传入一个 Uri 实例。如下是完整的代码。

```
int requestCode = ...;
Intent intent = new Intent(MediaStore.ACTION_IMAGE_CAPTURE);
Uri uri = ...;
intent.putExtra(MediaStore.EXTRA_OUTPUT, uri);
startActivityForResult(intent, requestCode);
```

当用户在获取了图片或取消了操作之后关闭 Camera 的时候，Android 会通过在调用了 Camera 的活动中调用 onActivityResult 方法，以通知应用程序。这会使得你有机会保存使用 Camera 所获取的图片。OnActivityResult 方法的签名如下。

```
protected void onActivityResult(int requestCode, int resultCode,
        android.content.Intent data)
```

系统通过传入3个参数来调用 onActivityResult 方法。第1个参数是 requestCode，这是调用 startActivityForResult 方法的时候传入的请求代码。如果从你的活动中调用其他的活动，请求码很重要，因为每次要传入一个不同的请求码。由于你的活动中只有一个 onActivityResult 实现，对 startActivityForResult 方法的所有调用，都共享相同的 onActivityResult，并且，你需要通过检查请求码来获知是哪一个活动导致 onActivityResult 被调用。

OnActivityResult 方法的第 2 个参数是一个结果代码。其值可能是 Activity.RESULT_OK 或 Activity.RESULT_CANCELED，或者是用户定义的值。Activity.RESULT_OK 表示操作成功，而 Activity.RESULT_CANCELED 表示操作被取消。

OnActivityResult 方法的第 3 个参数包含了来自被调用的活动的数据。

使用 Camera 很容易。但是，如果 Camera 并不符合你的需要，也可以直接使用 Camera API。这不像使用 Camera 那么容易，但是这个 API 允许你配置相机的很多参数。

本章中的示例展示了这两种用法。

42.2 使用相机

要使用相机,需要在清单文件中加入以下内容。

```
<uses-feature android:name="android.hardware.camera"/>
<uses-permission android:name="android.permission.CAMERA"/>
```

CameraDemo 应用程序展示了如何使用内建的意图来激活 Camera 应用程序并使用它来拍照。CameraDemo 只有一个活动,它在操作栏上带有两个按钮,分别是 Show Camera 和 Email。Show Camera 按钮启动 Camera,而 Email 按钮将照片发送电子邮件。该应用程序如图 42.1 所示。

图 42.1　CameraDemo

让我们开始分解代码,首先从清单开始。

代码清单 42.1　清单

```xml
<?xml version="1.0" encoding="utf-8"?>
<manifest xmlns:android="http://schemas.android.com/apk/res/android"
    package="com.example.camerademo" >
    <uses-feature android:name="android.hardware.camera"/>
    <uses-permission android:name="android.permission.CAMERA"/>
    <uses-permission
        android:name="android.permission.WRITE_EXTERNAL_STORAGE"/>

    <application
        android:allowBackup="true"
        android:icon="@drawable/ic_launcher"
        android:label="@string/app_name"
        android:theme="@style/AppTheme" >
        <activity
            android:name="com.example.camerademo.MainActivity"
            android:label="@string/app_name" >
            <intent-filter>
                <action android:name="android.intent.action.MAIN" />

                <category android:name="android.intent.category.LAUNCHER" />
            </intent-filter>
        </activity>
    </application>

</manifest>
```

菜单文件（代码清单 42.2 中的 menu_main.xml 文件）包含了操作栏上的两个菜单项。

代码清单 42.2　菜单文件（menu_main.xml）

```xml
<menu xmlns:android="http://schemas.android.com/apk/res/android" >

    <item
        android:id="@+id/action_camera"
        android:orderInCategory="100"
        android:showAsAction="ifRoom"
        android:title="@string/action_show_camera"/>
    <item
        android:id="@+id/action_email"
        android:orderInCategory="200"
        android:showAsAction="ifRoom"
        android:title="@string/action_email"/>
</menu>
```

主活动的布局文件如代码清单 42.3 所示。它包括了一个 ImageView，用于显示所拍的照片。活动类自身如代码清单 42.4 所示。

代码清单 42.3　activity_main.xml 文件

```xml
<RelativeLayout
    xmlns:android="http://schemas.android.com/apk/res/android"
    android:layout_width="match_parent"
    android:layout_height="match_parent"
    android:paddingBottom="@dimen/activity_vertical_margin"
    android:paddingLeft="@dimen/activity_horizontal_margin"
    android:paddingRight="@dimen/activity_horizontal_margin"
    android:paddingTop="@dimen/activity_vertical_margin">

    <ImageView
        android:id="@+id/imageView"
        android:layout_width="match_parent"
        android:layout_height="match_parent"
 />
</RelativeLayout>
```

代码清单 42.4　MainActivity 类

```java
package com.example.camerademo;
import java.io.File;
import android.app.Activity;
import android.content.Intent;
import android.net.Uri;
import android.os.Bundle;
import android.os.Environment;
import android.provider.MediaStore;
import android.util.Log;
import android.view.Menu;
import android.view.MenuItem;
import android.widget.ImageView;
import android.widget.Toast;

public class MainActivity extends Activity {
    private static final int CAPTURE_IMAGE_ACTIVITY_REQUEST_CODE = 100;
    File pictureDir = new
        File(Environment.getExternalStoragePublicDirectory(
            Environment.DIRECTORY_PICTURES), "CameraDemo");
    private static final String FILE_NAME = "image01.jpg";
```

```java
    private Uri fileUri;

    @Override
    protected void onCreate(Bundle savedInstanceState) {
        super.onCreate(savedInstanceState);
        setContentView(R.layout.activity_main);
        if (!pictureDir.exists()) {
            pictureDir.mkdirs();
        }
    }

    @Override
    public boolean onCreateOptionsMenu(Menu menu) {
        getMenuInflater().inflate(R.menu.menu_main, menu);
        return true;
    }

    @Override
    public boolean onOptionsItemSelected(MenuItem item) {
        switch (item.getItemId()) {
            case R.id.action_camera:
                showCamera();
                return true;
            case R.id.action_email:
                emailPicture();
                return true;
            default:
                return super.onContextItemSelected(item);
        }
    }

    private void showCamera() {
        Intent intent = new Intent(
                MediaStore.ACTION_IMAGE_CAPTURE);
        File image = new File(pictureDir, FILE_NAME);
        fileUri = Uri.fromFile(image);
        intent.putExtra(MediaStore.EXTRA_OUTPUT, fileUri);
        // check if the device has a camera:
        if (intent.resolveActivity(getPackageManager()) != null) {
            startActivityForResult(intent,
                    CAPTURE_IMAGE_ACTIVITY_REQUEST_CODE);
        }
    }

    @Override
    protected void onActivityResult(int requestCode,
            int resultCode, Intent data) {
        if (requestCode ==
                CAPTURE_IMAGE_ACTIVITY_REQUEST_CODE) {
            if (resultCode == RESULT_OK) {
                ImageView imageView = (ImageView)
                        findViewById(R.id.imageView);
                File image = new File(pictureDir, FILE_NAME);
                fileUri = Uri.fromFile(image);
                imageView.setImageURI(fileUri);
            } else if (resultCode == RESULT_CANCELED) {
                Toast.makeText(this, "Action cancelled",
                        Toast.LENGTH_LONG).show();
            } else {
                Toast.makeText(this, "Error",
```

```
                Toast.LENGTH_LONG).show();
        }
    }
}

private void emailPicture() {
    Intent emailIntent = new Intent(
            android.content.Intent.ACTION_SEND);
    emailIntent.setType("application/image");
    emailIntent.putExtra(android.content.Intent.EXTRA_EMAIL,
            new String[]{"me@example.com"});
    emailIntent.putExtra(android.content.Intent.EXTRA_SUBJECT,
            "New photo");
    emailIntent.putExtra(android.content.Intent.EXTRA_TEXT,
            "From My App");
    emailIntent.putExtra(Intent.EXTRA_STREAM, fileUri);
    startActivity(Intent.createChooser(emailIntent,
            "Send mail..."));
}
```

MainActivity 中的 ShowCamera 按钮调用了 showCamera 方法，该方法通过调用 startActivityForResult 方法来启动 Camera。emailPicture 方法启动另外一个活动，它反过来激活默认的 Email 应用程序。

42.3 Camera API

Camera API 以 android.hardware.Camera 类为中心。一个 Camera 表示数字相机。

每个相机都有一个取景框，通过它，摄影师能够看到通过相机能看到的内容。取景框可以是光学的，也可以是电子的。模拟的相机通常会提供一个光学取景框，这是在相机主体上放置的一个反向的望远镜。一些数码相机拥有电子的取景框，还有一些数码相机使用一个电子的取景框加上一个光学取景框。在 Android 平板电脑和手机上，通常整个屏幕或部分屏幕都用作一个取景框。

在使用相机的应用程序中，android.view.SurfaceView 类通常用作取景框。SurfaceView 是 View 的一个子类，因此，可以通过在一个布局文件中使用 SurfaceView 元素来声明一个活动，从而添加它。通过 SurfaceView 类的 SurfaceHolder 接口来控制它，可以通过在 SurfaceView 上调用 getHolder 方法来获得 SurfaceHolder。SurfaceHolder 是 android.view 包中的一个接口。

因此，当使用相机的时候，需要管理 Camera 以及 SurfaceHolder 的一个实例。

42.3.1 管理相机

在使用 Camera API 的时候，首先应该检查设备是否有一个相机。如果设备有多个相机的话，还必须确定使用哪一个相机，可以通过调用 Camera 类的静态方法 open 来做到这一点。

```
Camera camera = null;
try {
    if (Build.VERSION.SDK_INT >= Build.VERSION_CODES.GINGERBREAD) {
        camera = Camera.open(0);
    } else {
        camera = Camera.open();
    }
} catch (Exception e) {
    e.printStackTrace();
}
```

对于 Gingerbread（Android 2.3）之前的 Android 版本，使用 open 方法的无参数的方法重载形式。对于 Android 2.3 以后的版本，使用其接受一个整数的重载形式。

```
public static Camera open(int cameraId)
```

给该方法传入参数 0，会使用第 1 个相机，1 表示第 2 个相机，依次类推。

应该将 open 方法的调用放入到一个 try 语句块中，因为它可能会抛出一个异常。

一旦获取了一个 Camera，需要给 Camera 上的 setPreviewDisplay 方法传入一个 SurfaceHolder。

```
public void setPreviewDisplay(android.view.SurfaceHolder holder)
```

如果 setPreviewDisplay 方法成功地返回，调用相机的 startPreview 方法，并且由 SurfaceHolder 控制的 SurfaceView 显示相机所看到的内容。

要拍照，调用相机的 takePicture 方法。在拍照之后，预览将会停止，因此，你需要再次调用 startPreview 方法来拍另一张照片。

当用完相机之后，调用 stopPreview 方法和 release 方法来释放相机。

在调用了 open 方法之后，可以调用其 getParameters 方法来配置相机、修改参数，并且使用 setParameters 方法将这些参数传回给相机。

使用 takePicture 方法可以确定对于从相机得到的最终的原始图像和 JPEG 图像做些什么。takePicture 方法的签名如下所示。

```
public final void takePicture(Camera.ShutterCallback shutter,
    Camera.PictureCallback raw, Camera.PictureCallback postview,
    Camera.PictureCallback jpeg)
```

4 个参数介绍如下。

- shutter。图像捕获瞬间的回调。例如，可以传入代码来播放一个点击的声音，使其听起来更像是一台真正的相机。
- raw。解压缩图像数据的回调。
- postview。预览图像数据的回调。
- jpeg。JPEG 图像数据的回调。

在 CameraAPIDemo 应用程序中，我们将学习如何使用 Camera。

42.3.2　管理 SurfaceHolder

SurfaceHolder 通过 SurfaceHolder.Callback 中的一系列方法与其用户通信。要管理一个 SurfaceHolder，需要给 SurfaceHolder 的 addCallback 方法传入的一个 SurfaceHolder.Callback 实例。

SurfaceHolder.Callback 暴露了如下的 3 种方法，SurfaceHolder 将调用它们以响应事件。

```
public abstract void surfaceChanged(SurfaceHolder holder,
        int format, int width, int height)
```

在对 surface 做出任何结构性的修改（格式或大小）之后调用。

```
public abstract void surfaceCreated(SurfaceHolder holder)
```

在初次创建 surface 后调用。

```
public abstract void surfaceDestroyed(SurfaceHolder holder)
```

在销毁 surface 之前调用。

例如，如果在创建了 SurfaceHolder 之后，立即把一个和 SurfaceHolder 一个 Camera 连接起来。因此，可以使用如下的代码来覆盖 surfaceCreated 方法。

```
@Override
public void surfaceCreated(SurfaceHolder holder) {
    try {
        camera.setPreviewDisplay(holder);
```

```
            camera.startPreview();
        } catch (Exception e){
            Log.d("camera", e.getMessage());
        }
    }
```

42.4　使用 Camera API

CameraAPIDemo 应用程序展示了使用 Camera API 拍摄静止的图片的方法。它使用一个 SurfaceView 作为取景框，用一个按钮来拍照。点击该按钮，将会拍照并且发出一次咔嚓声。在拍照之后，SurfaceView 冻结两秒钟，以便用户有机会查看图片并重新启动相机预览，以便允许用户再拍摄另外一张照片。所有照片都给定一个随机的名字，并且存储到外部存储中。

该应用程序只有一个活动，其布局如代码清单 42.5 所示。

代码清单 42.5　布局文件（activity_main.xml）

```xml
<LinearLayout xmlns:android="http://schemas.android.com/apk/res/android"
    android:orientation="vertical"
    android:layout_width="fill_parent"
    android:layout_height="fill_parent">

    <Button
        android:id="@+id/button1"
        android:layout_width="wrap_content"
        android:layout_height="wrap_content"
        android:layout_gravity="center"
        android:onClick="takePicture"
        android:text="@string/button_take"/>

    <SurfaceView
        android:id="@+id/surfaceview"
        android:layout_width="match_parent"
        android:layout_height="match_parent" />
</LinearLayout>
```

该布局文件使用了一个 LinearLayout，其中包含了一个按钮和一个 SurfaceView。活动类如代码清单 42.6 所示。

代码清单 42.6　MainActivity 类

```java
package com.example.cameraapidemo;
import java.io.File;
import java.io.FileNotFoundException;
import java.io.FileOutputStream;
import java.io.IOException;
import android.app.Activity;
import android.hardware.Camera;
import android.hardware.Camera.PictureCallback;
import android.hardware.Camera.ShutterCallback;
import android.media.AudioManager;
import android.media.SoundPool;
import android.net.Uri;
import android.os.Build;
import android.os.Bundle;
import android.os.Environment;
import android.os.Handler;
import android.provider.Settings;
```

```java
import android.util.Log;
import android.view.Menu;
import android.view.SurfaceHolder;
import android.view.SurfaceView;
import android.view.View;
import android.widget.Button;
import android.widget.Toast;

public class MainActivity extends Activity
        implements SurfaceHolder.Callback {

    private Camera camera;
    SoundPool soundPool;
    int beepId;
    File pictureDir = new File(Environment
            .getExternalStoragePublicDirectory(
                    Environment.DIRECTORY_PICTURES),
                    "CameraAPIDemo");
    private static final String TAG = "camera";

    @Override
    public void onCreate(Bundle savedInstanceState) {
        super.onCreate(savedInstanceState);
        setContentView(R.layout.activity_main);
        pictureDir.mkdirs();

        soundPool = new SoundPool(1,
                AudioManager.STREAM_NOTIFICATION, 0);
        Uri uri = Settings.System.DEFAULT_RINGTONE_URI;
        beepId = soundPool.load(uri.getPath(), 1);
        SurfaceView surfaceView = (SurfaceView)
                findViewById(R.id.surfaceview);
        surfaceView.getHolder().addCallback(this);
    }

    @Override
    public boolean onCreateOptionsMenu(Menu menu) {
        getMenuInflater().inflate(R.menu.menu_main, menu);
        return true;
    }

    @Override
    public void onResume() {
        super.onResume();
        try {
            if (Build.VERSION.SDK_INT >=
                    Build.VERSION_CODES.GINGERBREAD) {
                camera = Camera.open(0);
            } else {
                camera = Camera.open();
            }
        } catch (Exception e) {
            e.printStackTrace();
        }
    }

    @Override
    public void onPause() {
        super.onPause();
        if (camera != null) {
```

```
            try {
                camera.release();
                camera = null;
            } catch (Exception e) {
                e.printStackTrace();
            }
        }
    }

    private void enableButton(boolean enabled) {
        Button button = (Button) findViewById(R.id.button1);
        button.setEnabled(enabled);
    }

    public void takePicture(View view) {
        enableButton(false);
        camera.takePicture(shutterCallback, null,
                pictureCallback);
    }

    private ShutterCallback shutterCallback =
            new ShutterCallback() {
        @Override
        public void onShutter() {
            // play sound
            soundPool.play(beepId, 1.0f, 1.0f, 0, 0, 1.0f);
        }
    };

    private PictureCallback pictureCallback =
            new PictureCallback() {
        @Override
        public void onPictureTaken(byte[] data,
                final Camera camera) {
            Toast.makeText(MainActivity.this, "Saving image",
                    Toast.LENGTH_LONG)
                .show();
            File pictureFile = new File(pictureDir,
                System.currentTimeMillis() + ".jpg");

            try {
                FileOutputStream fos = new FileOutputStream(
                        pictureFile);
                fos.write(data);
                fos.close();
            } catch (FileNotFoundException e) {
                Log.d(TAG, e.getMessage());
            } catch (IOException e) {
                Log.d(TAG, e.getMessage());
            }

            Handler handler = new Handler();
            handler.postDelayed(new Runnable() {
                @Override
                public void run() {
                    try {
                        enableButton(true);
                        camera.startPreview();
                    } catch (Exception e) {
                        Log.d("camera",
```

```
                                   "Error starting camera preview: "
                                        + e.getMessage());
                        }
                    }
                }, 2000);
            }
        };

        @Override
        public void surfaceCreated(SurfaceHolder holder) {
            try {
                camera.setPreviewDisplay(holder);
                camera.startPreview();
            } catch (Exception e){
                Log.d("camera", e.getMessage());
            }
        }

        @Override
        public void surfaceChanged(SurfaceHolder holder,
                int format, int w, int h3) {
            if (holder.getSurface() == null){
                Log.d(TAG, "surface does not exist, return");
                return;
            }

            try {
                camera.setPreviewDisplay(holder);
                camera.startPreview();
            } catch (Exception e){
                Log.d("camera", e.getMessage());
            }
        }

        @Override
        public void surfaceDestroyed(SurfaceHolder holder) {
            Log.d(TAG, "surfaceDestroyed");
        }
    }
}
```

MainActivity 类使用一个 Camera 和一个 SurfaceView。后者持续地显示相机看到了什么。由于 Camera 接受很多资源以进行操作,当应用程序停止的时候,MainActivity 释放了相机,当应用程序继续时,它再重新打开相机。

MainActivity 类还实现了 SurfaceHolder.Callback,并且将自身传递给了 SurfaceView 的 SurfaceHolder,而它将这个 SurfaceView 用作一个取景框。在 onCreate 方法中如下的代码行中,展示了这一点。

```
SurfaceView surfaceView = (SurfaceView)
        findViewById(R.id.surfaceview);
surfaceView.getHolder().addCallback(this);
```

在 MainActivity 类所覆盖的 surfaceCreated 和 surfaceChanged 方法中,调用了相机的 setPreviewDisplay 和 startPreview 方法。这确保了当相机和一个 SurfaceHolder 连接的时候,SurfaceHolder 已经创建好了。

MainActivity 类中另一个重点是,当用户按下按钮的时候,会调用 takePicture 方法。

```
public void takePicture(View view) {
    enableButton(false);
    camera.takePicture(shutterCallback, null,
            pictureCallback);
}
```

takePicture 方法使得按钮失效，从而在照片保存之前，在 Camera 上再次调用 takePicture 方法之前，不会再次拍照；它通过传入一个 Camera.ShutterCallback 和一个 Camera.PictureCallback 来做到这一点。注意，在 Camera 上调用 takePicture 方法还会阻止在连接到相机的 SurfaceHolder 上预览图像。

MainActivity 类中的 Camera.ShutterCallback 有一个 onShutter 方法，它播放来自声音池中的一个声音。

```
@Override
public void onShutter() {
    // play sound
    soundPool.play(beepId, 1.0f, 1.0f, 0, 0, 1.0f);
}
```

Camera.PictureCallback 还有一个 onPictureTaken 方法，其签名如下。

```
public void onPictureTaken(byte[] data, final Camera camera)
```

该方法由 Camera 的 takePicture 方法调用，并且它接受一个字节数组，其中包含了照片图像。

MainActivity 类中实现的 onPictureTaken 方法做 3 件事情。首先，它使用 Toast 显示一条消息。其次，它将字节数组保存到一个文件中。文件的名称使用 System.currentTimeMillis()生成。最后，该方法创建了一个 Handler 来调度一项任务，该任务将会在两秒钟内执行。任务使得按钮生效，并且调用相机的 startPreview 方法，以便取景框能够再次工作。

图 42.2 展示了 CameraAPIDemo 应用程序。

图 42.2　CameraAPIDemo 应用程序

42.5　本章小结

Android 为获取静态图像的应用程序提供了两个选项，使用一个内建的意图来启动 Camera 或者使用 Camera API。第 1 个选项很容易使用，但是缺乏 Camera API 所提供的功能。

本章展示了如何使用两种方法。

第 43 章 制 作 视 频

在应用程序中提供视频制作功能的最容易的方式,就是使用一个内建的意图来激活已有的活动。但是,如果你不仅仅需要默认的应用程序所提供的功能,那就需要直接动手使用 API 了。

本章介绍如何使用这两种方法来制作视频。

43.1 使用内建意图

如果你选择使用默认的 Camera 应用程序来制作视频,可以使用如下这些代码行来激活应用程序。

```
int requestCode = ...;
Intent intent = new Intent(MediaStore.ACTION_VIDEO_CAPTURE);
startActivityForResult(intent, requestCode);
```

需要给 Intent 的构造方法传入 MediaStore.ACTION_VIDEO_CAPTURE 来创建一个 Intent,然后,将其传递给活动类中的 startActivityForResult 方法。可以选择任意整数作为请求代码,作为 startActivityForResult 的第 2 个参数来传递。该方法将会暂停当前的活动,并且启动 Camera,以使其准备捕获视频。

当退出 Camera 的时候,要么是取消操作,要么是当你完成视频制作的时候,系统将会恢复你最初的活动(即调用 startActivityForResult 方法的活动)并且调用其 onActivityResult 方法。如果你感兴趣要保存或处理捕获的视频,必须覆盖 onActivityResult 方法。其签名如下。

```
protected void onActivityResult(int requestCode, int resultCode,
        android.content.Intent data)
```

系统通过传递 3 个参数来调用 onActivityResult 方法。第 1 个参数是 requestCode,这是调用 startActivityForResult 方法的时候传入的请求代码。如果你从自己的活动中调用其他的活动,要为每个活动传入一个不同的请求代码,这时候请求代码就很重要了。由于你的活动中只有一个 onActivityResult 方法实现,对 startActivityForResult 方法的所有调用都将共享相同的 onActivityResult,同时,你需要通过查看请求代码的值来确定是哪一个活动导致了调用 onActivityResult 方法。

onActivityResult 方法的第 2 个参数是一个结果代码。其值可能是 Activity.RESULT_OK 或 Activity.-RESULT_CANCELED,或者是用户定义的值。Activity.RESULT_OK 表示操作成功,而 Activity.RESULT_-CANCELED 表示操作被取消。

如果操作成功的话,onActivityResult 的第 3 个参数包含了来自相机的数据。

此外,你需要在清单中使用如下的 uses-feature 元素,表示应用程序需要使用设备的相机硬件。

```
<uses-feature android:name="android.hardware.camera"
        android:required="true" />
```

作为一个示例,考虑 VideoDemo 应用程序,它有一个活动,在其操作栏上带有一个按钮。可以按下这个按钮可以激活相机,以拍摄视频。VideoDemo 应用程序如图 43.1 所示。

代码清单 43.1 中的 AndroidManifest.xml 文件给出了该应用程序中的活动以及一个 use-feature 元素。

图 43.1 VideoDemo

代码清单 43.1 AndroidManifest.xml 文件

```xml
<?xml version="1.0" encoding="utf-8"?>
<manifest xmlns:android="http://schemas.android.com/apk/res/android"
    package="com.example.videodemo"
    android:versionCode="1"
    android:versionName="1.0" >

    <uses-sdk
        android:minSdkVersion="16"
        android:targetSdkVersion="19" />

    <uses-feature android:name="android.hardware.camera"
                  android:required="true" />

    <application
        android:allowBackup="true"
        android:icon="@drawable/ic_launcher"
        android:label="@string/app_name"
        android:theme="@style/AppTheme" >
        <activity
            android:name="com.example.videodemo.MainActivity"
            android:label="@string/app_name">
            <intent-filter>
                <action android:name="android.intent.action.MAIN" />
                <category android:name="android.intent.category.LAUNCHER" />
            </intent-filter>
        </activity>
    </application>
</manifest>
```

该应用程序中只有一个活动，即 MainActivity 活动，该活动读取了代码清单 43.2 中所示的菜单文件来填充其操作栏。

代码清单 43.2 菜单文件（menu_main.xml）

```xml
<menu xmlns:android="http://schemas.android.com/apk/res/android">
    <item
        android:id="@+id/action_camera"
        android:orderInCategory="100"
        android:showAsAction="always"
        android:title="@string/action_camera"/>
</menu>
```

该活动还使用了代码清单 43.3 中所示的布局文件来设置其视图。这里只有一个 FrameLayout，它带有一个 VideoView 元素，后者用于显示视频文件。

代码清单 43.3 activity_main.xml 文件

```xml
<FrameLayout xmlns:android="http://schemas.android.com/apk/res/android"
    android:layout_width="match_parent"
    android:layout_height="match_parent" >
    <VideoView
        android:id="@+id/videoView"
        android:layout_width="match_parent"
        android:layout_height="match_parent"
        android:layout_gravity="center">
    </VideoView>
</FrameLayout>
```

注　意

这里使用了一个 FrameLayout 来包含一个 VideoView 以便将其居中放置。由于某些原因，LinearLayout 或 RelativeLayout 将无法令其居中。

最后，代码清单 43.4 给出了 MainActivity 类。现在，你应该知道，当按下一个菜单项的时候，会调用 onOptionsItemSelected 方法。简而言之，按下操作栏上的 Camera 按钮将会调用 showCamera 方法。ShowCamera 方法构造了一个内建的 Intent 并且将其传递给 startActivityForResult 方法以激活相机的视频拍摄功能。

代码清单 43.4 MainActivity 类

```java
package com.example.videodemo;
import android.app.Activity;
import android.content.Intent;
import android.net.Uri;
import android.os.Bundle;
import android.provider.MediaStore;
import android.view.Menu;
import android.view.MenuItem;
import android.widget.MediaController;
import android.widget.Toast;
import android.widget.VideoView;

public class MainActivity extends Activity {
    private static final int REQUEST_CODE = 200;

    @Override
    protected void onCreate(Bundle savedInstanceState) {
        super.onCreate(savedInstanceState);
        setContentView(R.layout.activity_main);
    }

    @Override
    public boolean onCreateOptionsMenu(Menu menu) {
```

```java
        getMenuInflater().inflate(R.menu.menu_main, menu);
        return true;
    }

    @Override
    public boolean onOptionsItemSelected(MenuItem item) {
        switch (item.getItemId()) {
        case R.id.action_camera:
            showCamera();
            return true;
        default:
            return super.onContextItemSelected(item);
        }
    }

    private void showCamera() {
        // cannot set the video file
        Intent intent = new Intent(
                MediaStore.ACTION_VIDEO_CAPTURE);
        // check if the device has a camera:
        if (intent.resolveActivity(getPackageManager()) != null) {
            startActivityForResult(intent, REQUEST_CODE);
        } else {
            Toast.makeText(this, "Opening camera failed",
                    Toast.LENGTH_LONG).show();
        }
    }

    @Override
    protected void onActivityResult(int requestCode,
            int resultCode, Intent data) {
        if (requestCode == REQUEST_CODE) {
            if (resultCode == RESULT_OK) {
                if (data != null) {
                    Uri uri = data.getData();
                    VideoView videoView = (VideoView)
                            findViewById(R.id.videoView);
                    videoView.setVideoURI(uri);
                    videoView.setMediaController(
                            new MediaController(this));
                    videoView.requestFocus();
                }
            } else if (resultCode == RESULT_CANCELED) {
                Toast.makeText(this, "Action cancelled",
                        Toast.LENGTH_LONG).show();
            } else {
                Toast.makeText(this, "Error", Toast.LENGTH_LONG)
                        .show();
            }
        }
    }
}
```

有趣的是 onActivityResult 方法的实现,当用户离开相机的时候,会调用该方法。如果结果代码是 RESULT_OK 并且 data 不为空,该方法会在 data 上调用 getData 方法,以得到一个指向视频位置的 Uri。接下来,它找到 VideoView 微件并设置其 videoURI 属性,然后调用 VideoView 上的其他两个方法,即 setMediaController 和 requestFocus。

```java
    protected void onActivityResult(int requestCode,
            int resultCode, Intent data) {
```

```
            if (requestCode == REQUEST_CODE) {
                if (resultCode == RESULT_OK) {
                    if (data != null) {
                        Uri uri = data.getData();
                        VideoView videoView = (VideoView)
                                findViewById(R.id.videoView);

                        videoView.setVideoURI(uri);
                        videoView.setMediaController(
                                new MediaController(this));
                        videoView.requestFocus();
                    }
...
```

传入一个 MediaController，以使用媒体控制器装饰 VideoView 实例，该媒体控制器可以用来播放和停止视频。在 VideoView 上调用 requestFocus()方法来为微件设置焦点。

43.2　MediaRecorder

如果你选择直接处理 API 而不是使用 Camera 来为应用程序提供视频制作功能，你需要了解 MediaRecorder 的细节。

android.media.MediaRecorder 类可以用来记录音频和视频。图 43.2 展示了一个 MediaRecord 可能处于的各种状态。

要使用一个 MediaRecorder 来捕获视频，当然需要它的一个实例。因此，要做的第一件事情，是创建一个 MediaRecorder 实例。

```
MediaRecorder mediaRecorder = new MediaRecorder();
```

从图 43.2 中可以看到，要记录一个视频，必须将 MediaRecorder 带入到 Initialized 状态，通过调用某些方法，进入 DataSourceConfigured 和 Prepared 状态。

要将一个 MediaRecorder 转换到 Initialized 状态，可以调用 setAudioSource 和 setVideoSource 方法来设置音频和视频来源。SetAudioSource 方法的有效值是 MediaRecorder.AudioSource 类中所定义的字段之一，这些字段是 CAMCORDER、DEFAULT、MIC、REMOTE_SUBMIX、VOICE_CALL、VOICE_COMMUNICATION、VOICE_DOWNLINK、VOICE_RECOGNITION 和 VOICE_UPLINK。

SetVideoSource 方法的有效值是 MediaRecorder.VideoSource 类中的字段之一，它们是 CAMERA 和 DEFAULT。

一旦 MediaRecorder 进入了 Initialized 状态，调用其 setOutputFormat 方法，传入 MediaRecorder.OutputFormat 类中的文件格式之一。该类中定义了如下的字段：AAC_ADTS、AMR_NB、AMR_WB、DEFAULT、MPEG_4、RAW_AMR 和 THREE_GPP。

成功调用 setOutputFormat 方法会将 MediaRecorder 带入到 DataSourceConfigured 状态。你只需要调用 prepare 方法来准备 MediaRecorder 即可。

要开始录制视频需要调用 start 方法。它将保持录制直到调用 stop 方法或者发生一个错误。如果用完了存储视频的空间，或者超过了所指定的最大录制时间，将会发生一个错误。

一旦停止了一个 MediaRecorder，它将会回到初始状态。必须再次令其经过前 3 个状态，才能录制另一个视频。

还要注意，一个 MediaRecorder 使用了很多的资源，如果 MediaRecorder 不再使用的话，要注意调用其 release 方法来释放资源。例如，当活动暂停的时候，应该释放 MediaRecorder。一旦释放了一个 MediaRecorder，相同的实例就无法复用来录制另一个视频。

43.3 使用 MediaRecorder

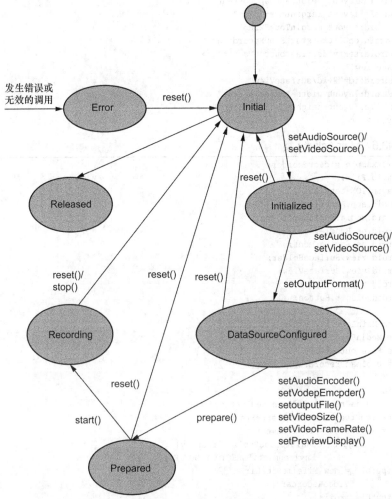

图 43.2　MediaRecorder 状态图

43.3　使用 MediaRecorder

VideoRecorder 应用程序展示了如何使用 MediaRecorder 来录制一个视频。它拥有一个活动，其中包含了一个按钮和一个 SurfaceView。按钮用来启动和停止录制，而 SurfaceView 用来显示相机看到了什么。第 42 章详细介绍了 SurfaceView。

活动的布局文件参见代码清单 43.5，活动类如代码清单 43.6 所示。

代码清单 43.5　布局文件（activity_main.xml）

```
<LinearLayout xmlns:android="http://schemas.android.com/apk/res/android"
    android:orientation="vertical"
    android:layout_width="fill_parent"
    android:layout_height="fill_parent">

    <Button
        android:id="@+id/button1"
        android:layout_width="wrap_content"
```

```xml
        android:layout_height="wrap_content"
        android:layout_marginLeft="33dp"
        android:layout_marginTop="22dp"
        android:onClick="startStopRecording"
        android:text="@string/button_start" />
    <SurfaceView
        android:id="@+id/surfaceView"
        android:layout_width="match_parent"
        android:layout_height="match_parent" />
</LinearLayout>
```

代码清单 43.6　MainActivity 类

```java
package com.example.videorecorder;
import java.io.File;
import java.io.IOException;
import android.app.Activity;
import android.media.MediaRecorder;
import android.os.Bundle;
import android.os.Environment;
import android.view.SurfaceHolder;
import android.view.SurfaceView;
import android.view.View;
import android.widget.Button;

public class MainActivity extends Activity {
    private MediaRecorder mediaRecorder;
    private File outputDir;
    private boolean recording = false;

    @Override
    public void onCreate(Bundle savedInstanceState) {
        super.onCreate(savedInstanceState);
        File moviesDir = Environment
                .getExternalStoragePublicDirectory(
                        Environment.DIRECTORY_MOVIES);
        outputDir = new File(moviesDir,
                "VideoRecorder");
        outputDir.mkdirs();
        setContentView(R.layout.activity_main);
    }

    @Override
    protected void onResume() {
        super.onResume();
        mediaRecorder = new MediaRecorder();
        initAndConfigureMediaRecorder();
    }

    @Override
    protected void onPause() {
        super.onPause();
        if (recording) {
            try {
                mediaRecorder.stop();
            } catch (IllegalStateException e) {
            }
        }
        releaseMediaRecorder();
        Button button = (Button) findViewById(R.id.button1);
        button.setText("Start");
```

```java
            recording = false;
        }

        private void releaseMediaRecorder() {
            if (mediaRecorder != null) {
                mediaRecorder.reset();
                mediaRecorder.release();
                mediaRecorder = null;
            }
        }

        private void initAndConfigureMediaRecorder() {
            mediaRecorder.setAudioSource(
                    MediaRecorder.AudioSource.CAMCORDER);
            mediaRecorder
                    .setVideoSource(MediaRecorder.VideoSource.CAMERA);
            mediaRecorder.setOutputFormat(
                    MediaRecorder.OutputFormat.MPEG_4);
            mediaRecorder.setVideoFrameRate(10);// make it very low
            mediaRecorder.setVideoEncoder(
                    MediaRecorder.VideoEncoder.MPEG_4_SP);
            mediaRecorder.setAudioEncoder(
                    MediaRecorder.AudioEncoder.AMR_NB);
            String outputFile = new File(outputDir,
                    System.currentTimeMillis() + ".mp4")
                        .getAbsolutePath();

            mediaRecorder.setOutputFile(outputFile);
            SurfaceView surfaceView = (SurfaceView)
                    findViewById(R.id.surfaceView);
            SurfaceHolder surfaceHolder = surfaceView.getHolder();
            mediaRecorder.setPreviewDisplay(surfaceHolder
                    .getSurface());
        }
        public void startStopRecording(View view) {
            Button button = (Button) findViewById(R.id.button1);
            if (recording) {
                button.setText("Start");
                try {
                    mediaRecorder.stop();
                } catch (IllegalStateException e) {

                }
                releaseMediaRecorder();
            } else {
                button.setText("Stop");
                if (mediaRecorder == null) {
                    mediaRecorder = new MediaRecorder();
                    initAndConfigureMediaRecorder();
                }
                // prepare MediaRecorder
                try {
                    mediaRecorder.prepare();
                } catch (IllegalStateException e) {
                    e.printStackTrace();
                } catch (IOException e) {
                    e.printStackTrace();
                }
                mediaRecorder.start();
            }
```

```
            recording = !recording;
    }
}
```

首先来看 onCreate 方法。它完成一项重要的工作，即在视频文件的默认目录之下，创建一个目录用于存储所有的视频捕获。

```
        File moviesDir = Environment
                .getExternalStoragePublicDirectory(
                        Environment.DIRECTORY_MOVIES);
        outputDir = new File(moviesDir,
                "VideoRecorder");
        outputDir.mkdirs();
```

另外两个重要的方法是 onResume 和 onPause。在 onResume 方法中，创建了 MediaRecorder 的一个新的实例，并且通过调用 initAndConfigureMediaRecorder 方法来初始化和配置它。为什么每次需要一个新的实例呢？因为一旦使用了一个 MediaRecorder，就无法再复用。

在 onPause 方法中，如果 MediaRecorder 正在录制就停止它，并且调用 releaseMediaRecorder 方法来释放该 MediaRecorder。

现在，让我们来看一下 initAndConfigureMediaRecorder 和 releaseMediaRecorder 方法。

正如其名称，initAndConfigureMediaRecorder 方法初始化和配置了 onResume 方法所创建的 MediaRecorder。它调用 MediaRecorder 中的各种方法，将其转换为 Initialized 和 DataSourceConfigured 状态，它还传递了 SurfaceView 的 Surface 以显示相机所看到的内容。

```
        SurfaceView surfaceView = (SurfaceView)
                findViewById(R.id.surfaceView);
        SurfaceHolder surfaceHolder = surfaceView.getHolder();
        mediaRecorder.setPreviewDisplay(surfaceHolder
                .getSurface());
```

在这个状态中，MediaRecorder 只是等待，直到用户按下了 Start 按钮。当发生这种情况的时候，就调用 startStopRecording 方法，该方法反过来在 MediaRecorder 上调用 prepare 和 start 方法。它还会将 Start 按钮修改为一个 Stop 按钮。

当用户按下 Stop 按钮的时候，将会调用 MediaRecorder 的 stop 方法，并且会释放 MediaRecorder。Stop 按钮变回 Start 按钮，等待下一轮的录制。

43.4　本章小结

如果你要给自己的应用程序配备视频拍摄功能的话，有两种方法可以使用。第 1 种方法，也是较为容易的一种方法，是创建默认的意图并且将其传递给 startActivityForResult。第 2 种方法，是直接使用 MediaRecorder。这个方法更难一些，但是它可以使用设备相机的全部功能。

本章介绍了如何使用这两种方法来制作视频。

第44章 声音录制

Android 平台带有很多的 API，包括进行音频和视频录制的 API。在本章中，我们学习如何使用 MediaRecorder 类来采样声音层级。

44.1 MediaRecorder 类

支持多媒体是 Android 的坚实基础。有一些类可以用来播放音频和视频，也有一些类来录制它们。本章将要介绍的 SoundMeter 项目中，我们将使用 MediaRecorder 类来采样声音或噪音层级。MediaRecorder 类用于记录音频和视频，其输出可以写入到一个文件，可以很容易地选择输入源。它较为容易使用。首先，我们实例化 MediaRecorder 类。

```
MediaRecorder mediaRecorder = new MediaRecorder();
```

然后，通过调用其 setAudioSource、setVideoSource、setOutputFormat、setAudioEncoder 和 setOutputFile 方法，或者其他方法，来配置该实例。接下来，调用 MediaRecorder 类的 prepare 方法来准备它：

```
mediaRecorder.prepare();
```

注　意

如果没有正确地配置 MediaRecorder，或者没有相应的许可的话，prepare 方法可能会抛出异常。

要开始录制，调用 start 方法。要停止录制，调用 stop 方法。
当用完了一个 MediaRecorder 实例，调用其 reset 方法将其返回到初始状态，调用其 release 方法释放它当前所占用的资源。

```
mediaRecorder.reset();
mediaRecorder.release();
```

44.2 示例

既然知道了如何使用 MediaRecorder 类，我们来看一下 SoundMeter 项目。该应用程序按照一定的时间间隔来采样声音幅度，并且将当前层级作为一栏显示出来。

和通常一样，我们先来看看项目的清单（AndroidManifest.xml 文件），如代码清单 44.1 所示。

代码清单 44.1　SoundMeter 的清单

```xml
<?xml version="1.0" encoding="utf-8"?>
<manifest xmlns:android="http://schemas.android.com/apk/res/android"
    package="com.example.soundmeter"
    android:versionCode="1"
    android:versionName="1.0" >

    <uses-sdk
        android:minSdkVersion="8"
        android:targetSdkVersion="17" />
```

```xml
<uses-permission android:name="android.permission.RECORD_AUDIO" />

<application
    android:allowBackup="true"
    android:icon="@drawable/ic_launcher"
    android:label="@string/app_name"
    android:theme="@style/AppTheme" >
    <activity
        android:name="com.example.soundmeter.MainActivity"
        android:label="@string/app_name" >
        <intent-filter>
            <action android:name="android.intent.action.MAIN"/>
            <category android:name="android.intent.category.LAUNCHER" />
        </intent-filter>
    </activity>
</application>
</manifest>
```

这里需要注意的一点是，使用清单中的 uses-permission 元素来请求用户许可录制音频。如果没有包括这个元素的话，应用程序将无法工作。此外，如果用户不同意的话，应用程序将不会安装。

该项目中只有一个活动，从清单中可以看到这一点。

代码清单 44.2 给出了主活动的布局文件。RelativeLayout 用于主活动的显示，其中包含了一个 TextView，用于显示当前声音层级，还有一个按钮充当声音指示器。

代码清单 44.2   SoundMeter 中的 res/layout/activity_main.xml 文件

```xml
<RelativeLayout
    xmlns:android="http://schemas.android.com/apk/res/android"
    xmlns:tools="http://schemas.android.com/tools"
    android:layout_width="match_parent"
    android:layout_height="match_parent"
    android:paddingBottom="@dimen/activity_vertical_margin"
    android:paddingLeft="@dimen/activity_horizontal_margin"
    android:paddingRight="@dimen/activity_horizontal_margin"
    android:paddingTop="@dimen/activity_vertical_margin"
    tools:context=".MainActivity" >

    <TextView
        android:id="@+id/level"
        android:layout_width="wrap_content"
        android:layout_height="wrap_content" />

    <Button
        android:id="@+id/button1"
        style="?android:attr/buttonStyleSmall"
        android:layout_width="wrap_content"
        android:layout_height="wrap_content"
        android:layout_alignLeft="@+id/level"
        android:layout_below="@+id/level"
        android:background="#ff0000"
        android:layout_marginTop="30dp" />

</RelativeLayout>
```

该应用程序中有两个类。第一个类如代码清单 44.3 所示，是一个名为 SoundMeter 的类，它封装了 MediaRecorder 并且暴露了 3 个方法来管理它。第 1 个方法是 start，创建了 MediaRecorder 的一个实例，配置并且启动它。第 2 个方法 stop，停止了 MediaRecorder。第 3 个方法是 getAmplitude，返回一个 double 类型数据以表明采样声音的层级。

代码清单 44.3   SoundMeter 类

```java
package com.example.soundmeter;
```

```java
import java.io.IOException;
import android.media.MediaRecorder;

public class SoundMeter {

    private MediaRecorder mediaRecorder;
    boolean started = false;

    public void start() {
        if (started) {
            return;
        }
        if (mediaRecorder == null) {
            mediaRecorder = new MediaRecorder();

            mediaRecorder.setAudioSource(
                    MediaRecorder.AudioSource.MIC);
            mediaRecorder.setOutputFormat(
                    MediaRecorder.OutputFormat.THREE_GPP);
            mediaRecorder.setAudioEncoder(
                    MediaRecorder.AudioEncoder.AMR_NB);
            mediaRecorder.setOutputFile("/dev/null");
            try {
                mediaRecorder.prepare();
            } catch (IllegalStateException e) {
                e.printStackTrace();
            } catch (IOException e) {
                e.printStackTrace();
            }
            mediaRecorder.start();
            started = true;
        }
    }

    public void stop() {
        if (mediaRecorder != null) {
            mediaRecorder.stop();
            mediaRecorder.release();
            mediaRecorder = null;
            started = false;
        }
    }
    public double getAmplitude() {
        return mediaRecorder.getMaxAmplitude() / 100;
    }
}
```

第 2 个 Java 类是 MainActivity，是应用程序的主活动类。这个类在代码清单 44.4 中给出。

代码清单 44.4　SoundMeter 中的 MainActivity 类

```java
package com.example.soundmeter;
import android.app.Activity;
import android.os.Bundle;
import android.os.Handler;
import android.view.Menu;
import android.widget.Button;
import android.widget.TextView;

public class MainActivity extends Activity {
    Handler handler = new Handler();
    SoundMeter soundMeter = new SoundMeter();

    @Override
    protected void onCreate(Bundle savedInstanceState) {
        super.onCreate(savedInstanceState);
```

```java
        setContentView(R.layout.activity_main);
    }

    @Override
    public boolean onCreateOptionsMenu(Menu menu) {
        // Inflate the menu; this adds items to the action bar if it
        // is present.
        getMenuInflater().inflate(R.menu.menu_main, menu);
        return true;
    }

    @Override
    public void onStart() {
        super.onStart();
        soundMeter.start();
        handler.postDelayed(pollTask, 150);
    }

    @Override
    public void onPause() {
        soundMeter.stop();
        super.onPause();
    }

    private Runnable pollTask = new Runnable() {
        @Override
        public void run() {
            double amplitude = soundMeter.getAmplitude();
            TextView textView = (TextView) findViewById(R.id.level);
            textView.setText("amp:" + amplitude);
            Button button = (Button) findViewById(R.id.button1);
            button.setWidth((int) amplitude * 10);
            handler.postDelayed(pollTask, 150);
        }
    };
}
```

MainActivity 类覆盖了两个活动生命周期方法，onStart 和 onPause。你可能还记得，当活动创建或者活动重新启动之后，系统将调用 onStart 方法。当活动暂停或者由于另一个活动启动了，或者由于一个重要的事件发生了，系统将调用 onPause 方法。在 MainActivity 类中，onStart 方法启动了 SoundMeter，而 onPause 方法停止了它。MainActivity 类还使用了一个 Handler 来实现每 150 毫秒采样一次声音层级。

图 44.1 展示了该应用程序。水平条展示了当前的声音幅度。

图 44.1　SoundMeter 应用程序

44.3 本章小结

在本章中,我们学习了使用 **MediaRecorder** 类来记录音频。还创建了一个应用程序来采样噪音级别。

第 45 章 处理 Handler

Android SDK 中最有趣的,也是最有用的类型就是 Handler 类。大多数时候,它用来处理消息,并且调度在将来某个时刻运行的任务。

本章介绍这个类的用处,并且给出了示例。

45.1 概览

android.os.Handler 是一个令人激动的工具类,可以用来调度在将来的某个时刻执行一个 Runnable。分配给 Handler 的任何任务,都将在 Handler 的线程上运行。反过来,Handler 在创建它的线程上运行,在大多数情况下,这个线程将会是 UI 线程。因此,你不应该使用一个 Handler 来调度一个长时间运行的任务,因为这会让应用程序冻结。但是,如果能够将任务分解为较小的部分,也可以使用一个 Handler 来处理长时间运行的任务,我们将在本节中学习如何做到这一点。

要调度一个在将来某个时刻运行的任务,调用 Handler 类的 postDelayed 或 postAtTime 方法即可。

```
public final boolean postDelayed(Runnable task, long x)
```

```
public final boolean postAtTime(Runnable task, long time)
```

postDelayed 方法调用 x 毫秒之后,开始运行一个任务。例如,如果想要一个 Runnable 在 5 秒钟之后开始执行,使用如下的代码。

```
Handler handler = new Handler();
handler.postDelayed(runnable, 5000);
```

postAtTime 在将来的某一个时刻运行一个任务。例如,如果想要一个任务在 6 秒钟之后运行,编写如下的代码。

```
Handler handler = new Handler();
handler.postAtTime(runnable, 6000 + System.currentTimeMillis());
```

45.2 示例

作为一个示例,HandlerDemo 项目使用 Handler 来实现一个 ImageView 的动画。该动画的执行很简单,显示一幅图像 400 毫秒的时间,然后,将其隐藏 400 毫秒,并且重复这个过程 5 次。如果所有任务都在一个 for 循环中完成,这个 for 循环每次迭代都睡眠 400 毫秒,那么,在整个任务需要花大约 4 秒钟的时间。如果使用 Handler,可以将这个过程划分为 10 个小部分,每部分只需要花小于 1 毫秒的时间(具体的时间还和运行它的设备有关)。UI 线程每等待 400 毫秒就释放,以便它能够做其他的事情。

注 意

Android 提供了动画 API,应该将其用于所有的动画任务。这个示例使用 Handler 来进行动画控制,只是为了说明 Handler 的用法。

代码清单 45.1 给出了该项目的清单(AndroidManifest.xml 文件)。

代码清单 45.1　HandlerDemo 的清单

```xml
<?xml version="1.0" encoding="utf-8"?>
<manifest xmlns:android="http://schemas.android.com/apk/res/android"
    package="com.example.handlerdemo"
    android:versionCode="1"
    android:versionName="1.0" >

    <uses-sdk
        android:minSdkVersion="8"
        android:targetSdkVersion="17" />

    <application
        android:allowBackup="true"
        android:icon="@drawable/ic_launcher"
        android:label="@string/app_name"
        android:theme="@style/AppTheme" >
        <activity
            android:name=".MainActivity"
            android:label="@string/app_name" >
            <intent-filter>
                <action android:name="android.intent.action.MAIN"/>
                <category
                   android:name="android.intent.category.LAUNCHER"/>
            </intent-filter>
        </activity>
    </application>
</manifest>
```

这个清单中没什么特别的，它展示了有一个名为 MainActivity 的活动，该活动的布局文件如代码清单 45.2 所示。

代码清单 45.2　HandlerTest 中的 res/layout/activity_main.xml 文件

```xml
<RelativeLayout
    xmlns:android="http://schemas.android.com/apk/res/android"
    xmlns:tools="http://schemas.android.com/tools"
    android:layout_width="match_parent"
    android:layout_height="match_parent"
    android:paddingBottom="@dimen/activity_vertical_margin"
    android:paddingLeft="@dimen/activity_horizontal_margin"
    android:paddingRight="@dimen/activity_horizontal_margin"
    android:paddingTop="@dimen/activity_vertical_margin"
    tools:context=".MainActivity" >

    <ImageView
        android:id="@+id/imageView1"
        android:layout_width="wrap_content"
        android:layout_height="wrap_content"
        android:layout_alignParentLeft="true"
        android:layout_alignParentTop="true"
        android:layout_marginLeft="51dp"
        android:layout_marginTop="58dp"
        android:src="@drawable/surprise" />

    <Button
        android:id="@+id/button1"
        style="?android:attr/buttonStyleSmall"
        android:layout_width="wrap_content"
        android:layout_height="wrap_content"
        android:layout_alignRight="@+id/imageView1"
```

```
            android:layout_below="@+id/imageView1"
            android:layout_marginRight="18dp"
            android:layout_marginTop="65dp"
            android:onClick="buttonClicked"
            android:text="Button"/>
</RelativeLayout>
```

MainActivity 的主布局是一个 RelativeLayout,它包含了一个将要演示动画的 ImageView,以及一个开始动画的按钮。

现在来看一下代码清单 45.3 中的 MainActivity 类。这是该应用程序的核心。

代码清单 45.3　HandlerDemo 中的 MainActivity 类

```java
package com.example.handlerdemo;
import android.app.Activity;
import android.os.Bundle;
import android.os.Handler;
import android.view.Menu;
import android.view.View;
import android.widget.ImageView;

public class MainActivity extends Activity {

    int counter = 0;
    Handler handler = new Handler();

    @Override
    protected void onCreate(Bundle savedInstanceState) {
        super.onCreate(savedInstanceState);
        setContentView(R.layout.activity_main);
        getUserAttention();
    }

    @Override
    public boolean onCreateOptionsMenu(Menu menu) {
        // Inflate the menu; this adds items to the action bar if it
        // is present.
        getMenuInflater().inflate(R.menu.menu_main, menu);
        return true;
    }

    public void buttonClicked(View view) {
        counter = 0;
        getUserAttention();
    }

    private void getUserAttention() {
        handler.post(task);
    }

    Runnable task = new Runnable() {
        @Override
        public void run() {
            ImageView imageView = (ImageView)
                    findViewById(R.id.imageView1);
            if (counter % 2 == 0) {
                imageView.setVisibility(View.INVISIBLE);
            } else {
                imageView.setVisibility(View.VISIBLE);
            }
```

```
            counter++;
            if (counter < 8) {
                handler.postDelayed(this, 400);
            }
        }
    };
}
```

  这个活动的核心是一个叫作 task 的 Runnable，它实现了 ImageView 的动画以及一个 getUserAttention 方法，该方法调用一个 Handler 上的 postDelayed 方法。这个 Runnable，根据 counter 变量的值是奇数还是偶数，将 ImageView 的可见性设置为 VISIBLE 或 INVISIBLE。

  如果运行 HandlerDemo 项目，将会看到图 45.1 所示的屏幕截图。注意，ImageView 是如何闪烁以获取你的注意的。尝试快速点击该按钮几次，使得图像闪烁得更快。是否能解释为什么它随着你的点击而变快？

图 45.1 HandlerTest 应用程序

45.3 本章小结

  在本章中，我们学习了 Handler 类，并且编写了一个应用程序来利用该类。

第46章 异步工具

本章介绍异步任务,并且介绍如何使用 AsyncTask 类来处理它们。本章还展示了一个照片编辑器程序,说明应该如何使用该类。

46.1 概览

android.os.AsyncTask 类是一个工具类,它使得处理后台进程以及将进度更新发布到 UI 线程更加容易。这个类专门用于持续最多数秒钟的较短的操作。对于长时间运行的后台任务,应该使用 Java 并发工具框架。

AsyncTask 类带有一组公有的方法和一组受保护的方法。公有方法用于执行和取消其任务。execute 方法启动一个异步的操作,而 cancel 方法取消该操作。受保护的方法是供你在子类中覆盖的。doInBackground 方法就是一个受保护的方法,它是该类中最重要的方法,并且为异步操作提供了逻辑。

还有一个 publishProgress 方法,也是受保护的方法,它通常从 doInBackground 中调用多次。通常,你将在该方法中编写代码来更新一个进度条或者其他的 UI 组件。

还有两个 onCancelled 方法,用于编写操作取消的时候应该发生的事情(例如,如果调用了 AsyncTask 的 cancel 方法)。

46.2 示例

作为一个示例,本书中的 PhotoEditor 应用程序使用了 AsyncTask 类来执行图像操作,每个操作持续数秒钟的时间。因为使用了 AsyncTask,所以不会阻塞 UI 线程。它支持两个图像操作,即反转和模糊。

应用程序清单(AndroidManifest.xml 文件)如代码清单 46.1 所示。

代码清单 46.1　PhotoEditor 的清单

```xml
<?xml version="1.0" encoding="utf-8"?>
<manifest xmlns:android="http://schemas.android.com/apk/res/android"
    package="com.example.photoeditor"
    android:versionCode="1"
    android:versionName="1.0" >

    <uses-sdk
        android:minSdkVersion="8"
        android:targetSdkVersion="17" />

    <application
        android:allowBackup="true"
        android:icon="@drawable/ic_launcher"
        android:label="@string/app_name"
        android:theme="@style/AppTheme" >
        <activity
            android:name="com.example.photoeditor.MainActivity"
            android:label="@string/app_name" >
            <intent-filter>
                <action android:name="android.intent.action.MAIN" />
```

```
                <category android:name="android.intent.category.LAUNCHER" />
            </intent-filter>
        </activity>
    </application>

</manifest>
```

代码清单 46.2 所示的布局文件展示了该应用程序使用了一个垂直的 LinearLayout 来容纳一个 ImageView、一个 ProgressBar 和两个按钮。两个按钮包含在一个水平的 LinearLayout 中。第 1 个按钮用于启动模糊操作，第 2 个按扭用于启动反转操作。

代码清单 46.2　PhotoEditor 中的 res/layout/activity_main.xml 文件

```xml
<LinearLayout xmlns:android="http://schemas.android.com/apk/res/android"
    xmlns:tools="http://schemas.android.com/tools"
    android:layout_width="fill_parent"
    android:layout_height="fill_parent"
    android:orientation="vertical"
    android:paddingLeft="16dp"
    android:paddingRight="16dp" >

    <LinearLayout
        android:layout_height="wrap_content"
        android:layout_width="fill_parent"
        android:orientation="horizontal" >

        <Button
            android:id="@+id/blurButton"
            android:layout_width="wrap_content"
            android:layout_height="wrap_content"
            android:onClick="doBlur"
            android:text="@string/blur_button_text" />

        <Button
            android:id="@+id/button2"
            android:layout_width="wrap_content"
            android:layout_height="wrap_content"
            android:onClick="doInvert"
            android:text="@string/invert_button_text" />
    </LinearLayout>

    <ProgressBar
        android:id="@+id/progressBar1"
        style="?android:attr/progressBarStyleHorizontal"
        android:layout_width="fill_parent"
        android:layout_height="10dp" />

    <ImageView
        android:id="@+id/imageView1"
        android:layout_width="wrap_content"
        android:layout_height="wrap_content"
        android:layout_gravity="top|center"
        android:src="@drawable/photo1" />

</LinearLayout>
```

最后，该项目的 MainActivity 类，如代码清单 46.3 所示。

代码清单 46.3　PhotoEditor 中的 MainActivity 类

```java
package com.example.photoeditor;
import android.app.Activity;
```

```java
import android.graphics.Bitmap;
import android.graphics.drawable.BitmapDrawable;
import android.os.AsyncTask;
import android.os.Bundle;
import android.view.Menu;
import android.view.View;
import android.widget.ImageView;
import android.widget.ProgressBar;

public class MainActivity extends Activity {
    private ProgressBar progressBar;

    @Override
    protected void onCreate(Bundle savedInstanceState) {
        super.onCreate(savedInstanceState);
        setContentView(R.layout.activity_main);
        progressBar = (ProgressBar) findViewById(R.id.progressBar1);
    }

    @Override
    public boolean onCreateOptionsMenu(Menu menu) {
        // Inflate the menu; this adds items to the action bar if it
        // is present.
        getMenuInflater().inflate(R.menu.menu_main, menu);
        return true;
    }

    public void doBlur(View view) {
        BlurImageTask task = new BlurImageTask();
        ImageView imageView = (ImageView)
                findViewById(R.id.imageView1);
        Bitmap bitmap = ((BitmapDrawable)
                imageView.getDrawable()).getBitmap();
        task.execute(bitmap);
    }

    public void doInvert(View view) {
        InvertImageTask task = new InvertImageTask();
        ImageView imageView = (ImageView)
                findViewById(R.id.imageView1);
        Bitmap bitmap = ((BitmapDrawable)
                imageView.getDrawable()).getBitmap();
        task.execute(bitmap);
    }

    private class InvertImageTask extends AsyncTask<Bitmap, Integer,
            Bitmap> {
        protected Bitmap doInBackground(Bitmap... bitmap) {
            Bitmap input = bitmap[0];
            Bitmap result = input.copy(input.getConfig(),
                    /*isMutable'*/true);
            int width = input.getWidth();
            int height = input.getHeight();
            for (int i = 0; i < height; i++) {
                for (int j = 0; j < width; j++) {
                    int pixel = input.getPixel(j, i);
                    int a = pixel & 0xff000000;
                    a = a | (~pixel & 0x00ffffff);
                    result.setPixel(j, i, a);
                }
```

```java
                int progress = (int) (100*(i+1)/height);
                publishProgress(progress);
            }
            return result;
        }

        protected void onProgressUpdate(Integer... values) {
            progressBar.setProgress(values[0]);
        }

        protected void onPostExecute(Bitmap result) {
            ImageView imageView = (ImageView)
                    findViewById(R.id.imageView1);
            imageView.setImageBitmap(result);
            progressBar.setProgress(0);
        }
    }

    private class BlurImageTask extends AsyncTask<Bitmap, Integer,
            Bitmap> {
        protected Bitmap doInBackground(Bitmap... bitmap) {
            Bitmap input = bitmap[0];
            Bitmap result = input.copy(input.getConfig(),
                    /*isMutable=*/ true);
            int width = bitmap[0].getWidth();
            int height = bitmap[0].getHeight();
            int level = 7;
            for (int i = 0; i < height; i++) {
                for (int j = 0; j < width; j++) {
                    int pixel = bitmap[0].getPixel(j, i);
                    int a = pixel & 0xff000000;
                    int r = (pixel >> 16) & 0xff;
                    int g = (pixel >> 8) & 0xff;
                    int b = pixel & 0xff;
                    r = (r+level)/2;
                    g = (g+level)/2;
                    b = (b+level)/2;
                    int gray = a | (r << 16) | (g << 8) | b;
                    result.setPixel(j, i, gray);
                }
                int progress = (int) (100*(i+1)/height);
                publishProgress(progress);
            }
            return result;
        }

        protected void onProgressUpdate(Integer... values) {
            progressBar.setProgress(values[0]);
        }

        protected void onPostExecute(Bitmap result) {
            ImageView imageView = (ImageView)
                    findViewById(R.id.imageView1);
            imageView.setImageBitmap(result);
            progressBar.setProgress(0);
        }
    }
}
```

MainActivity 类包含了两个私有类，InvertImageTask 和 BlurImageTask，它还扩展了 AsyncTask。当点击 Invert 按钮的时候，执行 InvertImageTask 任务；当单击 Blur 按钮的时候，执行 BlurImageTask 任务。

每个任务中的 doInBackground 方法负责在一个 for 循环中处理 ImageView 位图。在迭代中，它调用 publishProgress 方法来更新进度条。

图 46.1 展示了最初的位图，图 46.2 展示了在一次反转操作之后的位图。

图 46.1　ImageEditor 应用程序

图 46.2　反转之后的位图

46.3　本章小结

在本章中，我们学习了使用 AsyncTask 类，并且使用它创建了一个照片编辑器应用程序。

第47章 服 务

到目前为止，你在本书中所学到的所有内容都和活动有关。现在，是时候来介绍另一种 Android 组件——服务（service）了。服务没有用户界面，并且在后台运行。它适用于长时间运行的操作。本章介绍如何创建服务，并且提供了一个示例。

47.1 概览

正如前面所提到的，服务是在后台执行较长时间运行的一个组件。服务将持续运行，即使在启动它的应用程序已经停止之后，它还将运行。服务和在其中声明服务的应用程序在相同的进程上运行，并且在应用程序的主线程上运行。因此，如果一个服务器需要较长的时间去完成，那么应该在一个单独的线程上运行。如果你扩展了 Service API 中的某一个类的话，在一个单独的线程上运行服务很容易。

服务可以采取两种形式之一，它可以是启动的或绑定的。如果另一个组件启动了服务，它就是启动的。即便启动服务的组件已经不再接受服务或者被销毁了，该服务还可以在后台无限期地运行。如果应用程序组件绑定到服务，该服务就是绑定的。绑定的服务就像是客户端-服务器关系中的一台服务器，接受来自其他应用程序组件的请求，并且返回结果。服务可以是启动的或者是绑定的。

术语可访问性（accessibility），表示一个服务可以是私有的或公有的。公有的服务器可以由任何的应用程序调用，私有的服务器只能够由服务声明所在的相同的应用程序之中的组件来访问。

47.2 服务 API

要创建一个服务，必须编写一个类，它扩展了 android.app.Service 类或者其子类 android.app.Intent Service。子类化 IntentService 较为容易，因为它只需要你覆盖较少的方法。但是，扩展 Service 允许你有更多的控制。

如果决定子类化 Service，可能需要覆盖其中的回调方法。这些方法如表 47.1 所示。

表 47.1　　　　　　　　　　　　Service 类的回调方法

方法	说明
onStartCommand	当另一个应用程序组件调用服务的 startService 方法来启动服务的时候，会调用该方法
onBind	当另一个应用程序组件调用服务的 bindService 方法以绑定到它的时候，会调用该方法
onCreate	当服务初次创建的时候，会调用该方法
onDestroy	当服务将要销毁的时候，会调用该方法

如果扩展了 IntentService 类，必须覆盖其抽象方法 onHandleIntent。如下是该方法的签名。

```
protected abstract void onHandleIntent(
        android.content.Intent intent)
```

onHandleIntent 方法的实现应该包含需要由服务执行的代码。还要注意，onHandleIntent 方法总是在一个单独的 worker 线程上运行。

47.3 声明服务

服务必须在清单中的<application>之下使用 service 元素来声明。该属性可能出现在表 47.2 所示的 service 元素之中。

表 47.2　　　　　　　　　　service 元素的属性

属性	说明
enabled	表明服务是否应该打开。这个值为 true（默认的）或 false
exported	接受一个 true 或 false 的值，表示是否能够从其他的应用程序启动了或调用了该服务
icon	表示该服务的一个图标
isolatedProcess	接受一个 true 或 false 的值，表示该服务是否应该作为一个单独的进程运行
label	服务的一个标签
name	服务类的完全限定名称
permission	要启动服务或绑定到服务，一个实体所必须拥有的许可的名称
process	将要运行服务的进程的名称

例如，如下是一个 service 元素的声明，该服务可以由其他应用程序调用。

```
<application>
    ...
    <service android:name="com.example.MyService"
        android:exported="true" />
</application>
```

47.4 服务示例

这个示例是一个 Android 应用程序，它允许你下载 Web 页面并将其离线存储，以便在不能连接到互联网的时候可以浏览它。

这里有两个活动和一个服务。在主活动中（如图 47.1 所示），可以输入站点的 URL，我们想要将该站点的内容存储到设备中。只要在每一行输入一个 URL，并且点击 FETCH WEB PAGES 按钮，就可以启动 URL Service.。

点击操作栏上的 VIEW PAGES 可以浏览存储的内容。将会看到图 47.2 所示的第 2 个活动。

图 47.1　主活动

图 47.2　View 活动

View 活动的视图区域包含了一个 Spinner 和一个 WebView。Spinner 包含了编码的 URL，这是已经获取内容的 URL。选择一个 URL，可以在 WebView 中显示其内容。

既然对于这个 APP 做什么有了一些了解，让我们来看看代码。

和通常一样，先来查看清单。它描述了应用程序，如代码清单 47.1 所示。

代码清单 47.1　清单

```xml
<?xml version="1.0" encoding="utf-8"?>
<manifest xmlns:android="http://schemas.android.com/apk/res/android"
    package="com.example.urlservice" >

    <uses-permission android:name="android.permission.INTERNET" />
    <uses-permission
android:name="android.permission.ACCESS_NETWORK_STATE" />

    <application
        android:allowBackup="true"
        android:icon="@drawable/ic_launcher"
        android:label="@string/app_name"
        android:theme="@style/AppTheme" >
        <activity
            android:name=".MainActivity"
            android:label="@string/app_name" >
            <intent-filter>
                <action android:name="android.intent.action.MAIN" />
                <category
android:name="android.intent.category.LAUNCHER" />
            </intent-filter>
        </activity>

        <activity
            android:name=".ViewActivity"
            android:parentActivityName=".MainActivity"
            android:label="@string/title_activity_view" >
        </activity>

        <service
            android:name=".URLService"
            android:exported="true" />
    </application>
</manifest>
```

可以看到，application 元素包含了两个 activity 元素和一个 service 元素。还有两个 uses-permission 元素，使得应用程序能够访问 internet。它们是 android.permission.INTERNET 和 android.permission.ACCESS_NETWORK_STATE。

主活动类如代码清单 47.2 所示，视图活动类如代码清单 47.3 所示。

代码清单 47.2　主活动类

```java
package com.example.urlservice;

import android.content.Intent;
import android.os.StrictMode;
import android.support.v7.app.ActionBarActivity;
import android.os.Bundle;
import android.util.Log;
import android.view.Menu;
import android.view.MenuItem;
import android.view.View;
import android.widget.EditText;
```

```java
public class MainActivity extends ActionBarActivity {

    @Override
    protected void onCreate(Bundle savedInstanceState) {
        super.onCreate(savedInstanceState);
        setContentView(R.layout.activity_main);
        StrictMode.ThreadPolicy policy = new
                StrictMode.ThreadPolicy.Builder().permitAll().build();
        StrictMode.setThreadPolicy(policy);
    }
    @Override
    public boolean onCreateOptionsMenu(Menu menu) {
        getMenuInflater().inflate(R.menu.menu_main, menu);
        return true;
    }

    @Override
    public boolean onOptionsItemSelected(MenuItem item) {
        int id = item.getItemId();
        if (id == R.id.action_view) {
            Intent intent = new Intent(this, ViewActivity.class);
            startActivity(intent);
            return true;
        }
        return super.onOptionsItemSelected(item);
    }

    public void fetchWebPages(View view) {
        EditText editText = (EditText) findViewById(R.id.urlsEditText);
        Intent intent = new Intent(this, URLService.class);
        intent.putExtra("urls", editText.getText().toString());
        startService(intent);
    }
}
```

代码清单 47.3 视图活动类

```java
package com.example.urlservice;
import android.os.Bundle;
import android.support.v7.app.ActionBarActivity;
import android.view.Menu;
import android.view.MenuItem;
import android.view.View;
import android.webkit.WebView;
import android.widget.AdapterView;
import android.widget.ArrayAdapter;
import android.widget.Spinner;
import java.io.BufferedReader;
import java.io.File;
import java.io.FileNotFoundException;
import java.io.FileReader;
import java.io.IOException;

public class ViewActivity extends ActionBarActivity {

    @Override
    protected void onCreate(Bundle savedInstanceState) {
        super.onCreate(savedInstanceState);
        setContentView(R.layout.activity_view);
        Spinner spinner = (Spinner) findViewById(R.id.spinner);
```

```java
        File saveDir = getFilesDir();

    if (saveDir.exists()) {
        File dir = new File(saveDir, "URLService");
        dir = saveDir;
        if (dir.exists()) {
            String[] files = dir.list();
            ArrayAdapter<String> dataAdapter =
                    new ArrayAdapter<String>(this,
                    android.R.layout.simple_spinner_item, files);
            dataAdapter.setDropDownViewResource(
                    android.R.layout.simple_spinner_dropdown_item);
            spinner.setAdapter(dataAdapter);
            spinner.setOnItemSelectedListener(
                    new AdapterView.OnItemSelectedListener() {
                @Override
                public void onItemSelected(AdapterView<?>
                            adapterView, View view, int pos,
                            long id) {
                    //open file
                    Object itemAtPosition = adapterView
                            .getItemAtPosition(pos);
                    File file = new File(getFilesDir(),
                            itemAtPosition.toString());
                    FileReader fileReader = null;
                    BufferedReader bufferedReader = null;
                    try {
                        fileReader = new FileReader(file);
                        bufferedReader =
                                new BufferedReader(fileReader);
                        StringBuilder sb = new StringBuilder();
                        String line = bufferedReader.readLine();
                        while (line != null) {
                            sb.append(line);
                            line = bufferedReader.readLine();
                        }
                        WebView webView = (WebView)
                                findViewById(R.id.webview);
                        webView.loadData(sb.toString(),
                                "text/html", "utf-8");
                    } catch (FileNotFoundException e) {
                    } catch (IOException e) {
                    }
                }

                @Override
                public void onNothingSelected(AdapterView<?>
                        adapterView) {
                }
            });
        }
    }
}

@Override
public boolean onCreateOptionsMenu(Menu menu) {
    getMenuInflater().inflate(R.menu.menu_view, menu);
    return true;
}
```

```java
    @Override
    public boolean onOptionsItemSelected(MenuItem item) {
        int id = item.getItemId();
        return super.onOptionsItemSelected(item);
    }
}
```

该应用程序最重要的部分就是服务类,如代码清单 47.4 所示。它扩展了 IntentService,并且实现了 onHandleIntent 方法。

代码清单 47.4 服务类

```java
package com.example.urlservice;
import android.app.IntentService;
import android.content.Intent;
import java.io.BufferedReader;
import java.io.File;
import java.io.InputStreamReader;
import java.io.PrintWriter;
import java.net.MalformedURLException;
import java.net.URL;
import java.util.StringTokenizer;

public class URLService extends IntentService {
    public URLService() {
        super("URLService");
    }

    @Override
    protected void onHandleIntent(Intent intent) {
        String urls = intent.getStringExtra("urls");
        if (urls == null) {
            return;
        }
        StringTokenizer tokenizer = new StringTokenizer(urls);
        int tokenCount = tokenizer.countTokens();
        int index = 0;
        String[] targets = new String[tokenCount];
        while (tokenizer.hasMoreTokens()) {
            targets[index++] = tokenizer.nextToken();
        }
        File saveDir = getFilesDir();
        fetchPagesAndSave(saveDir, targets);
    }

    private void fetchPagesAndSave(File saveDir, String[] targets) {
        for (String target : targets) {
            URL url = null;
            try {
                url = new URL(target);
            } catch (MalformedURLException e) {
                e.printStackTrace();
            }
            String fileName = target.replaceAll("/", "-")
                    .replaceAll(":", "-");

            File file = new File(saveDir, fileName);
            PrintWriter writer = null;
            BufferedReader reader = null;
            try {
                writer = new PrintWriter(file);
```

```
                    reader = new BufferedReader(
                        new InputStreamReader(url.openStream()));
                    String line;
                    while ((line = reader.readLine()) != null) {
                        writer.write(line);
                    }
                } catch (Exception e) {
                } finally {
                    if (writer != null) {
                        try {
                            writer.close();
                        } catch (Exception e) {
                        }
                    }
                    if (reader != null) {
                        try {
                            reader.close();
                        } catch (Exception e) {
                        }
                    }
                }
            }
        }
```

onHandleIntent 方法接收 URL 的一个数组，并且使用一个 StringTokenizer 实例从数组中提取每一个 URL。每个 URL 用来填充一个名为 targets 的字符串数组。然后，这个字符串数组传递给 fetchPagesAndSave 方法，该方法利用一个 java.net.URL 向每一个目标发送一个 HTTP 请求，并将其内容保存到内部存储中。

47.5 本章小结

服务是一个在后台运行的应用程序组件。尽管服务是在后台运行的，但它并不是一个进程，不会在一个单独线程上运行。相反，服务和调用该服务的应用程序的主线程上运行。

可以通过扩展 android.app.Service 或 android.app.IntentService 类来编写一个服务。

第 48 章 广播接收器

Android 系统总是会将在操作系统和应用程序运行期间发生的意图进行广播。此外，应用程序也可以广播用户定义的意图。可以通过在应用程序中编写广播接收器来利用这些广播。

本章将介绍如何创建广播接收器。

48.1 概览

广播接收器是一个应用程序组件，它监听一个特定意图广播，类似于监听事件的 Java 监听器。表 48.1 列出了 android.content.Intent 类中定义的意图操作，可以针对其编写一个接收器。

表 48.1　　　　　　　　　　　接受一条广播的意图动作

动作	说明
ACTION_TIME_TICK	当前的时间修改了。每分钟发送
ACTION_TIME_CHANGED	时间已经设置了
ACTION_TIMEZONE_CHANGED	时区更改了
ACTION_BOOT_COMPLETED	系统完成了重启
ACTION_PACKAGE_ADDED	在设备上安装了一个新的应用程序包
ACTION_PACKAGE_CHANGED	应用程序包已经修改了
ACTION_PACKAGE_REMOVED	应用程序包删除了
ACTION_PACKAGE_RESTARTED	用户重新启动了一个包
ACTION_PACKAGE_DATA_CLEARED	用户清理了一个包的数据
ACTION_UID_REMOVED	用户 UID 删除了
ACTION_BATTERY_CHANGED	电池的充电状态、级别或其他的细节已经修改了
ACTION_POWER_CONNECTED	外部电源已经连接到设备
ACTION_POWER_DISCONNECTED	外部电源已经从设备断开
ACTION_SHUTDOWN	设备准备关闭

要创建一个接收器，必须扩展 android.content.BroadcastReceiver 类或者其一个子类。在你的类中，必须提供 onReceive 方法的一个实现，当针对一个意图注册了接收器的时候，调用该方法。OnReceive 方法的签名如下所示：

public abstract void onReceive (Context *context*, Intent *intent*)

然后，必须在应用程序的清单中使用 receiver 元素注册你的类，或者通过调用 Context.registerReceiver() 方法来注册。

48.2 基于时钟的广播接收器

Android 带有能够显示时间的微件。你也可以创建自己的、基于 ACTION_TIME_TICK 广播的时钟微件。意图动作是每分钟广播的,这很适合时钟。

BroadcastReceiverDemo1 项目利用了这样的一个时钟,它是一个简单的应用程序,包含了一个广播接收器和一个活动。每次调用活动的 onResume 方法的时候,对接收器类进行实例化并注册它。当调用 onPause 方法的时候,解除掉注册。

主活动的类如代码清单 48.1 所示。

代码清单 48.1　MainActivity 类

```
package com.example.broadcastreceiverdemo1;
import java.util.Calendar;
import android.app.Activity;
import android.content.BroadcastReceiver;
import android.content.Context;
import android.content.Intent;
import android.content.IntentFilter;
import android.os.Bundle;
import android.text.format.DateFormat;
import android.util.Log;
import android.view.Menu;
import android.widget.TextView;

public class MainActivity extends Activity {

    BroadcastReceiver receiver;

    @Override
    protected void onCreate(Bundle savedInstanceState) {
        super.onCreate(savedInstanceState);
        setContentView(R.layout.activity_main);
    }

    @Override
    public void onResume() {
        super.onResume();
        setTime();
        receiver = new BroadcastReceiver() {
            @Override
            public void onReceive(Context context, Intent intent) {
                setTime();
            }
        };
        IntentFilter intentFilter = new IntentFilter(
                Intent.ACTION_TIME_TICK);
        this.registerReceiver(receiver, intentFilter);
    }

    public void onPause() {
        this.unregisterReceiver(receiver);
        super.onPause();
    }
    @Override
    public boolean onCreateOptionsMenu(Menu menu) {
        getMenuInflater().inflate(R.menu.menu_main, menu);
        return true;
    }

    private void setTime() {
        Calendar calendar = Calendar.getInstance();
        CharSequence newTime = DateFormat.format(
```

```
            "kk:mm", calendar);
    TextView textView = (TextView) findViewById(
            R.id.textView1);
    textView.setText(newTime);
    }
}
```

应用程序的一个重要的部分是接收器的 onReceive 方法:

```
@Override
public void onReceive(Context context, Intent intent) {
    setTime();
}
```

这是一个相当简单的方法,它只有一行代码,就是调用 setTime 方法。setTime 方法包含了来自 Calendar 类的当前时间,并且更新了一个 TextView。

应用程序的另一个重要的部分是,在活动的 onResume 方法中注册接收器的代码。要注册一个接收器,需要创建一个 IntentFilter 来指定一个意图动作,它将会导致一个接收器被触发。在这个例子中,意图动作是 ACTION_TIME_TICK。

```
IntentFilter intentFilter = new IntentFilter(
        Intent.ACTION_TIME_TICK);
this.registerReceiver(receiver, intentFilter);
```

然后,将该接收器和 IntentFilter 传递给注册的接收器。

图 48.1 展示了基于广播接收器的时钟。

图 48.1 一个基于接收器的时钟

48.3 取消通知

第 26 章介绍了各种 Android UI 组件,在这章中包括通知。由此留下了一个问题,触碰一个通知的操作 UI,不会取消通知。解决这个问题的一个策略是,当触碰操作 UI 的时候,发送一个用户定义的广播,并且为此写一条广播。

通知操作需要一个 PendingIntent,并且可以对一个 PendingIntent 编程以发送广播。要解决这个问题,可以创建一个名为 cancel_notification 的用户定义的意图操作,以及相应的 PendingIntent。

```
Intent cancelIntent = new Intent("cancel_notification");
PendingIntent cancelPendingIntent =
        PendingIntent.getBroadcast(this, 100, cancelIntent, 0);
```

然后，可以使用这个 PendingIntent 来注册一个通知。

CancelNotificationDemo 项目展示了这是如何做到的。该应用程序很简单，包含了一个活动，其中包含了一个广播接收器。

主活动的布局文件在代码清单 48.2 中给出。

代码清单 48.2　主活动的布局文件

```xml
<LinearLayout
        xmlns:android="http://schemas.android.com/apk/res/android"
        xmlns:tools="http://schemas.android.com/tools"
    android:layout_width="wrap_content"
    android:layout_height="wrap_content"
    android:orientation="horizontal">

    <Button
        android:layout_width="wrap_content"
        android:layout_height="wrap_content"
        android:onClick="setNotification"
        android:text="Set Notification" />

    <Button
        android:layout_width="wrap_content"
        android:layout_height="wrap_content"
        android:onClick="clearNotification"
        android:text="Clear Notification" />
</LinearLayout>
```

这个布局带有两个按钮，一个按钮用于设置一条通知，一个按钮用于取消通知。

应用程序的 MainActivity 类在代码清单 48.3 中列出。活动的 onCreate 方法实例化了一个接收器，其 onReceive 方法取消了通知。

代码清单 48.3　MainActivity 类

```java
package com.example.cancelnotificationdemo;
import android.app.Activity;
import android.app.Notification;
import android.app.NotificationManager;
import android.app.PendingIntent;
import android.content.BroadcastReceiver;
import android.content.Context;
import android.content.Intent;
import android.content.IntentFilter;
import android.os.Bundle;
import android.util.Log;
import android.view.Menu;
import android.view.MenuItem;
import android.view.View;

public class MainActivity extends Activity {
    private static final String CANCEL_NOTIFICATION_ACTION
            = "cancel_notification";
    int notificationId = 1002;

    @Override
    protected void onCreate(Bundle savedInstanceState) {
        super.onCreate(savedInstanceState);
```

```java
        setContentView(R.layout.activity_main);

        BroadcastReceiver receiver = new BroadcastReceiver() {
            @Override
            public void onReceive(Context context, Intent intent) {
                NotificationManager notificationManager =
                        (NotificationManager) getSystemService(
                                NOTIFICATION_SERVICE);
                notificationManager.cancel(notificationId);
            }
        };
        IntentFilter filter = new IntentFilter();
        filter.addAction(CANCEL_NOTIFICATION_ACTION);
        this.registerReceiver(receiver, filter);
    }

    @Override
    public boolean onCreateOptionsMenu(Menu menu) {
        getMenuInflater().inflate(R.menu.menu_main, menu);
        return true;
    }


    public void setNotification(View view) {
        Intent cancelIntent = new Intent("cancel_notification");
        PendingIntent cancelPendingIntent =
                PendingIntent.getBroadcast(this, 100,
                    cancelIntent, 0);

        Notification notification = new Notification.Builder(this)
                .setContentTitle("Stop Press")
                .setContentText(
                        "Everyone gets extra vacation week!")
                .setSmallIcon(android.R.drawable.star_on)
                .setAutoCancel(true)
                .addAction(android.R.drawable.btn_dialog,
                        "Dismiss", cancelPendingIntent)
                .build();

        NotificationManager notificationManager =
                (NotificationManager) getSystemService(
                        NOTIFICATION_SERVICE);
        notificationManager.notify(notificationId, notification);
    }

    public void clearNotification(View view) {
        NotificationManager notificationManager =
            (NotificationManager) getSystemService(
                    NOTIFICATION_SERVICE);
        notificationManager.cancel(notificationId);
    }
}
```

此外,注意注册接收器的部分:

```java
IntentFilter filter = new IntentFilter();
filter.addAction(CANCEL_NOTIFICATION_ACTION);
this.registerReceiver(receiver, filter);
```

这里,创建了一个 IntentFilter,它指定了一个用户定义的操作(cancel_notification)并将其和接收器一起传递给 registerReceiver 方法。

主活动如图 48.2 所示。

现在，触碰 Set Notification 按钮可以打开通知绘制区。应该会看到图 48.3 所示的一条通知。

如果触碰了 Dismiss 按钮，将会发送一条通知，并且由活动中的接收器接受。该通知将会被取消。

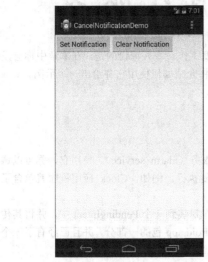
图 48.2　CancelNotificationDemo

图 48.3　通知绘制区

48.4　本章小结

广播接收器是监听意图广播的一个应用程序组件。要创建一个接收器，必须创建一个类来扩展 android.content.BroadcastReceiver 并实现其 onReceive 方法。要注册一个接收器，可以在应用程序的清单文件中添加一个 receiver 元素，或者通过调用 Context.registerReceiver()编程来做到这一点。在任何情况下，都必须定义一个 IntentFilter，它指定了哪个意图导致该接收器被触发。

第49章 闹钟服务

Android 设备保持了一个内部闹钟服务,可以用来调度工作。令人惊讶的是,在本章中你会发现,这个 API 很容易使用,完全隐藏了底层代码的复杂性。本章将介绍如何使用它并给出一个示例。

49.1 概览

所有 Android 开发者都可以使用的一项服务就是闹钟服务(alarm service)。使用它,你可以调度一个操作在随后发生。可以通过编程来让该操作执行一次或重复执行。例如,Clock 应用程序就包含了一个闹钟时钟来响应这一服务。

闹钟服务使用起来特别简单。只需要将想要调度的操作封装到一个 PendingIntent 中,并将其传递给系统范围的 AlarmManager 实例即可。AlarmManager 类是 android.app 包的一部分,并且已经有了一个由系统维护的实例。可以通过使用下面这行代码来访问 AlarmManager 类。

```
AlarmManager alarmMgr =
    (AlarmManager) getSystemService(Context.ALARM_SERVICE);
```

第 26 章介绍了 PendingIntent,但是,基本上这是在未来某个时间调用的意图,因此,其名称为 PendingIntent。你可以使用 PendingIntent 来启动一个活动,开始一个服务,或者广播一条通知。

要调度一项任务,可以调用 AlarmManager 的 set 和 setExact 方法。它们的签名如下:

```
public void set(int type, long triggerTime, PendingIntent operation)
public void setExact(int type, long triggerTime,
        PendingIntent operation)
```

正如其名称所示,setExact 使系统尝试发布一个闹钟,发布的时间尽可能地与指定的触发时间接近。另一方面,传递给 set 的发布工作,可以推迟但不能提前。

对于这两个方法,其类型都是 AlarmManager 中声明的如下常量之一。

- **ELAPSED_REALTIME**。触发器时间是从上一次启动后经过的毫秒数的一个长整型表示。如果闹钟时间过了而设备还在休眠,则不会把设备唤醒。
- **ELAPSED_REALTIME_WAKEUP**。触发器时间是从上一次启动后经过的毫秒数的一个长整型表示。如果闹钟时间过了而设备还在休眠,将会把设备唤醒。
- **RTC**。触发器时间是从 UTC 时间 1970 年 1 月 1 日 00:00:00.0 之后经过的毫秒数的一个长整型表示。如果闹钟时间过了而设备还在休眠,不会把设备唤醒。
- **RTC_WAKEUP**。触发器时间是从 UTC 时间 1970 年 1 月 1 日 00:00:00.0 之后经过的毫秒数的一个长整型表示。如果闹钟时间过了而设备还在休眠,将会把设备唤醒。

例如,要调度一个任务从现在开始以后的 5 秒钟开始执行,使用如下代码:

```
alarmManager.set(AlarmManager.RTC, System.currentTimeMillis() +
        5000, pendingIntent);
```

要调度一个重复的任务,使用 setRepeating 或 setInexactRepeating 方法。这些方法的签名如下所示:

```
public void setInexactRepeating(int type, long triggerAtMillis,
        long intervalMillis, PendingIntent operation)

public void setRepeating(int type, long triggerAtMillis,
        long intervalMillis, PendingIntent operation)
```

在低于 Android API Level 19 的版本中，setRepeating 方法给出了一个具体的发布时间。但是，从 API Level 19 开始，setRepeating 方法也是不确定的，因此，它和 setInexactRepeating 方法相同。对于一个确定性重复的任务，使用 setExcact 方法调用它，并且在当前任务执行的最后，调度一个新的任务。

49.2 示例

如下的示例介绍了如何调度一个设置为 5 分钟的闹钟。这就像是 Clock 应用程序中的一个闹钟，但是，设置一个闹钟变得很简单，只需要触碰一个按钮。该应用程序还展示了当闹钟设置的时间到了，而设备还在休眠的话，如何去唤醒一个活动。

该应用程序有两个活动，在代码清单 49.1 所示的清单中已经声明了。第 1 个活动是主活动，当用户在主屏幕上触碰应用程序图标的时候，就会启动该活动。第 2 个活动叫作 WakeUpActivity，当闹钟设置时间到了，将会启动该活动。

代码清单 49.1 清单

```xml
<?xml version="1.0" encoding="utf-8"?>
<manifest
    xmlns:android="http://schemas.android.com/apk/res/android"
    package="com.example.alarmmanagerdemo1" >

    <uses-permission android:name="android.permission.WAKE_LOCK"/>

    <application
        android:allowBackup="true"
        android:icon="@drawable/ic_launcher"
        android:label="@string/app_name"
        android:theme="@style/AppTheme" >
        <activity
            android:name=".MainActivity"
            android:label="@string/app_name" >
            <intent-filter>
                <action android:name="android.intent.action.MAIN" />
                <category android:name="android.intent.category.LAUNCHER"/>
            </intent-filter>
        </activity>

        <activity
            android:name=".WakeUpActivity"
            android:label="@string/title_activity_wake_up" >
        </activity>

    </application>
</manifest>
```

主活动包含了一个按钮，用户可以按下该按钮来设置一个闹钟。该活动的布局文件如代码清单 49.2 所示。注意，按钮的声明包含了 onClick 属性，它引用一个 setAlarm 方法。

代码清单 49.2 主活动的布局文件

```xml
<RelativeLayout
    xmlns:android="http://schemas.android.com/apk/res/android"
    xmlns:tools="http://schemas.android.com/tools"
    android:layout_width="match_parent"
    android:layout_height="match_parent"
```

```xml
        android:paddingLeft="@dimen/activity_horizontal_margin"
        android:paddingRight="@dimen/activity_horizontal_margin"
        android:paddingTop="@dimen/activity_vertical_margin"
        android:paddingBottom="@dimen/activity_vertical_margin"
        tools:context=".MainActivity">

        <Button
            android:layout_width="wrap_content"
            android:layout_height="wrap_content"
            android:text="5 Minute Alarm"
            android:id="@+id/button"
            android:layout_alignParentLeft="true"
            android:layout_alignParentStart="true"
            android:layout_marginTop="77dp"
            android:onClick="setAlarm"/>

</RelativeLayout>
```

代码清单 49.3 给出了应用程序的 MainActivity 类。

代码清单 49.3　MainActivity 类

```java
package com.example.alarmmanagerdemo1;
import android.app.Activity;
import android.app.AlarmManager;
import android.app.PendingIntent;
import android.content.Context;
import android.content.Intent;
import android.os.Bundle;
import android.view.Menu;
import android.view.MenuItem;
import android.view.View;
import android.widget.Toast;
import java.util.Calendar;
import java.util.Date;

public class MainActivity extends Activity {

    @Override
    protected void onCreate(Bundle savedInstanceState) {
        super.onCreate(savedInstanceState);
        setContentView(R.layout.activity_main);
    }

    @Override
    public boolean onCreateOptionsMenu(Menu menu) {
        getMenuInflater().inflate(R.menu.menu_main, menu);
        return true;
    }

    @Override
    public boolean onOptionsItemSelected(MenuItem item) {
        int id = item.getItemId();
        if (id == R.id.action_settings) {
            return true;
        }
        return super.onOptionsItemSelected(item);
    }

    public void setAlarm(View view) {
```

```
            Calendar calendar = Calendar.getInstance();
            calendar.add(Calendar.MINUTE, 5);
            Date fiveMinutesLater = calendar.getTime();
            Toast.makeText(this, "The alarm will set off at " +
                    fiveMinutesLater, Toast.LENGTH_LONG).show();
            Intent intent = new Intent(this, WakeUpActivity.class);
            PendingIntent sender = PendingIntent.getActivity(
                    this, 0, intent, 0);
            AlarmManager alarmMgr = (AlarmManager) getSystemService(
                    Context.ALARM_SERVICE);
            alarmMgr.set(AlarmManager.RTC_WAKEUP,
                    fiveMinutesLater.getTime(), sender);
    }
}
```

查看一下 MainActivity 类的 setAlarm 方法。该方法创建了一个 Date 实例，指向从现在开始后的 5 分钟的时间，然后，创建了一个 PendingIntent 封装了一个意图，该意图将会启动 WakeUpActivity 活动。

```
            Intent intent = new Intent(this, WakeUpActivity.class);
            PendingIntent sender = PendingIntent.getActivity(
                    this, 0, intent, 0);
```

然后，它访问了 AlarmManager，并且通过传递时间和 PendingIntent 来设置一个闹钟。

```
            AlarmManager alarmMgr = (AlarmManager) getSystemService(
                    Context.ALARM_SERVICE);
            alarmMgr.set(AlarmManager.RTC_WAKEUP,
                    fiveMinutesLater.getTime(), sender);
```

最后，代码清单 49.4 给出了 WakeUpActivity 类。

代码清单 49.4　WakeUpActivity 类

```java
package com.example.alarmmanagerdemo1;

import android.app.Activity;
import android.app.Notification;
import android.app.NotificationManager;
import android.os.Bundle;
import android.util.Log;
import android.view.Menu;
import android.view.MenuItem;
import android.view.View;
import android.view.Window;
import android.view.WindowManager;

public class WakeUpActivity extends Activity {
    private final int NOTIFICATION_ID = 1004;

    @Override
    protected void onCreate(Bundle savedInstanceState) {
        super.onCreate(savedInstanceState);
        final Window window = getWindow();
        Log.d("wakeup", "called. oncreate");
        window.addFlags(
                WindowManager.LayoutParams.FLAG_SHOW_WHEN_LOCKED
                | WindowManager.LayoutParams.FLAG_DISMISS_KEYGUARD
                | WindowManager.LayoutParams.FLAG_TURN_SCREEN_ON);
```

```java
        setContentView(R.layout.activity_wake_up);
        addNotification();
    }

    @Override
    public boolean onCreateOptionsMenu(Menu menu) {
        getMenuInflater().inflate(R.menu.menu_wake_up, menu);
        return true;
    }

    @Override
    public boolean onOptionsItemSelected(MenuItem item) {
        int id = item.getItemId();
        if (id == R.id.action_settings) {
            return true;
        }
        return super.onOptionsItemSelected(item);
    }

    public void dismiss(View view) {
        NotificationManager notificationMgr = (NotificationManager)
                getSystemService(NOTIFICATION_SERVICE);
        notificationMgr.cancel(NOTIFICATION_ID);
        this.finish();
    }

    private void addNotification() {
        NotificationManager notificationMgr = (NotificationManager)
                getSystemService(NOTIFICATION_SERVICE);
        Notification notification = new Notification.Builder(this)
                .setContentTitle("Wake up")
                .setSmallIcon(android.R.drawable.star_on)
                .setAutoCancel(false)
                .build();
        notification.defaults |= Notification.DEFAULT_SOUND;
        notification.defaults |= Notification.DEFAULT_LIGHTS;
        notification.defaults |= Notification.DEFAULT_VIBRATE;
        notification.flags |= Notification.FLAG_INSISTENT;
        notification.flags |= Notification.FLAG_AUTO_CANCEL;
        notificationMgr.notify(NOTIFICATION_ID, notification);
    }
}
```

乍看上去，WakeUpActivity 类和我们到目前为止所编写其他的活动类相似，但是仔细看一下 onCreate 方法。如下的代码给窗口添加了一个标志，当唤醒设备的时候需要这个标志；而且当闹钟设置时间到了的时候，如果设备还在休眠，就显示该活动。

```java
        final Window window = getWindow();
        Log.d("wakeup", "called. oncreate");
        window.addFlags(
                WindowManager.LayoutParams.FLAG_SHOW_WHEN_LOCKED
                | WindowManager.LayoutParams.FLAG_DISMISS_KEYGUARD
                | WindowManager.LayoutParams.FLAG_TURN_SCREEN_ON);
        setContentView(R.layout.activity_wake_up);
```

接下来，调用了私有的 addNotification 方法以添加一个通知。

图 49.1 展示了该应用程序的主活动，触碰该按钮将会设置闹钟。

图 49.1 一个 5 分钟的闹钟

49.3 本章小结

闹钟服务是 Android 开发者所能够使用的一项内建的服务。使用它,可以在随后调度一个操作。可以通过编程执行该操作,执行一次或重复地执行。

第50章 内容提供者

内容提供者是用来封装要和其他应用程序共享的数据的一个 Android 组件。数据是如何存储的，它是在关系数据库中还是在一个文件中，还是混搭的模式，这并不重要。重要的是内容提供者提供了一种标准的方式来访问其他应用程序中的数据。

本章介绍内容提供者（content provider），并且说明如何使用一个内容解析者（content resolver）来访问提供者中的数据。

50.1 概览

我们已经学习了如何在关系数据中存储文件和数据。如果你的数据需要和其他的应用程序共享，你需要一个内容提供者，它可以封装所存储的数据。如果数据只是由同一应用程序中的其他组件消费，则不需要使用一个内容提供者。

要创建一个内容提供者，你需要扩展 android.content.ContentProvider 类。这个类提供 CRUD 方法，也就是用于创建、访问、更新和删除数据的方法。ContentProvider 类的子类必须使用 provider 元素在应用程序清单中注册，其位置在<application>之下。这个类将会在 50.2 节中介绍。

一旦注册了内容提供者，相同应用程序下的组件均可以访问它，其他的应用程序则不能。要为其他的应用程序提供数据，必须声明一个读许可和一个写许可。此外，可以声明一个既可以读也可以写的许可。如下是一个示例：

```
<provider
    android:name=".provider.ElectricCarContentProvider"
    android:authorities="com.example.contentproviderdemo1"
    android:enabled="true"
    android:exported="true"
    android:readPermission="com.example.permission.READ_DATA"
    android:writePermission="com.example.permission.WRITE_DATA">
</provider>
```

此外，需要使用 permission 元素在清单中重新声明许可：

```
<permission
    android:name="com.example.permission.READ_DATA"
android:protectionLevel="normal"/>
<permission
    android:name="com.example.permission.WRITE_DATA"
    android:protectionLevel="normal"/>

<application ... />
```

只要不和已有的名称冲突，许可的名称可以是任意的。同样，包含域名作为许可名的一部分，这是一个好主意。

内容提供者中的数据，通过一个独特的 URI 来引用。内容提供者的消费者，必须知道这个 URI，才能够访问内容提供者的数据。

这个应用程序包含了一个内容提供者，不需要运行它就可以访问数据。

Android 带有很多默认的内容提供者，例如 Calendar、Contacts 和 WordDictionary 等。要访问一个内容提供者，使用通过调用 Context.getContentResolver()而获得的 android.content.ContentResolver 对象。Content

Resolver 类中的方法，与 ContentProvider 类中的 CRUD 方法具有相同的名称。在 ContentResolver 上调用这些方法中的一个，等同于调用目标 ContentProvider 中的相同名称的方法。

需要访问内容提供者中的数据的应用程序，必须声明其使用数据的意图，以便用户安装该 App 的时候，能够意识到数据将会暴露给该应用程序。消费应用程序必须在其清单中使用 uses-permission 元素。如下是一个示例。

```
<uses-permission
    android:name="com.example.permission.READ_DATA"/>
<uses-permission
    android:name="com.example.permission.WRITE_DATA"/>
```

50.2 ContentProvider 类

本节介绍 ContentProvider 类中的 CRUD 方法。首先，当覆盖这些方法的时候，你需要知道如何访问底层的数据。可以以任何的格式存储数据，但是，你很快会发现，将数据存储在关系数据库中绝对是有意义的。

由 URI 来识别的内容提供者中的数据，拥有如下的格式：

content://authority/table

authority 充当 Android 内部名称，并且应该是域名的反向。跟在其后面的是表名。

要引用单个的数据项，使用如下的格式：

content://*authority*/*table*/*index*

例如，假设 authority 是 com.example.provider，而数据存储在一个名为 customers 的关系数据库表中，如下的这个 URI 标示了第 1 行：

content://com.example.provider/customers/1

本节剩下的内容将讨论访问和操作底层数据的 ContentProvider 类方法。

50.2.1 query 方法

要访问底层的数据，使用 query 方法。其签名如下所示：

```
public abstract android.database.Cursor query (android.net.Uri uri,
        java.lang.String[] projection, java.lang.String selection,
        java.lang.String[] selectionArgs,
        java.lang.String sortOrder)
```

uri 表示数据的 URI。projection 是一个数组，包含了所包括的列的名字。Selection 定义了要选取哪些数据项，selectionArgs 包含了用于选取的参数。sortOrder 定义了列将基于哪个数据来排序。

50.2.2 insert 方法

当添加一个数据项的时候，调用 insert 方法。该方法的签名如下所示：

```
public abstract android.net.Uri insert(android.net.Uri uri,
        ContentValues values)
```

把一个 ContentValues 对象中的列的键/值对传入到该方法中。可以使用 ContentValues 类的 put 方法来添加一个键/值对。

50.2.3 update 方法

可以使用 u 方法来更新一个数据项或一组数据项。该方法的签名允许传入 ContentValues 类中的一个新值，以及一个 selection 来确定将要影响到哪些数据项。如下是 update 的签名。

```
public abstract int update(android.net.Uri uri,
        ContentValues values, java.lang.String selection,
        java.lang.String[] selectionArgs)
```

update 方法返回了所影响到的数据项的数目。

50.2.4　delete 方法

delete 方法删除一个数据项或一组数据项。可以传入一个 selection 和 selection 参数来告诉内容提供者，应该删除哪些数据项。如下是 delete 方法的签名。

```
public abstract int delete(android.net.Uri uri,
        java.lang.String selection,
        java.lang.String[] selectionArgs)
```

delete 方法返回删除的记录的数目。

50.3　创建一个内容提供者

ContentProviderDemo1 项目包含了一个提供者和 3 个活动。这个 App 针对绿色汽车爱好者，允许用户管理电子汽车。底层的数据存储在一个 SQLite 数据库中。由于活动和提供者位于同一个应用程序中，它们不需要特殊的许可就可以访问数据。ContentProviderDemo1 项目展示了如何从不同的应用程序访问内容提供者。

同样，还是先展示应用程序清单，如代码清单 50.1 所示。

代码清单 50.1　ContentProviderDemo1 的清单

```xml
<?xml version="1.0" encoding="utf-8"?>
<manifest xmlns:android="http://schemas.android.com/apk/res/android"
    package="com.example.contentproviderdemo1" >

    <permission
        android:name="com.example.permission.READ_ELECTRIC_CARS"
        android:protectionLevel="normal"/>
    <permission
        android:name="com.example.permission.WRITE_ELECTRIC_CARS"
        android:protectionLevel="normal"/>

    <application
        android:allowBackup="true"
        android:icon="@drawable/ic_launcher"
        android:label="@string/app_name"
        android:theme="@style/AppTheme" >
        <activity
            android:name=".activity.MainActivity"
            android:label="@string/app_name" >
            <intent-filter>
                <action android:name="android.intent.action.MAIN" />
                <category android:name="android.intent.category.LAUNCHER" />
            </intent-filter>
        </activity>
        <activity
            android:name=".activity.AddElectricCarActivity"
            android:parentActivityName=".activity.MainActivity"
```

```
            android:label="@string/app_name" >
        </activity>
        <activity
            android:name=".activity.ShowElectricCarActivity"
            android:parentActivityName=".activity.MainActivity"
            android:label="@string/app_name" >
        </activity>

        <provider
            android:name=".provider.ElectricCarContentProvider"
            android:authorities="com.example.contentproviderdemo1"
            android:enabled="true"
            android:exported="true"
            android:readPermission="com.example.permission.READ_ELECTRIC_CARS"
            android:writePermission="com.example.permission.WRITE_ELECTRIC_CARS">
        </provider>
    </application>
</manifest>
```

特别注意粗体显示的行。在<application>下有 3 个活动和一个提供者的声明，还有两个 permission 元素，定义了外部应用程序请求访问内容提供者的时候所需要的许可。

ElectricCarContentProvider 类所表示的内容提供者，如代码清单 50.2 所示。注意，静态的 final CONTENT_URI 定义了提供者的 URI。还要注意，ElectricCarContentProvider 类使用了一个数据库管理器，它负责数据访问和操作。

代码清单 50.2　内容提供者

```java
package com.example.contentproviderdemo1.provider;
import android.content.ContentProvider;
import android.content.ContentUris;
import android.content.ContentValues;
import android.database.Cursor;
import android.net.Uri;
import android.util.Log;

public class ElectricCarContentProvider extends ContentProvider {

    public static final Uri CONTENT_URI =
            Uri.parse("content://com.example.contentproviderdemo1"
                    + "/electric_cars");

    public ElectricCarContentProvider() {
    }

    @Override
    public int delete(Uri uri, String selection,
                      String[] selectionArgs) {
        String id = uri.getPathSegments().get(1);
        return dbMgr.deleteElectricCar(id);
    }

    @Override
    public String getType(Uri uri) {
        throw new UnsupportedOperationException("Not implemented");
    }

    @Override
    public Uri insert(Uri uri, ContentValues values) {
```

```java
        long id = getDatabaseManager().addElectricCar(values);
        return ContentUris.withAppendedId(CONTENT_URI, id);
    }

    @Override
    public boolean onCreate() {
        // initialize content provider on startup
        // for this example, nothing to do
        return true;
    }

    @Override
    public Cursor query(Uri uri, String[] projection,
                        String selection,
                        String[] selectionArgs,
                        String sortOrder) {
        if (uri.equals(CONTENT_URI)) {
            return getDatabaseManager()
                    .getElectricCarsCursor(projection, selection,
                            selectionArgs, sortOrder);
        } else {
            return null;
        }
    }

    @Override
    public int update(Uri uri, ContentValues values,
                      String selection,
                      String[] selectionArgs) {
        String id = uri.getPathSegments().get(1);
        Log.d("provider", "update in CP. uri:" + uri);
        DatabaseManager databaseManager = getDatabaseManager();
        String make = values.getAsString("make");
        String model = values.getAsString("model");
        return databaseManager.updateElectricCar(id, make, model);
    }

    private DatabaseManager dbMgr;
    private DatabaseManager getDatabaseManager() {
        if (dbMgr == null) {
            dbMgr = new DatabaseManager(getContext());
        }
        return dbMgr;
    }
}
```

ElectricCarContentProvider 类扩展了 ContentProvider 类，并且覆盖了其所有进行 CRUD 操作的抽象方法。在该类的最后，定义了一个 DatabaseManager 类以及一个名为的 getDatabaseManager 方法，该方法返回一个 DatabaseManager 类。DatabaseManager 如代码清单 50.3 所示。它类似于第 41 章所介绍的 DatabaseManager 类，第 41 章详细介绍了该类是如何工作的。如果你忘记了如何操作关系数据库，可以参考该章。

代码清单 50.3　数据库管理器

```java
package com.example.contentproviderdemo1.provider;
import android.content.ContentValues;
import android.content.Context;
import android.database.Cursor;
import android.database.sqlite.SQLiteDatabase;
import android.database.sqlite.SQLiteOpenHelper;
```

```java
import android.util.Log;

public class DatabaseManager extends SQLiteOpenHelper {
    public static final String TABLE_NAME = "electric_cars";
    public static final String ID_FIELD = "_id";
    public static final String MAKE_FIELD = "make";
    public static final String MODEL_FIELD = "model";
    public DatabaseManager(Context context) {
        super(context,
                /*db name=*/ "vehicles_db",
                /*cursorFactory=*/ null,
                /*db version=*/1);
    }
    @Override
    public void onCreate(SQLiteDatabase db) {
        String sql = "CREATE TABLE " + TABLE_NAME
                + " (" + ID_FIELD + " INTEGER, "
                + MAKE_FIELD + " TEXT,"
                + MODEL_FIELD + " TEXT,"
                + " PRIMARY KEY (" + ID_FIELD + "));";
        db.execSQL(sql);

    }

    @Override
    public void onUpgrade(SQLiteDatabase db, int arg1,
            int arg2) {
        db.execSQL("DROP TABLE IF EXISTS " + TABLE_NAME);
        // re-create the table
        onCreate(db);
    }

    public long addElectricCar(ContentValues values) {
        Log.d("db", "addElectricCar");
        SQLiteDatabase db = this.getWritableDatabase();
        return db.insert(TABLE_NAME, null, values);
    }

    // Obtains single ElectricCar
    ContentValues getElectricCar(long id) {
        SQLiteDatabase db = this.getReadableDatabase();
        Cursor cursor = db.query(TABLE_NAME, new String[] {
                    ID_FIELD, MAKE_FIELD, MODEL_FIELD},
                    ID_FIELD + "=?",
                new String[] { String.valueOf(id) }, null,
                null, null, null);
        if (cursor != null) {
            cursor.moveToFirst();
            ContentValues values = new ContentValues();
            values.put("id", cursor.getLong(0));
            values.put("make", cursor.getString(1));
            values.put("model", cursor.getString(2));
            return values;
        }
        return null;
    }

    public Cursor getElectricCarsCursor(String[] projection,
            String selection,
            String[] selectionArgs, String sortOrder) {
```

```java
        SQLiteDatabase db = this.getReadableDatabase();
        Log.d("provider:" , "projection:" + projection);
        Log.d("provider:" , "selection:" + selection);
        Log.d("provider:" , "selArgs:" + selectionArgs);
        return db.query(TABLE_NAME, projection,
                selection,
                selectionArgs,
                sortOrder,
                null, null, null);
    }

    public int updateElectricCar(String id, String make,
            String model) {
        SQLiteDatabase db = this.getWritableDatabase();
        ContentValues values = new ContentValues();
        values.put(MAKE_FIELD, make);
        values.put(MODEL_FIELD, model);
        return db.update(TABLE_NAME, values, ID_FIELD + " = ?",
                new String[] { id });
    }

    public int deleteElectricCar(String id) {
        SQLiteDatabase db = this.getWritableDatabase();
        return db.delete(TABLE_NAME, ID_FIELD + " = ?",
                new String[] { id });
    }
}
```

ElectricCarContentProvider 类中的 CONTENT_URI 指定了用于访问内容提供者的 URI。但是，客户端应用程序应该只知道这个 URI 的内容，并不需要依赖于这个类。代码清单 50.4 中的 Util 类包含了给内容提供者的客户端的 URI 的一个副本。

代码清单 50.4　Util 类

```java
package com.example.contentproviderdemo1;

import android.net.Uri;
public class Util {
    public static final Uri CONTENT_URI =
            Uri.parse("content://com.example.contentproviderdemo1" +
                    "/electric_cars");
    public static final String ID_FIELD = "_id";
    public static final String MAKE_FIELD = "make";
    public static final String MODEL_FIELD = "model";
}
```

代码清单 50.5、代码清单 50.6 和代码清单 50.7，是访问内容提供者的活动类。它们都使用为该应用程序创建的 ContentResolver 对象来访问内容提供者。可以通过在活动类中调用 getContentResolver 方法来访问它。

代码清单 50.5　MainActivity 类

```java
package com.example.contentproviderdemo1.activity;
import android.app.Activity;
import android.content.Intent;
import android.database.Cursor;
import android.os.Bundle;
import android.view.Menu;
import android.view.MenuItem;
import android.view.View;
```

```java
import android.widget.AdapterView;
import android.widget.AdapterView.OnItemClickListener;
import android.widget.CursorAdapter;
import android.widget.ListAdapter;
import android.widget.ListView;
import android.widget.SimpleCursorAdapter;
import com.example.contentproviderdemo1.R;
import com.example.contentproviderdemo1.Util;

public class MainActivity extends Activity {

    @Override
    protected void onCreate(Bundle savedInstanceState) {
        super.onCreate(savedInstanceState);
        setContentView(R.layout.activity_main);
        ListView listView = (ListView) findViewById(
                R.id.listView);
        Cursor cursor = getContentResolver().query(
                Util.CONTENT_URI,
                /*projection=*/ new String[] {
                        Util.ID_FIELD, Util.MAKE_FIELD,
                        Util.MODEL_FIELD},
                /*selection=*/ null,
                /*selectionArgs=*/ null,
                /*sortOrder=*/ "make");
        startManagingCursor(cursor);
        ListAdapter adapter = new SimpleCursorAdapter(
                this,
                android.R.layout.two_line_list_item,
                cursor,
                new String[] {Util.MAKE_FIELD,
                        Util.MODEL_FIELD},
                new int[] {android.R.id.text1, android.R.id.text2},
                CursorAdapter.FLAG_REGISTER_CONTENT_OBSERVER);

        listView.setAdapter(adapter);
        listView.setChoiceMode(ListView.CHOICE_MODE_SINGLE);
        listView.setOnItemClickListener(
                new OnItemClickListener() {
                    @Override
                    public void onItemClick(
                            AdapterView<?> adapterView,
                            View view, int position, long id) {
                        Intent intent = new Intent(
                                getApplicationContext(),
                                ShowElectricCarActivity.class);
                        intent.putExtra("id", id);
                        startActivity(intent);
                    }
                });
    }

    @Override
    public boolean onCreateOptionsMenu(Menu menu) {
        getMenuInflater().inflate(R.menu.menu_main, menu);
        return true;
    }

    @Override
    public boolean onOptionsItemSelected(MenuItem item) {
```

```java
            switch (item.getItemId()) {
                case R.id.action_add:
                    startActivity(new Intent(this,
                            AddElectricCarActivity.class));
                    return true;
                default:
                    return super.onOptionsItemSelected(item);
            }
        }
    }
```

代码清单 50.6　AddElectricCarActivity 类

```java
package com.example.contentproviderdemo1.activity;
import android.app.Activity;
import android.content.ContentValues;
import android.os.Bundle;
import android.view.Menu;
import android.view.View;
import android.widget.EditText;
import com.example.contentproviderdemo1.provider.ElectricCarContentProvider;
import com.example.contentproviderdemo1.R;
public class AddElectricCarActivity extends Activity {

    @Override
    protected void onCreate(Bundle savedInstanceState) {
        super.onCreate(savedInstanceState);
        setContentView(R.layout.activity_add_electric_car);
    }

    @Override
    public boolean onCreateOptionsMenu(Menu menu) {
        getMenuInflater().inflate(R.menu.add_electric_car, menu);
        return true;
    }

    public void cancel(View view) {
        finish();
    }

    public void addElectricCar(View view) {
        String make = ((EditText) findViewById(
                R.id.make)).getText().toString();
        String model = ((EditText) findViewById(
                R.id.model)).getText().toString();
        ContentValues values = new ContentValues();
        values.put("make", make);
        values.put("model", model);
        getContentResolver().insert(
                ElectricCarContentProvider.CONTENT_URI, values);
        finish();
    }
}
```

代码清单 50.7　ShowElectricCarActivity 类

```java
package com.example.contentproviderdemo1.activity;
import android.app.Activity;
import android.app.AlertDialog;
import android.content.ContentUris;
import android.content.ContentValues;
import android.content.DialogInterface;
```

50.3 创建一个内容提供者

```java
import android.database.Cursor;
import android.net.Uri;
import android.os.Bundle;
import android.util.Log;
import android.view.Menu;
import android.view.MenuItem;
import android.view.View;
import android.widget.EditText;
import android.widget.TextView;

import com.example.contentproviderdemo1.R;
import com.example.contentproviderdemo1.Util;

public class ShowElectricCarActivity extends Activity {
    long electricCarId;

    @Override
    protected void onCreate(Bundle savedInstanceState) {
        super.onCreate(savedInstanceState);
        setContentView(R.layout.activity_show_electric_car);
        getActionBar().setDisplayHomeAsUpEnabled(true);
        Bundle extras = getIntent().getExtras();
        if (extras != null) {
            electricCarId = extras.getLong("id");
            Cursor cursor = getContentResolver().query(
                    Util.CONTENT_URI,
                    /*projection=*/ new String[] {
                            Util.ID_FIELD, Util.MAKE_FIELD,
                            Util.MODEL_FIELD},
                    /*selection=*/ "_id=?",
                    /*selectionArgs*/ new String[] {
                            Long.toString(electricCarId)},
                    /*sortOrder*/ null);
            if (cursor != null && cursor.moveToFirst()) {
                String make = cursor.getString(1);
                String model = cursor.getString(2);
                ((TextView) findViewById(R.id.make))
                        .setText(make);
                ((TextView) findViewById(R.id.model))
                        .setText(model);
            }
        }
    }

    @Override
    public boolean onCreateOptionsMenu(Menu menu) {
        getMenuInflater().inflate(R.menu.show_electric_car, menu);
        return true;
    }

    @Override
    public boolean onOptionsItemSelected(MenuItem item) {
        switch (item.getItemId()) {
            case R.id.action_delete:
                deleteElectricCar();
                return true;
            default:
                return super.onOptionsItemSelected(item);
        }
    }
```

```java
    }

    private void deleteElectricCar() {
        new AlertDialog.Builder(this)
            .setTitle("Please confirm")
            .setMessage(
                "Are you sure you want to delete " +
                    "this electric car?")
            .setPositiveButton("Yes",
                new DialogInterface.OnClickListener() {
                    public void onClick(
                        DialogInterface dialog,
                        int whichButton) {
                        Uri uri = ContentUris.withAppendedId(
                            Util.CONTENT_URI, electricCarId);
                        getContentResolver().delete(
                            uri, null, null);
                        dialog.dismiss();
                        finish();
                    }
                })
            .setNegativeButton("No",
                new DialogInterface.OnClickListener() {
                    public void onClick(
                        DialogInterface dialog,
                        int which) {
                        dialog.dismiss();
                    }
                })
            .create()
            .show();
    }

    public void updateElectricCar(View view) {
        Uri uri = ContentUris.withAppendedId(Util.CONTENT_URI,
            electricCarId);
        ContentValues values = new ContentValues();
        values.put(Util.MAKE_FIELD,
            ((EditText)findViewById(R.id.make)).getText()
                .toString());
        values.put(Util.MODEL_FIELD,
            ((EditText)findViewById(R.id.model)).getText()
                .toString());
        getContentResolver().update(uri, values, null, null);
        finish();
    }
}
```

由于是从同一应用程序之中访问内容提供者的,你应该不会遇到任何问题。图 50.1 展示了主活动中的一个 ListView。当然,初次运行应用程序的时候,这个列表将会是空的。

触碰操作栏上的 ADD 按钮将会添加一辆电子汽车。图 50.2 展示了 Add 活动看上去的样子。

输入厂商和型号,并按下 Add 按钮来添加汽车。此外,触碰 Cancel 按钮将会取消。将会转向主活动。

可以从主活动中选择一辆汽车来查看并编辑其详细信息。图 50.3 展示了 ShowElectricCarActivity 活动。

可以更新一辆汽车,或者将其从该活动中删除。

 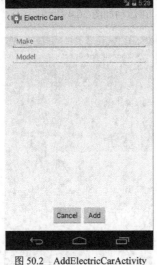 

图 50.1 主活动　　　图 50.2 AddElectricCarActivity　　　图 50.3 ShowElectricCarActivity

50.4 消费内容提供者

ContentResolverDemo1 项目展示了如何从不同的应用程序访问一个内容提供者。从同一应用程序和从一个外部应用程序访问一个内容提供者的唯一区别在于，你必须在外部应用程序的清单中，请求访问提供者的许可。

代码清单 50.8 给出了 ContentResolverDemo1 项目的清单。

代码清单 50.8　ContentResolverDemo1 的清单

```xml
<?xml version="1.0" encoding="utf-8"?>
<manifest xmlns:android="http://schemas.android.com/apk/res/android"
    package="com.example.contentresolverdemo1" >

    <uses-permission android:name="com.example.permission.READ_ELECTRIC_CARS"/>
    <uses-permission android:name="com.example.permission.WRITE_ELECTRIC_CARS"/>

    <application
        android:allowBackup="true"
        android:icon="@drawable/ic_launcher"
        android:label="@string/app_name"
        android:theme="@style/AppTheme" >
        <activity
android:name="com.example.contentresolverdemo1.MainActivity"
            android:label="@string/app_name" >
            <intent-filter>
                <action android:name="android.intent.action.MAIN" />

                <category android:name="android.intent.category.LAUNCHER" />
            </intent-filter>
        </activity>
    </application>

</manifest>
```

该应用程序包含了一个活动，它显示了来自内容提供者的数据。这个活动类是 ContentProviderDemo1 项目中的 MainActivity 类的一个副本。该活动如图 50.4 所示。

图 50.4　显示来自内容提供者的数据

50.5　本章小结

内容提供者是用于封装和其他应用程序共享的数据的一个 Android 组件。本章展示了如何创建一个内容提供者，以及如何使用一个 ContentResolver 类从一个外部应用程序消费其数据。

附录 A javac

javac 是一个 Java 编译器，用来将 Java 程序编译成字节码。源文件必须拥有 java 扩展名，并且必须组织到能够反映包的树形结构的目录中。运行结果是反映了包的树状结构的目录下的 class 文件。

javac 拥有如下的语法。

```
javac [options] [sourceFiles] [@argFiles]
```

其中，options 是命令行选项，sourceFiles 是一个或多个 Java 源文件，而@argFiles 是一个或多个文件，它们列出了选项和源文件。

可以以两种方式之一给 javac 传入源代码文件：
- 在命令行中列出文件名。如果源文件的数目较少的话，适合采用这种方法。
- 在一个文件中列出文件名，文件名之间用空格或者换行隔开，然后将该列表文件的路径传递给 javac 命令行，使用一个@符号作为前缀。这种方法适用于源文件数目较多的情况。

A.1 选项

选项用来给 javac 传递指令。例如，可以告诉 javac 到哪里找到源文件中引用的类，将产生的类文件放到何处等。有两种类型的选项，标准选项和非标准选项。非标准选项以-X 开头。

如下给出标准选项和非标准选项的列表。

A.1.1 标准选项

```
-classpath classpath
```

如果你要引用其他的 Java 类型,而不是 Java 标准库中的那些包的话,需要使用–classpath 选项告诉 javac 如何找到这些外部类型。这个值应该是到一个目录的路径，目录中包含了引用的 Java 类型或者包含了 Java 类型的一个 jar 文件。路径可以是到当前目录的绝对路径或相对路径。在 Windows 系统中，两条路径之间用一个分号隔开，而在 UNIX/Linux 系统中，使用冒号隔开。

例如，如下的 Windows 命令行将编译 MyClass.java，它引用了位于 C:\program\classes 目录中的 primer.FileObject 类。

```
javac -classpath C:/program/classes/ MyClass.java
```

> **注　意**
>
> FileObject 类位于 primer 包中，因此，你可以传递包含了该包的目录。

如下的 Linux 命令行编译了 MyClass.java,它引用了位于/home/user1/classes 目录中的 primer.FileObject 类。

```
javac -classpath /home/user1/classes/ MyClass.java
```

要引用打包到一个 jar 文件中的类文件，需要传入到该 jar 文件的完整路径。例如，如下命令编译了 MyClass.java，它引用了在 Windows 系统下的 C:\temp 目录中的 MyLib.jar 文件中的 primer.FileObject。

```
javac -classpath C:/temp/MyLib.jar MyClass.java
```

如下这个示例编译了 MyClass.java，它引用了 Linux 中位于/home/user1/lib 目录中的类，以及位于/home/jars 下的 Exercises.jar 文件中的包：

```
javac -classpath /home/user1/lib/:/home/user1/Exercises.jar
MyClass.java
```

如果引用了一个类，其根目录和将要编译的类的根目录相同，可以传入./作为类路径的值。例如，如下的命令行编译了 MyClass.java，它引用了 C:\temp 和当前的目录：

```
javac -classpath C:/temp/;./ MyClass.java
```

classpath 选项的替代方法是，给 CLASSPATH 环境变量赋值。但是，如果出现了 classpath 选项，CLASSPATH 环境变量的值将会被覆盖。

如果没有指定-sourcepath 选项，将会搜索用户的类路径以查找源文件和类文件。

-cp *classpath*

和-classpath 相同。

-Djava.endorsed.dirs=*directories*

覆盖所采用的标准路径的位置。

-d *directory*

指定类文件的目标目录。这个目标目录必须是已经存在的。javac 将类文件放入到反映了包名称的目录结构中。

在默认情况下，javac 在和源文件相同的目录中创建类文件。

-deprecation

列出一个废弃的成员或类的每一次使用或覆盖。没有这个选项的话，javac 显示出使用或覆盖了废弃的成员或类的源文件的名称。-deprecation 是-Xlint:deprecation 的缩写。

-encoding *encoding*

指定了源文件的编码名称，例如 UTF-8。默认情况下，javac 使用平台默认的转化器。

-g

打印出调试信息，包括局部变量。默认情况下，只会生成行编号和源文件信息。

-g:none

阻止 javac 生成调试信息。

-g:{*keyword list*}

只是生成某种调试信息，用逗号分隔开的关键字的列表来指定类型。有效的关键字是：
- source。源文件调试信息。
- lines。行号调试信息。
- vars。局部变量调试信息。

-help

打印出标准选项的说明。

-nowarn

关闭警告消息。和-Xlint:none 的效果相同。

-source *release*

指定所接受的源代码的版本。允许的值是从 1.3 到 1.8 以及从 6 到 8。

`-sourcepath` *sourcePath*

设置源代码路径以搜索类或接口定义。和用户类路径一样，源代码路径条目也是用分号（在 Windows 上）或逗号（在 Linux/UNIX 上）隔开的，并且可以是目录、jar 文件包或者 zip 压缩包。如果使用包，目录或包中的本地路径必须反映出包名。

注　意

如果不能找到类的源代码，将会自动重新编译类路径来找到类。

`-verbose`

包含了有关每个类的加载和每个源文件的编译的相关信息。

`-X`

显示有关非标准选项的信息。

A.1.2　非标准选项

`-Xbootclasspath/p:`*path*

优先于 bootstrap 类路径。

`-Xbootclasspath/a:`*path*

附加到 bootstrap 类路径之后。

`-Xbootclasspath/:`*path*

覆盖 bootstrap 类文件的位置。

`-Xlint`

支持所有推荐的警告。

`-Xlint:none`

关闭 Java 语言规范的所有非强制性警告。

`-Xlint:-`*xxx*

关闭警告 xxx，其中 xxx 是支持 Xlint:xxx 的警告名之一。

`Xlint:unchecked`

针对 Java 语言规范所强制的非检查类型转换警告，提供更多的细节。

`-Xlint:`*path*

针对 classpath、sourcepath 或其他选项中指定的不存在的路径目录给出警告。

`-Xlint:serial`

针对可序列化的类缺少 serialVersionUID 定义给出警告。

`-Xlint:finally`

针对没有正常结束的 finally 子句给出警告。

`-Xlint:fallthrough`

针对 fall-through 情况检查 switch 语句块，并且针对发现的情况给出一条警告信息。fall-through 情况是指一个 switch 语句块的代码没有包含一条 break 语句（而它不是语句块中的最后一个 case）。

`-Xmaxerrors` *number*

指定所报告的错误的最大数目。

`-Xmaxwarns` *number*

指定所报告的警告的最大数目。

`-Xstdout` *filename*

向指定的文件发送编译器消息。默认情况下，编译器消息发送到 System.err。

A.1.3　-J 选项

`-J`*option*

传递给 javac 所调用的 Java 启动器的选项。例如：

-J-Xms48m 将初始内存设置为 48MB。尽管它不是以-X 开头的，但它不是 javac 的一个标准选项。-J 选项的常见惯例，是向执行 Java 所编写应用程序的底层 VM 传递选项。

A.2　命令行参数文件

如果必须一次又一次地给 javac 传递长参数，可以将这些参数保存到一个文件中，并且将该文件传递给 javac，这样会节省很多的录入时间。一个参数文件，可以是任意的组合形式，包括 javac 选项和源文件名称。在一个参数文件中，可以使用空格将参数隔开，或者将其分隔为新的行。javac 工具甚至允许多个参数文件。

例如，如下的命令行调用 javac，并且把 MyArguments 文件传递给它：

```
javac @MyArguments
```

如下代码传递了两个参数文件，Args1 和 Args2：

```
javac @Args1 @Args2
```

附录 B java

java 程序是启动一个 Java 程序的工具。它的语法有两种形式。

```
java [options] class [argument ...]
java [options] -jar jarFile [argument ...]
```

其中 options 表示命令行选项，class 是要调用的类的名称，jarFile 是要调用的 jar 文件的名称，argument 是传递给调用类的 main 方法的参数。

B.1 选项

有两种类型的选项可以传递给 java，标准选项和非标准选项。

B.1.1 标准选项

`-client`

选择 Java HotSpot Client VM。

`-server`

选择 Java HotSpot Server VM。

`-agentlib:libraryName[=options]`

加载本地代理库 libraryName。libraryName 的示例值是 hprof、jdwp=help 和 hprof=help。

`-agentpath:pathname[=options]`

以完全路径名称加载一个本地代理库。

`-classpath classpath`

和 **-cp** 选项相同。

`-cp classpath`

指定用来查找类的目录、jar 压缩文件和 zip 压缩文件的一个列表。在 UNIX/Linux 系统中，两个类路径用一个逗号隔开，在 Windows 系统中，用一个分号隔开。例如，对于使用-cp 和–classpath，参见附录 A 中对于 javac 工具的 classpath 选项的介绍。

`-Dproperty=value`

设置一个系统属性的值。

`-d32`

参见对–d64 选项的介绍。

`-d64`

指定程序是要在一个 32 位环境或 64 位环境（如果可用的话）中使用。当前，只有 Java HotSpot Server VM 支持 64 位操作，并且 -server 选项隐式地使用-d64 在未来的发布中可能会有所改变。如果没有指定-d32，也没有指定-d64，默认地运行于一个 32 位的环境，除非只有 64 位的系统。在未来的发布中会有变化。

-enableassertions[:<*package name*>"..." | :<*class name*>]

参见-ea 选项的说明。

-ea[:<*package name*>"..." | :<*class name*>]

支持断言。默认情况下是不支持断言的。

-disableassertions[:<*package name*>"..." | :<*class name*>]

参见–da 选项的说明。

-da[:<*package name*>"..." | :<*class name*>]

关闭断言。这是默认的。

-enablesystemassertions

参见–esa 选项的介绍。

-esa

支持所有系统类中的断言（针对系统类，将默认断言状态设置为 true）。

-disablesystemassertions

参见–dsa 选项的说明。

-dsa

关闭所有系统类的断言。

-jar

执行一个 jar 文件中的一个 Java 类。第一个参数是 jar 文件的名称而不是起始的 Java 类的名称。要告诉 java 程序所要调用的类，jar 文件的清单必须是形如 Main-Class: *classname* 的一行代码，其中 classname 表示该类必须拥有公有的静态 void main(String[] args)方法，它充当应用程序的起始点。

-javaagent:*jarpath*[*=options*]

加载一个 Java 程序语言代理。

-verbose

参见–verbose:class 选项的说明。

-verbose:class

显示有关加载的每一个类的信息。

-verbose:gc

报告每一次垃圾收集事件。

-verbose:jni

报告和本地方法或其他 Java 本地接口活动相关的信息。

-version

显示 JRE 版本信息并退出。

-showversion

显示版本信息并继续。

-?

参见 –help 选项的说明。

-help

显示使用帮助信息并退出。

-X

显示关于非标准选项的信息并退出。

B.1.2 非标准选项

-Xint

在只支持解释的模式中运行。编译为本地代码是不支持的，所有的字节码都将由解释器执行。你不能享受到 Java HotSpot VM 的改编的编译器所提供的性能优点。

-Xbatch

关闭后台编译，以便所有的方法的编译都作为前台任务处理，直到任务完成。没有这个选项的话，VM 将会把方法当作后台任务编译，以解释型模式运行方法，直到后台编译完成。

-Xdebug

一开始就支持 JVMDI。JVMDI 已经废弃了，并且在 Java SE 5 及其以后的版本的调试中不再使用。

-Xbootclasspath:*bootclasspath*

指定了用于搜索启动类文件的目录、jar 压缩文件和 zip 压缩文件的一个列表。条目之间使用逗号隔开（在 Linux/UNIX 系统中），或者使用分号隔开（在 Windows 系统中）。这些用来替代 Java 5 和 Java 6 中所包含的启动类。

-Xbootclasspath/a:*path*

指定附加到默认的 bootstrap 类路径之后的目录、jar 压缩文件和 zip 压缩文件的一个列表。条目之间使用逗号隔开（在 Linux/UNIX 系统中），或者使用分号隔开（在 Windows 系统中）。

-Xbootclasspath/p:*path*

指定放置在默认的 bootstrap 类路径之前的目录、jar 压缩文件和 zip 压缩文件的一个列表。条目之间使用逗号隔开（在 Linux/UNIX 系统中），或者使用分号隔开（在 Windows 系统中）。

-Xcheck:jni

执行额外的 Java 本地接口函数检查。特别是在处理 JNI 请求之前，Java 虚拟机验证传递给 JNI 函数的参数，以及运行时环境数据。遇到的任何无效的数据，都表明本地代码中存在问题，在此情况下，JVM 将会以一个重大的错误而终止。使用这个选项强制带来性能上的损失。

-Xfuture

执行严格的类文件格式检查。为了向后兼容，由 Java 2 SDK 的虚拟机执行的默认的格式检查，不会比由 JDK 软件的 1.1 x 版本执行的检查严格。这个标志打开了较为严格的类文件检查，强制更严格地遵守类文件格式规范。当开发新的代码的时候，鼓励开发者使用这个标志，因为严格的检查在 Java 应用程序启动器的未来的发布中，将会变为默认的。

-Xnoclassgc

关闭类垃圾收集。

-Xincgc

支持渐进式的垃圾收集器。渐进式的垃圾收集器是默认提供的，将会减少程序执行中的偶然的、长时间的垃圾收集暂停。渐进式的垃圾收集器和程序并发地执行，在执行的时候将会降低程序所能够使用的处理器能力。

`-Xloggc:file`

每次垃圾收集的时候都做出报告,和使用-verbose:gc 一样,但是会将这些数据记录到文件中。除了-verbose:gc 所给出的信息,这里每一个报告的事件都将根据从第一次垃圾收集事件发生时经过的时间来决定优先级(以秒为单位)。总是使用一个本地文件系统来存储这个文件,从而避免由于网络延迟而拖后了 JVM。当出现文件空间满的情况时,文件可能会截断,而日志将会在截断的文件上继续。如果这个选项和-verbose:gc 选项都出现的话,它会覆盖后者。

`-Xmsn`

指定了内存分配池的字节单位的初始大小。这个值必须是 1024 的倍数,并且大于 1MB。附加字母 k 或 K 以表示 KB,m 或 M 表示 MB。默认的大小是 2MB。例如:

```
-Xms6291456
-Xms6144k
-Xms6m
```

`-Xmxn`

指定了内存分配池的最大的大小(以字节为单位)。这个值必须是 1024 的倍数,并且大于 2MB。附加字母 k 或 K 以表示 KB,m 或 M 表示 MB。默认的大小是 64MB。例如:

```
-Xmx83880000
-Xmx8192k
-Xmx86M
```

`-Xprof`

探查运行的程序并且将探查数据发送到标准输出。这个选项作为程序开发中很有用的一项工具提供,不应该在产品中使用。

`-Xrunhprof[:help][:<suboption>=<value>,...]`

支持 CPU、堆或监视器探查。选项后面通常跟着逗号分隔开的"<suboption>=<value>"对的一个列表。可以通过运行 java -Xrunhprof:help 命令,来显示子选项及其默认值的一个列表。

`-Xrs`

通过 Java 虚拟机来减少操作系统信号的使用。

`-Xssn`

设置线程栈的大小。

`-XX:+UseAltSigs`

JVM 默认地使用 SIGUSR1 和 SIGUSR2,它有时候可能会和信号链 SIGUSR1 和 SIGUSR2 的应用程序冲突。这个选项将会导致 JVM 使用信号,而不是默认地使用 SIGUSR1 和 SIGUSR2。

附录 C jar

jar 是 Java archive 的缩写，这是用来把 Java 类文件和其他相关的资源打包到一个 jar 文件中的工具。jar 工具包含在 JDK 中，最初创建它的原因是为了让一个 applet 类及其相关的资源可以通过一个单个的 HTTP 请求而得到下载。久而久之，jar 变成了打包任何 Java 类而不仅是 applet 的首选方式。

jar 格式是基于 zip 格式的。因此，你可以将一个 jar 文件的扩展名修改为.zip，并且使用 ZIP 软件（例如 WinZip）来查看它。jar 文件也可以包含 META-INF 目录，用于存储包和扩展配置数据，包括安全性、版本、扩展和服务。jar 也是允许你对代码进行数字化签名的唯一格式。

本附录介绍了 jar 工具的语法，并且给出了示例来说明如何使用它。

C.1 语法

可以使用 jar 来创建、更新、提取和列出一个 jar 文件的内容。jar 命令可以和选项一起使用，C.2 将详细介绍这些选项。这里先来看看 jar 程序命令的语法。

要创建一个 jar 文件，使用如下的语法。

```
jar c[v0M]f jarFile [-C dir] inputFiles [-Joption]
jar c[v0]mf manifest jarFile [-C dir] inputFiles [-Joption]
jar c[v0M] [-C dir] inputFiles [-Joption]
jar c[v0]m manifest [-C dir] inputFiles [-Joption]
```

要更新一个 jar 文件，使用如下的语法。

```
jar u[v0M]f jarFile [-C dir] inputFiles [-Joption]
jar u[v0]mf manifest jarFile [-C dir] inputFiles [-Joption]
jar u[v0M] [-C dir] inputFiles [-Joption]
jar u[v0]m manifest [-C dir] inputFiles [-Joption]
```

要提取一个 jar 文件，使用如下语法。

```
jar x[v]f jarFile [inputFiles] [-Joption]
jar x[v] [inputFiles] [-Joption]
```

要列出一个 jar 文件的内容，使用如下的语法。

```
jar t[v]f jarFile [inputFiles] [-Joption]
jar t[v] [inputFiles] [-Joption]
```

要给一个 jar 文件添加索引，使用如下的语法。

```
jar i jarFile [-Joption]
```

参数如下。

```
cuxtiv0Mmf
```

控制 jar 命令的选项。将会在 C.2 节中详细介绍。

```
jarFile
```

要创建、更新、提取、浏览其内容或者向其添加索引的 jar 文件。如果没有 f 选项和 jarFile，表示我们将从标准输入接受输入（当提取或查看内容的时候），或者将输出发送到标准输出（创建和更新的时候）。

```
inputFiles
```

要打包到一个 jar 文件（当创建和更新的时候），或者要从 jarFile 提取或列出文件或目录，之间用空格隔开。所有的目录都是递归地处理的。文件是压缩的，除非使用 O（0）选项。

`manifest`

预先存在的清单文件，其 name: value 对都包含到 jar 文件中的 MANIFEST.MF 中。选项 m 和 f，必须与清单和 jarFile 出现的顺序相同。

`-C dir`

在处理后续的 inputFiles 参数的时候，临时性地将目录修改为 dir。允许多个 -C dir inputFiles 设置。

`-Joption`

传递给 Java 运行时环境的选项（-J 和 option 之间必须没有空格）。

C.2 选项

jar 命令中可以使用的选项如下所示。

`c`

表示调用 jar 命令来创建一个新的 jar 文件。

`u`

表示调用 jar 命令来更新指定的 jar 文件。

`x`

表示调用 jar 命令来提取指定的 jar 文件。如果有 inputFiles，只有那些指定的文件和目录会被提取。否则，所有的文件和目录都会被提取。

`t`

表示调用该 jar 命令列出指定的 jar 文件的内容。如果有 inputFiles，只有那些指定的文件和目录会被列出。否则，所有的文件和目录都会被列出。

`i`

为指定的 jarFile 及其相关的 jar 文件生成索引信息。

`f`

指定要创建、提取、索引或查看的 jarFile。

`v`

向标准输出产生详细的输出。

`0`

这个 0 表示文件应该不进行压缩就存储。

`M`

表示要创建和更新的话，不应该创建清单文件项。这个选项还会让 jar 工具在更新过程中删除任何清单文件。

`m`

在 META-INF/MANIFEST.MF 的文件所指定的清单文件中，包含 name:value 属性。添加一个 name: value 对，除非相同名称对已经存在了，如果名称对已经存在，表示该值已经更新过了。

`-C` *`dir`*

在执行 jar 命令处理后续的 inputFiles 参数的过程中，临时性地修改目录（cd dir）。

`-J`*`option`*

该选项传递给 Java 运行时环境，而选项是 Java 应用程序启动器的参考页上所描述的选项之一。例如，-J-Xmx32M 将最大内存设置为 32MB。

C.3 示例

如下的示例展示了如何使用 jar 工具。

C.3.1 创建

如下的 jar 命令将当前目录中的所有目录和文件打包到一个名为 MyJar.jar 的 jar 文件中。

`jar cf MyJar.jar *`

如下的命令，带有 v 选项，所做的事情是相同的，只不过把所有的消息输出到控制台：

`jar cvf MyJar.jar *`

如下的命令将 com/brainysoftware/jdk/ 目录下的所有类文件都打包到 MyJar.jar 文件中。

`jar cvf MyJar.jar com/brainysoftware/jdk/*.class`

C.3.2 更新

如下的命令将 MathUtil.class 添加到 MyJar.jar 中。

`jar uf MyJar.jar MathUtil.class`

如下的命令使用清单中的 name: value 对来更新 MyJar.jar 清单文件。

`jar umf `*`manifest`*` MyJar.jar`

如下的命令将 classes 目录下的 MathUtil.class 添加到 MyJar.jar 中。

`jar uf MyJar.jar -C classes MathUtil.class`

C.3.3 列出

如下的命令将列出 MyJar.jar 的内容。

`jar tf MyJar.jar`

C.3.4 提取

如下的命令把 MyJar.jar 中的所有文件提取到当前目录。

`jar xf MyJar.jar`

C.3.5 索引

如下命令在 MyJar.jar 中生成一个 INDEX.LIST 文件，它包含了 MyJar.jar 中的每一个包的位置信息，以及 MyJar.jar 的 CLASSPATH 属性中所指定的所有 jar 文件的位置信息。

`jar i MyJar.jar`

C.4 设置应用程序入口点

附录 B 所介绍的 java 工具,允许你调用一个 jar 文件中的一个类。其语法如下:

```
java -jar jarFile
```

要让 java 能够调用正确的类,需要在 jar 文件中包含一个具有如下条目的清单:

```
Main-Class: className
```

附录 D NetBeans

Sun Microsystem 公司在 2000 年启动了 NetBeans 的开源项目。NetBeans 的名称来自于 Netbeans Ceska Republika，这是 Sun 公司收购的一家捷克公司。新的项目基于 Sun 通过收购而获取的代码之上。

本附录快速介绍使用 NetBeans 构建 Java 应用程序的方法。NetBeans 需要一个 JDK 支持才能工作。

D.1 下载和安装

可以从 http://netbeans.org 免费下载 NetBeans。在编写本书的时候，其最新的版本是 8.0。你需要 8.0 或以上的版本，才能够使用 Java 8 中的新功能。

NetBeans 是用 Java 编写的，因此，能够在可以使用 Java 的任何平台上运行。每一个发布都包含了一个安装程序，可以很容易地进行安装。请确保你下载了适用于你的操作系统的正确版本。安装程序会引导你一步一步地安装，这很容易完成，将会提示你同意条款和使用条件，指定安装的目录，如果你的计算机有多个 JDK 版本的话，会让你选择要使用的 JDK 版本。

一旦完成了安装，就可以像运行其他的应用程序一样运行 NetBeans IDE。

D.2 创建一个项目

NetBeans 将资源组织到项目中。因此，在创建一个 Java 类之前，必须先创建一个项目。要做到这一点，按照如下步骤进行。

1. 单击 File>New Project。将会出现 New Project 对话框（如图 D.1 所示）。

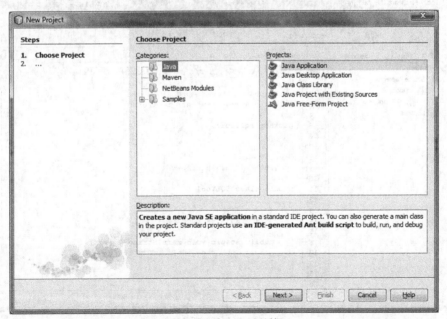

图 D.1 New Project 对话框

从 Categories 框中选择 Java，从 Projects 框中选择 Java Application。然后，单击 Next 按钮。将会显示下一个界面，如图 D.2 所示。

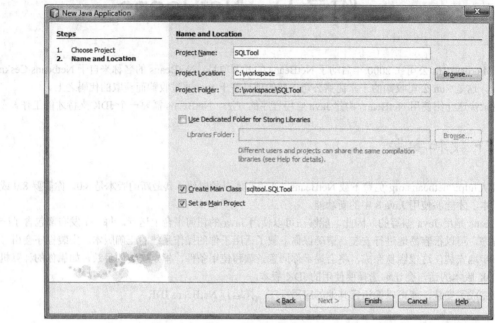

图 D.2　选择一个项目名称

2. 在 Project Name 框中输入一个项目名，并且找到想要保存项目资源的目录。然后，单击 Finish 按钮。
3. NetBeans 将会创建一个新的项目以及项目中的第一个类，如图 D.3 所示。

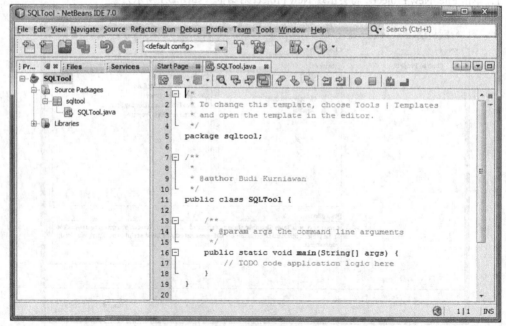

图 D.3　一个 Java 项目

4. 图 D.3 显示了两个窗口。左边的 Projects 窗口和右边的资源文件窗口。你已经准备好编写自己的代码了。

D.3 创建一个类

要创建一个类，而非使用 NetBeans 默认创建类，可以在 Project 窗口中的项目图标上单击鼠标右键，然后单击 New>Java Class。你将会看到如图 D.4 所示的 New Java Class 对话框。

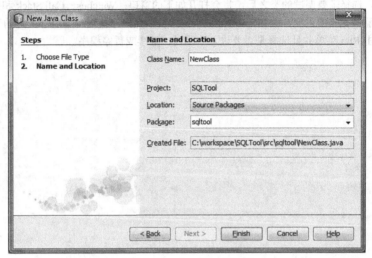

图 D.4 New Java Class 对话框

输入类名以及该类的包，然后单击 Finish 按钮。将会为你创建一个新的 Java 类。可以看到 Projects 窗口中列出了新的类。

现在，可以编写自己的代码了。随着你的输入，NetBeans 将会检查并更正你的 Java 代码的语法。可以通过按 Ctrl+S 组合键来保存代码，NetBeans 会随着你的保存而自动编译它。

D.4 运行一个 Java 类

一旦完成了一个类，可以运行以测试它。要运行一个类，单击 Run>Run File，然后选择想要运行的类。任何结果都会显示在控制台窗口中。运行一个 Java 类的另一种方法是，在源代码上单击鼠标右键，然后单击 Run File 菜单。

此外，要运行最终的运行类，按下 Shift+F6 组合键。

D.5 添加库

通常，你的类或接口会引用其他的项目或一个 jar 文件中的类型。要编译这些类/接口，你需要添加一个引用，告诉 NetBeans 到哪里查找所引用的库。在 Project 窗口中，用鼠标右键单击 Libraries 图标，然后单击 Add JAR/Folder。将会出现一个导航窗口，允许你选择库文件。

D.6 调试代码

很多 IDE 所附带的一项强大的功能就是调试。在 NetBeans 中，可以一行一行地步进调试程序。调试程序的步骤如下。

1. 添加一个断点。在代码行上单击并选择 Toggle Breakpoint。
2. 单击 Run>Run File，然后选择要调试的 Java 类。

在第 2 步中，选择了要调试的类之后，将会打开如下的窗口：Watches、Call Stack 和 Local Variables。它们使得你能够监控代码的进度。例如，Local Variables 窗口允许你检查一个局部变量的值。

要继续，单击 Run 菜单并且选择是否要进入、跳过、继续或暂停程序。

附录 E Eclipse

IBM 收购了加拿大公司 Object Technology International 之后，于 2001 年开始发布 Eclipse。在这场收购中，IBM 在代码上花了 4 000 万美金，最终将其作为一个开源项目发布。Eclipse 是用 Java 编写的，带有自己的编译器，因此它不需要依赖于 Oracle 的 Java 编译器。因此，你不需要一个 JDK 来运行 Eclipse，只要一个 JRE 就够了。实际上，Eclipse 还带有其他语言的编译器，例如 C、C++和 PHP，这是因为其开发者要让 Eclipse 成为最终的 IDE。

还有一件事情要注意，即便 Eclipse 是使用 Java 编写的，但它并没有使用 Swing 技术。它使用叫作 Standard Widget Toolkit 的图形库，使得 Eclipse 的观感更像是一个本地应用程序。但是，你仍然可以使用 Eclipse 来编写 Swing 应用程序。

本附录提供了使用 Eclipse 来构建 Java 应用程序的快速教程。

E.1 下载和安装

可以从 http://www.eclipse.org 免费下载 Eclipse。只有 4.4 及其以后的版本（代码名为 Luna）能够支持 Java 8。请确保你下载的版本能够在你的操作系统上运行。当前的 Eclipse 可以在 Windows、Linux 和 Mac OS X 系统上使用。甚至你可以下载其源代码。

Eclipse 发布打包为一个 zip 或 gz 文件。此外，如果网络连接较慢，可以以 torrent 方式下载 Eclipse。有很多的安装包可供使用。确保选择 Eclipse IDE for Java Developers。

安装实际上就是把发布的 zip 或 gz 文件提取到一个目录中。不需要其他的步骤。一旦提取了发布文件，就可以找到一个可执行文件并且双击它以启动 Eclipse。

初次运行 Eclipse 的时候，将会看到一个 Workspace Launcher 对话框，如图 E.1 所示，提示你选择一个工作目录。工作目录是一个默认的目录，用于存储你的 Eclipse 项目中的所有文件。

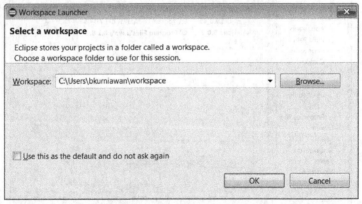

图 E.1 工作区启动器对话框

即便选择了工作目录，也可以选择和项目文件的工作目录不同的目录。甚至可以有多个工作目录，每个目录包含一组不同的项目。

在选择了一个工作区后，Eclipse 将会显示其主窗口，如图 E.2 所示。如果你看到的是一个 Welcome 页面，只要关闭该页面即可。

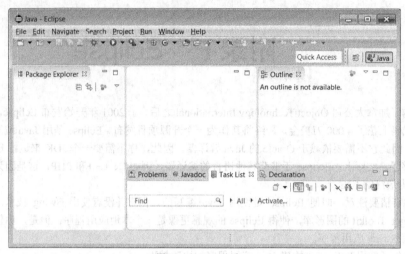

图 E.2 Eclipse 主窗口

E.2 添加一个 JRE

即便 Eclipse 带有其自己的 Java 编译器，它仍然需要一个 JRE 或一个 JDK 才能运行 Java 程序。确保安装了一个 JRE 1.8 或一个 JDK 1.8。然后，按照如下的步骤添加 JRE/JDK，以便能够在你的 Java 项目中使用它。

1. 在 Eclipse 主窗口中单击 Windows 菜单，然后选择 Preferences 菜单项。将会出现图 E.3 所示的 Preferences 对话框。

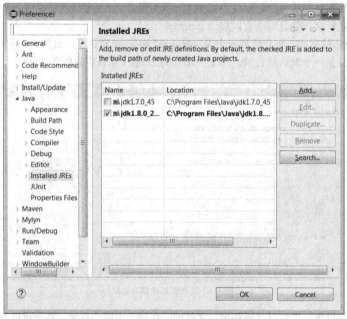

图 E.3 Eclipse Preferences 对话框

2. 在左边的面板中，单击 Java 并选择 Installed JREs。如果没有在中间的面板中看到一个 JRE 1.8 或一个 JDK 1.8，单击 Add 按钮并查看你安装的 JDK 的安装目录。

3. 选择 JRE 1.8 或 JDK 1.8 作为默认选项，并且单击 OK 按钮。

E.3 创建一个 Java 项目

Eclipse 将资源组织到项目中。因此，在创建 Java 类之前，必须先创建一个 Java 项目。要做到这点，按照如下步骤操作。

1. 单击 File>New>Java Project。确保在单击了 New 之后，单击 Java Project，而不是 Project。将会出现 New Java Project 对话框（如图 E.4 所示）。

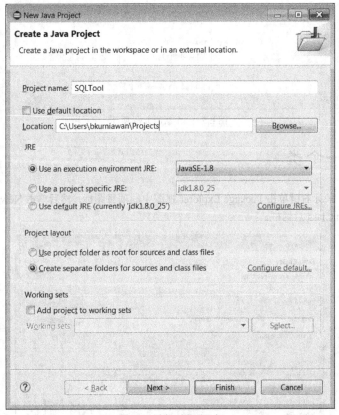

图 E.4 选择一个项目名

2. 为项目提供一个名称。一旦在 Project name 框中输入了某些内容，Next 和 Finish 按钮就会激活。注意，默认情况下，可以将项目创建于不同的工作区目录中。但是，你可以通过取消掉 Use default location 复选框，并且浏览到文件系统中的一个目录，从而修改为一个不同的位置。

3. 确保在 JRE 面板中选择了 Java SE 1.8。如果没有看到 Java SE 1.8，意味着你必须添加一个，可以按照前面小节中的步骤来做到这一点。接下来，单击 Next 或 Finish 按钮。单击 Finish 按钮以使用默认的设置来创建该项目，单击 Next 按钮将允许你为资源和类文件选择一个目录。现在，直接单击 Finish 按钮。将会为你创建一个项目。图 E.5 显示项目的名称是 SQLTool。

在图 E.5 中，你所看到的叫作 Java 透视图（perspective）。透视图是适合于执行某一任务的视图的一个组合。Java 透视图用于编写 Java 代码。它包含了左边的一个 Package Explorer 视图，右边的 Outline 视图，和下边的 Problems 视图。每个视图的位置都可以通过拖动视图的标题栏而改动。图 E.5 显示了每一个视图的默认的位置上。还有很多其他的视图，通过单击 Window 和 Show View 可以看到。

其他的视角包括 Java 浏览和调试。可以通过单击 Window、Open Perspective 来打开一个透视图。

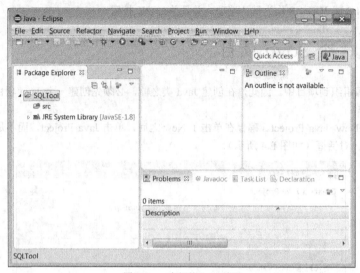

图 E.5　一个新的 Java 项目

E.4　创建一个类

要创建一个类，鼠标右键单击 Package Explorer 视图中的项目图标，然后单击 New>Class。将会看到图 E.6 所示的 New Java Class 对话框。

图 E.6　New Java Class 对话框

输入包名和类名，然后单击 Finish 按钮来创建一个类。Java 透视图在一个新的面板中显示了类代码，如图 E.7 所示。

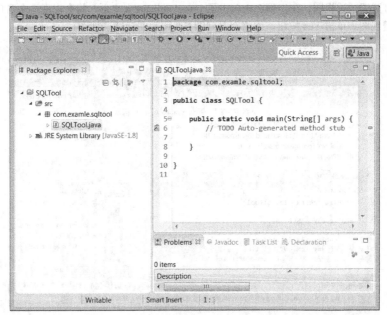

图 E.7 编辑一个 Java 类

现在可以编写你的代码了。随着你的输入，Eclipse 会检查并更改 Java 代码中的语法错误。可以通过按下 Ctrl+S 组合键来保存工作，Eclipse 将会自动编译它。

E.5 运行一个 Java 类

一旦完成了一个类，可以运行并测试它。要运行一个类，单击 Run>Run As>Java Application 菜单项。任何结果都会显示在 Console 视图中。运行一个 Java 类的另一种方式是用鼠标右键单击类面板，并且单击 Run As>Java Application 菜单项。

此外，要运行最终的类，按下 Ctrl+F11 组合键即可。

E.6 添加库

通常，你的类或接口会引用其他的项目或一个 jar 文件中的类型。要编译这些类/接口，你需要通过添加一个引用，告诉 Eclipse 到哪里查找该库。通过单击 Project>Properties 来做到这一点。将会出现一个 Properties 窗口。

单击右边面板上的 Java Build Path，然后单击左边的 Libraries 标签。接着单击 Add External JARs 并导航以选择 jar 文件。如果引用的类型在另一个项目之中，单击 Projects 标签并添加所需的项目。

E.7 调试代码

很多 IDE 所附带的一项强大的功能就是调试。在 Eclipse 中，可以一行一行地步进调试程序。调试程序的步骤如下。

1. 添加一个断点。在代码行上单击，并单击 Run>Toggle Breakpoint。
2. 单击 Run>Debug As>Java Application 来执行程序。

调试需要打开调试透视图。在步骤 2 中单击了 Java Application 之后,将会出现一个窗口,询问你是否要切换到调试透视图。单击 Yes 按钮,你将会看到图 E.8 所示的调试透视图。

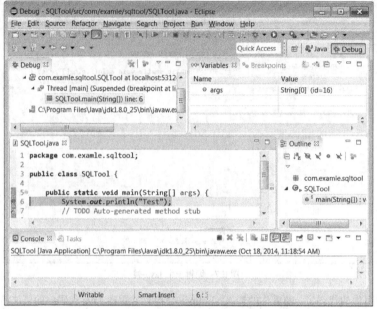

图 E.8 调试透视图

这里出现的一个有用的视图是 Variables 视图,它显示了程序中的变量的一个列表,允许你查看变量的值。要继续,单击 Run 按钮并且选择是否要进入、跳过、继续或是终止程序。

E.8 有用的快捷方式

有很多有用的快捷方式能够加快开发速度。在我看来,有如下 6 种快捷方式。
1. 在一个类定义下输入 main,并且按下 Ctrl+space 组合键来创建 main 方法。
2. 在方法中输入 syso,并且按下 Ctrl+space 组合键以添加 System.out.println()。
3. 在类定义中按下 Ctrl+Shift+F 组合键来格式化代码。
4. 按下 Ctrl+F11 组合键来运行一个类。
5. 按下 F11 键开始调试一个类。
6. 按下 Ctrl+Shift+O 组合键自动导入类型,并且删除无用的导入。例如,如果在方法中输入 Scanner 并且按下了 Ctrl+Shift+O 组合键,Eclipse 将会把 java.util.Scanner 导入到图 E.5 中,你所看到的叫作 Java 透视图(perspective)。透视图是适合于执行某一任务的视图的一个组合。Java 透视图用于编写 Java 代码。它包含了左边的一个 Package Explorer 视图,右边的 Outline 视图和下边的 Problems 视图。每个视图的位置都可以通过拖动视图的标题栏而改动。图 E.5 显示了每一个视图的默认的位置上。还有很多其他的视图,通过单击 Window>Show View 可以看到。

其他的视角包括 Java 浏览和调试。可以通过单击 Window>Open Perspective 来打开一个透视图。